Engineering Design
for Warhead

战斗部

工程设计

贾 鑫 黄正祥 肖强强 等 编著

北京理工大学出版社
BEIJING INSTITUTE OF TECHNOLOGY PRESS

图书在版编目（CIP）数据

战斗部工程设计 / 贾鑫等编著. －－ 北京：北京理
工大学出版社，2023.12
ISBN 978－7－5763－3477－7

Ⅰ．①战… Ⅱ．①贾… Ⅲ．①战斗部－工程设计
Ⅳ．①TJ410.3

中国国家版本馆 CIP 数据核字（2024）第 037374 号

责任编辑：徐　宁		**文案编辑：**国　珊	
责任校对：周瑞红		**责任印制：**李志强	

出版发行 / 北京理工大学出版社有限责任公司

社　　址 / 北京市丰台区四合庄路 6 号

邮　　编 / 100070

电　　话 / (010) 68944439 （学术售后服务热线）

网　　址 / http://www.bitpress.com.cn

版 印 次 / 2023 年 12 月第 1 版第 1 次印刷

印　　刷 / 保定市中画美凯印刷有限公司

开　　本 / 787 mm×1092 mm　1/16

印　　张 / 20

字　　数 / 465 千字

定　　价 / 79.00 元

在新军事革命的推动下，未来战场将向陆、海、空、天，立体化、全域化发展，未来战争也被赋予了新的特征和新的理论。武器装备的创新发展，关乎国家重大战略安全！弹药战斗部是武器装备实现高效毁伤的核心部件，是武器系统对预定目标起直接破坏作用的终端毁伤系统，是武器系统实现有效作战效能的最终体现。

战斗部设计者不仅要对各类战斗部的作用机理、毁伤机理有比较深刻的理解，同时也需对一些战斗部的工程设计方法进行深入理解后才能设计出满足技术指标的战斗部。近年来，随着战斗部技术的发展和对专业人才培养的需求，迫切需要撰写一部既能适用于高等院校相关专业的本科生、研究生使用的教材，同时又能对从事弹药战斗部研究的科研、生产人员进行指导。本书正是在这一背景下，参考了大量国内外文献、融入了许多研究成果编写而成的。全书共分8章。第1章介绍战斗部的概念、分类、战术技术要求、攻击目标的特性及战斗部选择依据和原则。第2章介绍破片杀伤战斗部，包括典型破片杀伤战斗部结构、破片对目标的毁伤准则、战术技术指标和结构特征参数、毁伤元参数计算及毁伤威力设计、杀伤战斗部结构设计。第3章介绍杆条杀伤战斗部，包括作用原理、离散杆杀伤战斗部设计、连续杆杀伤战斗部设计。第4章介绍爆破战斗部，包括典型爆破战斗部结构、战术技术指标与结构特征参数、爆破战斗部在空气、水和地下介质毁伤威力设计、典型弹道式导弹战斗部结构设计。第5章介绍穿甲战斗部，包括概念内涵、技术指标要求、毁伤威力设计、杆式穿甲弹结构设计。第6章介绍聚能破甲战斗部，包括典型聚能破甲战斗部结构、战术技术指标与威力参数、战斗部威力计算、战斗部结构设计。第7章介绍复合战斗部设计，包括破-破式复合战斗部设计、穿-爆式复合战斗部设计、破-杀式复合战斗部设计。第8章介绍战斗部强度计算，包括弹丸发射时的载荷分析、战斗部在终点弹道处的碰击载荷、战斗部在勤务处理时的载荷、战斗部典型结构强度计算、装填物的安定性计算。

本书可以作为理工科院校、科研院所弹药工程与爆炸技术及相关专业教材，也可供从事弹药、战斗部生产和研究的科研人员和工程技术人员学习参考。

参与本书编写的还有南京理工大学祖旭东教授、马彬副教授等教师。本书在编写过程中得到了有关研究所、工厂及兄弟院校的支持和帮助，在此深表谢意。

由于作者的知识结构和水平有限，虽竭尽所能，但无论在内容上或编排上肯定会有许多不足之处，恳请广大读者批评指正。

作 者

目 录
CONTENTS

第1章

绪　　论

1.1　基本概念

1.1.1　战斗部基本概念

战斗部是弹药系统的一个重要部件，对于战斗部设计人员来说，在设计战斗部时，必须首先对弹药有所了解。

从结构上讲，弹药由很多零部件组成；从功能角度讲，弹药通常由战斗部、投射部、导引部、稳定部等组成。这些功能部分有的是通过很多零部件共同组成，有的是由单个部件组成，有的部件还承担多种功能，如炮弹弹丸的壳体是战斗部的主要组成部分，同时还是导引部。某些弹药（如普通地雷、水雷等）仅由战斗部单独构成。在火炮弹药和导弹系统中，有关战斗部的界定略有区别。火炮用弹药的典型战斗部由壳体（弹体）、装填物和引信组成。导弹系统中的战斗部一般由壳体、装填物和传爆序列组成，其保险装置和引信通常不包含在战斗部中，如图1-1-1所示。

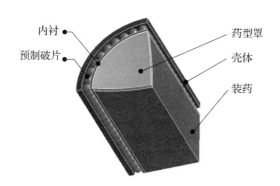

内衬　　药型罩

预制破片　　壳体

装药

图1-1-1　某空空导弹战斗部的结构示意图

（1）壳体：是战斗部的基体。其作用是：起支撑体和连接体作用；大多数壳体是全弹弹体的组成部分；杀伤战斗部（破片式）的壳体还具有形成杀伤元素的作用，它在炸药装药爆炸后破裂形成具有一定质量的高速破片。对壳体的要求是：应满足各种过载（包括发射时、飞行过程中、重返大气层时和碰撞目标时）时的强度、刚度要求；若战斗部位于弹的头部，则应具有良好的气动外形；另外，结构工艺性要好，材料来源要广。

（2）装填物：是战斗部毁伤目标作用的能源。其作用是将本身储藏的化学能量（或核能）通过化学反应（或核反应）释放出来，形成破坏各种不同目标所要求的杀伤因素。例如，常规装药战斗部在引爆后通过化学反应释放出能量，与战斗部其他构件配合形成金属射流、破片、冲击波等毁伤元。核装药战斗部在引爆后通过核反应形成冲击波、光辐射、贯穿辐射等毁伤元。对装填物（主要指炸药）的要求是：对目标有尽可能大的破坏作用，在爆轰时应具有起爆完全性；在日常勤务处理时安全性好，有良好的化学、物理安定性，便于长期储存；装药工艺性好，原材料要立足于国内等。

（3）传爆序列：其作用是把引信所接收到目标的起始信号（或能量）转变为爆轰波（或火焰），并逐级放大而起爆战斗部的装药；它通常是由雷管（或火帽）、主传爆药柱、辅助传爆药住、扩爆药柱等组成。在火箭弹、炮弹等战斗部中，传爆序列比较简单，此时雷管、传爆药柱皆可装于引信中。在导弹战斗部中，传爆序列比较复杂，有时为提高可靠性采用并联雷管结构，传爆序列通常作为一个单独组件。对传爆序列的要求是：作用可靠，平时安全，结构简单，便于储存。

1.1.2　战斗部类型

战斗部执行的唯一功能是毁伤目标，使目标失去完成其既定任务的能力。弹药对目标的毁伤效果取决于战斗部的类型，对付不同的目标需要用不同的战斗部。

战斗部一般分为常规战斗部、核战斗部和特种战斗部，按其作用原理战斗部可分为以下几种，如图 1 – 1 – 2 所示。

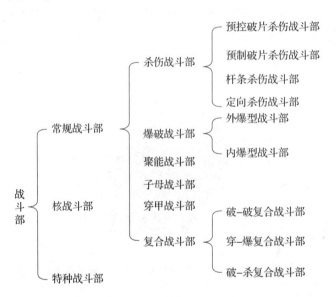

图 1 – 1 – 2　战斗部分类

（1）杀伤战斗部，是靠炸药爆炸时弹体形成的高速破片或预控、预制破片杀伤敌方有生力量和毁坏武器装备。

（2）爆破战斗部，主要靠炸药爆炸的直接作用或爆炸产生的空气冲击波毁伤目标。

（3）聚能战斗部，是靠聚能装药爆炸时，金属药型罩形成的高速金属射流击穿各类装甲目标。

（4）子母弹战斗部，是靠母弹体内装的子弹毁伤敌方目标。

（5）穿甲战斗部，是凭借自身的动能击穿各类装甲目标。

（6）复合战斗部，即具有两种以上毁伤作用的战斗部，如杀 – 爆复合、穿 – 爆复合、穿 – 爆 – 燃复合等。

（7）特种战斗部，即能完成特种战斗任务，如燃烧、照明、发烟、宣传等。随着新目标的出现，新概念战斗部也不断涌现，如电磁脉冲战斗部、碳纤维战斗部、侦察战斗部、战场评估战斗部、非致命毁伤战斗部和失能战斗部等。

1.2 战斗部的战术技术要求

任何一种战斗部，都必须具有一定的战术性能及技术特性。战术技术要求是人们对于新设计的战斗部的战术技术性能所规定的要求。战术技术要求作为战斗部设计的依据，由使用部门根据国家装备系列和所拟定对付的主要目标而提出，并与设计部门及生产部门协商后确定。

战斗部主要战术技术要求应包括下列几个方面。

1. 威力要求

威力是指战斗部对目标的杀伤、破坏能力。不同类型的战斗部威力用不同的威力参数来表示。例如，对付装甲目标的聚能战斗部的威力要求是，在有效射程（或直射距离）上具有一定着角（目前着角 θ 为 $60°\sim68°$）时对靶板的侵彻深度和后效作用；对付空中目标的杀伤战斗部的威力要求是，具有一定的杀伤破片的数量、质量、撞击动能、分布密度以及有效杀伤区（由破片飞散角、方位角和有效杀伤半径等组成）；对付地面目标的爆破战斗部的威力要求是，具有一定的冲击波超压、比冲量以及威力半径；对付地下目标时，对爆破战斗部的威力要求是，具有一定的破坏半径和爆坑容积（或最有利侵彻深度）。威力是战斗部战术技术要求中的最主要要求。

2. 毁伤目标的概率要求

毁伤目标的概率又称条件杀伤概率，是指弹药正常可靠发射并飞行到达预定攻击区（或准确地命中）时，引信在正常起爆的条件下，战斗部对目标的毁伤概率，它由目标易损性、战斗部类型和特性以及战斗部与目标交会情况确定。例如，对付空中目标的杀伤战斗部毁伤目标的概率，是指在战斗部与目标在一定交会角时，战斗部爆炸后以一定数量的破片命中飞机的要害部位，并以击穿、引燃概率为基础，用全概率公式计算得到。对付装甲目标的聚能战斗部的毁伤目标概率，是指在命中坦克时，战斗部爆炸所形成的金属射流击穿装甲后毁伤坦克的概率。条件毁伤概率是选择战斗部类型、评价战斗部性能的重要综合性指标。

3. 射击精度要求

射击精度包括命中准确度与密集度两种意义。命中准确度是指战斗部炸点散布中心偏离目标中心的程度。命中准确度高，则说明炸点散布中心与目标中心的偏差小。密集度是指战斗部所有炸点偏离其散布中心的程度，密集度好则说明各个炸点与散布中心的偏差小。命中准确度和密集度两者可以构成表示射击精度的 4 种情况，如图 1-2-1 所示。

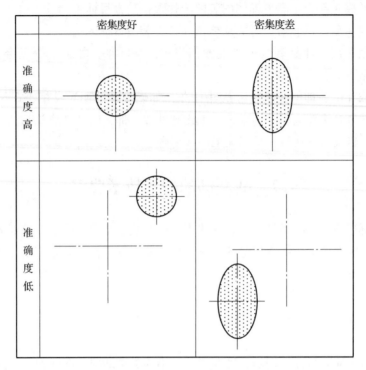

图 1-2-1　命中准确度与密集度

对于无控火箭弹来说，射击精度的要求包含密集度和命中准确度两个方面的要求。对于导弹来说，射击精度的要求主要是指命中准确度要求。

对付活动目标的导弹，其命中准确度常采用均方导引偏差 σ 表示。均方导引偏差 σ 值小，则表示导弹命中准确度高，σ 值随导引系统和导引方式的不同而变化。例如，三点法无线电波束导引系统和前置点无线电波束导引系统，均方导引偏差 σ 都随距离的增加而增大。自动导引系统（导引头）的均方导引偏差 σ 与导引系统作用距离无关，仅与本身系统精度有关。导引偏差直接与战斗部威力、毁伤目标概率有关，彼此之间应协调一致。当导弹的导引系统无系统误差时，战斗部威力半径应大于或等于导引系统的最大误差，即 $R \geqslant 3\sigma$。

对付地面目标的导弹，其命中准确度有两种表示法，一种用圆概率偏差（又名圆公算偏差）C_1 表示，所谓圆概率偏差是指发射一定数量导弹，落入以 C_1 为半径的圆内数量为 50% 的数值；另一种用中间误差 E_x（距离方向）和 E_z（方向）表示。关于圆概率偏差 C_1、中间误差 E_x 与 E_z、均方偏差 σ 三者之间有下列关系：

$$C_1 = 1.177\,4\sigma$$

$$E_x = 0.674\,5\sigma$$

对付预定攻击的地面目标，要达到理想的毁伤效果，则战斗部质量 m_w、导引系统的圆概率偏差 C_1 应匹配且满足

$$K = \frac{K_1 m_w^{2/3}}{C_1^2} \quad (\mathrm{kg^{2/3}/km^2}) \tag{1.2.1}$$

式中，K 为战斗部对付预定目标达到理想毁伤效果所需的杀伤能力值，根据试验与统计可以得到以下几种：

较小面积的战术地面目标，$K = 3.3 \times 10^3 \ \mathrm{kg^{2/3}/km^2}$；

较大面积的战术地面目标，$K = 2 \times 10^2 \ \mathrm{kg^{2/3}/km^2}$；

坦克目标，$K = 10^6 \ \mathrm{kg^{2/3}/km^2}$。

m_w 为战斗部质量；C_1 为圆概率偏差；K_1 为取决于战斗部结构的系数，普通类型杀伤或爆破战斗部常取 $K_1 = 1$，结构特殊能充分发挥炸药能量利用率的杀伤或爆破战斗部可取 $K_1 > 1$。

由式（1.2.1）可知，当目标确定后，K 值就确定了，若导弹的圆概率偏差 C_1 小，即导弹精度高，则战斗部质量 m_w 可大大减小。据报道，随着精确制导技术的出现，圆概率误差 C_1 值仅为几十米，甚至更小，因此在地地导弹上有可能重新采用常规装药战斗部。

对于地面榴弹、野战火箭弹等，以地面上全射程（最大射程）X 上的距离中间误差 E_x 或 E_x/X（距离相对中间误差）及方向中间误差 E_z 或 E_z/X（方向相对中间误差）为指标来描述，即

$$\eta_x = \frac{E_x}{X}, \quad \eta_z = \frac{E_z}{X} \tag{1.2.2}$$

式中，E_x 为在射程方向上距离中间误差（m）；E_z 为方向中间误差（m）；η_x 和 η_z 的数值根据目标的范围或尺寸大小、战斗部的威力半径、火箭弹射程等因素来确定。式（1.2.2）可以分为以下几种：

杀伤爆破榴弹，$E_x/X = 1/200 \sim 1/150$，$E_z = 13 \sim 18 \ \mathrm{m}$；

爆破榴弹，$E_x/X = 1/240 \sim 1/180$，$E_z = 12 \sim 18 \ \mathrm{m}$；

侵彻战斗部，$E_x/X = 1/340 \sim 1/230$，$E_z = 9 \sim 14 \ \mathrm{m}$。

对于直接瞄准射击的反坦克战斗部，以直射距离（或有效射程）上立靶内的方向中间误差 E_z 及高低中间误差 E_y 为指标，通常有以下两种：

穿甲弹，$E_y = E_z = 0.2 \sim 0.4 \ \mathrm{m}$；

破甲弹，$E_y = E_z = 0.4 \sim 0.5 \ \mathrm{m}$。

4. 作用可靠性和安全性的要求

战斗部作用可靠性主要是由引信来保证，即要求引信各机构在所要求的时刻或地点作用（可靠地解除保险，对目标可靠地作用）。此外，传爆序列、主装药和壳体亦应可靠作用。可靠解除保险是碰目标可靠作用的前提，碰目标时的可靠作用包括两个概念：一个是碰目标时引信一定要发火可靠，即引信的"灵敏度"；另一个是发火要适时，即引信的"瞬发度"。对引信的灵敏度和瞬发度的要求是根据战斗部类型和目标的特性而确定的。例如，对付坦克的聚能战斗部要求引信的瞬发度高，灵敏度低。

对非触发引信来说，一个要求是，除可靠解决保险外，还必须保证在发射时及在弹道上不早炸，即具有抗干扰的要求；另一要求是，应选择最有利炸点，以保证战斗部对目标的有效毁伤。

在一些导弹和大口径火箭弹战斗部上，为了提高对目标作用的可靠性，常配置有双套引

信，或在引信装置与传爆序列中配置有并联结构，如触发引信中的并联开关装置、传爆序列中的并联电雷管等。

安全性包括勤务处理安全性，发射时的安全性和弹道上的安全性。

勤务处理安全性是指战斗部的运输、储存、搬移、安装等由战斗部出厂到发射前的全部操作过程，要求战斗部处于绝对安全状态。在运输过程中，最不利的条件是汽车在崎岖道路上受到连续的振动；在搬移过程中可能偶然出现战斗部从起重机械上跌落或从车厢上滚下等。为此，在验收试验中应进行振动试验和落高试验，以考验战斗部的安全性。

发射时的安全性是指弹丸在炮管内的安全性和导弹主动段弹道上的安全性（包括在发射架上运动时的安全性），它要求在遇有发动机工作不正常、燃烧室炸毁或因压力过低、燃烧室熄火而造成近弹的情况下，战斗部处于安全状态（引信处于保险状态），以免危及我方地面人员和设备的安全。

弹道上安全性是指在导弹飞行过程中（在被动弹道上）战斗部不应早炸。战斗部早炸一般虽不致危及我方人员的生命安全，但影响战斗的正常进行和我方人员对武器的信心，因此必须避免。

保证战斗部安全性的措施是，选用全保险型的引信和安全性好的炸药。此外，在已装备有电雷管的战斗部上，全弹最好有屏蔽装置，以避免电雷管受强电波、高压电的强磁场作用而起爆。

5. 使用性要求

使用性要求主要要求战斗部能长期储存，使用方便，操作简单。在长期储存期间，一般要求战斗部在 15 年内（最低也不应少于 5 年）仍能保持原有的性能。因此，要求战斗部在结构上应采取密封性和防腐性等措施。例如，在壳体与炸药、金属药型罩与炸药之间进行防腐处理，在炸药药柱与战斗部的端盖接触处注有梯恩梯药塞或其他防潮措施等，选用安定性好的炸药等。

从使用操作方便出发，要求战斗部与导弹其他舱段连接结构简单，装卸迅速方便，无须使用复杂工具。

6. 经济性与工艺性要求

战斗部在战时使用量较大，在平时为成批生产，所以在设计时必须考虑成本问题。通常，战斗部的结构越简单，其生产成本越低。因此，设计结构时，在保证满足战斗部性能的前提下，应尽可能将结构简化，以便于制造。战斗部用的原材料，应立足于国内，并尽量不采用稀缺的战略物资。在战斗部设计时，不仅要考虑到工艺上能够实现，而且应便于大量生产，并尽可能采用标准件，保证各零件有合理的精度及公差要求。

战斗部（尤其是集束式战斗部）是由几个零部件组合而成的，往往分散在几个工厂或车间进行生产、检测及调整，应能独立地分散进行工作。同时，还要考虑装配过程的工艺性，使装配过程有节奏地进行。

以上所述是对一般战斗部的战术技术要求而言的，对某些特殊的战斗部可能还有专门的具体要求。此外，上述的战术技术要求彼此之间并不是并列的，有时甚至是相互矛盾的。所以应根据具体情况，正确、全面地分析这些要求，分清主次，合理地统一矛盾，以达到最有效地满足各项要求。

1.3 战斗部攻击的主要目标和目标特性

战斗部为了能有效地对付敌方目标而研制，它是在同目标的斗争中发展起来的。所以，目标分析是战斗部设计的前提，对付不同目标需用不同的战斗部。如对付装甲目标（坦克、装甲运输车、步兵战车、武装直升机等）需用聚能装药破甲战斗部、动能穿甲战斗部、破片杀伤战斗部；对付钢筋混凝土工事需用动能侵彻战斗部、破 – 穿 – 爆复合战斗部；对付地下深层工事需用高速深侵彻战斗部或串联随进战斗部；对付地面指挥中心、雷达站、仓库等目标，需用爆破战斗部、爆破 – 燃烧战斗部；对付飞机需用破片式杀伤战斗部；对付军舰需用反舰战斗部。

随着高新技术在军事上的应用，目标的防护能力不断增强，新的目标不断出现，这就要求战斗部的毁伤能力也必须增强。例如，坦克前装甲的防护能力，在第一次世界大战期间，为 5~15 mm 均质钢板；在第二次世界大战期间，装甲厚度增加到 50~100 mm 均质钢板，装甲倾角（装甲法线方向与水平方向之间的夹角）为 30°~45°；20 世纪五六十年代，装甲厚度增加到 100~150 mm，装甲倾角为 45°~60°；20 世纪 70 年代，装甲厚度增加到 150~200 mm，装甲倾角已达到 68°，由于新材料、新技术在装甲防护上的应用，20 世纪 70 年代后期，逐渐出现了复合装甲、间隙装甲、陶瓷装甲、贫铀装甲和爆炸反应装甲，大大提高了装甲防护能力。对于破甲战斗部，装甲等效防护能力相当于 1 000~1 300 mm 均质钢装甲；对于穿甲战斗部，装甲等效防护能力相当于 700~800 mm 的均质钢装甲。

1.3.1 战斗部攻击的主要目标和分类

1. 按目标位置分

战斗部攻击目标，按其位置可分为空中目标、地面目标和水中目标，它们的特征是不同的。

1）空中目标

广义的空中目标，包括各种类型的飞机、飞航式导弹、洲际导弹、高空间谍卫星等。由于洲际导弹、高空间谍卫星主要是在大气层外飞行，对付这类空中目标有些特殊的要求，需要用一些专门技术。狭义的空中目标是指各类飞机和飞航式导弹，也是地空导弹攻击的主要目标。国外将空中目标按飞行高度划分成高空目标（15 000 m 以上）、中空目标（6 000~15 000 m）和低空目标（6 000 m 以下），有的还分成超低空目标与超高空目标。

空中目标（指狭义的）的特点是：目标尺寸较小，运动速度大，机动性好且具有一定的坚固性。此外，具有致命杀伤的要害部位，如飞机的驾驶舱、仪表、发动机、储油箱等，又如飞航式导弹的战斗部舱、仪表舱等。

为了攻击空中目标，武器系统应满足以下要求：首先，防空雷达网要迅速发现目标；其次，拦击目标的时间尽可能短，在敌机投弹前（飞航式导弹应在飞行弹道上）把它击毁。因此，导弹的射程必须大于敌机所用武器的射程，导弹上升的高度必须大于敌机可能飞行的高度，导弹的速度和机动性必须大于目标的速度和机动性；导弹命中准确度应与其战斗部的威力半径匹配，以保证所要求的摧毁概率值。

对付空中目标的战斗部最先采用的是破片杀伤效应，至今仍被广泛采用。20 世纪 50 年代以来，随着科学技术的发展和导弹制导技术的日益完善，有些战斗部分别采用了冲击波效应、连续杆杀伤效应和聚能效应等作用类型。

2）地面目标

地面目标类型较多，按照防御能力分为硬目标与软目标，按照集结程度分为集结目标与分散目标。属于硬目标的有地下发射井、钢筋混凝土掩体、装甲车辆等。属于软目标的有军用仓库、铁路枢纽、卡车等。

地面目标的特点：大多数目标是固定的建筑物，面积较大，结构形式多，坚固程度不一。个别的点目标如坦克之类，其活动范围也是在有限的二维平面域内。所以，可认为地面目标大部分是在后方或阵地后方，距离发射阵地远，只有点目标在前沿阵地不远的地方。

为了对各种地面目标的性质、大小和范围有个概念，下面列举一些统计数据。

导弹发射场有发射导弹的特殊装置和设备，如发射架、高架桥、控制台等，其平均尺寸见表 1 - 3 - 1。

表 1 - 3 - 1　发射场和发射设备的平均尺寸

目标名称	尺寸/(m × m)
防空导弹发射场	150 × 200
战术对地导弹发射场	200 × 200
发射火箭装置	30 × 200

飞机场有野战机场和永久机场两种。野战机场的特点是，没有人工筑造的跑道和机场建筑，如机库、工场、司令部建筑等，仅有金属板构成的跑道与良好的伪装，其总面积为 1 300 m × 1 300 m。这种机场的要害部位是停机坪、燃料库和弹药库。永久机场的特点是有人工筑造的跑道和永久性的机场建筑，一般没有伪装。另外，还有地下建筑如仓库和机库，其面积约为 3 000 m × 3 000 m，它的要害部位是停机坪和混凝土跑道。

桥梁是交通的要害地点，修复桥梁需要很多人力和器材，破坏它能使运输中断。大多数铁路桥是金属结构，而公路桥则是钢筋混凝土结构，它们的规格尺寸见表 1 - 3 - 2。

表 1 - 3 - 2　桥梁的规格尺寸

桥梁种类	单线铁路桥		双线铁路桥		公路桥	
	长/m	宽/m	长/m	宽/m	长/m	宽/m
大型	500 ~ 1 000	6	500 ~ 1 000	10	500 ~ 800	8
中型	100 ~ 400	6	100 ~ 400	10	100 ~ 400	8
小型	50 ~ 100	6	50 ~ 100	10	50	8

对战场上的地面面板来说，敌军集结点的典型布置范围是：坦克营（12 辆坦克）的防御地区取为 1.0 km×0.5 km，步兵营的防御地区取为 1.5 km×1.0 km；步兵团的防御地区取为 2.25 km×1.75 km，单个目标的坦克和自行火炮在平面视图上面积不超过 25 m²。野战工事的临时火力点是由圆木和土筑成，埋桩框架厚 0.75～1.00 m，其上有厚 1.0～2.6 m 的多层掩盖。永久火力点大多是半地下式的钢筋混凝土建筑，壁厚 1.0～1.5 m，掩盖厚 1.5～2.5 m，面积为 100～200 m²。

对付地面硬目标的战斗部必须直接命中而且要求有一定的侵彻能力，通常采用破甲战斗部和半穿甲战斗部。对付地面软目标的战斗部，一般采用集束式战斗部和杀伤爆破战斗部。

3）水上目标

属于此类目标的有各种水面舰艇，包括战列舰、航空母舰、轻型舰（轻巡洋舰、驱逐舰和护卫舰），其中轻型舰已成为主力舰艇。

近代军舰的长度一般为 270～360 m，宽度为 28～34 m。军舰的生命力很强，一旦其机房和舱室遭到大的毁伤，它仍能保持不沉，这是因为它有很多不透水的船舱，而且具有向未毁船舱强迫给水系统，以保持军舰平衡防止舰舷倾覆。军舰上还装有防护装甲，如巡洋舰和航空母舰就具有两层或三层防弹装甲（第一层厚为 70～75 mm，第二层厚为 50～60 mm，两层间隔为 2～3 m）。战列舰的多层装甲总厚可达 150～300 mm。舰前端和舰尾炮塔以及驾驶舱的舱面局部装甲厚可达 50～200 mm。一般舰上均装备有导弹、火炮和鱼雷等武器。所以军舰目标具有面积小、装甲防护强、生命力强和火力装备强等特点。

对付军舰的战斗部目前最常用的是半穿甲战斗部、爆破战斗都和聚能破甲战斗部三种形式。

2. 按目标易损性和在战争中的作用分

为了合理选择战斗部类型，通常按照目标的易损性及其在战争中所起的作用，可将种类复杂的目标分成 8 类。

（1）高中空目标：位于 6 000 m 以上的空中飞行器，包括涡轮喷气飞机、涡轮螺旋桨飞机、往复式发动机飞机、涡轮发动机导弹、冲压式发动机导弹、火箭发动机导弹等。

（2）低空目标：位于 6 000 m 以下的空中飞行器，包括上述高中空目标外，还有直升机，以及比飞机更轻的飞行器等。

（3）集结的硬目标：包括混凝土的球壳仓库、小型掩体、装甲车辆群、隧道（地道）、混凝土水坝、战斗舰、大口径火炮掩体、混凝土桥等。

（4）集结的软目标：包括卡车群、机车群、运输船、油船、登陆艇、单个的地面飞机和工业建筑、木桥等。

（5）分散的硬目标：包括潜艇、钢厂、地下工厂、海军造船厂等。

（6）分散的软目标：包括大工业综合企业、铁路枢纽、炼油厂、弹药库、供应站、公路等。

（7）地面上未加保护的人员：在战场或在营房内的陆军士兵。

（8）地面上有局部掩体保护的人员：在战壕内的陆军士兵。

3. 按毁伤目标程度分

用战斗部攻击敌方目标的目的，是要使它们遭到预定的毁伤，包括使目标完全破坏或摧毁，也包括使目标受到伤害，而且目标的生命力或活动能力在一定程度内还保持着压制。

战斗部对目标的攻击结果，可以达到下列几种类型的毁伤程度。

（1）摧毁目标：指目标受到已经失去作战能力的毁伤。所谓完成摧毁目标的任务，要作具体分析。例如，消灭战场上60%~70%的有生力量和技术兵器，破坏敌方60%~70%的建筑物或工事，就可说达到了摧毁目标。

（2）压制目标：指暂时终止了敌方作战能力的毁伤。属于这类毁伤程度的，对建筑工事一般要破坏20%~30%；对技术兵器一般要摧毁20%~30%；对有生力量要消灭10%~20%。这样就达到了短时间内无法使用和暂时终止了它的作战能力。

（3）瓦解目标（扰乱目标）：目的是使敌方的目标遭到毁伤，即使它的生产能力、运转能力大大降低，或者生产的某一部门的正常活动能力被破坏，交通道的正常活动能力被破坏等。例如，破坏铁路车站以瓦解在铁道上的运输，破坏个别目标以瓦解整个生产部门，破坏联络线和联络枢纽以瓦解整个部队的调遣等。瓦解也可以通过将个别的目标破坏，使整个部门的活动能力解体来达到。

（4）疲劳目标：在战场上用火箭弹、炸弹或炮弹等对敌方有生力量进行疲劳性攻击。例如，在夜间进行射击，其目的是使敌人的有生力量经常不安，不得休息，中断其正常工作。为此，不仅要具有每次攻击的效能，而且要保持攻击活动的长期性。

1.3.2 目标特性

目标特性主要包括目标的攻防特性、几何特性、结构特性、隐身特性、运动特性。

1. 攻防特性

攻防特性是目标最重要的特性，"攻"是指对方来袭目标的攻击能力；"防"是指对方目标防攻击的能力。按目标的攻防特性可分为以攻为主以防护为辅、以防为主以攻击为辅、攻防兼备三类目标。来袭导弹是以攻击为主，防护为辅；钢筋混凝土工事或地下深层工事是以防为主；坦克则是攻防兼备，集攻防于一体。

来袭目标的攻击能力主要是指对己方目标的毁伤能力，来袭目标的攻击能力越强，对己方目标的威胁就越大。例如数千千克级的重磅炸弹，其毁伤能力是非常大的。巡航导弹飞行高度低，飞行轨迹多变，隐蔽性好，不易发现，同时巡航导弹的有效载荷是非常大的，具有很强的攻击能力。还有武器直升机，在隐蔽的地方从防区外攻击坦克，一打一个准，对坦克的威胁非常大。所以，弄清楚来袭目标的攻击能力和攻击方式对战斗部的设计是非常重要的，也是必不可少的。

按目标防护机制可分为主动防护和被动防护两类，目标的防护能力越强，被毁伤的概率便越低，而生存概率就越高。因此，目标的防护能力是目标的主要性能指标之一。

主动防护就是主动地对来袭弹药进行反攻击并击毁或干扰来袭弹药，有效地保护目标的安全。例如，现代坦克上装有超近程反导系统，它能自动发现来袭导弹，发射反击弹，并在安全区以外击毁来袭导弹。又如在钢筋混凝土工事上加装了主动防护模块，能在 30～50 m 以外击毁来袭导弹。军舰是海上作战的平台，它是一种集攻防于一体的武器，它受到来自陆地、水面、水下和空中的攻击。因此，它既有强大的进攻能力，又有很强的防空反导防护能力，同时还装有箔条弹干扰系统、红外诱饵弹系统和烟雾遮蔽系统等主动防护系统。

被动防护是指目标受到攻击时防破坏的能力，也就是所谓的抗弹能力。目标的抗弹能力越强，生存概率越高。所以，世界各国都在千方百计提高目标的防护性，随着高性能材料的应用，目标的防护能力在不断增强。武器直升机为了提高防护能力，在机身下面装上了防护装甲。据有关资料报道，地下工事的防护能力相当于 6～7 m 厚的钢筋混凝土。

剖析目标防护特性是战斗部设计的前提和基础，攻击防护能力弱的部位，就能取到事半功倍的毁伤效果。

2. 几何特性

目标的几何特性是指目标的几何尺寸和几何形状；几何尺寸大或群目标称为面目标；几何尺寸小或单个目标称为点目标。对于单个坦克是一个点目标，对于集群坦克就是一个面目标。对付点目标需用高命中精度的弹药，如精确制导弹药；对付面目标就可用有一定命中精度的大威力弹药或子母弹药。

目标的几何形状也是提高防护能力的措施之一，目标的几何形状直接影响到弹药碰击目标时的姿态，进而影响到弹药毁伤能力的发挥，如坦克前装甲的倾角目前已增大到 68°～70°，这对动能穿甲弹是一个严峻的挑战。

3. 结构特性

结构特性主要是指组成目标各部件在结构上的布局，搞清楚目标的结构特性，对弹药系统设计是很重要的。

例如，地面钢筋混凝土工事，钢筋如何布设、有多少层钢筋，这是攻坚战斗部设计的前提；又如，地下深层工事有多厚的土壤层、钢筋混凝土层，有无钢板层，这对反地下深层工事弹药的设计是非常重要的。

4. 隐身特性

随着信息技术、光电技术和控制技术在弹药上的应用，大幅提高了弹药对目标的捕获能力和命中精度，一旦发现捕获目标，就能跟踪并命中击毁目标。为了适应未来高强度战争的需求，提高目标的生存概率，世界各国广泛采用了隐身技术，减少目标被雷达和光电探测器发现的概率。看不到目标，也就谈不上命中目标，更谈不上毁伤目标。目前，常用的隐身技术有几何形状隐身、等离子隐身、材料隐身和涂料隐身四种。例如，美国的 F-117 隐身战斗机主要是几何形状隐身，大大减小了雷达反射面积；无人飞行器（或无人机）和导弹多采用材料隐身；坦克装甲车辆常利用涂料隐身。

隐身能力越强，被雷达和光电仪器发现的概率就越低，目标的生存概率就越高。因此隐身能力也是目标性能的主要参数之一。

5. 运动特性

按目标运动速度可分为两大类，运动速度为零的目标为固定目标（静止目标），当目标的运动速度相对于攻击弹药的速度很低时，可近似地看成是静止目标；运动速度大于零的目标为运动目标，如飞机、军舰、装甲车辆、自行火炮以及来袭导弹均为运动目标。运动目标又可根据运动速度的大小，分为高速运动目标和低速运动目标，一般飞机和来袭导弹的速度较高，为高速运动目标；军舰、装甲车辆和自行火炮运动速度较低，为低速运动目标。桥梁、交通枢纽、仓库、导弹发射井、地下工事等都是静止目标；地面指挥中心、雷达站一般也是静止目标。

运动目标又称为时间敏感目标，运动速度越高，机动能力越好，生存的概率也越高。提高目标运动速度，是提高目标生存概率的有效途径之一。目前，一些发达国家正在探讨未来的坦克是靠防护提高生存概率，还是通过提高目标的运动速度来提高生存概率。对付运动目标比对付静止目标困难得多，时间敏感越强的目标，越难对付，有效地对付时间敏感目标是弹药设计的重点。

1.4 战斗部选择的依据和原则

战斗部选择正确与否，将会直接影响到战斗部的性能。所以，科学地、正确地选择战斗部是战斗部设计的关键。

1.4.1 战斗部选择依据

1. 战场目标

战斗部是在同目标的斗争中发展起来的。战场目标不同，所用的战斗部也就不同。例如，战场目标为敌坦克或雷达站，所使用的战斗部就不一样。前者可能采用高速动能穿甲战斗部或聚能破甲战斗部；而后者多采用爆破战斗部或爆破杀伤战斗部。

2. 作战任务

作战任务不同，所用的战斗部亦不一样。例如，战场目标为敌坦克，作战任务是对敌坦克集群实施硬毁伤或失能（暂时失去战斗能力）毁伤。前者必须采用侵彻战斗部；而后者常采用通信干扰，或使观瞄系统失效，或使发动机熄灭的失能战斗部。

3. 主要战术指标（威力标准）

战术（威力）指标不同，采用的战斗部也不一样。例如，击穿 $50 \sim 60$ mm/$0°$ 或 $600 \sim 650$ mm/$0°$ 的均质钢甲，前者需用低速动能穿甲战斗部或爆炸成型弹丸（EFP）战斗部；后者只有采用高动能穿甲战斗部或聚能破甲战斗部。

假设战场目标为敌方坦克，作战任务是对敌方坦克集群实施硬毁伤，威力指标是击穿 $50 \sim 60$ mm/$0°$ 均质钢甲并有好的后效。对付敌方集群坦克可采用远距离曲射炮（含火箭炮）或空中打击，对付敌方集群坦克还必须采用以多对多的办法，即采用炮射子母弹或空投子母弹（含布撒器）。击穿 $50 \sim 60$ mm/$0°$ 均质钢甲，可采用低速动能穿甲战斗部、聚能破甲战斗部或聚能爆炸成型弹丸穿甲战斗部。至于选择哪一种战斗部更合理，应按战斗部的技术先进性、成熟度和毁伤效果来确定。

4. 技术先进性和成熟度

技术先进性是制约战斗部发展的主要因素，一般情况，战斗部的毁伤能力与技术状况成正比，也就是说技术越先进，战斗部的毁伤能力越强。试验证明，技术越成熟，技术风险越小，成功率越大。所以，应选择技术先进、成熟度高的战斗部。例如，对付钢筋混凝土工事，可采用动能侵彻战斗部，也可采用破甲－侵彻－杀伤复合战斗部。很显然，破甲－侵彻－杀伤复合毁伤的技术含量高，技术比较先进，而半穿甲动能侵彻战斗部的技术含量要低一些，但技术成熟度要高一些。如果上述两种战斗部都能摧毁钢筋混凝土工事，那么就应选择技术成熟度高的半穿甲动能侵彻战斗部。

1.4.2 战斗部选择原则

通过战斗部选择依据分析，选择战斗部的基本原则是以实现弹药系统的功能，完成战斗任务为前提，在保证完成战斗任务的前提下，应尽量选择技术先进、成熟度高、成本低的战斗部。

1. 高毁伤原则

高毁伤是指战斗部对目标的毁伤能力强、毁伤效果好。而毁伤能力强可减少用弹量，可实现高的效费比。所以，选择战斗部时应遵循高毁伤原则。大量试验表明，采用聚能爆炸成型弹丸击穿 50~60 mm/0° 均质钢甲，破孔大，破片多，毁伤效果好；而采用聚能破甲战斗部，破孔小，破片也少，毁伤效果差。如果能从破孔中随进一些杀伤战斗部或杀伤燃烧战斗部，那么毁伤效果会更佳。

2. 技术先进可靠原则

选择战斗部时必须充分考虑到目标的防护性能及其发展趋势，应具有超前意识。例如，目前世界各国的主战坦克大多数披挂有爆炸反应挂甲的复合装甲。实践证明，爆炸反应挂甲对聚能金属射流具有极强的干扰和破坏能力，可大幅削弱金属射流侵彻主装甲（复合装甲）的能力。因此，在选择聚能破甲战斗部时，首先要排除爆炸反应挂甲对金属射流的干扰，通常采用多级串联聚能复合破甲战斗部。以破－破组合破甲战斗部为例，前级聚能金属射流主要是引爆爆炸反应装甲，消除爆炸反应装甲的干扰，确保后级聚能金属射流能顺利侵彻主装甲，而后级聚能金属射流才是击穿主装甲的主射流。很显然，破－破复合破甲战斗部的技术要比单个破甲战斗部先进得多。随着坦克前装甲防护能力的提高，将来可能会采取多级聚能复合破甲战斗部。选择技术先进的战斗部是实现高毁伤的主要技术途径，而作用可靠的战斗部是实现高毁伤的基本保证。战斗部的作用越可靠，毁伤目标的概率就越高，消耗的弹药也就越少。

3. 多用途原则

对付不同目标需用不同的战斗部，随着新目标的不断出现，新的战斗部也相继问世，弹药的品种也随之增加，弹药品种增加会给使用、生产、运输和保管带来诸多麻烦。20 世纪90 年代，世界各国都在开发多用途弹药，即集几种（两种以上）毁伤于一体，实现一弹多用。20 世纪 90 年代中后期，国内研制了集杀伤、破甲－杀伤燃烧等战斗部于一体的组合型多用途弹，该弹既具有一般杀伤榴弹的功能，可杀伤敌方有生力量，又具有破甲功能，可穿透敌方轻型装甲（步兵战车、自行火炮等）。同时，沿破孔随进杀伤燃烧战斗部，大幅提高了对轻型装甲车辆的毁伤效果。组合型多用途弹既能提高毁伤效果，又能实现一弹多用，减少了弹药品种，是未来弹药发展的主要方向之一。

4. 适应多平台原则

所谓多平台，是指在选择战斗部时必须考虑能适应多种发射平台。例如，高速动能穿甲战斗部和聚能破甲战斗部都是反装甲战斗部。前者是靠自身的动能穿透装甲，它的必备条件是高速，只要能提供高速的发射平台均可选用高速动能穿甲战斗部，但是能提供高初始速度的发射平台较少，常用的有高速身管火炮和高燃速火箭发动机；后者是靠聚能装药爆炸压垮药型罩形成的金属射流来击穿装甲，弹丸的着靶速度对破甲影响不大。因此，它对发射平台提供的初始速度要求不高，可适用于多种发射平台，如身管火炮（含无后坐力炮）、火箭炮（含肩射火箭筒）、抛投（航弹）、布设（地雷）等。所以，聚能破甲战斗部仍是目前用得最多、最广泛的一种反装甲战斗部，仍具有较大的发展潜力。另外，在选择战斗部时还要充分考虑到对车载、舰载和机载发射平台的适应性。

从上面情况可知，对付同一个目标可以选用几种类型的战斗部，这就需要结合弹药总体技术参数综合起来分析考虑。战斗部设计人员可以在仔细研究类似战斗部的使用经验的基础上，选择几个类型战斗部进行设计，然后进行评价，从中选择最优的战斗部类型。

1.5 战斗部的研制过程

战斗部研制过程大体上可划分为以下几个阶段：战术技术论证、预研、方案设计（包括方案摸底试验）、技术设计、样机试制、威力试验、修改设计、再试制与全弹配合试验（闭合回路试验）和设计定型。

1. 战术技术论证阶段

在设计新的战斗部时，总体设计组应根据新武器的性能要求对战斗部系统提出战术技术要求，将其作为设计的基本依据。战术技术要求的提出应根据国家装备系列的情况，通过调查研究及科学分析，并考虑到敌方的装备和作战方式的发展趋势进行综合分析，同时还应考虑国内的技术水平和原材料的供应。

对于战斗部来说，应根据武器系统特性、基本要求、目标状态（运动或固定）和易损性，并充分考虑国家在战斗部领域的科学技术水平和产品制造能力，首先确定战斗部类型，如果有多种类型可供选择，则需要从威力特性、引战配合和经济性等诸方面进行综合评价；然后选择一种战斗部类型，通过分析和计算，初步确定战斗部的战术技术指标，并应满足武器系统总体对战斗部规定的毁伤效率的要求；最后进行方案的可行性论证。将国外有关的先进技术和国内预研成果融合在一起，进行结构分析、理论计算或数值模拟，确定采用的结构和技术措施，以实现战斗部的主要指标。通常要经过少量的静爆威力摸底试验来验证实现目标的可行性。必要时，可能对指标做适当的修正。这种修正，仍应满足武器系统总体对战斗部的要求。

正确的战斗技术指标（简称战技指标）不仅反映出新产品战术性能上的先进性，还应考虑技术上实现的可能性和生产中的经济性。这里还应强调，不恰当的指标或指标间不协调，都会给下阶段的设计带来不利后果。很明显，指标过低，不仅使产品缺乏先进性，甚至使新产品步入淘汰的危机中；反之，指标定得过高，超出先进技术现况，可能拖长研制周期，甚至完不成任务，造成极大浪费。由此可见，战术技术论证阶段，虽未直接触及战斗部的技术设计，但它确实是战斗部研制过程中的关键环节。

这个阶段的主要工作，是由弹药总体设计单位进行，部分工作和研制单位共同进行。以此为基础，总体设计单位提出正式的战斗部研制任务书，下达各研制单位，任务书中明确规定战斗部必须达到的技术要求。以破片式杀伤型战斗部为例，主要技术要求有破片飞散特性（飞散角、方位角、飞散倾角和破片分布均匀性）、破片初始速度分布特性、破片总数、单枚破片质量和战斗部的质量等。任务书还应提供战斗部结构设计时需用的弹药环境条件、使用要求、长储性要求以及战斗部尺寸和战斗部与弹体对接形式等技术资料。

2. 预研阶段

预研是设计新战斗部的重要阶段。一个新的战斗部方案的提出在作用机理上或技术上总要有一些独特的先进措施，才可能超越原有战斗部的性能。因此，总有一些关键技术问题需要解决。只有解决了这些关键技术，新的战斗部才有实现的可能。所以，预研阶段实质上是解决关键性技术问题的阶段。这一阶段通常是在战术技术论证前进行，或者交叉进行。

3. 方案设计阶段

根据武器系统总体设计组提出的战术技术要求及预研的成果，进行较全面的战斗部系统设计。特别是对一些主要指标要仔细计算，而对一些次要问题可粗略计算。此阶段要解决的主要问题有战斗部类型选择、结构参数确定、威力估算以及与弹体各部件之间的协调配合。在方案设计结束后，应编写出战斗部方案的设计说明书，绘制出战斗部结构草图。

4. 技术设计阶段

技术设计是战斗部设计工作全面展开的阶段。在此阶段还要借助一维、二维理论和经验公式进行大量详细的设计计算工作。这一阶段的主要工作内容是，在战斗部方案设计的基础上，从完成威力设计、装药结构设计、传爆序列设计和战斗部结构工艺性设计，直到提出能供加工用的零部件图和末带装药的战斗部装配图、战斗部总图，编制提出检验与试验技术条件。

在战斗部技术设计阶段，往往需要进行一定数量的性能（如传爆序列的作用可靠性、作用威力等）试验。根据试验结果分析调整结构设计，直至满足研制任务指标要求。除满足技术指标外，研制单位还应重视产品的经济性，国外已将技术性和经济性列为同等重要的独立的评价因素。

5. 样机试制阶段

技术设计阶段结束后，要编制正式的产品设计图样。生产和验证的技术文件和工艺文件要接受主管技术部门的审查，生产出设计定型批产品要通过设计定型试验的考核，以鉴定战斗部的性能是否满足战术技术指标要求。完成上述各项内容后，从技术层面讲，实际已完成了设计定型，并待上级部门批准。下一步即可将战斗部装在导弹上进行飞行打靶试验，有时也允许用技术设计阶段考核的战斗部做一些飞行试验。一旦通过飞行试验，有关部门才会对战斗部的设计定型履行批准手续。

试制工作的目的，不仅要提供试验用的样机，也是为了考查新设计的战斗部的工艺性。此外，对新产品往往要求采用新的工艺技术。因此，有时需要提请生产试制部门进行新工艺研究。在样机试制过程中和制成后，必须按图纸技术要求进行严格的质量检验。只有合格的样机才能送到靶场进行威力试验，所以样机的工艺质量是保证研制工作顺利进行的关键。

6. 威力试验阶段

威力试验是战斗部研制工作中重要的一环。威力试验分地面静止爆炸试验和飞行动态试验。地面静止爆炸试验主要考核战斗部威力参数是否与设计相符，能否破坏毁伤模拟目标，同时也考核结构、选材、加工与装配工艺有无问题；飞行动态试验是在地面静止爆炸试验合格后进行，可以由实弹发射，也可以用模拟器进行试验。它主要考核战斗部与引信的配合情况，以及对目标的毁伤效果，同时也考核全弹各部件结构在发射与飞行受载后是否可靠。

在试验过程中，特别是威力试验，是个爆炸瞬变过程，为此必须利用先进的测试技术（如脉冲 X 射线、可见光高速摄影等）进行全过程的记录。通过试验，可获得经验或半经验公式。尤其是原型制品试验，能对理论和最终的设计作出权威性的鉴定。

7. 修改设计阶段

战斗部经过威力试验以后，根据出现的问题，有时还需要对设计进行修改，并再次试制、试验，使各项指标满足战术技术要求。

8. 设计定型阶段

经过多次的地面静止爆炸试验和飞行动态试验，证明研制的战斗部性能稳定并符合战术技术要求后，即可申请定型。为此应把研制过程中的全部技术资料进行总结，绘制出全套定型的生产图纸，并根据图纸生产出一小批战斗部定型产品，以进行定型试验。

设计定型的顺序是，先在工厂定型，后在国家靶场定型。定型时要按照战术条件规定，进行勤务性能试验（振动、振荡、密封性、落高、气候等试验）、威力性能试验、作用可靠性试验等，综合检验并鉴定战斗部的战术技术性能。工厂定型试验后，应整理出定型报告，报请有关领导部门审批。

国家靶场定型通常是结合全弹对模拟靶标进行实弹射击试验，检验战斗部的动态性能（如强度、刚度、威力等）和引战配合效率。由国家靶场鉴定战斗部性能符合战术技术指标后，才能正式投入生产。

实际研制工作中，有些阶段之间不一定有明显的界限，而且工作顺序可能有交叉和调整。根据产品的性质，有的工作可省略。例如，引进仿制产品，其工作重点主要是制造工艺、选材等国产化，而技术设计工作主要是反设计，所以试验内容可从简，试验数量也可减少。典型战斗部的研制流程如图 1 - 5 - 1 所示。

实际研制工作中，有关指标的确定和协调、方案的论证、技术和经济方面的评价是不可分割的，是相互穿插进行的。其最终目标是追求研制出先进的高毁伤效能的战斗部，并具有较高的效费比。

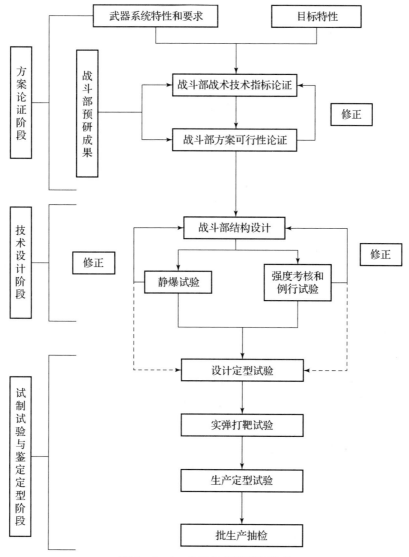

图 1-5-1 典型战斗部研制流程

思 考 题

1.1 战斗部的基本组成有哪几部分？

1.2 常规战斗部的杀伤元分别是什么？

1.3 战斗部的主要战术技术指标包括哪些？

1.4 战斗部攻击的主要目标分为几类？

1.5 目标特性包括哪些？

1.6 战斗部选择的依据和原则是什么？

第 2 章

破片杀伤战斗部

2.1 概 述

现代兵器所配用的弹药中，都有起杀伤作用的战斗部（包括各种口径的炮射弹丸、火箭弹和导弹战斗部）。其特点是利用爆炸产生的高速破片群对目标进行侵彻、引燃和引爆作用。实践证明，这种类型的战斗部在对付空中、地面活动的低生存力目标以及有生力量时具有良好的杀伤效果，是战斗部的主要类型。

杀伤战斗部的杀伤破片一般由战斗部的金属壳体形成。为了获得一定形状、质量和尺寸要求的破片，一般在战斗部壳体设计时，可以考虑选择自然破片、预控破片和预制破片结构。

整体式战斗部在爆炸作用下壳体破裂后形成大小不一、形状不规则的自然破片。这类破片的特性参数是相当复杂的，涉及战斗部材料和结构的诸多因素。由于自然破碎形成的破片大小不均，为获得最有效的破片尺寸和形状，得到最佳飞散形式和初始速度，通常采用预控技术（包括预控破片技术和预制破片技术）。预控破片技术是通过某些方法和措施控制战斗部爆炸后形成破片的大小和形状，常用的预控破片技术有全预制破片、在壳体上刻痕或刻槽、在炸药和壳体之间增加衬套、药柱刻槽、缠绕壳体等技术。预制破片技术是事先将破片按照一定的形状和大小加工好，放置在壳体内部。

对于预制破片战斗部或预控破片战斗部，其爆炸过程和自然破片战斗部基本上是相同的，不同之处是预制破片战斗部壳体较薄，变形过程时间较短，壳体膨胀程度较小，破片初始速度稍低，形成的破片大小较均匀。预制破片战斗部在壳体爆炸后其数量和质量一般都略有损失，损失率的大小主要取决于拟要获得的初始速度。在装填系数大而炸药猛度高时，损失率相应较大，当壳体材料的冲击韧性好时，可以相应减小破片质量损失。为获得中高速破片（大于 2 000 m/s），破片质量损失一般为 10%~16%。对于预控破片战斗部，壳体破裂形成破片是沿着刻槽或聚能穴方向的。由于破裂过程随机因素的影响，实际形成的破片数总是少于理论设计数，而破片的实际质量也总是小于理论设计质量。这是因为局部破裂有时不完全，可能产生少量的连片，另外，在破碎时也存在质量损耗。一般来说，破片数及破片质量损失均不超过 10%~17%。例如，美制"响尾蛇"导弹战斗部，其理论设计破片数是 1 280 枚，而实际试验获得的破片数为 1 010~1 270 枚，从苏制 K-15 导弹壳体刻槽的战斗部试验结果来看，其破片数损失大约为 10%。

杀伤战斗部的基本设计思想是在一定的战术使用条件下，对目标具有最高的杀伤效率。

有时要在一定效率指标要求下，达到最小体积、最小质量或最低的成本等。由于战斗部爆炸过程短暂，金属材料在高速高压条件下的特性十分复杂，破片在空气中飞行姿态具有随机性以及破片碰击目标的物理过程难以描述。长期以来，战斗部设计方法多半沿袭炮弹设计中的经验方法。近年来，随着理论工作的深入、试验手段的进步以及计算技术的提高，推动了战斗部设计理论的发展，战斗部设计方法从经验设计为主逐步过渡到以分析设计为主。

2.1.1　典型破片杀伤战斗部结构

1. 整体式结构

整体式战斗部结构的特点是，战斗部壳体内外形是按一定母线形状旋转形成的一个轴对称体。壳体内装炸药（TNT 炸药或 B 炸药）。装药在引信作用下爆炸形成许多形状不一、大小不等的破片。例如，75 mm 高炮榴弹，爆炸后质量 10～100 g 的破片数为 150～180 块，100 mm 高炮榴弹爆炸后 5 g 以上的破片数为 720～730 块，而 107 mm 野战火箭战斗部爆炸后，形成 1 g 以上的破片数为 1 253 块左右。整体式战斗部爆炸后，破片按 500～1 500 m/s 的初始速度飞散出去，飞散角的大小与弹结构有关，对于 75 mm 口径的高炮榴弹，其飞散角为 75°～140°。图 2 - 1 - 1 所示为杀伤榴弹典型结构。

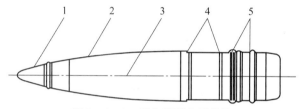

图 2 - 1 - 1　杀伤榴弹典型结构
1—时间引信；2—壳体；3—炸药；4—定心部；5—导带

图 2 - 1 - 1 中的杀伤榴弹由时间引信、壳体、炸药和导引部组成。引信控制爆炸高度；铜质壳体（S15A 生冲钢冷挤）形成破片和承受发射时的火药气体作用力；炸药是爆炸能源，使壳体破裂，形成高速分散破片以杀伤目标；导引部包括定心部和导带，使弹丸在炮膛内定心、定位，使弹丸能正常运动，导带还有紧塞火药气体作用，赋予弹丸旋转飞行稳定性，爆炸弹丸有一个良好的射击精度。

常见高射杀伤榴弹的有关战术性能见表 2 - 1 - 1。

表 2 - 1 - 1　制式高射杀伤榴弹的战术性能

口径/mm	杀伤弹质量/kg	初始速度/(m·s⁻¹)	最大射高/m	有效射高/m	射速/(发·min⁻¹)	弹丸威力
37	0.732	866	6 700	3 000	80～90	有效杀伤区 15 m×8 m
57	2.85	1 000	8 800	5 000	50～60	对地面生动力量有效杀伤区 25 m×10 m
85	9.17	800	10 500	8 000～9 000	12～20	空炸杀伤距离平均 50 m
100	15.6	900	15 400	12 000	12～15	空炸杀伤距离 50 m

2. 预控破片结构

预控破片结构战斗部是采用刻槽方式，利用应力集中和剪应力作用来形成破片的。这种结构形式应用很广，尤其是在火箭弹和导弹战斗部上应用很普遍。

1）壳体刻槽式杀伤战斗部

壳体刻槽式杀伤战斗部利用应力集中的原理，在战斗部壳体内壁或外壁上刻有许多交错的沟槽，将壳体壁分成许多事先设定的小块，当炸药爆炸时，由于刻槽处存在应力集中，因而壳体沿刻槽处破裂，形成有规则的破片，破片的大小、形状和数量由沟槽的多少和位置来控制。沟槽的形状有 V 形、方形和锯齿形，沟槽的形状不同，壳体破裂时断裂迹线的走向不同，实践和理论证明，菱形槽的效果优于方格槽。沟槽相互交错构成网格，网格有矩形网格和菱形网格等。为了保证在炸药爆炸作用下沿槽破裂，一般设计槽深为壁厚的 1/3。

图 2 - 1 - 2 所示为一种 SA - 1 地空导弹内壁刻槽的杀伤战斗部，爆炸后可形成数千块破片。该战斗部壳体采用厚 7 mm，10 号普通碳钢板卷焊接而成，其内壁刻槽，槽深为 3 mm，V 形槽角度为 168°，为加强应力集中，槽底部较尖，为 45°。爆炸后，形成的每一菱形破片质量为 12 g。选用较重破片的原因在于提高对飞机的毁伤能力。在圆筒壳体两端焊有 10 号普通碳钢的圆环，与前后底之间各用 16 个螺栓连接，前后底用铝合金制成。

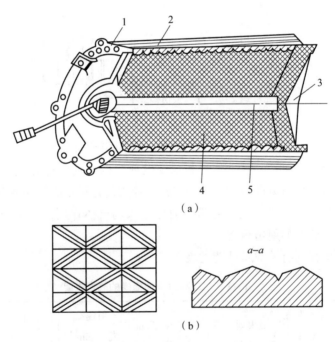

（a）

（b）

图 2 - 1 - 2　壳体表面刻槽杀伤战斗部

1—前底；2—壳体；3—后底；4—炸药；5—传爆药管

战斗部壳体内铸装 TNT、RDX 混合炸药，其成分为 TNT/RDX（40/60）。在壳体两端均铸有 TNT 封口层，这样做除考虑工艺性较好，还可提高装药的密封防潮性能。

战斗部传爆序列是在装药中心设置传爆管，用 4 个并联的微秒级电雷管成对安装于前后两端，提高起爆的瞬时性。传爆管内还装有 17 节钝化黑索今药柱（共 507 g），以起爆主装药。传爆管外壳为铝合金，引出导线用酚醛塑料封口。

2）装药表面刻槽式杀伤战斗部

该战斗部是在炸药装药表面上预先制成沟槽，炸药爆炸时，在凹槽处形成聚能效应，将壳体切割成预设形状的规则破片。采用这种结构可以很好地控制破片的形状及尺寸，且不易出现连片现象。

图 2-1-3 所示为"响尾蛇"空空导弹的装药刻槽式杀伤战斗部。该战斗部为圆柱形，由壳体、前底、后底、塑料衬、炸药装药和传爆管等组成。战斗部壳体为整体式圆筒（导弹壳体的一段），爆炸时形成杀伤破片，其材料为 10 号普通碳钢。炸药装药上的沟槽是铸成的，其方法是在战斗部壳体内表面设置一层塑料罩，在塑料罩上压有 V 形槽，炸药铸装在塑料罩内凝固，从而在药柱表面上形成了 V 形槽。

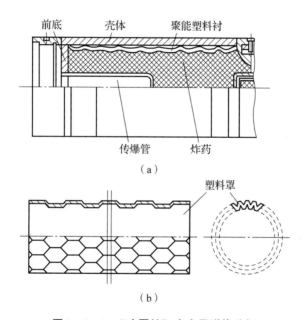

图 2-1-3　"响尾蛇"空空导弹战斗部

塑料罩是用厚度为 0.24~0.35 mm 的中性醋酸纤维压制而成。V 形槽形成六角形网格，长度方向为 42 个，圆周方向为 31 个。试验测得，爆炸后可形成 1 302 个破片。

炸药采用混合炸药，其成分为 TNT（37.5%）、RDX（40.5%）、铝粉（18%）和卤蜡（4%，外加）。该炸药适于铸装，加铝粉后，爆速降低（只有 7 140 m/s），但爆热增加，还可提高破片温度，在击中飞机时可增大引燃作用。

传爆药柱用特屈儿压制而成，其直径为 53 mm，高度为 54 mm，质量为 40 g，并装在 10 号普通碳钢制成的传爆管内。

3）圆环叠加点焊杀伤战斗部

叠环式破片战斗部由钢环叠加而成，环与环之间点焊以形成整体。爆炸时，钢环径向膨胀并断裂成长度不太一致的破片。图 2-1-4 所示为"玛特拉" R530 空空导弹战斗部。

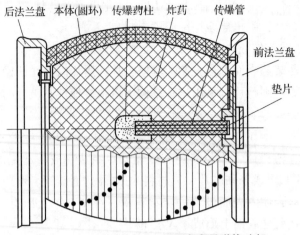

后法兰盘　本体(圆环)　传爆药柱　炸药　传爆管

前法兰盘

垫片

图2-1-4　"玛特拉"R530空空导弹战斗部

战斗部的外形为腰鼓形，由52个圆环重叠两层组成。圆环之间用点焊连接，焊点3个，以120°均匀分布，各圆环的焊点彼此错开，并在整个壳体上成螺旋线。这样做的目的是使爆炸后的破片在圆周方向上均匀飞散。

破片是在爆炸载荷作用下钢制圆环径向膨胀并断裂形成的。由于各个圆环的宽度及厚度相同，因而可拉断成大小比较一致的破片，每个破片质量约6 g，破片初始速度为1 700 m/s，总数为2 600块左右。战斗部采用腰鼓形的目的是增大破片的飞散角度，以获得较大的杀伤区域（静态飞散角为50°），其有效杀伤半径为25~30 m。

叠环式结构的最大优点是可以根据破片飞散特性的要求，以不同直径的圆环，任意组合成不同曲率的鼓形或马鞍形结构。叠环式结构与质量相当的刻槽式结构相比，其破片速度稍低，这是因为钢环之间有缝隙，装药爆炸后，在环的膨胀过程中，稀疏波的影响较大，使爆炸能量的利用率下降。

与叠环式结构相似的还有一种钢带（或钢丝）缠绕结构，把带有刻槽的钢带螺旋地缠绕在特定形状的芯体上，两端对齐，像叠环式一样用电焊连接使之成型，就成为所需的战斗部壳体。破片尺寸由钢带的宽、厚和刻槽间距决定。

3. 预制破片结构

预制破片杀伤战斗部是将已制造好的破片用树脂黏结在战斗部壳体的内腔或装药外的内衬上，炸药爆炸后，驱动破片高速飞散毁伤目标。内衬可以是薄铝板、薄钢板或玻璃钢。预制破片形状有圆柱形、立方形、瓦片形和球形。球形破片则可直接装入装药外的两层金属板之间，其间隙可用环氧树脂或其他适当材料填充。预制破片形状选择要考虑破片的弹道性能好，易于加工，破片间的间隙小，而且便于连接。根据所需要的破片数和飞散要求，破片可以排列一层、两层或多层形式。多层结构中采用瓦片形的较多，一层结构中采用瓦片形、球形、圆柱形或半圆柱形皆有。图2-1-5所示分别为球形和方形破片单层排列的示意图。在装填系数相同的情况下，预制式战斗部的破片初始速度是最低的，比整体式或半预制破片式的破片飞散初始速度要低10%~15%。这是因为装药爆炸后，产物较早逸出，破片被抛出前膨胀加速时间短。

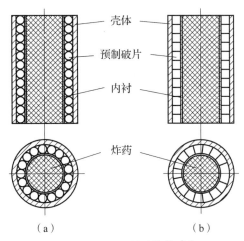

图 2 - 1 - 5　预制破片战斗部

预制破片通常采用钢质、钨质材料或含能材料等，也有的在破片内填充铅、锡等软金属材料。图 2 - 1 - 6 所示为"百舌鸟" AGM - 45 空地导弹的预制破片杀伤战斗部，其攻击目标主要是地空导弹雷达阵地、高射炮瞄准雷达和雷达站等。

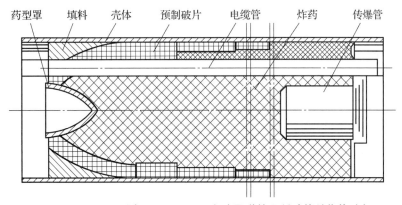

图 2 - 1 - 6　"百舌鸟" AGM - 45 空地导弹的预制破片杀伤战斗部

战斗部外壳的圆柱形内装有一万多个预制的立方破片，立方破片的尺寸为 4.8 mm × 4.8 mm × 4.8 mm，每块质量为 0.85 g，这些预制破片预先用有机胶黏结成块。为了使爆炸后破片形成合理的杀伤区域，在预制破片的排列上进行了精心设计，后部为一层或两层破片，头部为四层破片。同时，前部制成卵形以保证破片向前方飞散。

战斗部爆炸时，破片随着层次排列的不同，获得了一定大小的动能，可穿越雷达，损坏武器和杀伤人员。着地爆炸时能产生 1.5 m 直径的弹坑，深度能达到 0.65 m。有效破坏半径为 10 ~ 15 m，而对人的有效杀伤半径为 50 ~ 60 m。战斗部前面有一个药型罩，主要用于破坏制导和控制机构。这种预制破片战斗部，其最大的优点就是破片数量多。只要正确设计飞散破片幕，可以设想作为反导弹和反间谍卫星的重要手段。

2.1.2　破片对目标的毁伤准则

杀伤战斗部在摧毁任何一种目标时，都必须使杀伤破片击中其要害部位。所谓要害，是指当高速破片击中该部位能造成整个目标失去作战能力或引起整个目标的破坏。通常，要害部位只占整个目标体积的一部分。必须说明，针对不同的破坏机理，目标要害部位的判别与划定并不相同。例如，如果破片只能贯穿目标形成若干个孤立的孔洞，飞机目标的机翼并不是要害部位；而如果是连续杆式战斗部，能切割目标使之解体，则即使同样是机翼，也构成了要害部位。

对于有生力量，能造成当即死亡的部位，不难理解是头部和胸腔，腹部次之。而杀伤四肢不能造成当场死亡，所以头部和胸腔是有生力量的要害部位。四肢的杀伤将引起敌方不同程度丧失作战能力，发生战斗减员，尤其可以使对方增大后勤负担，当然也是很有效的。

对于车辆，驾驶室、发动机、油箱及行进操纵部分所占的空间是要害部位。毁伤这些部分可引起目标被毁或失效。

对于空中典型目标飞机，根据机种不同，一般视驾驶舱（仪表舱）、燃油箱、发动机及机械传动装置等为要害部位。根据破片的杀伤作用性质和目标易损性质，可把全部要害部分分为三组：①由于机械损伤遭到破坏的部分；②由于引燃燃料而破坏目标的部分；③由于起爆和液压冲击而遭到破坏的部分。

有的部分是要求联合作用才能奏效的。例如，油箱油管，需要先击穿，后引燃，前者是后者的必要条件，称为联合作用类型，计算时通常把前一个概率作为后一个概率的条件概率。

判断目标是否被破坏和被破坏程度的判据称为毁伤准则。毁伤准则包含两层含义：①毁伤的定义，即给出目标是否毁伤的量化标准；②目标受损程度与作用在目标上的毁伤元之间的关系。因此，毁伤准则是目标和毁伤元的函数。毁伤准则一般通过试验得到。

破片的毁伤准则指的是有效破片（能够毁伤目标的破片）毁伤各类目标时，破片参数的极限值。由于目标的种类繁多、结构复杂，不可能每类目标都由试验来确定毁伤准则。工程上，往往是采用试验类比的方法来确定破片对不同目标的毁伤准则。从弹药的设计和使用角度，正确地给出破片毁伤各类目标的准则，是一个十分重要的问题。

1. 破片动能毁伤准则

杀伤型弹药对目标的毁伤，主要是以破片击穿作用为主，破片的动能 $E_{f,k}$ 是衡量这一毁伤效应的主要参数，可表示为

$$E_{f,k} = \frac{1}{2} m_f V_c^2 \qquad (2.1.1)$$

式中，V_c 为破片撞击目标时的速度（m/s），其他符号的定义同前。

各种目标的动能毁伤准则见表 2-1-2。

为了满足 $E_{f,k}$ 要求，弹药战斗部壳体结构必须与装填的炸药量匹配，即装填炸药量大，破片速度高，但相应的破片有效质量就会降低；反之，破片有效质量会增加。在我国，目前公认等于和大于 1 g 的破片称为有效杀伤破片，等于或大于 4 g 的破片称为杀伤破片。或者也可以这样理解，战斗部爆炸后产生的破片，要达到杀伤命中目标，必须既具备一定动能，还具备一定动量。兼备这两个条件的破片，就称为杀伤破片。所以说杀伤性破片应拥有最小动能和最小质量两个重要的特征参数。

表 2 - 1 - 2 破片毁伤目标的动能毁伤准则

目标	毁伤动能/J	目标	毁伤动能/J
人员轻伤	21	7 mm 厚装甲	2 158
杀伤人员	>74	10 mm 厚装甲	3 434
粉碎人骨	157	13 mm 厚装甲	5 788
杀伤马匹	>123	16 mm 厚装甲	10 202
击穿金属飞机	981 ~ 1 962	击穿飞机发动机	883 ~ 1 324
击穿机翼、油箱、油管	196 ~ 294	车辆（应击穿 6.35 mm 中碳钢板）	1 766 ~ 2 551
击穿 50 cm 厚砖墙	1 913	轻型战车及铁道车辆 （应击穿 12.7 mm 中碳钢板）	14 568 ~ 22 073
击穿 10 cm 混凝土墙	2 453	人员致命伤	98

经验证明，杀伤敌人必须用 1 g 以上的破片。但是，近年来破片质量为 0.5 g，甚至有的破片质量为 0.1 ~ 0.2 g，破片初始速度为 1 460 ~ 1 500 m/s，在半径为 5 ~ 7 m 范围，这样小的破片也认为是有效的。对气温较高的作战区，实战使用证明杀伤效果是比较令人满意的。一些脆性材料（如铜性铣）制成的杀伤战斗部可以满足获得多而小的破片。对付轻型军事装备如汽车、飞机等其破片质量应大于 4 g。击毁装甲车、火炮等一类坚固防护的技术兵器，其破片质量应大于 10 g。

对于杀伤空中敌机，国内尚无明确规定破片质量的大小。根据部队使用产品的要求和现有制式产品的有限统计，下列数据可供设计时参考：对于整体式结构的高射杀伤榴弹，破片质量不得小于 5 g；第二次世界大战期间的历史统计数据是按 10 g 计算的（如 75 mm 和 88 mm 高射杀伤弹就是这样），它们破片的平均质量为 25 g；对于反飞机地空导弹的半预制形式杀伤战斗部，破片的质量不应小于 7 g（这里未考虑爆炸时破片质量的损失，由试验可知，质量损失率为 17% ~ 20%，故理论设计破片质量应稍大于 7 g）。国外资料报道，认为杀伤飞机的破片质量以 8 ~ 50 g 为宜。我们认为后者偏重，对半预制结构不合理。对于杀伤飞机的空空导弹的半预制杀伤战斗部，破片质量不应小于 2 g，一般取 2 ~ 6 g；对于超低空导弹，其破片数量可适当增加。一般来说，钢预制破片 6 ~ 12 mm² 的尺寸，破片质量为 9 g。预制破片为 3 ~ 6 mm² 的尺寸，其质量为 2 g 左右。

2. 破片比动能准则

由于破片是个多棱体，飞行中又旋转，同时破片与目标遭遇时的面积对毁伤能量有较大影响。因此，用杀伤破片比动能 $e_{f,k}$ 来衡量对目标的杀伤标准，要比 $E_{f,k}$ 更为确切，有

$$e_{f,k} = \frac{E_{f,k}}{S} = \frac{m_f}{2S} V_c^2 \tag{2.1.2}$$

式中，S 为破片与目标相遇时的接触面积。

据资料报道，击毁飞机润滑系统、冷却系统和供给系统或者击穿铝制蒙皮所需破片的比动能 $e_{f,k} = 392 ~ 491$ J/cm²；破坏飞机大梁和操纵杆所需的 $e_{f,k} = 785$ J/cm²；击穿厚 4 mm 的飞机钢甲时 $e_{f,k} \geq 785$ J/cm²；击穿厚 12 mm 的飞机钢甲时 $e_{f,k} = 3 434$ J/cm²。杀伤人员的比动

能：对 0.5 g 的方形破片，$e_{f,k} = 133 \text{ J/cm}^2$；1 g 的球形破片，$e_{f,k} = 111 \text{ J/cm}^2$；5 g 的方形破片，$e_{f,k} = 139 \text{ J/cm}^2$。

3. 破片密度毁伤准则

弹药爆炸后破片在空间的分布是不连续的，随着破片离炸点距离的增大，破片间的距离亦加大。这样，就破片本身来说，即使具有足够的动能，但不一定能命中目标。因此，单纯地确定破片动能 $E_{f,k}$ 和破片比动能 $e_{f,k}$ 作为杀伤标准不够全面，还必须同时确定破片在威力半径范围内的分布密度 $\sigma(1/\text{m}^2)$，才能保证毁伤目标。破片密度 σ 越大，则破片命中目标的概率和击毁目标的概率越大。但是，σ 增大，相应地要求破片数 N_0 增加，使弹药战斗部质量增加；或在一定战斗部质量下，壳体质量增加，装药量减少，这又会导致破片初始速度 V_0 下降。所以，要设计一个合理的 σ 值。通常 m_f 小的，σ 要设计大些；反之，σ 设计小些。对空空导弹杀伤型战斗部，当 $m_f = 3 \sim 6$ g 时，$\sigma = 4(1/\text{m}^2)$；对地空导弹杀伤战斗部，$m_f = 7 \sim 11$ g 时，$\sigma = 1.5 \sim 2.5(1/\text{m}^2)$。

4. 人员杀伤准则

杀伤型弹药主要是用来对付敌方的有生力量，因此研究破片对有生力量的杀伤标准，客观地评价破片杀伤作用的大小，不但对改进弹药的威力设计，而且对部队的实际使用都有重要意义。目前，世界各国普遍采用破片动能作为人员杀伤准则。美国规定动能大于 78 J 的破片为杀伤破片，低于 78 J 的破片则认为不具备杀伤能力；我国规定人员杀伤准则为 98 J。除此之外，哥耐曾提出以 $m_f V_s^3$ 作为破片的杀伤标准；麦克米伦（Mcmillen）和格雷（Gregg）提出侵彻速度为 75 m/s 作为破片的杀伤标准；还有人提出穿过防护层后的破片应具有 2.5 J 的动能等。国外杀伤破片的标准只考虑动能，未提出破片质量要求；我国杀伤破片除考虑动能外，还提出破片质量不小于 1 g 的要求。提出质量要求，除了保证杀伤距离外，还考虑了杀伤效果。各种杀伤型弹药的战术技术指标中往往对战斗部质量、杀伤威力（杀伤面积、杀伤半径等）都有一定要求，这实际上是要求破片质量限定在一定范围之内。

目前，国内外试验评定破片杀伤能力时，通常采用 25 mm 厚松木板，有时也用 1.5 mm 厚低碳钢板或 4 mm 厚合金铝板。有人曾经用不同的破片对贯穿狗胸腔进行杀伤试验，用这个试验结果与现有贯穿 25 mm 厚松木板的杀伤标准进行对比，确定了对人员杀伤的比动能为 $111 \sim 142 \text{ J/cm}^2$，见表 2-1-3。试验表明，0.5 g 方形破片以 300 m/s 的速度和 1 g 球形破片以 260 m/s 的速度贯穿狗的胸腔时，狗立即死亡，这与贯穿 25 mm 厚松木板所需的能量近似。因此，就将贯穿狗胸腔的破片能量确定为对人员的杀伤能量。由此可知，笼统地规定以 78 J 作为杀伤人员的能量标准是不严密的。目前，国外正在用非生物靶代替生物靶进行致伤能量准则研究。

表 2-1-3　杀伤动物狗与穿透标准松木板的关系

能量	0.5 g（方形）		1 g（球形）		5 g（方形）	
	狗	松木板	狗	松木板	狗	松木板
动能/J	21.3	24.8	36.4	35.3	102.0	104.0
比动能/(J·cm^{-2})	133.4	152.1	110.8	110.8	139.3	142.2

斯特恩根据试验，建立了单一破片随机命中一个人，并使其在 5 s 内完全失去战斗力的概率 P_{hk}，如图 2 – 1 – 7 所示。图中，质量 m_f 的单位为 g，速度 V_c 的单位为 m/s，面积 $\bar{A}$ 的单位为 cm^2。

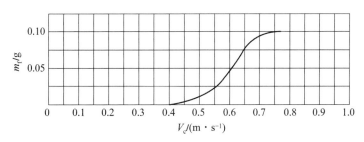

图 2 – 1 – 7　5 s 内完全丧失战斗力的概率 P_{hk}

2.2　破片杀伤战斗部战术技术指标和结构特征参数

2.2.1　战术技术指标

战术技术指标即战术要求，是指战斗部能有效地完成预定战斗任务方面的要求，目标不同，要求就不同。例如，空中敌机，一般特点是：速度大，机动性强，体积小，要害部位有防弹装甲，在升限范围内高度变化大。要对付这样的动目标，就必须对它进行周密的调查和分析，结合以往战斗部经验，提出对策要求（如杀伤破片大小、数量、分布密度和打击速度等），所以说，目标特性是战斗部设计的出发点。

与此同时，要正确处理好部件设计之间的协调关系。战斗部都是弹上的一个部件，它的威力与战斗部质量一般成正比关系，但过重的战斗部会影响全弹性能（如射高和机动性等），而弹的结构性能如安置战斗部的舱体结构、导引精度等，又会影响战斗部威力的发挥和有效作用。

另外，战斗部与引信关系极为密切。引信作用的可靠性直接影响战斗部引爆的及时性，从而影响杀伤效率的提高。例如，地空导弹的无线电引信的启动半径，它能直接影响战斗部的杀伤威力和摧毁概率。一般要求引信的起爆位置（又称为启动半径、感知半径、作用半径）最好是当目标进入战斗部的有效杀伤半径范围，同时还处于战斗部方位角的余角和飞散角内的情况。

总之，杀伤战斗部的战术要求（或者称战斗部威力的评定）是在各种综合考虑的基础上拟定的，由军事部门提出具体指标要求。具体要求内容通常用威力参数来表示。

有效杀伤破片的总数：N_e（片或块）；

破片平均质量：q_f（g）；

破片的飞散角：Ω（°）；

破片的平均初始速度：V_0（m/s）；

破片的飞散方位角：ψ（°）；

有效杀伤破片的分布密度：ν（块/m^2）；

有效杀伤半径：R_e（m）；

目标的杀伤动能：E_f（kg·m）。

上述指标要求就是产品设计的具体内容，即给定的设计任务书。有时，可能要对某些指标作适当补充或修正。例如，给出目标速度、目标要害面积、导弹运动的环境条件（气温、气压）、发动机工作时的纵向和横向过载以及战斗部安置舱尺寸。

对于火箭战斗部和火炮杀伤弹丸来说，由于它们为无控弹，所以威力指标与导弹杀伤战斗部相比，对某些指标如破片的飞散角、方位角和分布密度一般不提，而其他指标内容大致相同。但是提法有所不同，如只提有效破片和杀伤破片的数量，以及对应的平均质量、密集杀伤半径和杀伤面积。

目前，有关制式导弹杀伤战斗部的威力指标见表 2-2-1，杀伤火箭战斗部和弹丸的威力指标见表 2-2-2，这些威力指标可供战术论证时参考。

表 2-2-1 导弹杀伤战斗部威力指标

弹 种 / 威力指标	空空导弹（$Ma = 1.5 \sim 3.0$）	地空导弹（$Ma = 1.5 \sim 3.0$）	超低空导弹高 3 000 m 以下（$Ma = 1.5 \sim 3.0$）
战斗部质量 G/kg	$10 \sim 30$	$10 \sim 30$（中型） >100（大型）	$1.5 \sim 3.0$
有效破片数量 N_e/块	$650 \sim 700$	2 000	$200 \sim 300$
单枚破片质量 m_f/g	$2 \sim 3$ 条状 $50 \sim 70$	$G > 11$ kg 时为 $2 \sim 3$ $G > 100$ kg 时为 $7 \sim 20$	$2.0 \sim 2.5$
破片分布密度 ν/（块·m^{-2}）	$1.5 \sim 1.0$	$4 \sim 6$	$1.5 \sim 2.0$
破片飞散角 Ω/（°）	$10 \sim 18$	$10 \sim 22$	$9 \sim 14$
破片的飞散方位角 ψ/（°）	$4 \sim 8$	$0 \sim 2$	$1 \sim 3$
破片初始速度/（m·s^{-1}）	$>1 800$	$>2 500 \sim 3 000$	$>1 300$
有效杀伤半径 R_e/m	$10 \sim 20$	$20 \sim 40$	$4 \sim 5$
破片打击动能 E_f/（kg·m）	$150 \sim 250$	$150 \sim 250$	$150 \sim 250$

表 2 - 2 - 2　杀伤火箭战斗部和弹丸的威力指标

威力指标 弹种	×××战斗部	×××战斗部	122 mm 加榴弹	130 mm 加榴弹
战斗部壳体质量m_0/g	6 896.5	11 540（包含引信）	21 644.8	29 388.7
炸药质量m_ω/g	1 185，TNT	3 165，TNT	3 360，TNT	3 640，TNT
有效破片数量/质量/（块·g^{-1}）	1 066/6 136.5	1 916（1 g 以上）/9 849	2 190/19 714.4	2 233/27 717
有效杀伤破片质量/kg	154.6	166	101	76
杀伤破片质量/kg	68	64	52	41
有效破片平均质量/g	5.8	5.1	9.0	12.4
杀伤破片平均质量/g	10.4	10.1	15.5	21.2
弹体金属利用率/%	89	85.4	91.1	94.3
有效破片半径/m	22	28.8	32.5	33.7
有效破片面积/m^2	3 698	5 575（5 572）	6 873	5 549
杀伤破片半径/m	19.2	22	27.3	26.4
杀伤破片面积/m^2	3 099	4 182	5 585	5 549

2.2.2　杀伤战斗部结构特征参数

从结构上表示战斗部作用特点的量，称为结构参数。结构特征参数包括战斗部相对长度（l/d）、战斗部相对壁厚（t/d）、战斗部相对质量（m/d^3）、装药相对质量（m_ω/d^3）和装填系数（m_ω/m）等。其中，d 为战斗部直径，t 是壁厚，m 是战斗部质量，m_ω 是战斗部炸药质量。表 2 - 2 - 3 列出了基于火炮平台发射的典型制式杀伤弹丸的结构参数，表 2 - 2 - 4 列出了基于火箭炮平台发射的典型制式野战火箭的结构参数，表 2 - 3 - 5 列出了典型导弹杀伤战斗部参数。这些结构参数对于改进和重新设计产品是有益的，可以帮助设计者思考设计中的一些原则问题。

表 2 – 2 – 3　基于火炮平台发射的典型制式杀伤弹丸的结构参数

弹种		$\alpha = m_{\omega}/m/\%$	t/d	l/d	m/d^3 /(kg·dm^{-3})	m_{ω}/d^3 /(kg·dm^{-3})
地面火炮杀伤榴弹	小口径	6.3~7.2	$\frac{1}{4} \sim \frac{1}{6}$	旋转稳定 5.5~6.0 尾翼稳定 10	14~24	1.0~1.5
	大口径	9.1~10.6			11~16	1.0~1.7
高射定时杀伤榴弹		6.7~9.0			12~15	0.3~1.3
杀伤榴弹		13.6~15			11~15	1.5~2.2

表 2 – 2 – 4　基于火箭炮平台发射的典型制式野战火箭的结构参数

弹种	$\alpha/\%$	t/d	l/d	m/d^3 /(kg·dm^{-3})	m_{ω}/d^3 /(kg·dm^{-3})
尾翼式火箭弹	15~35	0.1	6	5~15	2~4
涡轮式火箭弹	15~35	0.1	4	3~8	1~2

表 2 – 2 – 5　典型导弹杀伤战斗部参数

参数 ＼ 导弹	K – 15 导弹	"响尾蛇"导弹	"萨姆" – Ⅰ导弹
装药	梯∶黑 = 40∶60	梯∶黑∶铝∶地腊 = 37.5∶40.5∶18∶4∶0.1	梯∶黑 = 40∶60
$\alpha/\%$	50	41~46	72
m/d^3/(kg·dm^{-3})	2.05	5.3	3.1
m_{ω}/d^3/(kg·dm^{-3})	1.05	2.3	2.3
l/d	2.27	2.68	2.0
构造形式	内、外刻槽	装药表面刻槽	内表面刻交错槽
单枚破片质量/g	3~7	3	12

2.3　破片杀伤战斗部毁伤元参数计算

杀伤战斗部杀伤有生力量的能力通常采用杀伤面积的大小来评定，最具代表性的杀伤面积有球形靶杀伤面积和扇形靶杀伤面积。杀伤面积的计算取决于破片质量分布、破片数、破片初始速度和破片空间分布等特性参数。下面以自然破片弹药战斗部为例介绍杀伤型导弹杀伤面积的计算方法，预控和预制破片战斗部的计算方法类同。

2.3.1　破片质量分布和破片数的计算

整体式战斗部的破片质量分布一般用摩特（Mott）来描述。

1. Mott 破片质量分布

质量大于 m 的破片数量为

$$N(m_f) = \left(\frac{m}{2\mu}\right)\exp\left(-\left(\frac{m_f}{\mu_j}\right)^{1/j}\right) \qquad (2.3.1)$$

式中，$\mu_j = 2\mu/n!$，n 为维数；m 为战斗部壳体圆柱部分总质量；μ 为战斗部壳体的破碎特性参数，取决于战斗部壳体结构与材料以及炸药性质。

对于 $m_\omega/m < 2$ 的圆柱形战斗部（m_ω 为炸药质量），取 $n = 2$。对于非常薄的壳体（$m_\omega/m > 2$），$n = 1$ 时与圆柱体战斗部破碎试验吻合得最好。对于非常厚的壳体，取 $n = 3$。从式（2.3.1）中可以看出，只要 μ 已知，便可计算出破片总数 $N_0 = m/(2\mu)$ 和 $N(m_f)$ 以及破片平均质量（2μ）。下面给出两种 μ 的计算公式。

1）Mott 计算公式

Mott 通过对圆柱体断裂情况进行分析，推导出平均破片质量与破片速度之间的关系，并把这个关系式代入 Taylor 速度公式得到，即

$$\mu^{1/2} = 0.082\,5Bt_0^{5/6}d_i^{1/3}\left(1 + \frac{t_0}{d_i}\right) \qquad (2.3.2)$$

式中，μ 的单位为 $kg^{1/2}$；B 为 Mott 常数（$kg^{1/2}/m^{7/6}$），与炸药类型和壳体材料有关，表 2 - 3 - 1 列出一些常见炸药的 Mott 常数；t_0 为战斗部壳体厚度（m）；d_i 为壳体内径，即炸药直径（m）。

2）Gurney - Sarmousakis 公式

Gurney - Sarmousakis 给出的另一个破碎特性参数公式为

$$\mu = 0.431A^2\left(\frac{t_0}{d_i}\right)^2(t_0 + d_i)^3\left(1 + 0.5\frac{m_\omega}{m}\right) \qquad (2.3.3)$$

式中，μ 的单位为 kg；t_0 和 d_i 的单位为 m；A 为 Gurney - Sarmousakis 常数（与炸药和弹体材料特性有关）。

对于低碳钢粗略近似为 $A = 338.1/P_{CJ}$。P_{CJ} 为爆轰压力，单位为 MPa。显然，常数 A 随着爆轰压力的增加（将产生更小的破片）而减小，它也随着壳体强度的增加而减小。

表 2 – 3 –1　Mott 常数

炸药	密度/(kg·m^{-3})	Mott 常数 B/(kg$^{1/2}$·m$^{-7/6}$)	Gurney 速度/(m·s^{-1})	炸药	密度/(kg·m^{-3})	Mott 常数 B/(kg$^{1/2}$·m$^{-7/6}$)	Gurney 速度/(m·s^{-1})
Amato l2	1 560	4. 284	1 887	HMX	1 887	—	2 972
Barato l3	—	6. 260	—	Nitromethane	1 137	—	2 408
Composition A – 3	1 610	2. 685	2 712	PBX – 9404	1 837	2. 71	2 896
Composition B	1 719	2. 71	2 774	Pentolite (50/50)	1 670	3. 036	2 400
Composition C – 3	1 600	—	2 682	PETN	1 757	3. 033	2 926
Composition C – 4	1 600	—	2 530	PTX – 1	—	2. 709	—
Cyclotol (75/25)	1 750	2. 411	2 713	PTX – 2	—	2. 775	—
duPont Sheet	1 458	—	2 499	RDX	1 768	2. 595	2 926
duPont Sheet EL506L	1 558	—	2 195	TACOT	1 608	3. 332	2 134
H – 6	1 760	3. 428	2 621	Tetryl	1 619	3. 326	2 499
HBX – 1	1 690	3. 183	2 469	TNT	1 627	3. 815	2 438
HBX – 2	—	3. 951	—	Trimonite No. 1	1 099	—	1 036
HBX – 3	—	3. 952	—	Tritonal (TNT/Al = 80/20)	1719	3. 811	2 316

2. 其他计算破片数量的经验公式

公式一：

$$N = 3\ 200\ \sqrt{m}\ \frac{1}{\mu_0}\left(1 - \frac{1}{\mu_0}\right) \tag{2.3.4}$$

式中，N 为破片总数（包括有效破片和杀伤破片）（块）；$m = m_0 + m_\omega$，m_0 为产生破片的壳体质量（kg），m_ω 为炸药装药质量（kg）；$\mu_0 = m/m_\omega$。

上述公式适用于火炮弹丸、迫击炮弹爆炸时的破片总数计算，误差约达10%。

公式二：

$$N = 7\ 130\left(\frac{m_\omega}{m_0}\right) \tag{2.3.5}$$

式 (2.3.5) 可适用于火炮弹丸、迫击炮弹爆炸时破片总数的预估计算，计算值与试验值相比，精度比公式一低。

公式三：

$$N = 4.3\pi\left(\frac{1}{2} + \frac{r}{t}\right)\frac{l}{t} \tag{2.3.6}$$

式中，r 为战斗部壳体的内半径（mm）；t 为战斗部壳体厚度（mm）；l 为战斗部壳体的长度（mm）。

式 (2.3.6) 对钢质壳体和 TNT 装药的战斗部，计算值与实际符合较好。

公式四：

$$N = 16.45\frac{m_0}{m_{fmax}} \tag{2.3.7}$$

式中，m_0 为战斗部壳体金属质量（kg）；m_{fmax} 为破片的最大质量（kg）。

战斗部未加特殊控制时，爆炸后形成的破片质量 m_f 是个随机量。这个随机量在 $0 \sim m_{fmax}$ 变化，m_{fmax} 可用下式计算：

$$m_{fmax} = 64\frac{K}{K_M^2}\rho_m\left[\frac{1 + 0.5 \times 10^2\frac{a}{b}}{1 + 0.25a}\right]t^3 T_m \tag{2.3.8}$$

式中，K 是与战斗部结构有关的系数，一般取 $K = 0.2$；K_M 为与战斗部壳体性能有关的系数，$K_M = \sqrt{\frac{2(1 - \mu_1^2)}{3 - \mu_1}}$，$\mu_1$ 为壳体的泊松常数；a 为常数，$a = \frac{\rho_e}{\rho_m} \cdot \frac{D_e}{c_e \cdot c_p}$，$\rho_e$ 为炸药的密度（g/cm³），ρ_m 为壳体金属密度（g/cm³），D_e 为炸药的爆速（m/s）；b 为常数，$b = \frac{t}{l} \cdot \frac{D_e}{c_e}$，$t$ 为战斗部壳体壁厚，l 为战斗部壳体长度；c_e 为壳体材料中弹性波传播速度，对于一般金属 $c_e = 5\,000$ m/s；c_p 为壳体材料中塑性波传播速度，对于一般金属 $c_p = 1\,000$ m/s；T_m 为战斗部壳体材料的力学性能系数，$T_m = \frac{1}{29\psi_K^{-0.3} - 10}$，$\psi_K$ 为材料的冲击韧性（kg/cm³）。

或者用下式求 m_{fmax} 值，即

$$m_{fmax} = 3.45\frac{1 + \dfrac{R}{r}}{1 + 4\dfrac{R}{r}}t^3 \tag{2.3.9}$$

式中，R 为战斗部壳体的外半径（mm）；r 为战斗部壳体的内半径（mm）；t 为战斗部壳体的壁厚（mm）。

2.3.2　破片初始速度的计算

为了提高破片打击目标的动能，一方面要破片形状和质量适当，另外必须使破片初始速度要大。这样在同一距离上可得到大的存速，从而可保证一定的打击动能。战斗部爆炸时，壳体开始膨胀、破裂和飞散。试验证明，对于铜壳体来说，当壳体的体积膨胀到初始体积的 7 倍时，即内径比 $r_k/r_0 = 2.64$，钢壳体 $r_k/r_0 = 1.5 \sim 2.1$ 时，壳体即开始破裂，形成破片。破

片形成后，当爆轰产物作用在破片上的压力与破片受到的空气阻力平衡时，破片的速度达到最大值，此时破片的速度称为破片初始速度。破片初始速度是衡量弹药杀伤威力的重要参数，因此要求尽可能准确地进行计算。

1. 计算初始速度的 Gurney 公式

目前，国内外采用较多的是 Gurney 提出的破片初始速度公式。对于不同的装药结构，计算破片初始速度的 Gurney 公式有下面几种形式。

1）圆柱形装药

假设爆轰产生的气体速度从圆柱形装药的中心向外呈线性变化，忽略爆轰波的传播效应以及材料变形和弹体破碎过程中消耗的能量。不考虑装药总是从圆柱体一端起爆并向另一端传播等实际情况。圆柱形装药内径为 d，如图 2-3-1（a）所示。

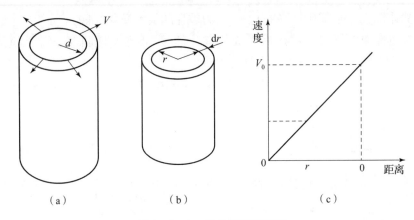

（a） （b） （c）

图 2-3-1 圆柱形装药结构

（a）圆柱形装药结构；（b）爆轰产物单元；（c）爆轰产物加速历程

圆柱形装药 Gurney 公式为

$$V_0 = \sqrt{2E}\sqrt{\frac{m_\omega/m}{1 + m_\omega/(2m)}} = \sqrt{2E}\left(\frac{m}{m_\omega} + \frac{1}{2}\right)^{-1/2} \qquad (2.3.10)$$

式（2.3.10）为最大破片速度公式，适用于圆柱形战斗部。其中 $\sqrt{2E}$ 为炸药的 Gurney 常数（m/s），可通过试验的方法获得。

2）球形装药结构

图 2-3-2 所示为一球形装药结构，内径为 a。当装药爆轰时，爆轰产物膨胀的状态是点对称图形，其他的假设条件同圆柱形装药。

球形装药 Gurney 公式为

$$V_0 = \sqrt{2E}\left(\frac{m}{m_\omega} + \frac{3}{5}\right)^{-1/2} \qquad (2.3.11)$$

3）Gurney 公式的使用范围和 Gurney 常数

在推导 Gurney 公式的过程中，假设爆轰产物的速度是呈近似线性分布，并没有考虑金属被加速的过程，认为装药在爆轰后的极短时间内，爆轰产物的流动就达到稳定状态，金属板迅速被加速到最终速度。忽略冲击波的反

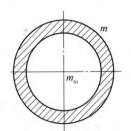

图 2-3-2 球形
装药结构

射及与金属内部应力波的相互作用，试验证明，这种忽略造成的误差很小。另外，利用 Gurney 公式进行计算时，没有考虑爆轰波在加速金属靶板时的入射方向。试验表明，当爆轰波切向入射，$m/m_\omega > 0.15$ 时，Gurney 公式与试验结果一致性较好。只是在装药量很大时，即当 $m/m_\omega < 0.1$ 时，由于与实际结果误差较大，建议不要使用 Gurney 公式来计算。

由于过去对 Gurney 常数 $\sqrt{2E}$ 值的计算没有一个很好的表达式，因此长期以来，在工程上限制了 Gurney 公式的使用。但是，对于从事常规弹药设计的人员来说，很想在知道了装填的 C-H-N-O 炸药的具体组成和炸药的装填密度之后，就能够很方便地计算出破片的初始速度。这样，就需要一个适合于工程计算 $\sqrt{2E}$ 的表达式。

康姆莱特等得到了炸药装药的爆轰压力为炸药示性数及装填密度的函数，即

$$p_{CJ} = \kappa\phi\rho_e^2 \tag{2.3.12}$$

式中，κ 为比例系数；ϕ 为炸药组成和能量储备的示性数，$\phi = N_1\sqrt{M_1 Q_v}$，N_1 为 1 g 炸药爆炸后形成气体产物的摩尔数（1/g），M_1 为 1 mol 爆轰产物组分的平均摩尔质量（g/mol），Q_v 为炸药的爆热（J/g）。

式（2.3.12）可改写为

$$\frac{p_{CJ}}{\rho_e} = \kappa\phi\rho_e \tag{2.3.13}$$

p_{CJ}/ρ_e 刚好是速度平方的量纲，令

$$u^* = \sqrt{\frac{p_{CJ}}{\rho_e}} = \sqrt{\kappa\phi\rho_e} \tag{2.3.14}$$

Gurney 常数是炸药化学能转换成动能的部分，其单位也是速度的单位，所以可以写为

$$\sqrt{2E} = A + Bu^* = A + B\sqrt{\phi\rho_e} \tag{2.3.15}$$

根据圆管试验，对 60 种单质炸药和混合炸药进行数学处理得到

$$\sqrt{2E} = 0.739 + 0.435\sqrt{\phi\rho_e} \tag{2.3.16}$$

通过计算表明，由式（2.3.16）计算得到的 $\sqrt{2E}$ 值与用圆管试验所得到的 $\sqrt{2E}$ 值相差很小，大部分偏差在 3% 以内，仅有少数几种超过 5%。部分炸药的 Gurney 常数 $\sqrt{2E}$ 值的计算结果见表 2-3-1。

4）战斗部结构对破片初始速度的影响

战斗部结构对破片初始速度的影响，主要表现在结构类型、质量比（$\beta = m_\omega/m$）、长径比（$l/(2r_0)$）和底（盖）质量等方面。

战斗部如果采用预制破片结构，那么破片初始速度要比整体结构低 10%~20%。

β 值越大，即炸药的相对质量越大，破片初始速度越高。图 2-3-3 所示为不同 β 值时的圆柱形壳体速度与壳体膨胀半径的关系曲线，此曲线由一维微分方程组的数值积分求出，虚线表示瞬时爆轰计算结果。由曲线可知，无论壳体膨胀到什么程度，壳体速度的增加随 β 值的变化近似相等。

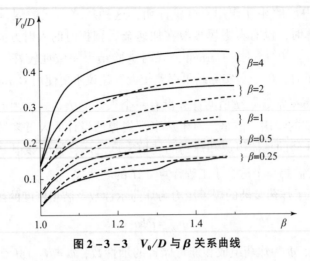

图 2-3-3 V_0/D 与 β 关系曲线

上面在推导破片初始速度公式时，假设战斗部为无限长的，这显然是不真实的。实际上破片速度与长径比 l/d_e（d_e 为装药直径）关系也十分密切。如果 l/d_e 小，则在爆轰波到达壳体之前，大部分爆炸气体会从两端逸出。考虑长径比时破片初始速度修正为

$$V_{01} = V_0 f_3(c) \tag{2.3.17}$$

$f_3(c) = f(l/d_e)$，反映长细比对破片初始速度的影响。一般导弹杀伤战斗部设计中，可用如下公式计算 $f(c)$。

当 $l < d_e$ 时，有

$$f_3(c) = \sqrt{l/d_e}\sqrt{1 - \frac{l}{3d_e}}$$

当 $l > d_e$ 时，有

$$f_3(c) = \sqrt{1 - \frac{l}{3d_e}}$$

上式说明，长细比不同，则沿径向和轴向的爆炸能的比值就不同。

从试验知道，当 $l/d_e = 0 \rightarrow 1$ 时，初始速度 V_0 变化很显著；当 $l/d_e \geq 1$ 时，V_0 变化已不大，如图 2-3-4 所示。

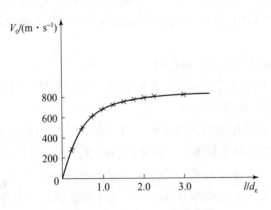

图 2-3-4 V_0 与 l/d_e 关系曲线

图 2 – 3 – 4 中曲线点是由表 2 – 3 – 2 中的试验值得到的。

表 2 – 3 – 2　l/d_e 对 V_0 的影响试验值

l/d_e	0.50	0.75	1.00	1.25	1.50	1.75	2.00	2.25	3.00
$V_0/(\text{m} \cdot \text{s}^{-1})$	480	620	680	730	750	760	800	830	845

如果战斗部在两端都有底或盖，则战斗部是受约束的；如果没有底或盖就认为是无约束的。战斗部两端的约束可分为轻、中、重型的。底或盖的材料如果是塑料或纸板就认为是轻型约束；底或盖材料如是低密度材料（如铝制品）则认为是中等约束；底或盖材料如为高密度材料（如钢、黄铜或铜）则认为是重型约束。重型约束能较长时间地保持战斗部内部的压力，减缓爆炸气体从两端逸出的速率。但是，底或盖的质量是战斗部的消极质量，从全局观点出发，底或盖的质量不能太大。

当战斗部无约束时，由于端部有气体泄漏，造成端部压力下降而使位于战斗部两端的破片速度减小。此现象可看成相当于 m_ω/m 减小。Charran 提出了一个考虑端部效应的计算方法，即在圆柱形装药两端分别挖去一个锥体，其中起爆端锥体高度等于装药直径，非起爆端锥体高度等于装药半径，如图 2 – 3 – 5 所示。这样，把整个装药分成三个部分。显然，B 区没有变化，m_ω/m 值的修正系数为 1，A 区和 C 区需要进行修正。

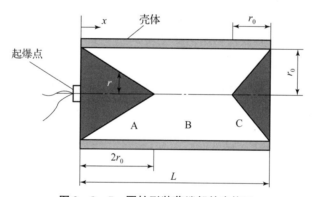

图 2 – 3 – 5　圆柱形装药端部效应修正

整个圆柱形装药的修正系数可写为

$$f(x) = 1 - \left[1 - \left(\frac{x}{2r_e}, 1, \frac{l-x}{r_e}\right)\right] \tag{2.3.18}$$

将 $f(x)$ 系数应用于 Gurney 方程中，则

$$V_0(x) = \sqrt{2E}\left(\frac{m}{m_\omega \cdot f(x)} + \frac{1}{2}\right)^{-1/2} \tag{2.3.19}$$

5）计算破片初始速度的其他经验公式

国内外从事弹药设计和研究的科学工作者，在长期的实践中总结了很多计算破片初始速度的经验公式。由于这些公式是在一定条件下得到的，所以对某一种产品在某一类条件下，准确性较高，条件不同，偏差可能会很大。因此，经验公式具有局限性，应用时要搞清条件。表 2 – 3 – 3 列出了部分计算破片初始速度的经验公式。

表 2-3-3 部分计算破片初始速度的经验公式

序号	初始速度的经验公式	使用说明
1	$V_0 = 0.353D\sqrt{\dfrac{3\beta}{3+\beta}}$	适用于半预制薄壁导弹战斗部
2	$V_0 = 1\,830\sqrt{\beta}\quad(0<\beta<2)$ $V_0 = 2\,540 + 335(\beta-2)\quad(2<\beta<6)$	适用于较厚壁导弹战斗部
3	$V_0 = \dfrac{D}{2}\sqrt{\dfrac{\alpha}{2-4\alpha/3}}\quad \alpha = \dfrac{m_\omega}{m_0+m_\omega}$	适用于大型薄壁半预制导弹战斗部
4	$V_0 = \dfrac{\sqrt{6}}{4}D\sqrt{\dfrac{4}{15}\dfrac{m_0}{m_\omega}}$	适用于火箭弹
5	$V_0 = 0.6D\sqrt{\dfrac{4\,m_\omega}{5(m_\omega+3\,m_0)}}$	同上

对于制式 TNT 装药的杀伤榴弹，爆炸后破片初始速度的平均值为 500 ~ 1 500 m/s。例如，100 mm 高射杀伤榴弹，其破片初始速度为 920 ~ 925 m/s。

对于导弹杀伤战斗部，其破片初始速度见表 2-3-4，它们的装药绝大多数是以黑索今或奥克托金为主体的含铝混合炸药。

表 2-3-4 导弹杀伤战斗部破片初始速度

导弹杀伤战斗部	战斗部质量/kg	破片质量/g	破片初始速度/$(\text{m}\cdot\text{s}^{-1})$
地空[*]	>100	9 ~ 20	3 000 ~ 3 600
	>11	2 ~ 3	1 800 ~ 2 500
空空	>11	2 ~ 3	1 800 ~ 2 300
超低空	1.5 ~ 3.0	2.0 ~ 2.5	1 300 ~ 1 800

注：战斗部破片可由大破片（如取 9 g）和小破片（2 ~ 3 g）混合组成。

2.3.3 破片运动规律和衰减特性

1. 破片在空气中的运动规律

破片从炸点处以动态初始速度 $V_k = V_0 + V_c$（V_0、V_c 分别为破片的静态初始速度和战斗部爆炸时的速度）飞出。在飞行过程中，由于破片速度高，本身质量很小，故计算时可忽略作用在破片上的升力、侧力和重力，则破片的飞行弹道为直线，破片只受空气阻力的作用，根据气体动力学，破片的运动方程为

$$m_f\frac{dV}{dt} = -\frac{1}{2}c_x\rho_{air}AV^2 \qquad (2.3.20)$$

式中，m_f 为破片的实际质量（kg）；c_x 为破片飞行中的空气阻力系数；A 为破片飞行中的迎风面积（m²）；ρ_{air} 为破片飞行处的空气密度（kg/m³）；V 为破片瞬时飞行速度（m/s）。下面对各个参数分别进行分析。

1）阻力系数 c_x

由气体动力学可知，阻力系数 c_x 与破片速度和形状有关。根据风洞试验结果可知，破片的形状不同，在同一个马赫数（Ma）下，c_x 值不同。同一种形状的破片，c_x 又是马赫数的函数，如图 2 – 3 – 6 所示。

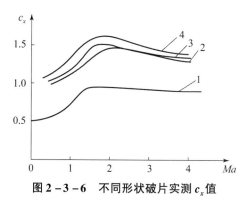

图 2 – 3 – 6 不同形状破片实测 c_x 值

1—球形破片；2—方形破片；3—圆柱形破片；4—菱形破片

从图 2 – 3 – 6 中可以看出，不同形状破片阻力系数最大值均出现在 $Ma = 1.5$ 附近，以后随马赫数增大有减小的趋势。对于一个实际战斗部，破片速度为 900 ~ 3 000 m/s，即 $Ma \approx 3 \sim 9$。所以，为了处理问题方便，工程上将 c_x 进行线性化处理，由此得到各种形状破片的阻力系数计算经验公式。

球形破片：$c_x = 0.97$

方形破片：$c_x = 1.72 + \dfrac{0.3}{Ma^2}$ 或 $c_x = 1.285\ 2 + \dfrac{1.053\ 6}{Ma} - \dfrac{0.925\ 8}{Ma^2}$

圆柱形破片：$c_x = 0.805\ 8 + \dfrac{1.322\ 6}{Ma} - \dfrac{1.120\ 2}{Ma^2}$

菱形破片：$c_x = 1.45 - 0.038\ 9Ma$

当 $Ma > 3$ 时，c_x 一般取常数，其值见表 2 – 3 – 5。

表 2 – 3 – 5 $Ma > 3$ 时各种类型破片的速度衰减系数

破片形状	球形	立方形	柱形	菱形	长条形	不规则形
c_x	0.97	1.56	1.16	1.29	1.3	1.5

但是，实际战斗部形成的破片尺寸一般较小，而且破片不规则，表面上有很多尖锐的棱边，因而雷诺数（Re）对空气阻力系数的影响通常可以忽略不计，但对这些不均匀形状破片的空气阻力系数进行估算非常重要。Moga 和 Kisielewski 回收了 155 mm 炮弹瞬时起爆形成的 58 个破片，并将这些破片分成 5 种特征形状，同时对这些破片进行风洞试验，得到了一组与破片形状有关的在亚声速条件下的阻力系数，见表 2 – 3 – 6。

表2 3 6 典型5种破片形状

铜弹带破片 （Copper Band）	盒状形 （Box Plateau）	平行六面体 （Parallel Piped）	山岭形 （Mountain Ridge）	楔形（Wedges）
光滑，表面圆形， 平底 $c_x = 1.11 \sim 1.44$	两侧大部分较平， 且光滑 $c_x = 1.211 \sim 1.59$	两侧大部分较平，且 光滑，通常为矩形 $c_x = 1.34 \sim 2.07$	平底，构成岭脊 $c_x = 0.65 \sim 1.39$	三角形，两到 三面通常光滑 $c_x = 0.68 \sim 1.01$

McDonald 对近 100 个破片进行了风洞试验，马赫数变化范围为 $0.67 \sim 3.66$。破片被分成 9 种不同形状，其中 11 个破片是在亚声速条件下进行的。试验得到了阻力系数与破片形状之间的关系。亚声速条件下 c_x 的变化范围为 $0.68 \sim 1.61$，超声速条件下 c_x 的变化范围为 $0.76 \sim 2.98$。结合这些试验，假设至少有 95% 的破片，它们的阻力系数在最小和最大阻力系数之间，得到了最小、最大和平均阻力系数与马赫数的关系，如图 $2-3-7$ 所示。

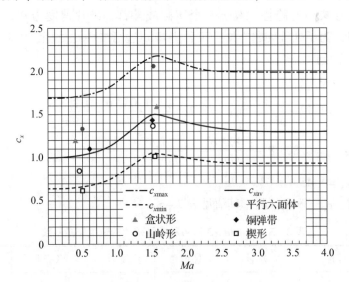

图 $2-3-7$ 阻力系数 c_x 与 Ma 之间的关系

2）当地空气密度

当地空气密度是指破片在空中飞行高度处的空气密度，一般表示为

$$\rho_{air} = \rho_0 H(y) \tag{2.3.21}$$

式中，ρ_0 为海平面处的空气密度（kg/m³），$\rho_0 = 1.226$ kg/m³；$H(y)$ 为离海平面高度 y 处空气密度的修正系数，见表 $2-3-7$。

表 2 - 3 - 7　$H(y)$ 气体动力学高度函数表

y/km	5	10	15	18	20	22	25	28	30
$H(y)$	0.601	0.337	0.157	0.098	0.071	0.052	0.032	0.020	0.014

$H(y)$ 也可根据下面的公式来计算：

$$H(y) = \begin{cases} \left(1 - \dfrac{H}{44.308}\right)^{4.2553} & (H > 11\ \text{km}) \\ 0.297\mathrm{e}^{-\frac{H-11}{6.318}} & (H \leqslant 11\ \text{km}) \end{cases} \tag{2.3.22}$$

3) 破片的平均迎风面积

破片的飞行性能及侵彻能力与破片的迎风面积有关。所谓迎风面积，指的是破片在其速度矢量方向上的投影面积。对于球形破片，该面积是定值。对于形状不规则的自然破片，由于破片在飞行中是不稳定的，各瞬时的迎风面积都是变化的，很难给出破片飞行过程中的迎风面积随时间的变化规律。在计算破片飞行过程中所受的阻力时，一般用破片在飞行过程中的平均迎风面积近似认为是破片飞行中的实际迎风面积。破片平均迎风面积的获取有两种方法：一种是理论估算；另一种是测量。

破片高速飞行时，破片形状对阻力的影响较小，通常情况下可将不规则破片近似表示成一个六面体（美国则是把破片近似看作椭球体），如图 2 - 3 - 8 所示。根据六面体（或椭球体）表面积来计算破片的平均迎风面积：

$$\bar{A} = \frac{1}{2}(A_1 + A_2 + A_3) \tag{2.3.23}$$

式（2.3.23）表明破片的平均迎风面积等于破片表面积的 1/4，该式虽然是在六面体破片基础上推出的，但还是具有一定的通用性。

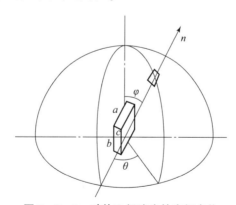

图 2 - 3 - 8　破片飞行速度的空间方位

在工程计算时，破片迎风面积 $\bar{A}$ 也可以采用下面的经验公式计算：

$$\bar{A} = K_f m_f^{2/3} \tag{2.3.24}$$

式中，$\bar{A}$ 为碎片迎风面积（m^2）；K_f 为破片形状系数（$\text{m}^2/\text{kg}^{2/3}$）；$m_f$ 为破片质量（kg）。

钢破片的形状系数 K_f 见表 2 - 3 - 8。在工程计算时，球形破片 $K_f = 3.079 \times 10^{-3}\ \text{m}^2/\text{kg}^{2/3}$，

长方形破片 $K_f = 3.099 \times 10^{-3}$ m²/kg$^{2/3}$，随机形状破片（用来代替大多数破片形状）$K_f = 5.199 \times 10^{-3}$ m²/kg$^{2/3}$。

表 2 – 3 – 8   各类钢破片的形状系数 K_f

破片形状	球形	方形	柱形	棱形	长条形	不规则
$K_f/(\text{m}^2 \cdot \text{kg}^{-2/3})$	3.07×10^{-3}	3.09×10^{-3}	3.35×10^{-3}	$(3.2 \sim 3.6)$ $\times 10^{-3}$	$(3.3 \sim 3.8)$ $\times 10^{-3}$	$(4.5 \sim 5.0)$ $\times 10^{-3}$

不规则破片的平均迎风面积也可以通过测量的方法获得，目前国内外都已设计了专门用来测量破片迎风面积的仪器，其主要工作原理如图 2 – 3 – 9 所示。该电子 – 光学装置可以测量破片任意方向的投影面积，取其算术平均值为破片平均迎风面积 $\bar{A}$。

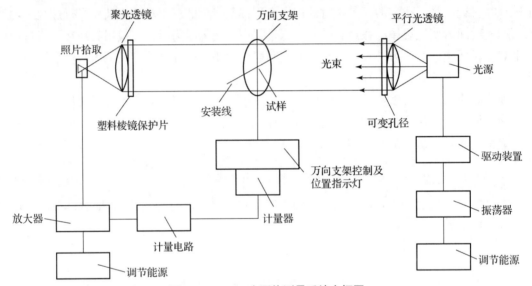

图 2 – 3 – 9   二十面体测量系统方框图

2. 破片速度衰减特性

对破片速度衰减特性进行研究，实际上是要知道破片的速度衰减规律。破片的运动方程式（2.3.20）可以改写为

$$m_f V \frac{\mathrm{d}V}{\mathrm{d}x} = -\frac{1}{2} c_x \rho_{\text{air}} \bar{A} V^2 \tag{2.3.25}$$

$$\frac{\mathrm{d}V}{V} = -\frac{1}{2m_f} c_x \rho_{\text{air}} \bar{A} \, \mathrm{d}x \tag{2.3.26}$$

假设破片运动过程中，c_x 为常数，破片初始速度为 V_0，对上式积分得

$$\ln \frac{V}{V_0} = -\frac{c_x \rho_{\text{air}} \bar{A}}{2m_f} R \tag{2.3.27}$$

$$V = V_0 \exp\left(-\frac{c_x \rho_{\text{air}} \bar{A}}{2m_f} R \right) \tag{2.3.28}$$

将式 (2.3.24) 代入式 (2.3.28)，得

$$V = V_0 \exp\left(-\frac{c_x \rho_{\mathrm{air}} K}{2 m_{\mathrm{f}}^{1/3}} R \right) \tag{2.3.29}$$

式 (2.3.29) 即破片速度衰减公式。

如果战斗部在高空中爆炸，把式 (2.3.22) 代入式 (2.3.29)，得到破片在高空中的衰减规律：

$$V = V_0 \exp\left(-\frac{c_x \rho_0 H(y) K}{2 m_{\mathrm{f}}^{1/3}} R \right) \tag{2.3.30}$$

令

$$\xi = \frac{c_x \rho_0 H(y)}{2 m_{\mathrm{f}}^{1/3}} \qquad (1/\mathrm{m}) \tag{2.3.31}$$

那么，式 (2.3.30) 变为

$$V = V_0 \exp(-\xi \cdot K \cdot R) \tag{2.3.32}$$

2.3.4　破片飞散角和方向角的计算

破片的飞散方向和飞散角大小，与战斗部结构形状、引爆点位置和数量、导弹或火箭弹的运动速度等有关。除此之外，目标特性、引信作用特性、弹目接近特性亦是飞散角的重要影响因素。

战斗部在不运动条件下爆炸时，有 80%~90% 的破片沿其侧向飞散，而有 5%~10% 的破片向前后方向飞散。破片飞散图形如图 2-3-10 (a) 所示。

运动状态下战斗部爆炸时，破片速度是导弹速度与破片静态速度矢量和，使侧向飞散破片锥发生了向前倾斜，如图 2-3-10 (b) 所示。

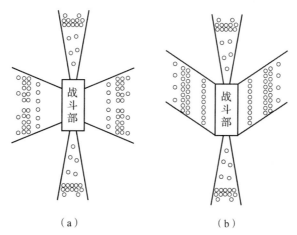

（a）　　　　　　　　　　　　（b）

图 2-3-10　战斗部破片的飞散

（a）静态条件；（b）动态条件

1. 破片飞散角

破片飞散角一般指 90% 破片所包含的角度。

空中目标的击毁主要靠杀伤破片，而飞散角恰恰是充满大量破片的空间，所以目标进入

破片飞散角内就会被毁伤。一般说击毁可能性很大，所以研究飞散角与弹目的空间状态，对于有效地击毁目标是有重要意义的。从原则上讲，要不失击毁目标的战机，第一要靠可靠性好的制导系统来控制，使导弹引至目标附近；第二要靠引信和传爆序列及时引爆战斗部；第三要靠战斗部具有足够威力的破片密集区。

　　导弹总体设计就是要解决如图 2-3-11 中战斗部的破片飞散系统、引爆系统和爆炸威力的有机结合。

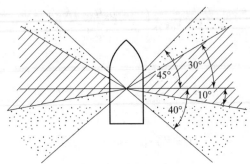

图 2-3-11　杀伤榴弹的破片飞散

　　一般认为，当弹目在某空间交会时，一旦目标处于战斗部威力半径内，引爆系统就要作用形成一个杀伤目标的破片流密集空间，这样任何目标进入这个空间区域，就被杀伤或击毁，这个空间张开角就是通常所说的破片飞散角。

　　飞散角的大小是由导弹总体设计部门在详细论证战技指标基础上提出的，它是战斗部设计中的一项重要指标。下面简单介绍一下这个角度的确定原则和影响因素。

　　破片飞散角的影响因素很多，但主要与导弹接近目标的方位、导弹在攻击目标区域内的角度变化、目标速度的变化、战斗部传爆的时差、目标要害部分的大小等有关。

　　目前，还不能精确计算破片的飞散角，通常首先近似计算 Taylor 角，然后再计算飞散角。

　　设起爆位置为 O 点，起爆后爆轰波以球面波向前传播。在弹体上取一个微元，考察其变形情况，并忽略材料强度的影响。当爆轰波阵面到达 P 处时，壳体开始变形并向外运动，经过时间 Δt 后，爆轰波阵面到达 O 处，壳体 P 运动到 P'，破片的飞散方向 PP' 与弹体法线之间的夹角为 $\theta/2$，该角称为 Taylor 角。窄条上破片段 OP' 的倾角记为 θ，如图 2-3-12 所示。

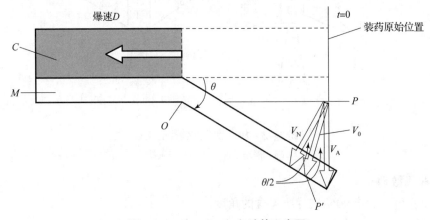

图 2-3-12　Taylor 角计算示意图

如果爆轰波通过 P 点时间为 $t=0$，假设金属板瞬时加速到最终速度，并且金属板加速时只旋转，在长度方向上的厚度不变，则

$$\overline{OP} = Dt \tag{2.3.33}$$

$$\overline{PP'} = V_0 t \tag{2.3.34}$$

根据几何参数得到 Taylor 角计算公式：

$$\sin\frac{\theta}{2} = \frac{\overline{PP'}}{2\,\overline{OP}} = \frac{V_0 t}{2Dt} = \frac{V_0}{2D} \tag{2.3.35}$$

V_A 为垂直于壳体变形前的速度，V_N 为垂直于壳体变形后的速度。一般 V_0、V_A 和 V_N 相互之间只相差百分之几，它们之间可以互换；另外，大多数炸药 $V_0/(2D)$ 为常数。

由于 θ 值很小，可取 $\sin\dfrac{\theta}{2} \approx \dfrac{\theta}{2}$，如果爆轰波传播方向与壳体法线之间有夹角 α，则

$$\theta = \frac{V_0}{2D}\sin\alpha \tag{2.3.36}$$

根据飞散角的定义，则破片的飞散角为

$$\varphi = \frac{\pi}{2} \pm \theta = \frac{\pi}{2} \pm \frac{V_0}{2D}\sin\alpha \tag{2.3.37}$$

当 $\alpha \leqslant 90°$ 时，式（2.3.37）取正号；当 $\alpha > 90°$ 时，式（2.3.37）取负号。随着起爆位置和弹丸壳体形状不同，各处的 α 角不同，相应的抛射角 φ 也不相同。

2. 破片方向角

方向角是指战斗部赤道平面和由战斗部中心向飞散方向内破片分布中线（在两边战斗部含有 45% 破片的分界线）的引线之间的夹角；止角是引信天线作用图与战斗部破片飞散角之间的协调参量，如图 2-3-13 所示。

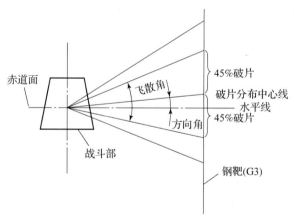

图 2-3-13　战斗部爆炸时的方向角

起爆点的位置对方向角（又称方位角）大小有影响，例如柱形战斗部的起爆点由一端向中心移时，则方向角将减小。当起爆点移至战斗部几何中心时，则理论上可认为这时方向角为 0°，但实际上不可能为 0°，因为总有一定误差存在。

现有制式生产的方向角，如表 2-3-9 所示。

表 2 – 3 – 9　制式生产的方位角*

导弹杀伤战斗部	方向角/(°)
地地	0~2
空空	4~8
超低空	1~3

注：统计数有限，仅供参考。

破片空间分布是指弹药爆炸后形成的破片在空间各位置处的分布密度，该分布密度取决于破片的飞散角和破片数。破片的空间分布是弹药杀伤效应研究中一项重要的内容。杀伤型弹药起爆后在空间构成一个体杀伤区。杀伤区的形状和大小可以由飞散角、方向角及杀伤半径所限定。必须说明，不仅飞散角、方向角依弹药飞行状态不同而不同，而且有效杀伤半径依目标的易损性不同也不同。因此，研究杀伤区的大小和形状，必须和弹药战斗部特性、遭遇状态及目标特性相联系，即从研究破片的静态飞散特性入手，进而研究破片的动态飞散特性。以此为基础，结合目标易损性和杀伤标准才能确定动态杀伤区。

2.4　破片杀伤战斗部毁伤威力设计

2.4.1　毁伤威力设计

由前面分析可知，杀伤型弹药的杀伤能力可通过杀伤面积来衡量。杀伤面积又取决于弹药战斗部结构。可以设想，当弹药结构合理、破片状态良好时，相应的杀伤面积大；反之则较小。这种设想还表明，在一定条件下（如目标一定，战斗部口径一定，射击条件一定），弹药对应一定的杀伤面积，其中必有某些战斗部结构对应着较大的杀伤面积。设计时尽可能采用这些结构，这就是杀伤型战斗部设计的出发点。

但是，影响战斗部杀伤作用的因素很多，很难在战斗部结构与杀伤面积之间建立一个简单有效的分析公式，从而根据战术技术要求直接解出最佳战斗部结构方案。因此，当前设计杀伤型战斗部的主要方法，仍然是在分析与综合现有经验数据的基础上，首先初步设计出战斗部结构；然后通过反复计算并进行必要的静止试验，以便修改结构并逐步完善。本节着重分析影响杀伤面积的诸因素，并介绍一些实际数据，作为设计战斗部时的借鉴。

1. 破片参数对杀伤面积的影响

破片总数、破片质量分布、初始速度和形状对杀伤面积均有影响。一般来说，当破片数目多，有效破片的数目及杀伤破片平均密度增加，杀伤面积随之增加。破片形状近于球形或立方体，有利于保持速度，在远距离上仍具有杀伤能力，亦使杀伤面积增大。显然，破片初始速度增加，杀伤面积增大。此外，破片空间分布的变化对杀伤面积亦有一定影响。为了能具体说明各个因素的影响，下面给出 152 mm 榴弹在一定射击条件下由于各个参量的变化引起的杀伤面积改变的具体事例。

1）破片数目的影响

杀伤面积改变的数采用了无量纲参量，而带下标 "0" 表示一定标准条件下的参量值。其他条件不变，包括平均破片质量也不变，仅仅由于弹体质量增加而导致破片总数增加。由此引起的杀伤面积的变化如图 2 - 4 - 1 所示。由图可以看出，杀伤面积的相对值 $\bar{S} = S/S_0$ 与破片相对数量 $\bar{N}_0 = N/N_\infty$ 是线性增长关系。

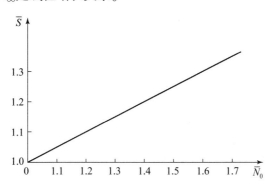

图 2 - 4 - 1　$\bar{N}_0$ 与 $\bar{S}$ 的关系

2）破片初始速度的影响

其他条件不变，增加破片的初始速度，可以得到如图 2 - 4 - 2 所示的 $\bar{V}_k(V_k/V_0)$ 与 $\bar{S}$ 的关系。由图可以看出，$\bar{V}_k$ 在初始阶段的增长对杀伤面积 $\bar{S}$ 有较明显的影响；在较高速度范围的影响程度逐渐缓和。

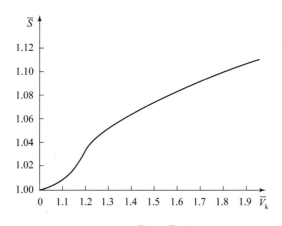

图 2 - 4 - 2　$\bar{V}_k$ 与 $\bar{S}$ 的关系

3）破片形状的影响

破片形状主要影响破片飞行时的阻力。破片可预制成球形、六角形或立方形等形状。立方形破片具有集装最优、威力最大和空气阻力最小的特点。若破片设计成各边相等的立方形，则战斗部上的破片总数最大。

上面仅给出了各个参量单独影响的结果。当然，在破片杀伤战斗部设计中，结构是一个整体，各个参量的变化是相互制约的。为了获得综合效果，关键在于改善弹药战斗部壳体的破碎性，即减少过重的破片，使有效破片的数量增多，同时使破片的形状尽量趋近立方形。试验结果表明，改善战斗部壳体材料，正确选定战斗部壳体厚度及尺寸，并配合相适应的炸药，可以取得较大的杀伤威力。

2. 战斗部壳体材料对破片性能的影响

战斗部壳体材料主要通过其力学性能，尤其是材料的塑性、断面收缩率和冲击韧性，对破片状态产生影响。一般来说，塑性材料（如钢）的断面收缩率和冲击韧性相应较大，脆性材料（如各种铸铁）则反之。

根据经验可知，随着材料塑性的增大，战斗部的破碎性变差，数量减小，质量分布不均，破片平均质量偏大；与此同时，破片速度有所增加。反之，随着冲击韧性或断面收缩率的减小，材料脆性增大，破片形成较规则，破片弹道性能较好，但因破裂时没有很大的膨胀过程，故炸药传给破片的能量较小。表 2 - 4 - 1 中列出了钢、可锻铸铁和钢性铸铁对破片破碎性的影响。

表 2 - 4 - 1　钢、可锻铸铁和钢性铸铁弹体的破碎性数据

破片质量范围/g	该范围内破片的相对数量/%		
	钢	可锻铸铁	钢性铸铁
1 ~ 2	28.4	40.8	56.3
2 ~ 4	26.0	29.1	30.9
4 ~ 8	20.3	18.9	10.8
8 ~ 12	6.8	5.2	1.6
12 ~ 20	7.8	4.7	0.4
20 ~ 30	4.7	1.1	
30 ~ 50	4.4	0.2	
50 ~ 70	1.2		
70 ~ 100	0.2		
>100	0.2		

由于材料的力学性能在很大程度上还取决于材料中的化学成分和热处理情况，因此材料中的化学成分和热处理情况直接影响战斗部的破片状态。

例如，钢中碳含量的增加和塑性降低，从而可改善破片的破碎性（图 2 - 4 - 3）。因此，杀伤榴弹壳体材料常用优质高碳钢；与此相反，在钢性铸铁中增加碳、硅含量，将使脆性进一步增加，使战斗部壳体破片过于破碎。表 2 - 4 - 2 中列出了钢性铸铁中化学成分对破片破碎性的影响。

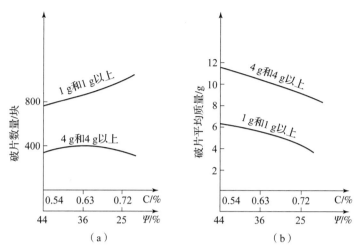

图 2 - 4 - 3　钢中碳含量 C 对断面收缩率 ψ 和破片的影响

表 2 - 4 - 2　钢性铸铁化学成分对破片的影响

化学成分/%			4 g 和 4 g 以上的破片数量/块	破片平均质量/g	1 g 和 1 g 以上破片的金属利用率/%	1 g 以下破片质量/%
碳	硅	锰				
3.1	2.0	1.1	193	6.8	62.5	27.5
3.5	2.2	0.8	97	3.6	52.5	45.1

目前，我国榴弹主要采用 D60 和 58SiMn 等高碳钢。根据上述情况，为了进一步提高杀伤型弹药的威力，各国均采用所谓高破片率钢种。高破片率不仅具有较高的强度，同时还具有一定的冲击韧性和适中的断面收缩率。这主要通过控制钢材内的碳、硅、锰元素的含量来达到。这种钢材在爆炸载荷作用下，1～4 g 的破片数量比原 D60 钢大幅增加，但过小（小于 0.2 g）和过大（大于 20 g）的破片数量减少，破片的总数量增加，从而使战斗部壳体材料的金属利用率提高。此外，破片的形状均匀，形状系数大大改善，战斗部的杀伤面积明显提高。表 2 - 4 - 3 列出了 D60 钢和高破片率钢的破片性能对比数据，这些数据分别是从不同弹种的试验数据中得到的。

表 2 - 4 - 3　D60 钢与高破片率钢的破片性能比较

1 g 以下破片的数量	<0.2 g	0.2～0.6 g	0.6～1 g
D60 钢/块	463	1 032	324
高破片率钢/块	318.5	1 339	696
提高率/%	-31	30	115
1～20 g 破片的数量	1～4 g	4～8 g	8～20 g
D60 钢/块	868	339	366

续表

高破片率钢/块	1 508	683	474
提高率/%	74	101	29
20 g 以上破片的数量	20 ~ 30 g	30 ~ 50 g	> 50
D60 钢/块	92	71	40
高破片率钢/块	79	37	5
提高率/%	−14	−48	−87.5
其他指标	每 1 kg 弹体金属形成的 1 ~ 4 g 的破片数量/块	破片形状系数	杀伤面积比
D60 钢/块	78	9.3	1
高破片率钢/块	115	15.8	1.53
提高率/%	47	70	53

3. 炸药性能和质量对破片的影响

弹药战斗部壳体的破碎性质，主要取决于炸药对战斗部壳体壁的比冲量。比冲量越大，破片越碎，数量越多，飞散速度也越大。而影响比冲量的主要因素是炸药的爆轰速度 D 和炸药与战斗部壳体的质量比 m_ω/m。一般来说，炸药威力大，爆速和比冲量也大。同样，炸药质量多，比冲量也随之增加。图 2 – 4 – 4 和图 2 – 4 – 5 分别为炸药爆速 D 和相对质量对破片破碎性的影响曲线。

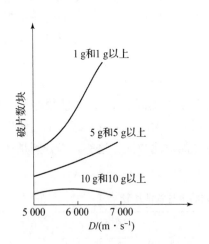

图 2 – 4 – 4　炸药爆速对破碎性的影响

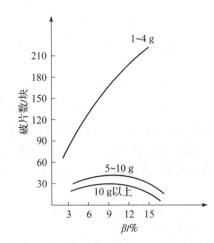

图 2 – 4 – 5　炸药相对质量对破碎性的影响

4. 传爆序列对破片的影响

传爆序列主要指引信的雷管、扩爆药或传爆药，其作用在于保证炸药起爆完全。传爆序列主要通过其起爆炸药和控制爆轰波的传播方向。

当起爆位置在炸药柱的中心时，爆轰波沿径向传播，这种情况称为辐向爆轰；当起爆位置在炸药柱之一端，则称为轴向爆轰。一般来说，辐向爆轰可使炸药外层达到更完全的分解，而且对战斗部壳体作用的比冲量比轴向爆轰时大，结果会增加战斗部壳体的破碎程度，并在一定程度上提高了破片的飞散速度。通常将杆状起爆药柱插入炸药中心来获得辐向爆轰。

另外，起爆药柱的威力对破片也有很大影响。威力大，可保证炸药起爆完全，同时也提高了整个爆炸系统的能量，使破片变小、破片数量增大，速度提高。

为了进一步提高起爆性能，有时还要采用聚能原理的空心传爆药。这时起爆管壳体形成的金属聚能射流以比炸药爆轰波更大的速度贯穿炸药。经验证明，这种起爆方式能增大破片的破碎性，提高飞散速度 10% 左右，并减小破片的飞散角。

5. 弹药战斗部直径和几何形状的影响

随着战斗部直径的增大，战斗部破片数量增多，破片的平均质量也增大。试验证明，由于战斗部直径增大而增多的破片数量中，其中 70%~80% 属于 4 g 以上的破片，1~3 g 的破片仅占 20%~30%。因此，破片平均质量趋大，反而使单位质量内的破片数量相应减少，图 2-4-6 给出了这种变化规律。

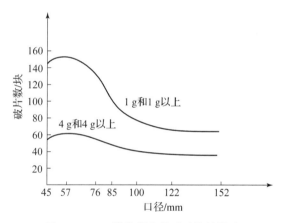

图 2 - 4 - 6　战斗部直径对破片的影响

战斗部壳体的几何形状与结构主要影响破片的质量分布和飞散角。一般来说，壳体薄，破片较小；壳体较厚，破片较大；战斗部壳体各处厚薄不均匀，破片大小也不均。此外，战斗部壳体内外表面的突变过渡处（如阶梯）能促使弹体在该处破裂。根据这个原理，为了获得较为理想均一的破片，可在战斗部壳体外表面分别刻相应的纵向和横向沟槽。

综上所述，首先提高杀伤型弹药威力的关键在于增加杀伤破片的数量，改善破片形状；其次是增大破片初始速度。注意到在弹药战斗部质量已定的条件下，杀伤破片数量取决于单块破片的质量；而破片质量的最佳值也取决于所杀伤的目标。

2.4.2　毁伤威力设计方法

在对毁伤威力进行设计时，除了要计算破片参数和毁伤能力外，还需要对杀伤型弹药主要性能参数进行匹配设计。匹配设计包括正反两个方面的设计问题：一是从毁伤效果出发确定最经济的战斗部的问题，即正面设计问题；二是在给定战斗部质量和容积条件下，如何达到最好的毁伤效果问题，这就涉及战斗部最有利装填系数 α 的确定问题，它是反面设计问题，常见于已有弹药的改进设计。

1. 正面匹配设计

正面匹配设计就是从杀伤效果出发来确定最经济的弹药战斗部，或者从最佳破片质量入手，确定战斗部其他参数。

杀伤型弹药战斗部的主要性能参数包括杀伤破片总数 N_0、单枚破片质量 m_f、破片静态飞散角 $\Delta\phi$、破片初始速度 V_0、战斗部总质量 m_w。

这些性能参数之间的粗略关系为

$$m_w = N_0 m_f + m_\omega \tag{2.4.1}$$

式中，m_ω 为炸药质量。

现引入战斗部装填系数 $\alpha = m_\omega/m_w$，则

$$m_w = \frac{N_0 \cdot m_f}{1 - \alpha} \tag{2.4.2}$$

由式（2.4.2）可见，战斗部质量是破片总数、破片质量和装填系数的函数。而当装药确定时，如果爆速一定，则破片速度 V_0 是装填系数 α 的函数，由初始速度的经验公式计算，即

$$V_0 = \frac{D}{2}\sqrt{\frac{\alpha}{2 - 4\alpha/3}} \tag{2.4.3}$$

式中，D 为炸药爆速。

式（2.4.3）可以改写为

$$\alpha = \frac{8V_0^2}{16V_0^2/3 + D^2} \tag{2.4.4}$$

则

$$m_w = \frac{16V_0^2/3 + D^2}{D^2 - 8V_0^2/3}N_0 \cdot m_f \tag{2.4.5}$$

对式（2.4.5）除以 V_0^2，得

$$m_w = \frac{16/3 + (D/V_0)^2}{(D/V_0)^2 - 8/3}N_0 \cdot m_f \tag{2.4.6}$$

式（2.4.6）说明，当 N_0 和 m_f 一定时，随着爆速提高，战斗部总质量趋于减少，而减少的速度随爆速提高趋于缓慢，最后接近一个常数。所以，只能在有限范围内尽可能选取较高爆速的炸药。

当 V_0 和 D 一定时，战斗部质量 m_w 随 N_0 和 m_f 线性变化；当 N_0、D 和 m_f 一定时，战斗部质量随 V_0 增加而急剧增加，并且存在无限增大的可能，即在 $V_0 = \sqrt{(3/8)}D$ 时，$m_w \to \infty$，所以，选择较小的初始速度，对减少战斗部质量是有利的。

实际上，破片初始速度和破片质量的要求是有联系的。从杀伤标准的分析中已经知道，破片速度和质量是以保证一定的打击动能要求而提出的，如果计及破片在飞行过程中的速度损失，把对打击动能 E_k 的要求表示为对破片初始动能的要求（未计战斗部速度），则

$$E_0 = \frac{1}{2} m_f V_0^2 = E_k e^{-a \cdot R} \tag{2.4.7}$$

故

$$V_0^2 = \frac{2E_k}{m_f} e^{-a \cdot R} \tag{2.4.8}$$

式中，a 为破片速度衰减系数，R 为破片飞行距离。

战斗部质量可表示为

$$m_w = \frac{m_f D^2 / (2E_k e^{-a \cdot R}) + 16/3}{m_f D^2 / (2E_k e^{-a \cdot R}) - 8/3} N \cdot m_f \tag{2.4.9}$$

由式（2.4.9）可知，当由目标易损性确定的必要打击动能 E_k 一定时，战斗部总质量 m_w 将随破片质量 m_f 的增大而增加。反之，如果选取较小的破片质量 m_f，为保证打击动能，所要求的破片初始速度必然增大，这也会引起战斗部质量的增加。故对于一定的目标条件，必然存在一个满足最轻战斗部质量的最佳破片质量。从选择最佳破片质量入手确定战斗部其他主要参数，是战斗部初步设计中实现性能参数最佳组合的一种方法。

假设根据目标确定了破片毁伤动能 E_k，又根据杀伤区的破片密度确定了破片总数 N，现分析式（2.4.9）。

令

$$a_0 = \frac{D^2}{2E_k} e^{-a \cdot R} \tag{2.4.10}$$

则

$$m_w = \frac{N_0 a_0 m_f^2 + (16/3) N_0 m_f}{a_0 m_f - 8/3} \tag{2.4.11}$$

利用 $dm_w / dm_f = 0$，可得对应战斗部质量最轻时的破片质量，即

$$m_f = \frac{8}{3a_0} \pm \frac{1}{3a_0} \sqrt{64 + 128 \frac{1}{a_0}} = \frac{8}{3a_0} \left(1 \pm \sqrt{1 + \frac{2}{a_0}} \right) \tag{2.4.12}$$

由于 m_f 不可能为负值，则

$$m_f = \frac{8}{3a_0} \left(1 + \sqrt{1 + \frac{2}{a_0}} \right) \tag{2.4.13}$$

将式（2.4.10）代入式（2.4.13），得

$$m_f = \frac{16}{3D^2} E_k e^{-a \cdot R} \left(1 + \frac{1}{D} \sqrt{D^2 + 4E_k e^{-a \cdot R}} \right) \tag{2.4.14}$$

由此可知，当毁伤目标的动能越大时，其设计的破片质量应越大，相反，对付生存能力较低的目标，则破片质量应该减小。特别应指出的是，由于杀伤目标的效率总是用杀伤概率来表示，为了保证一定的杀伤概率，可以通过适当降低单个破片杀伤概率而提高命中目标破片数量的办法实现，这样就可降低对破片打击动能的要求，从而增大 a_0，使最佳破片质量减小。这样并不会由于破片数量增加而增大壳体质量。因为战斗部质量减小给全系统带来的好处十分可观，所以目前战斗部破片质量趋于减少是武器发展的普遍趋势。

确定了最佳破片质量之后，返回到式（2.4.1）~式（2.4.3），就可以计算有关的其他性能参数，从而得到一组性能数据。由于该组数据能满足战术要求，并保证战斗部质量是最轻的方案，所以是正面设计的最佳组合。

2. 反面匹配设计

反面匹配设计就是在给定弹药战斗部质量和容积条件下，力求达到较高的毁伤效果。

装填系数确定原则是既要保证破片具有一定初始速度，又要保证破片有一定数量，最终保证必要的打击动能 E_k。而打击动能与破片初始动能有关，现在认为保证破片初始动能最大的装填系数就是最佳 α 值。初始动能 E_0 是破片质量 m_f 和速度 V_0 的函数，即

$$E_0 = f(m_f, V_0^2) \tag{2.4.15}$$

$$E_0 = \frac{\sum m_f}{2} V_0^2 = \frac{\sum m_f}{2} \frac{1.6 Q_v}{1/\alpha - 1/2} \tag{2.4.16}$$

式中，$\sum m_f = m_w(1 - \alpha - 0.1) = m_w(0.9 - \alpha)$，$m_w$ 为战斗部质量；Q_v 为炸药爆热；这里，

$$\alpha = \frac{m_\omega}{m + m_1 + m_\omega} \tag{2.4.17}$$

式中，m 为产生破片的壳体质量；m_1 为辅助零件质量，m_ω 为炸药质量。

初始动能可表示为

$$E_0 = \left(\frac{0.9 - \alpha}{1/\alpha - 1/2}\right) \frac{1.6 m_w Q_v}{2} = Z \cdot \frac{1.6 m_w Q_v}{2} \tag{2.4.18}$$

其中，

$$Z = \frac{0.9 - \alpha}{1/\alpha - 1/2} \tag{2.4.19}$$

因为 m_w 和 Q_v 是给定的，对 E_0（或者说对 Z）进行微分，并令其为 0，可得 E_0 或者 Z 的极大值。

由 $dZ/d\alpha = 0$ 可得

$$\frac{-1/\alpha - 1/2 + (0.9 - \alpha)\alpha^{-2}}{(1/\alpha - 1/2)^2} = 0 \tag{2.4.20}$$

由式（2.4.20）得 $\alpha = 0.52$。

而现有产品的 $\alpha = 0.50 \sim 0.75$，稍大于单纯由取得最大初始动能 α 确定的最佳值。这是因为还需要考虑破片飞行时的速度损失，以及为了减少破片到达目标的飞行时间以降低对飞散角的要求。一般是空域遭遇状态的参数变化越大（指空域杀伤区越宽），要求破片初始速度越高。

在实际设计中，战斗部可能是在固定质量和固定容积条件下进行设计的。这时最佳炸药质量和金属质量比 μ 值确定的，可以按破片获得最大动量、最大动能或其他参数 $m_f V_0^{3/2}$ 达到极值的条件进行。

假设 E_n 为 m、V_0 的函数，即

$$E_n = f(m, V_0) \tag{2.4.21}$$

式中，m 为产生破片金属壳体的质量；V_0 为破片初始速度。

m 和 V_0 都是炸药质量和金属质量比 μ 的函数，即

$$m(\mu) = m\left(\frac{m_\omega}{m}\right) \tag{2.4.22}$$

$$V_0(\mu) = V_0\left(\frac{m_\omega}{m}\right) \tag{2.4.23}$$

为了求曲线 E_n 上的极值,将 E_n 对 μ 进行微分:

$$\frac{\mathrm{d}E_n}{\mathrm{d}\mu} = \frac{\partial f}{\partial m}\frac{\mathrm{d}m}{\mathrm{d}\mu} + \frac{\partial f}{\partial V_0}\frac{\mathrm{d}V_0}{\mathrm{d}\mu} \tag{2.4.24}$$

当式(2.4.24)为 0 时,可求得对应 E_n 最大条件下的 μ 值。

1)当固定质量条件时

设 m_w 为战斗部总质量,可表示为

$$m_w = m_\omega + m = m(1 + \mu) \tag{2.4.25}$$

其中,
$$m_\omega = \frac{m_w}{1 + \mu} \tag{2.4.26}$$

$$\frac{\mathrm{d}m_\omega}{\mathrm{d}\mu} = -\frac{m_w}{(1 + \mu)^2} \tag{2.4.27}$$

下面分别讨论以下两种结构形状的性能。

对于圆柱体,有

$$V_0 = \sqrt{2E}\left(\frac{\mu}{1 + 0.5\mu}\right)^{1/2} \tag{2.4.28}$$

$$\frac{\mathrm{d}V_0}{\mathrm{d}\mu} = \frac{\sqrt{2E}}{2}\mu^{-1/2}(1 + 0.5\mu)^{-3/2} \tag{2.4.29}$$

对于球体,有

$$V_0 = \sqrt{2E}\left(\frac{\mu}{1 + 0.6\mu}\right)^{1/2} \tag{2.4.30}$$

$$\frac{\mathrm{d}V_0}{\mathrm{d}\mu} = \frac{\sqrt{2E}}{2}\mu^{-1/2}(1 + 0.6\mu)^{-3/2} \tag{2.4.31}$$

为使 $E_n = mV_0$ 达到最大值作为限制条件,对于球体,有

$$\frac{\mathrm{d}E_n}{\mathrm{d}\mu} = m\frac{\mathrm{d}V_0}{\mathrm{d}\mu} + V_0\frac{\mathrm{d}m}{\mathrm{d}\mu} = m\frac{\sqrt{2E}}{2}\mu^{-1/2}(1 + 0.5\mu)^{-3/2} + \sqrt{2E}\left(\frac{\mu}{1 + 0.5\mu}\right)^{1/2}\left[-\frac{m_w}{(1 + \mu)^2}\right]$$

$$= m\frac{\sqrt{2E}}{2}\frac{1}{\mu^{1/2}}\frac{1}{(1 + 0.5\mu)^{1/2}}\left(\frac{(1 + \mu) - \mu(2 + \mu)}{2(1 + 0.5\mu)(1 + \mu)}\right) = 0 \tag{2.4.32}$$

最后可得

$$\mu = \frac{-1 + 2.2361}{2} = 0.62$$

因为 μ 不可能为负值,故取 $\mu \approx 0.62$。同样可以求得对于 $E_n = mV_0^{3/2}$ 和 $E_n = mV_0^2/2$ 达到极值的 μ 值,所得结果见表 2-4-4。

表 2 - 4 - 4 固定质量时不同条件下的最佳 μ 值

E_n 条件	固定质量	
	圆柱体	球体
$E_n = mV_0$	0.62	0.59
$E_n = m V_0^{3/2}$	1.00	0.91
$E_n = m V_0^2/2$	1.41	1.29

2）当固定容积时

对于固定容积 V，可用下式表示，即

$$V = \frac{m_\omega}{\rho_e} + \frac{m}{\rho_m} \tag{2.4.33}$$

式中，ρ_e 为炸药密度；ρ_m 为金属壳体质量密度。

式（2.4.33）可改写为

$$V = m\left(\frac{\mu}{\rho_e} + \frac{1}{\rho_m}\right) \tag{2.4.34}$$

其中，

$$m = \left(\frac{V\rho_e\rho_m}{\rho_e + \mu\rho_m}\right) \tag{2.4.35}$$

$$\frac{dm}{d\mu} = \frac{-V\rho_e\rho_m^2}{(\rho_e + \mu\rho_m)^2} \tag{2.4.36}$$

对于均质圆柱体和均质球体的 $dV_0/d\mu$ 已知，则如同固定质量条件的解法一样，可通过对 $E_n = mV_0$，$E_n = mV_0^{3/2}$ 和 $E_n = mV_0^2/2$ 微分，并使 $dE_n/d\mu = 0$，求得对应条件极值时的 μ 值，如表 2 - 4 - 5 所列。

表 2 - 4 - 5 固定容积时不同条件下的最佳 μ 值

E_n 条件	固定容积	
	圆柱体	球体
$E_n = mV_0$	$\mu = \dfrac{-1 \pm \sqrt{1 + (\rho_e/\rho_s)}}{2}$	$\mu = \dfrac{-1 \pm \sqrt{1 + (4.8\rho_e/\rho_s)}}{2.4}$
$E_n = m V_0^{3/2}$	$\mu = \dfrac{-1 \pm \sqrt{1 + (24\rho_e/\rho_s)}}{4}$	$\mu = \dfrac{-1 \pm \sqrt{1 + (28.8\rho_e/\rho_s)}}{4.8}$
$E_n = m V_0^2/2$	$\mu = \pm 1.414 \sqrt{\rho_e/\rho_s}$	$\mu = \pm \sqrt{\rho_e/(0.6\rho_s)}$

将实际值代入有关公式，会看到，当条件速度指数增加时，最佳比 m_ω/m 之间的差距减少；速度指数越高时，对应最佳比 m_ω/m 越大。

实际上，有时在改进设计中，要求固定质量、固定外形，甚至还要求固定质心，尽可能提高使用性能的情况是有的。这里只能给出一般的思路和方法，而直接应用这些数据的可能性不大。

2.5　杀伤战斗部结构设计

2.5.1　结构形式选择

杀伤型弹药战斗部结构形式按产生破片的方式分类为整体式结构、预制式结构、装填式结构和组合式结构等。

所谓整体式结构，是指利用完整的战斗部壳体在爆炸过程中瞬时破裂而产生不均匀杀伤破片的结构形式。其破片大小、质量分布以及尺寸规律，通过装药爆炸性能、壳体材料理化性能、尺寸形状特性、装药形状以及装填系数等加以控制。预制式结构分为壳体结构预制和装药结构预制两种，其基本方法采取机械刻槽，此外，还包括缠绕结构。装填式结构是采用夹层结构壳体，以填充方法装填预制破片，有时使用连接介质；有时仅为紧密排列。组合结构是指上述一种或数种结构方式的联合。

为了与装药和传爆序列相配合获得一定的飞散区域要求，壳体外形结构是重要的因素。常见的外形都是轴对称旋转体，其典型形体特征归类为截锥形、直圆柱形、凸鼓形、凹鼓形、复合形等。

选择壳体结构和形体结构的依据如下：

（1）破片形状、质量及破片性能要求；

（2）飞散特性及飞散区域要求；

（3）总体布局（包括外形、容积和承力结构）要求；

（4）经济性要求。

归根到底，结构形式是保证战斗部威力性能要求的关键因素，故其选择原则是在保证威力性能前提下考虑经济性要求，这里仅指出确定结构形式的一般规律。

以破片杀伤作用为主，要求有效杀伤半径较大的战斗部，对破片性提出较高的要求，应选择预制式结构；相反，对于以联合作用杀伤目标，非单一破片杀伤效果，而有效杀伤半径要求相对有限的战斗部，为考虑经济性，采用整体式结构；对于介于上述二者之间的战斗部，有时采用整体结构加简单预制（如装药刻槽）式的结构，只有对杀伤区有特殊要求的战斗部才采用组合结构。

选择壳体结构形式的依据一般是对杀伤特性的要求，例如，要求飞散角大的采用凸鼓形，要求杀伤规律随脱靶量变化较缓慢时采用凹鼓形，要求杀伤区域前倾时采用截锥形，而在有利装填系数较高时采用圆柱形。

对于有特殊要求的战斗部允许设计各种不同形体结构方案，计算它们的威力性能，在全面评比中予以筛选确定。

2.5.2 杀伤战斗部的外形设计

所谓外形设计，就是指战斗部主要尺寸（弹顶直径、战斗部长度、战斗部直径以及内外轮廓形状等参量）的确定。外形选择既要考虑空阻（影响弹道性能），又要考虑杀伤威力和经济性。

1. 头部形状设计

从空阻观点看，如何选择外形尺寸呢？

当弹处在亚声速飞行时，由于弹轴与弹道切线不重合，尖头弹顶处由于进动、章动结果，空气层可能被破坏，形成涡流使空阻增加。改成钝头则在某种程度上可使涡流减少，因而空阻下降，故选用钝顶较好。

当超声速飞行时，由于边界层破裂，其涡流运动是减轻的，故弹顶选尖头较好。一般来说，涡轮式火箭弹的阻力系数近似等于弹头部阻力系数，而阻力系数是影响射程的主因，可见头部外形设计极为重要。

当高超声速飞行时，作用在弹上的空阻对飞行性能影响很大。当正面阻力系数 c_x 变化 10% 时，飞行时间变化 0.5 s 左右。而头部波阻 $c_{x,\sigma}$ 占全弹总阻力系数的 30% 以上。所以头部外形设计，对于射程较远的火箭弹来说，必须给予足够的重视。

由试验知道，当弹的飞行速度小于 600 m/s 时，头部顶端直径可取 15% 弹径（即 $0.15d$），或者弹顶圆弧半径取 $(0.07 \sim 0.08)d$。当弹的飞行速度大于 600 m/s 时，弹顶做成直径为 $5 \sim 10$ mm 的小直径，或 5 mm 的半径圆弧为宜。实际的杀伤战斗部常装定弹头瞬发引信，故弹顶钝化是难免的。通常弹顶直径可选用不大于 $0.1d$，或半径为 $0.05d$ 的圆弧为宜。

对于形成部的外形，选用什么样的母线好呢？从空阻观点讲，抛物线空阻小，椭圆形空阻稍大。考虑到战斗部威力，经常采用卵形头部较多。下面确定弹形头部的主要尺寸，如图 2-5-1 所示。

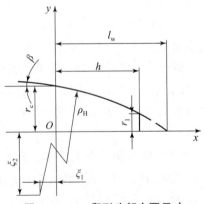

图 2-5-1 卵形头部主要尺寸

图 2-5-1 中，r_e 为弹的半径；h 为不计引信的弹头部高度，可用弹径倍数表示；r_1 为由所选引信的尺寸决定的半径；l_w 为包括引信长度在内的弹头高度，也可用弹径倍数表示，如 $l_w = \lambda d_0$，λ 值随弹速高低而定，弹速越高，λ 值越大，这时弹头就越尖；ρ_H 为用弹径倍

数表示的圆弧半径；β 为母线切线与圆柱部直径之间的夹角：一般 $\beta = 1° \sim 3°$，设计时应该使 β 不超过 $3°$ 为好，过大会引起激波，加大空阻；ξ_1 为圆心离底平面距离；ξ_2 为圆心距弹轴线距离。

由笛卡儿坐标系得到圆弧方程为

$$(x + \xi_1)^2 + (y + \xi_2)^2 = \rho_H^2$$

将点坐标 $A(0, r_e)$、$B(h, r_1)$ 代入上式，建立两个方程式，并将 $\tan\beta = \dfrac{\xi_1}{\xi_2 + r_e}$ 联立求解，可得

$$\xi_1 = \left[\left(\frac{h^2 - (r_c^2 - r_1^2) + 2hr_c\tan\beta}{2(r_c - r_1) - 2h\tan\beta} \right) + r_0 \right] \tan\beta$$

$$\xi_2 = \frac{h^2 - (r_c^2 - r_1^2) + 2hr_c\tan\beta}{2(r_c - r_1) - 2h\tan\beta}$$

$$\xi_1 = \left[\left(\frac{h^2 - (r_c^2 - r_1^2) + 2hr_c\tan\beta}{2(r_c - r_1) - 2h\tan\beta} \right) + r_0 \right] \sqrt{1 + \tan^2\beta}$$

如果是某种特殊情况，如尖头战斗部，圆心不在底平面上，或者生成圆心位于底平面上；将此条件代入圆方程，便可得到有关条件的一些参数。

选择头部外形时，表 $2-5-1$ 中的经验参数可供设计火箭战斗部或火炮弹丸时参考。战斗部内形轮廓尺寸可参照上法进行计算。

表 $2-5-1$　l_w/d_0 和 ρ_H/d_0 经验值

尺寸部位	弹丸初始速度 $v_0/(\text{m} \cdot \text{s}^{-1})$				
	400	400 ~ 500	500 ~ 600	600 ~ 900	> 900
l_w/d_0	1.3 ~ 1.5	2.0 ~ 2.5	2.5 ~ 3.0	3.0 ~ 3.2	< 3.5
ρ_H/d_0	2.0 ~ 3.0	4.0 ~ 6.5	6.5 ~ 10	10 ~ 25	< 35
母线圆心位置	在底平面上			在底平面下	

2. 战斗部性能尺寸初步确定

战斗部性能尺寸是指与战斗部威力性能有关的结构公称尺寸。破片式战斗部由壳体产生破片，所以壳体是破片性的主要性能件，破片的运动性能要结合炸药和传爆序列一起考虑，所以装药尺寸也是性能尺寸。由于性能尺寸是在结构形式确定后才能确定，所以这里选择一种典型结构形式，如圆柱形结构来说明结构设计中质量和尺寸的关系，以便根据初步设计中选定的威力性能参数来确定结构设计参数和性能尺寸。

1）战斗部装药尺寸

结构初步设计一般不计传爆管体积，设装药长度为 L_e，炸药直径为 D_e。取装药长径比为 λ_e，则

$$\lambda_e = \frac{L_e}{D_e} \tag{2.5.1}$$

装药体积为

$$V = \frac{\pi}{4}D_e^2 L_e = \frac{\pi}{4}D_e^3 \lambda_e \tag{2.5.2}$$

则

$$D_e = \sqrt[3]{\frac{4C}{\lambda_e \rho_e \pi}} = \sqrt[3]{\frac{4}{\rho_e \pi}} \cdot \sqrt[3]{\frac{C}{\lambda_e}} \tag{2.5.3}$$

或

$$D_e = \sqrt[3]{\frac{4C}{\lambda_e \rho_e \pi}} = 0.917 \cdot \sqrt[3]{\frac{C}{\lambda_e}} \tag{2.5.4}$$

令

$$K_1 = 0.917\left(\frac{1}{\lambda_e}\right)^{\frac{1}{3}}$$

则

$$D_e = K_1(\lambda_e) \cdot \sqrt[3]{C} \tag{2.5.5}$$

$$L_e = \lambda_e \cdot D_e \tag{2.5.6}$$

式中，ρ_e 为炸药密度（$\rho_e \approx 1.65 \text{ g/cm}^3$）

K_1 与 λ_e 的关系如图 2-5-2 所示。

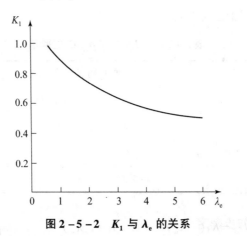

图 2-5-2 K_1 与 λ_e 的关系

2）战斗部长径比的确定

战斗部长径比 l/d 的选择主要考虑初始速度要求和飞散角要求。

根据初步设计对破片初始速度的要求，考虑到影响初始速度的因素，有

$$V_0 = f_1(a) \cdot f_2(b) \cdot f_3(c) \tag{2.5.7}$$

式中，$f_1(a) = f_1(D, Q_v, \rho_e)$ 与炸药性质、爆热和密度有关，即与 $\sqrt{2E}$ 有关；$f_2(b) = f_2(\beta) = f_2(m_\omega/m)$ 与装填比有关；$f_3(c) = f_3(l/d)$ 与战斗部长径比有关。

当 λ_w 改变时，实际上改变了爆炸能量在轴向和径向的能量分配，λ_w 越大轴向能量损失越小，其变化规律如图 2-5-3 所示，具体数值见表 2-5-2。由图 2-5-3 可见，当 $\lambda_w = 0 \sim 1$ 时最明显，当 $\lambda_w = 2.0 \sim 2.5$ 时趋于稳定。

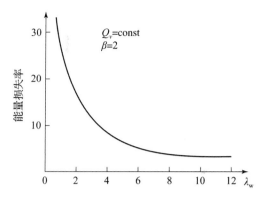

图 2 - 5 - 3　能量损失曲线

表 2 - 5 - 2　能量损失变化规律

λ_w	11.0	6.0	3.6	2.4	1.3	1.08
能量损失/%	2.9	5.6	9.7	15.4	23	33

所以，设计时一般取 $\lambda_w = 2 \sim 4$，当 λ_w 继续增大时壳体变薄，对形成有效破片是不利的。此外，对于圆柱形战斗部，其炸药长径比接近于战斗部长径比，可取 $\lambda_e = \lambda_w$。

3）战斗部直径的确定

根据

$$M = t \cdot \pi \cdot D_w \cdot L \cdot \beta = t \cdot \pi \cdot \beta \cdot \lambda_w \cdot D_w^2 \qquad (2.5.8)$$

式中，t 为战斗部壳体厚度。

所以

$$D_w = \sqrt{\frac{M}{t_0 \cdot \pi \cdot \beta \cdot \lambda_w}} = \sqrt{\frac{1}{t_0 \cdot \pi \cdot \beta \cdot \lambda_w}} \cdot \sqrt{M} \qquad (2.5.9)$$

令 $K_2(t, \lambda_w) = \sqrt{\dfrac{1}{t_0 \cdot \pi \cdot \beta \cdot \lambda_w}}$，则

$$D_w = K_2(t, \lambda_w) \cdot \sqrt{M} = K_2(t, \lambda_w) \cdot \sqrt{N \cdot m_f} \qquad (2.5.10)$$

设计计算时，可将其制成表格或曲线，但在选取 t_0 时要兼顾壳体材料及装药性质，使壳体能形成稳定破片。例如，对中型质量的破片式战斗部其产生稳定破片的 t 为 $7 \sim 9$ mm。

2.5.3　破片形状设计

一般总希望破片飞行保存速度能力强，这样可飞得远。

为了使破片能飞得远，当然是近似于球形的破片为好。对于只装少量炸药的杀伤钢质弹丸来说，总是产生细长的破片而且数量少。例如，100 mm 口径高射榴弹，材料为 S15A（生冲用钢），爆炸形成的质量为 20 g 的碎片数量为 170 块左右，质量为 25 g 的为 146 ~ 148 块，质量为 30 g 的为 133 块。还有比上述大的和小的破片，质量不同，就体现着破片尺寸和形状的不同。

为了使破片尽量规则，可以将战斗部壳壁进行内刻槽，或内壁刻环形槽，外壁刻纵向斜槽，也可以药柱刻槽，像手榴弹那样手掷武器还可铸造预制槽。在导弹战斗部和其他一些定向雷上，近年来也广泛采用预制破片。无论是半预制还是预制的结构，它们的形状主要是球形（钢珠）、立方形、菱形、六角形、圆柱形、长方形和平形四边形。理论和实践证明，球形破片的迎风面积最小，其次为立方形，这一点说明它们在弹道上保存速度能力强，这样对增大破片威力半径是有利的。

目前，导弹杀伤战斗部上的破片形状，从飞行性能和作用威力考虑，广泛采用菱形、平行四边形、矩形和立方形等形状。

1. 预控破片设计

整体式自然破片战斗部产生的许多破片要么太大，要么太小，这些破片对目标有效穿靶的能力是很低的，不能给定目标造成最佳杀伤效应。尽管小破片很多，但其总质量仅占壳体总质量的一小部分。相反，少数大破片占去壳体质量的很大一部分。这种质量分布大大降低了有效破片数目，相应地对目标命中的概率也就降低了。

用一个给定的战斗部打击目标，存在一个最佳的破片尺寸，除要有足够的破坏能力外，还需要足够的破片数 n 来保证高的命中精度。只有高的命中数 n 与每次命中下高的毁伤概率 P，才能得到高的目标毁伤概率 Z，可表示为

$$Z = 1 - (1 - P)^n \tag{2.5.11}$$

因此，对战斗部壳体来说，尽可能要求破片尺寸很有规则和破片有效。这些可以通过壳体外表面或内表面刻槽以及采用三角内衬等方式实现。

预控破片通常采用战斗部外、内刻槽（图 2-5-4），获得一定质量的立方形破片，因为它侵彻能力最大而空气阻力最小。一般密实立方破片的某一边长大于其余任意一边 1.5 倍，若破片尺寸超过此数，则破片侵彻能力下降且空气阻力增加。图 2-5-5 所示为一立方形破片。

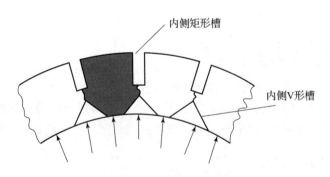

图 2-5-4 大破片内/外槽构形

设战斗部壳体厚度为 t，破片宽度 w 和长度 l 可设为壳体厚度的隐函数，用常数 C_1 和 C_2 表示破片的宽度和长度与壳体厚度的比例。立方形破片的质量为

$$m_{\mathrm{f}} = t \cdot l \cdot w \cdot \rho_{\mathrm{m}} \tag{2.5.12}$$

若 $w = C_1 t$ 及 $l = C_2 t$，则破片质量为

$$m_{\mathrm{f}} = C_1 C_2 t^3 \rho_{\mathrm{f}} \tag{2.5.13}$$

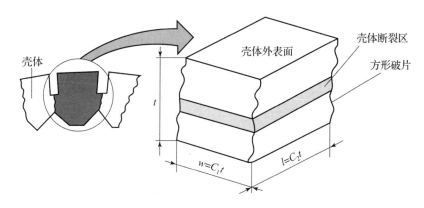

图 2 – 5 – 5　立方形破片

战斗部壳体的密度为 ρ_m。若壳体内表面上有 V 形槽列阵（图 2 – 5 – 6），将 V 形槽深度 L 表示为壳体厚度的函数，则

$$L = \zeta t \tag{2.5.14}$$

式中，ζ 为常量，表示切口深度相对于壳体厚度的百分比，取值范围为 0 ~ 1。应用三角关系求解 L_1，即

$$L_1 = \zeta t \tan \theta \tag{2.5.15}$$

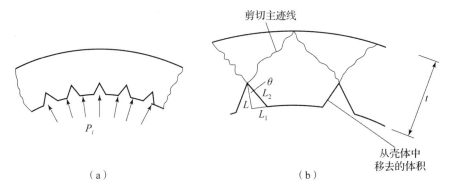

（a）　　　　　　　　　　　　　（b）

图 2 – 5 – 6　确定单内侧 V 形槽阵列构形的数学关系

从顶视图看槽的面积，由下式计算：

$$A = 0.5 \cdot L \cdot L_1 \tag{2.5.16}$$

将式（2.5.14）和式（2.5.15）代入式（2.5.16），可得

$$A = 0.5 \zeta t (\zeta t \tan \theta)$$
$$A = 0.5 \, \zeta^2 t^2 \tan \theta \tag{2.5.17}$$

单个破片移去的体积为

$$V_f = 0.5 \, \zeta^2 t^3 \tan \theta (C_1 + C_2) \tan \theta \tag{2.5.18}$$

单个破片移去的总质量为

$$m_f' = V_f \rho_f = [\zeta^2 t^3 \tan \theta (C_1 + C_2)] \rho_f \tag{2.5.19}$$

若断裂出现于 45° 角，则这些破片的类型为菱形，如图 2 – 5 – 7 所示。

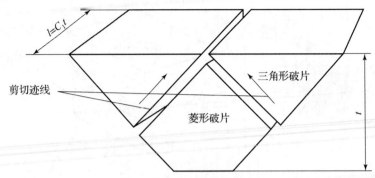

图 2 - 5 - 7   菱形破片破碎

为得到方形破片必须在外表面刻矩形深槽，如图 2 - 5 - 8 所示。单个矩形槽的面积为

$$A_1 = B_1 \alpha \tag{2.5.20}$$

式中，下标 1 指矩形槽。

考虑破片的长度和宽度，则移去的体积为

$$V_{f1} = B_1 \alpha (2C_1 t + 2C_2 t) \tag{2.5.21}$$

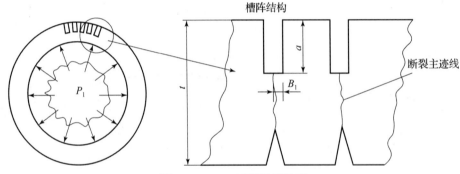

图 2 - 5 - 8   V 形槽阵列构形

尺寸 α 和 B_1 也可写成壳体厚度的函数，令 $\alpha = \zeta_1 t$ 和 $B_1 = \zeta_2 t$，则移去的体积为

$$V_{f1} = 2 \zeta_1 \zeta_2 t^3 (C_1 + C_2) \tag{2.5.22}$$

对于给定的矩形槽，每个破片移去的质量为

$$m_f' = V_f \rho_f = [2 \zeta_1 \zeta_2 t^3 (C_1 + C_2)] \rho_f \tag{2.5.23}$$

将式（2.5.13）、式（2.5.19）和式（2.5.23）联立，可计算最终破片质量为

$$m_f = \underbrace{C_1 C_2 t^3 \rho_f}_{\text{破片质量}} - \underbrace{[\zeta^2 t^3 \tan\theta (C_1 + C_2)] \rho_f}_{\text{V 形槽移去的质量}} - \underbrace{[2 \zeta_1 \zeta_2 t^3 (C_1 + C_2)] \rho_f}_{\text{方形槽移去的质量}} \tag{2.5.24}$$

战斗部壳体厚度可以表示成破片几何形状的函数。壳体厚度为

$$t = \left\{ \frac{m_f}{\rho_f [C_1 C_2 - \zeta^2 \tan\theta (C_1 + C_2) - 2 \zeta_1 \zeta_2 (C_1 + C_2)]} \right\}^{\frac{1}{3}} \tag{2.5.25}$$

现在可导出一个方程，将战斗部长度表示为壳体厚度、战斗部质量和破片几何形状的函数。为了简化，使用 X、Y、Z 代入式（2.5.25）。

令

$$X = C_1 C_2 \rho_f$$
$$Y = \zeta^2 \tan \theta (C_1 + C_2) \rho_f$$
$$Z = \zeta_1 \zeta_2 (C_1 + C_2) \rho_f$$

则壳体厚度的方程为

$$t = \left[\frac{m_f}{X - Y - Z} \right]^{\frac{1}{3}} \tag{2.5.26}$$

又

$$t = R_o - R_i \tag{2.5.27}$$

式中，$R_o = D_o/2$，$R_i = D_i/2$，壳体厚度方程为

$$R_o - R_i = \left[\frac{m_f}{X - Y - Z} \right]^{\frac{1}{3}} \tag{2.5.28}$$

则

$$R_i = R_o - \left[\frac{m_f}{X - Y - Z} \right]^{\frac{1}{3}} \tag{2.5.29}$$

战斗部质量的方程为

$$M_w = \pi R_i^2 L \rho_e + \pi (R_o^2 - R_i^2) L \rho_f \tag{2.5.30}$$

求解战斗部长度，即

$$L = \frac{M_w}{\pi [R_i^2 \rho_e + (R_o^2 - R_i^2) \rho_f]} \tag{2.5.31}$$

将式（2.5.29）代入式（2.5.31），得

$$L = \frac{M_w}{\pi \left[\left(R_o - \left[\frac{m_f}{X - Y - Z} \right]^{\frac{1}{3}} \right)^2 (\rho_e - \rho_f) + R_o^2 \rho_f \right]} \tag{2.5.32}$$

将式（2.5.26）代入式（2.5.32），并将式（2.5.32）进一步展开，可得

$$L = \frac{M_w}{\pi \left[\left(R_o - \left\{ \frac{m_f}{\rho_f [C_1 C_2 - \zeta^2 \tan \theta (C_1 + C_2) - 2 \zeta_1 \zeta_2 (C_1 + C_2)]} \right\}^{\frac{1}{3}} \right)^2 (\rho_e - \rho_f) + R_o^2 \rho_f \right]} \tag{2.5.33}$$

可将这些方程编入计算机模拟程序，通过改变不同的战斗部几何参数，优化战斗部壳体几何构形，选择满足初始要求的设计。也可以由 C/M 和壳体厚度函数关系的列线图得到优化结果，图 2 - 5 - 9 所示为破片质量为 13 g 的列线图。

列线图 2 - 5 - 9 的底部对应的壳体厚度为 12.24 mm（0.482 in），破片是一个立方破片，其宽度和长度等于壳体厚度，此时具有最小的 C/M，有最大的壳体厚度。随着破片宽度和长度的增加，C/M 增加而壳体厚度会逐渐减小。图线顶部代表最薄的破片，此时破片的宽度和长度等于 1.5 倍的壳体厚度。

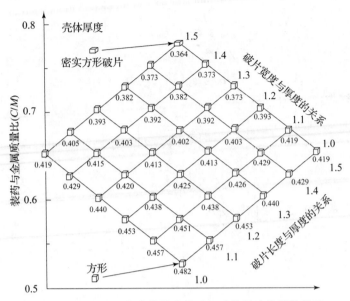

图 2 – 5 – 9 *C/M* 和壳体厚度关系与破片尺寸的函数关系

战斗部的另一个重要参数是破片总数量，在破片尺寸和破片数量之间应有所折中。若破片为立方形，与大宽度和大长度的破片相比，战斗部上破片更多。尽管立方形的破片较多，但其 *C/M* 最低，破片抛射速度最低。战斗部的破片总数量可根据角 β 计算。

战斗部的周长为

$$C = 2\pi R_i = 2\pi \left[R_o - \left(\frac{m_f}{X - Y - Z} \right)^{\frac{1}{3}} \right] \tag{2.5.34}$$

V 形槽的间距为 $C_1 t$，因此在方位指向上的破片总数量为

$$N_C = \frac{2\pi R_i}{C_1 t} = \frac{2\pi \left[R_o - \left(\dfrac{m_f}{X - Y - Z} \right)^{\frac{1}{3}} \right]}{C_1 t} \tag{2.5.35}$$

纵向的破片数量为角 β 的函数。图 2 – 5 – 10 所示为具有刻槽战斗部示意图。

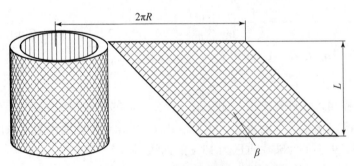

图 2 – 5 – 10 刻槽战斗部示意图

纵向的破片总数量为

$$N_L = \frac{L}{C_2 t} \tag{2.5.36}$$

战斗部的破片总数量为

$$N_{\text{total}} = N_C \cdot N_L = \frac{2\pi R_{\text{i}}}{C_1 t} \cdot \frac{L}{C_2 t} \tag{2.5.37}$$

$$N_{\text{total}} = 2\pi L \left[R_{\text{o}} - \left(\frac{m_{\text{f}}}{X - Y - Z} \right)^{\frac{1}{3}} \right] \bigg/ (C_1 C_2 t^2) \tag{2.5.38}$$

这些结果可用列线图表示, 如图 2 – 5 – 11 所示。

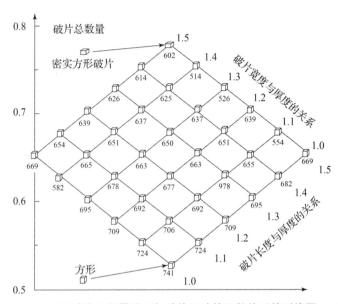

图 2 – 5 – 11　C/M 和破片总数量关系与破片尺寸的函数关系的列线图 ($M_{\text{f}} = 13$ g)

在设计一刻槽破碎型壳体时, 必须仔细考虑破片相对于壳体厚度的尺寸。对给定的具体圆柱战斗部, 由剪切控制法得到的破片大小有一范围, 与槽间距离有直接关系, 网格间隔的最优值在 1.0 ~ 1.5 倍壳体厚度。另外, 壳体的延展性越大, 控制的范围越宽。

例如, 要求密实块状破片质量为 32.4 g, 其宽度和长度等于 1.5 倍壳体厚度。设计一个内/外刻槽的战斗部, 外径为 430 mm, 质量为 136 kg, 确定壳体厚度和长度及战斗部的破片数。

首先计算破片厚度。破片壳体示于图 2 – 5 – 12 中, 破片质量为

$$m_{\text{f}} = C_1 C_2 t^3 \rho_{\text{f}} - \left[\zeta^2 t^3 \tan \theta (C_1 + C_2) \right] \rho_{\text{f}} - \left[2 \zeta_1 \zeta_2 t^3 (C_1 + C_2) \right] \rho_{\text{f}}$$

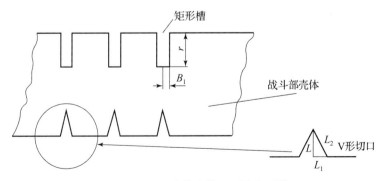

图 2 – 5 – 12　壳体上的 V 形和矩形槽

令

$$C_1 = 1.5, \quad \theta = 15°, \quad C_2 = 1.5, \quad \zeta = 0.19$$

则

$$m_f = 32.4 \text{ g}, \quad \zeta_1 = 0.372$$
$$\rho_f = 7.85 \text{ g/cm}^3, \quad \zeta_2 = 0.05$$

厚度 t 可表示为

$$t = \left[\frac{m_f}{\rho_f(C_1 C_2 - \zeta^2 \tan\theta(C_1 + C_2) - 2\zeta_1\zeta_2(C_1 + C_2))} \right]^{\frac{1}{3}}$$

$$t = \left[\frac{32.4}{7.85 \times (2.25 - 0.029 - 0.112)} \right]^{\frac{1}{3}}$$

$$t = 1.25 \text{ cm}$$

计算破片最大速度为

$$V_0 = \sqrt{2E} \sqrt{(C/M) \Big/ \left(1 + \frac{C}{2M}\right)\left(1 + \frac{D_e}{2L}\right)}$$

其中，

$$\frac{C}{M} = \frac{D_i^2 \rho_e}{(D_o^2 - D_i^2)\rho_m}$$

战斗部质量为

$$M_w = L \frac{\pi}{4} \left[D_i^2 \rho_e + (D_o^2 - D_i^2)\rho_f \right]$$

战斗部长度为

$$L = \frac{M_w}{\frac{\pi}{4}\left[D_i^2 \rho_e + (D_o^2 - D_i^2)\rho_f \right]}$$

$$L = \frac{M_w}{\frac{\pi}{4}\left[D_i^2 \rho_e + (D_o^2 - D_i^2)\rho_f \right]} = \frac{136 \times 10^3}{\pi/4 \left[40.5^2 \times 1.7 + (43.0^2 - 40.5^2) \times 7.85 \right]}$$

$$= 39.1 (\text{cm})$$

式中，$C/M = 1.70$。这个 C/M 和长度假设可忽略刻槽引起的质量损失。最大破片速度为 $V_0 = 2\,156$ m/s，沿战斗部长度的破片数为 $N_L = 20.85$，战斗部周向的破片总数量为 $\downarrow N_C = 67.8$，破片总数 $N_{total} \approx 1\,413$，计算由刻槽而损失的质量为 $M_{loss} = 3\,046.4$ g，战斗部的实际质量为 $M_w = 47.25$ kg。

2. 预制破片设计

预制破片战斗部对破片尺寸可近乎 100% 地控制，使战斗部爆炸时碎裂程度最小。破片的形状、质量和大小可预先确定，在选择其尺寸和数目时具有很大的自由度。在战斗部质量和装药口径允许的情况下，这些破片可放置几层。另外，选择破片材料也有相当的自由性，除了钢以外，还可以选择钨合金、贫铀、钛合金以及具有高燃烧性能的引燃破片，如锆、铝热剂等。尽管破片选择自由度较大，但预制破片战斗部起爆的破片初始速度比非控破碎型战斗部的初始速度要低，约为 10% 。预制破片战斗部通常是将预制破片灌封在树脂填料物中，因此壳体强度很低。图 2-5-13 所示为预制破片战斗部起爆前后的爆炸气体早泄情况。其中 D_o 为战斗部外直径，D_i 为破片层内直径，炸药直径记为 D_e，L 为战斗部总长。

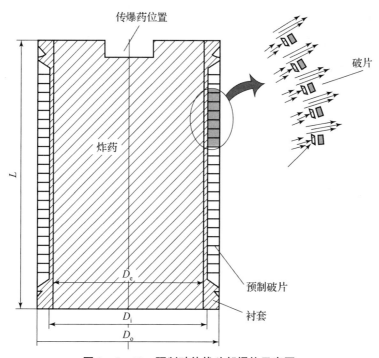

图 2-5-13　预制破片战斗部爆炸示意图

为了承受战斗部发射过程中的载荷，需要在战斗部内层或外层加一层高强度的材料衬套。衬套通常选用铝材，也可由塑料或其他材料制成。但战斗部的质量是有限制的，因此衬套不能太厚，密度也不能太大。

对预制破片战斗部，常用下式来计算战斗部起爆后有效质量的百分比：

$$UM = \frac{W_{FA} \times N}{(W_{FB} \times N) + W_L} \times 100UM \qquad (4.2.150)$$

式中，UM 为有效质量的百分比；W_{FA} 为爆炸后破片的总质量；W_{FB} 为爆炸前破片的总质量；N 为破片数目；W_L 为内衬总质量。对厚度为 0.9 mm、1.6 mm 和 2.1 mm 的钢内衬进行过试验，每种结构回收质量的百分比如图 2-5-14 所示。并与铝内衬进行对比试验，结果表明，两种内衬材料对破片速度影响不明显，铝内衬战斗部爆轰时，破片的总体物理条件较好，破片质量仅损失 0.8% 。但是，采用钢内衬破片的空间分布不太好，铝内衬和钢内衬的破片抛射速度与破片飞散角的关系比较如图 2-5-15 所示。

预制战斗部质量的数学表达式可表示为

$$M_w = \frac{\pi L}{4} \Big[\underbrace{D_e^3 \rho_e}_{\text{炸药质量}} + \underbrace{(D_i^2 - D_e^2)\rho_e}_{\text{内衬质量}} + \underbrace{(D_i^2 - D_e^2)\rho_f}_{\text{破片质量}} \Big] \qquad (2.5.39)$$

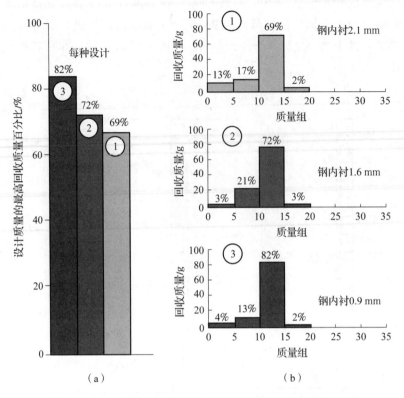

图2-5-14 回收质量百分比对破片质量分组关系的指方图

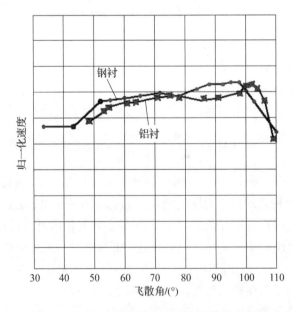

图2-5-15 钢和铝内衬的破片抛射速度比较

1）立方形破片总数和破片速度计算

预制破片可设计成球形、六角形或立方形的。立方形破片具有集装最优、威力最大和空气阻力最小的特点。若破片设计成各边相等的立方形，则战斗部上的破片总数量最大，而 C/M 或破片抛射速度最小。图 2 – 5 – 16 所示为立方破片和密实方形破片及片形破片的比较。

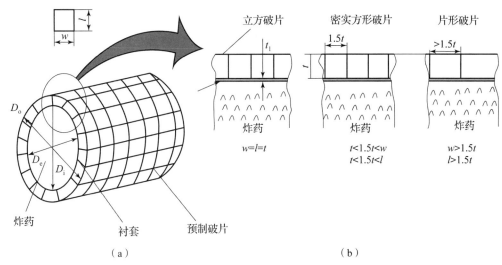

图 2 – 5 – 16　破片形状的定义（立方、密实立方、片形）

如果要求破片速度高，则大质量破片通常不能设计成各边相等的立方形，破片越薄，其抛射速度越大。一般将破片设计成其长宽尺寸不超过 1.5 倍的破片厚度，一旦破片超过这些几何约束，则会降低对目标侵彻能力且增大空气阻力。密实立方形破片是任意两边不超过另一边 1.5 倍的破片，这种尺寸对破片侵彻目标的能力和空气阻力影响很小，而威力大。图 2 – 5 – 17 的为立方破片定义了厚度、宽度和长度。

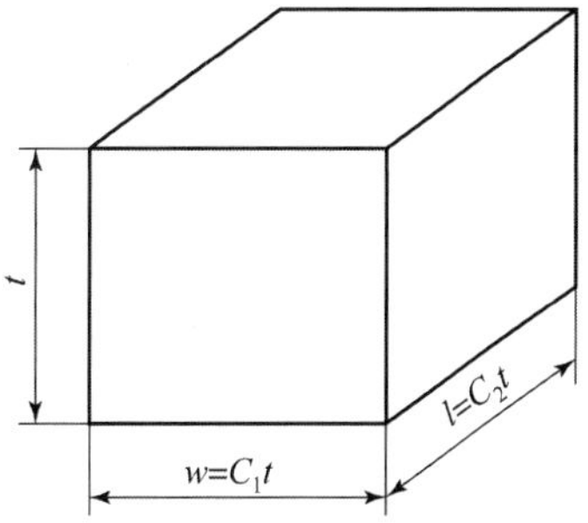

图 2 – 5 – 17　立方破片的尺寸

破片厚度为 t，长度和宽度分别为 l 和 w。C_1 和 C_2 是表示破片边长相对于破片厚度的常数比值。破片质量为

$$m_{\mathrm{f}} = t \cdot l \cdot w \cdot \rho_{\mathrm{f}} = C_1 C_2 t^3 \rho_{\mathrm{f}} \tag{2.5.40}$$

式中，m_{f} 为破片质量；ρ_{f} 为破片密度；t 为破片厚度，可表示为

$$t = \left[\frac{m_{\mathrm{f}}}{C_1 C_2 t^3 \rho_{\mathrm{f}}} \right]^{\frac{1}{3}} \tag{2.5.41}$$

另一个破片厚度表达式为战斗部内、外径的函数，即

$$t = (D_{\mathrm{o}} - D_{\mathrm{i}})/2 \tag{2.5.42}$$

考虑内衬，厚度为 t_1，则

$$t = 0.5 \left[D_{\mathrm{o}} (D_{\mathrm{e}} + 2t_1) \right] \tag{2.5.43}$$

炸药直径由下式计算：

$$D_{\mathrm{e}} = \left[D_{\mathrm{o}} - 2(t + t_1) \right] \tag{2.5.44}$$

将式（2.5.40）代入式（2.5.43）计算炸药的直径为

$$D_{\mathrm{e}} = D_{\mathrm{o}} - 2 \left[\left(\frac{m_{\mathrm{f}}}{C_1 C_2 t^3 \rho_{\mathrm{f}}} \right)^{\frac{1}{3}} + t_1 \right] \tag{2.5.45}$$

式（2.5.45）表示炸药直径和破片质量及内衬厚度的函数关系。

圆柱内衬的质量为

$$m_1 = (\pi/4)L(D_i^2 - D_e^2)\rho_1 \tag{2.5.46}$$

考虑了破片质量和尺寸的内衬质量表达式为

$$m_1 = \frac{\pi}{4}L\left\{\left[D_o - 2\left(\frac{m_f}{C_1 C_2 t^3 \rho_f}\right)^{\frac{1}{3}}\right]^2 - D_e^2\right\}\rho_1 \tag{2.5.47}$$

若 $(m_f/C_1 C_2 t^3 \rho_f)^{\frac{1}{3}} = t$，则

$$D_e = \sqrt{(D_o - 2t)^2 - \frac{4m_1}{\pi L \rho_1}} \tag{2.5.48}$$

内衬厚度为

$$t_1 = \frac{D_o - D_e}{2} - t \tag{2.5.49}$$

或

$$t_1 = \frac{D_o - D_e}{2} - \left(\frac{m_f}{C_1 C_2 t^3 \rho_f}\right)^{\frac{1}{3}} \tag{2.5.50}$$

炸药直径可根据战斗部质量来计算，令

$$D_i = D_o - 2t \tag{2.5.51}$$

由式（2.5.48）得到炸药的直径为

$$D_e = \left[\left(\frac{4M_w}{\pi L} - D_i^2 \rho_1 + D_i^2 \rho_f - D_o^2 \rho_f\right)\Big/(\rho_e - \rho_1)\right]^{\frac{1}{2}} \tag{2.5.52}$$

即

$$D_e = \left[\left(\frac{4M_w}{\pi L} - \left(D_o - 2\left(\frac{m_f}{C_1 C_2 t^3 \rho_f}\right)^{\frac{1}{3}}\right)(\rho_1 - \rho_f) - D_o^2 \rho_f\right)\Big/(\rho_e - \rho_1)\right]^{\frac{1}{2}} \tag{2.5.53}$$

以上几个公式给出了战斗部几何形状与破片尺寸函数关系。若已知破片尺寸、质量和长度，就可求解炸药直径。下面计算战斗部上的破片总数，如图 2-5-18 所示。

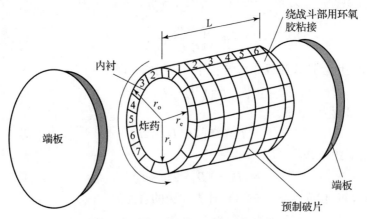

图 2-5-18 战斗部上破片总数计算

战斗部周长由下式计算，即

$$\downarrow C = 2\pi r_i = \pi\left[D_o - 2t\right]$$ （2.5.54）

周向的破片总数量为

$$\downarrow N_{FA} = \frac{\downarrow C}{C_1 t} = \frac{\pi\left[D_o - 2t\right]}{C_1 t} = \pi\left[D_o - 2\left(\frac{m_f}{C_1 C_2 t^3 \rho_f}\right)^{\frac{1}{3}}\right]\bigg/\left(C_1 t\right)$$ （2.5.55）

$C_1 t$ 为破片宽度，$\downarrow N_{FA}$ 为环绕战斗部一圈破片总数量。每个方位内纵向的破片数为

$$N_{FL} = \frac{L}{C_2 t}$$ （2.5.56）

战斗部的破片总数量为

$$\downarrow T_{NF} = \downarrow N_{FA} \cdot N_{FL} = \pi\left[D_o - 2\left(\frac{m_f}{C_1 C_2 \rho_f}\right)^{\frac{1}{3}}\right]L\bigg/\left(C_1 C_2 t^2\right)$$ （2.5.57）

破片初始速度 V_0 采用格林修正公式估算，即

$$V_0 = \sqrt{2E}\sqrt{\left(C/M\right)\bigg/\left(1 + \frac{C}{2M}\right)\left(1 + \frac{D_e}{2L}\right)}$$ （2.5.58）

炸药装药质量为

$$C = \frac{\pi}{4}LD_e^2 \rho_e$$ （2.5.59）

而所有破片和内衬的总质量为

$$M = \underbrace{\pi L \rho_1\left(r_i^2 - r_e^2\right)}_{\text{内衬质量}} + m\underbrace{\frac{m_f \pi L\left[D_o - 2\left(\frac{m_f}{C_1 C_2 \rho_f}\right)^{\frac{1}{3}}\right]}{C_1 t^2}}_{\text{破片质量}}$$ （2.5.60）

由格林公式解出 C/M：

$$\frac{C}{M} = \frac{C_1 C_2 t^2 \pi L \rho_e r_e^2}{\pi L\left\{C_1 C_2 t^2 \rho_1\left(r_i^2 - r_e^2\right) + m_f\left[D_o - 2\left(\frac{m_f}{C_1 C_2 \rho_f}\right)^{\frac{1}{3}}\right]\right\}}$$ （2.5.61）

令 $\gamma = \left(V_0\big/\sqrt{2E}\right)^2$，则

$$\frac{-\gamma\left(1 + \frac{r_e}{L}\right)}{\frac{\gamma}{2}\left(1 + \frac{r_e}{L}\right) - 1} = \frac{C_1 C_2 t^2 \pi L \rho_e r_e^2}{\pi L\left\{C_1 C_2 t^2 \rho_1\left(r_i^2 - r_e^2\right) + m_f\left[D_o - 2\left(\frac{m_f}{C_1 C_2 \rho_f}\right)^{\frac{1}{3}}\right]\right\}}$$ （2.5.62）

因此破片初始速度可以根据战斗部及破片的几何形状和几何关系计算。

令

$$A = 1 + \left(r_e/L\right)$$

$$B = C_1 C_2 t^2 \rho_1\left(r_i^2 - r_e^2\right) + m_f\left[D_o - 2\left(\frac{m_f}{C_1 C_2 \rho_f}\right)^{\frac{1}{3}}\right]$$ （2.5.63）

展开式（2.5.63）并求解 γ：

$$-\left(\gamma/2\right)C_1 C_2 t^2 r_e^2 A \rho_e + C_1 C_2 t^2 r_e^2 \rho_e - \gamma AB = 0$$ （2.5.64）

考虑了膨胀期间的气体泄漏，最后得到 V_0 的表达式为

$$V_0 = \sqrt{2E}\left[\frac{C_1 C_2 t^2 \rho_e r_e^2}{\left(1 + \dfrac{r_e}{L}\right)\left\{C_1 C_2 t^2\left[-\rho_1(r_i^2 - r_e^2) - \dfrac{\rho_e r_e^2}{2} - m_f\left[D_o - 2\left(\dfrac{m_f}{C_1 C_2 \rho_f}\right)^{\frac{1}{3}}\right]\right]\right\}}\right] \cdot$$
$$\frac{1}{D^2}\left(\frac{M}{C}\right)(2\gamma - 1)\left(\frac{\gamma_0}{\gamma_0 + 1}\right)^{-\gamma_0}$$

$$(2.5.65)$$

式中，D 为炸药爆轰速度；$\gamma = 3$，$\gamma_0 = 2.74$。

这些方程可编入计算机仿真程序，具体绘出 C/M 与战斗部质量、战斗部上的破片数量、壳体厚度、破片几何形状的函数关系，也可采用列线图表示。图 2-5-19 所示为不同破片尺寸下 C/M 和战斗部最大质量的函数关系的列线图。

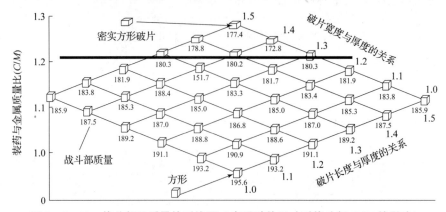

图 2-5-19　战斗部总质量的列线图（表明破片尺寸对战斗部 C/M 的影响）

列线图 2-5-19 底部的点表示 $t = l = w$ 的立方形破片，该破片厚度最大，对应的 C/M 最小。随着破片厚度降低，战斗部 C/M 和破片速度增加。图 2-5-19 顶部的点代表宽度和长度等于 1.5 倍厚度的破片，此破片具有最大的 C/M，但战斗部总质量最小。图 2-5-20 所示为 C/M 和战斗部上破片数量的列线图。在战斗部初始体积和质量一定的情况下，利用曲线可直观、准确地进行战斗部设计。

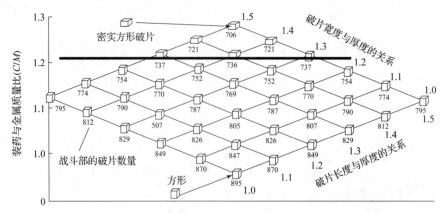

图 2-5-20　战斗部总破片数量和破片尺寸函数关系的列线图

2.5.4　弹体及导带的材料

1. 选择材料的基本原则

在选择弹体及其零件的材料时，应考虑以下几点。

①满足弹药威力的要求。榴弹威力主要体现在爆破作用和杀伤作用上。一般来说，弹体材料对爆炸作用影响不明显，但对杀伤作用却有直接的、重要的影响。因此，所选材料必须适应破片性能的要求。

②保证弹药的强度。对于爆破弹，为了尽量减薄弹体，增加炸药量，这一要求尤其具有重要意义。

③保证零件的特殊要求。例如导带材料，必须具有较好的可塑性（以保证嵌入后填满膛线）；具有一定的韧性（以避免导带边缘碎裂）；同时，还应尽可能使炮膛产生的磨损小。此外，从生产经济方面还应考虑到资源、材料成本、切削性和加工性。

2. 弹体材料

目前，弹体主要材料为各种牌号的热轧碳素钢，此外也逐步研制采用冷拉碳素钢、稀土球墨铸铁等材料。

①热轧碳素钢。该钢可用平炉、电炉或转炉冶炼，经热轧后制成。根据其含碳量的不同，其成分规格与牌号均不相同。适用于榴弹的牌号为 D50、D55、D60 和 D65 钢，它们的碳含量在 0.45：0.70（%）范围内（属于中碳钢、高碳钢范围）。其中，D50、D55 钢主要用来制造中小口径杀伤榴弹弹体；D60、D65 钢则适宜制造中口径杀伤榴弹和杀伤爆破型榴弹弹体。D60 不经热处理就具有优良的力学性能，能保证弹丸的发射强度和良好的破片性能，同时又可比较容易地进行切削加工及热压加工，所以采用最为广泛。D65 钢硬度较高，切削加工比较困难（尤其当锰含量处于上限时），故对其应用远不如 D55 和 D60 钢普遍。

②冷拉低碳钢。为了进一步改进工艺，节省原材料，目前对榴弹弹体的制造正逐步由原来以机加为主的工艺方法改为以冷挤为主的少屑工艺方法。随着这一工艺的改变，也带来原材料的改变。例如，D50 ~ D65 钢因其内碳含量太高，不适于冷挤工艺，故需采用碳含量更低的碳素钢。目前，冷挤弹体常采用的材料为 S15A（优质冷拉低碳钢）。这类材料来源容易，成本较低。另外，经冷作硬化后，材料屈服限显著提高（达到 D60 钢的程度），基本满足榴弹强度要求。其缺点是：材料的可塑性较大，加上冷挤后，晶粒的方向性影响明显，致使破片细长，质量较大，形状不锋利，不能完全满足破片性的要求。为此，还需从材料本身作进一步的改进。

③稀土球墨铸铁。加有稀土元素的球墨铸铁是一种新型材料，过去主要作为迫击炮弹弹体材料。目前，榴弹也有趋势采用这种材料。初步实践表明，如果控制好配方和工艺，它的力学性能可以达到大致与 D60 钢近似。这种材料对破片状态的影响是：破片形状锋利，破片平均质量下降，破片数量增多。另外，此材料冶炼工艺简便，因而可作为平时或战时地面杀伤榴弹的一种材料。

④钢性铸铁。钢性铸铁是由铣铁、回炉铁和废钢共同熔铸而成，这种材料在战时可用来制造杀伤榴弹弹体。

3. 导带材料

目前，导带常用的材料有紫铜和铜合金。

①紫铜。根据铜内杂质的含量，工业用紫铜的牌号有 T-1、T-2 和 T-3，前两种牌号的铜由电解法获得，第三种由熔炼法获得。目前，导带用紫铜主要采用 T-1、T-2。

②铜合金。在高膛压火炮内，很多导带采用铜镍合金（镍黄铜）或铜锌合金（锌黄铜）。它们的强度比紫铜高，塑性比紫铜低。由于我国镍原料比较缺少，因此应尽量采用锌黄铜代替镍黄铜。另外，试验证明，前者对炮膛的磨耗比后者更小。

③其他代用金属。为了进一步节约珍贵的紫铜原料，目前也积极寻找其他导带代用材料，如电工钝铁（碳含量在 0.04% 以下的铁）或铁陶（一种纯铁的粉末冶金）。

2.5.5　装药及传爆序列设计

装药的选择对于提高战斗部威力影响甚大。如果将 TNT 炸药改为 B 炸药，平均爆炸威力可以提高 25%~30%。对于杀伤型弹药，希望使用有限的炸药尽可能获得较大的初始速度，同时又希望炸药爆轰参数与金属壳体的理化性能匹配以获得完善的破片性要求。关于这类问题的定量关系，目前还缺乏依据，一般是采用试验对比和定性分析来解决。例如，对于壳体金属延展性较好的材料，可以选择爆热高、做功能力强，适用于壳体壁厚较小的战斗部；对于金属壳体壁厚较大，要求破片数量较多的战斗部，应适当选择爆速较高、爆压较大的炸药。

传爆序列是弹药的重要组成部分。典型的传爆序列由转换能量形式的火工元件、放大能量的爆炸元件，包括加强药柱、导爆药柱和传爆药柱组成。

通过改变传爆序列的起爆形式，如点起爆、面起爆、线起爆，用控制爆轰波形的方法来控制威力区的形状，可以改善弹药的起爆性能。对于调整区间较大的情况，一些弹种采用多通道起爆，以便根据遭遇条件实行有控选择，这是提高战斗部效率的重要途径。

传爆序列设计的任务如下。

①根据空间杀伤区的要求，决定起爆方式，如中心点起爆、线起爆、面起爆以至于多通道起爆。

②根据主装药的起爆性能和药量，决定完全起爆主装药的传爆药种类和药量。

③根据火工元件的输出能量级，决定雷管与传爆药之间是否需要能量放大级，如导引传爆药和加强药柱。

1. 根据主装药选择传爆药种类、药量和尺寸

常用传爆药的种类和装填密度见表 2-5-3。

表 2-5-3　常用传爆药的种类和装填密度

传爆药	泰安	钝化泰安	黑索今	钝化黑索今	特屈儿
装填密度/(g·cm^{-3})	1.50~1.65	1.55~1.70	1.50~1.65	1.50~1.60	1.50~1.60

选择传爆药种类及装填密度，应根据被发药的性质，要求主发药的爆轰感度高，并且主发药的爆速大于被发药。当主装药爆轰感度较低时，必须提高传爆药的装填密度，以保证起

爆完整性。但是传爆药的装填密度过高，也会降低传爆药作为被发药的爆轰感度，造成起爆延滞和起爆不完全，增加上一级的起爆困难。

　　传爆药的质量依主装药量而定。对于中大型弹药战斗部，一般取主装药量的 0.5% ~ 1.0%；对于小型弹药战斗部，取主装药的 1.0% ~ 2.5%。

　　传爆药的外形多为圆柱形，起爆能力（用起爆冲量表示）随高度增加而上升，但当长径比达到 2 时，就不再增大。所以在设计中，常以高度等于 2 倍直径为极限值。为兼顾底面积尺寸，通常取长径比为 1 ~ 5。

2. 导引传爆级的设置

　　导引传爆级在雷管和传爆药之间的距离较大时设置。对于雷管，它是被发药；对于传爆药，它是主发药。常用于压制导引传爆药的猛炸药有特屈儿、钝化黑索今、钝化泰安等。要求保证药柱易被雷管起爆，同时还能可靠起爆传爆药。所以，其爆速要求低于雷管输出端，高于传爆药的临界速度。为了兼顾威力和爆轰感度两个方面，导爆药的压药密度为结晶密度的 85% ~ 95%。导爆药的药量要保证可靠起爆传爆药，确定尺寸的原则类同于传爆药。

思　考　题

2.1　预制破片和自然破片初始速度计算有何区别？

2.2　破片对目标的毁伤准则是什么？

2.3　破片杀伤战斗部战术技术指标是什么？

2.4　常用几种破片初始速度计算公式的适用范围是多少？

2.5　影响破片性能的参数有哪些？

2.6　战斗部壳体形状、速度、起爆方式、炸药性能对破片初始速度有哪些影响？

2.7　毁伤威力正面匹配设计和反面匹配设计有什么区别？

第 3 章

杆条杀伤战斗部

3.1 概 述

杆条杀伤战斗部是以杆条形破片作为杀伤元素，属于预制破片类型，但这类战斗部有其自身的特殊性，所以本节专门讲解。典型的杆条杀伤战斗部有离散杆战斗部和连续杆战斗部两种。

3.1.1 离散杆杀伤战斗部作用原理

当前的爆破杀伤战斗部，它们的 C/M（C 为炸药质量，M 为壳体质量）值通常都近似等于 1.0，所以它们的破片抛射速度都很高。而在反导战斗部中碰击有效载荷的最大破片速度近似等于导弹和目标的相对交会速度，利用导弹和目标的交会速度提供必要的动能，就能使目标产生灾难性损伤。因此就不要求破片具有较高的速度，也就是说 C/M 比值可以较低，相应地金属质量及壳体质量增加，有更多毁伤元飞向目标。通常把装有高密度大质量杆条的战斗部称为离散杆杀伤战斗部。

离散杆杀伤战斗部（DRW）是在破片式杀伤战斗部基础上发展起来的新型战斗部，是破片式散飞技术的一种特殊引申，它与连续杆式杀伤战斗部类似，主要应用在空空导弹、地空导弹上，用于反击各种类型的飞机、巡航导弹等空中目标。携带这种战斗部的导弹，俄罗斯有 ALAMO 导弹系列、P-737 导弹；美国有"响尾蛇"AIM-9L 导弹。实战表明，小的杀伤破片有时对付各类飞机目标时，其威力效能不能满足战术技术要求，最理想的要求是破片能将空中目标的主要构件或框架结构切断，这样既可使目标结构破坏又可使目标丧失功能。离散杆杀伤战斗部恰好具备了这种功能，它是将大量的长杆形破片，采用特殊的技术置于炸药柱周围。炸药起爆后，将这些长杆沿径向以高速向外扩张抛出，靠杆条的撞击动能使目标遭受毁伤。

根据杆条抛撒方式，离散杆杀伤战斗部一般分成两大类：各向均匀式和定向式。当导弹战斗部接近目标的脱靶距离小、引信作用的计算不能准确预报目标在导弹的哪一侧时，采用各向均匀式离散杆杀伤战斗部较好，这种离散杆杀伤战斗部爆炸抛射出的杆条在导弹轴线周围均匀分布。当近炸引信知道目标在导弹的哪一侧时，则采用定向式离散杆杀伤战斗部，将战斗部全部质量抛向目标方向。

离散杆杀伤战斗部在目标的方向上比爆破杀伤战斗部抛射的质量多 16~20 倍。例如，一个爆破杀伤战斗部包括总装药加上金属质量共 100 kg，如果 $C/M = 1.0$，则应有 50 kg 的炸药装药和 50 kg 的金属壳体，50 kg 的金属壳中，仅有约 10% 的破片会在目标的方向上抛射，所以，在目标方向抛射的总金属质量为 5 kg，而浪费了 45 kg 的金属壳体。然而，如果采用定向式离散杆杀伤战斗部方案，炸药装药和金属壳体总质量 100 kg 的 80% 将成为动能侵彻体，抛射在目标方向的金属总质量为 80 kg，约为通常破碎型战斗部的 16 倍之多，依据引爆定向装药的起爆器总数不同，动能杆能以 35°～50° 的散布模式抛射。爆破杀伤战斗部与定向式离散杆杀伤战斗部的比较如图 3 – 1 – 1 所示。

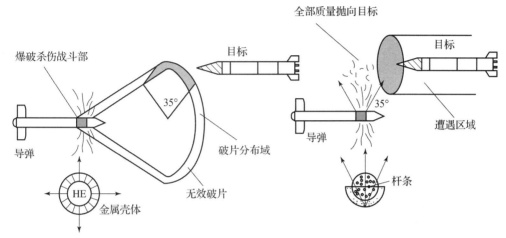

图 3 – 1 – 1　爆破杀伤战斗部和定向式离散杆杀伤战斗部的比较

离散杆杀伤战斗部典型结构如图 3 – 1 – 2 所示。

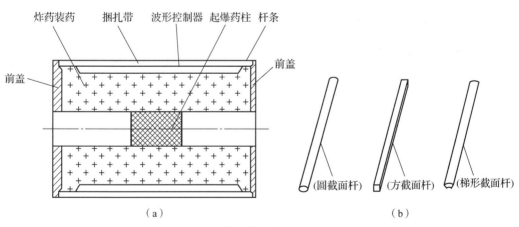

图 3 – 1 – 2　离散杆杀伤战斗部结构原理

这种战斗部对目标的作用原理类似于连续杆式杀伤战斗部，差别在于在炸药爆炸作用下，其杆条之间因互不焊接，金属杆条向外扩张飞散过程中，形成一个首尾断开不断扩大的散射状金属杆圆环，并与导弹纵轴垂直。高速飞散的金属杆圆环，对目标结构可产生剪切作用，像一把环形而锋利的钢刀，很容易将目标的结构切断而杀伤目标。当圆环直径大于某一个值后，杆条散布密度大大减小，杀伤威力显著下降。

这种类型的战斗部和连续杆式杀伤战斗部一样，对付高空目标极具优势，杆条撞击动能大，机械破坏作用较强，可使遭遇目标产生致命性毁伤。

俄罗斯的 P-73a 导弹战斗部由预制金属杆、壳体、炸药、杯形筒、扩爆管和前、后堵盖等组成。其结构设计布局有独创性，主要有 164 根金属杆按双层放置在壳体外表面环形凹槽内，每根杆条相对战斗部对称纵轴成 2°倾斜角，改善了杆条形成圆环的均匀一致性，使杆条沿径向向外离开壳体运动的同时，使斜置的杆条获得一个额外的速度分量，迫使杆条产生翻滚运动，结果可消除因杆条与目标的撞击角不同而破坏效果不同的现象；环形装药内部采用杯形筒空腔，炸药爆轰后，有利于爆炸压力的均匀化，既不影响杆条初始速度又可改善杆条受力过大而发生断裂，虽无波形控制器，但能起到波形控制器的作用。

战斗部的起爆涉及引战配合，对战斗部系统来说，应确保导弹在技术维护和挂弹过程中的安全，当导弹离载机较近时，能保证载机的安全，在飞近目标一定距离时，靠非触发引信（如无线电引信）技术，根据导弹与目标的运动情况和交会状态以及战斗部的性能，选择最有利的时机及时引爆战斗部摧毁目标。由于空空导弹直接命中目标概率很小，大多数情况是在一定距离内飞过目标（称脱靶），故常用非触发近炸引信（无线电引信和光学引信）。但当导弹与目标相碰时则需要靠触发式爆炸传感器输出信号引爆战斗部毁伤目标。现以无线电引信为例简要说明起爆战斗部过程如下：当导弹飞近目标达到无线电近炸引信作用距离时，引信便发出起爆战斗部的电脉冲信号，通过触点进入保险执行机构，起爆电路为：无线电引信（正极）-转换触点-电点火器-无电线引信（负极），电流通过电点火器，使之产生起爆工作，而后沿着火焰雷管、传爆管、扩爆管连续起爆，致使战斗部主装药爆炸，爆炸后的战斗部驱动离散杆向外扩展，形成类似连续杆战斗部那样的杆环切割目标，如图 3-1-3 所示。

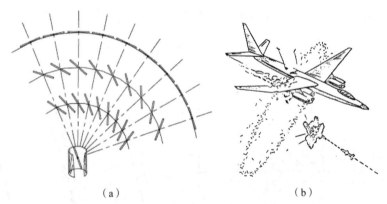

（a）　　　　　　　　　　　　（b）

图 3-1-3　离散杆战斗部的起爆及对目标的作用

3.1.2　连续杆战斗部作用原理

连续杆式杀伤战斗部（CRW）是在破片式、离散杆式杀伤战斗部基础上发展而来的一种新型战斗部，是靠杆条的撞击动能毁伤目标。连续杆式战斗部又称链条式战斗部，是因其外壳由钢条焊接而成，战斗部爆炸后又形成一个不断扩张的链条状金属环而得名。连续杆环以一定的速度与飞机等目标碰撞时，可以切割机翼或机身，对飞机造成严重的结构损伤，对目标的破坏属于线切割型杀伤作用。连续杆战斗部由破片式战斗部和离散杆战斗部发展而来，是破片式战斗部的一种变异。连续杆战斗部是目前空空、地空、舰空导弹上常用战斗部类型之一。

与破片式战斗部相比，连续杆式杀伤战斗部最大的优点是毁伤目标效率高，缺点是作用半径小，故对导弹制导、引战配合等精度要求高，另外生产成本比较高。研究结果证明，一定长的杆状破片与一般破片相比，在同样情况下（如导弹、战斗部质量等参数），可对目标造成较长切口，动目标在气动载荷作用下可能发展成结构损坏或功能丧失。试验证明，要使机翼失效，则必须有约一半截面被切断；要毁伤机身，必须切断其截面的 1/2 ~ 2/3，连续切断效果尤为显著。

连续杆战斗部的典型结构如图 3 - 1 - 4 所示，整个战斗部由壳体、波形控制器、切断环、传爆管及前后端盖组成。战斗部的壳体是由许多金属杆在其端部交错焊接并经整形而成的圆柱体杆束，杆条可以是单层或双层。单层时，每根杆的两端分别与相邻两根杆条的一端焊接；双层时，每层的一根杆条的两端分别与另一层相邻的两根杆条的一端焊接，如图 3 - 1 - 5 所示。这样，整个壳体就是一个压缩和折叠了的链，即连续杆环。切断环也称释放环，是铜质空心环形圆管，直径约 10 mm，安装在壳体两端的内侧。波形控制器与壳体的内侧紧密相配，其内壁通常为一个曲面。波形控制器采用的材料有镁铝合金、尼龙或与装药相容的惰性材料。传爆管内装有传爆药柱，用于起爆炸药。装药爆炸后，一方面由于切断环的聚能作用把杆束从两端的连接件上释放出来；另一方面，爆炸作用力通过波形控制器均匀地施加到杆束上，使杆逐渐膨胀，形成直径不断扩大的圆环，直到断裂成离散的杆。

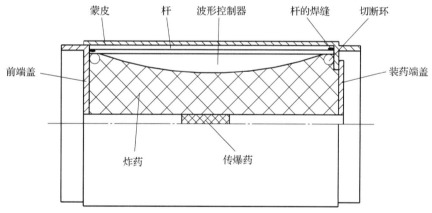

图 3 - 1 - 4　连续杆战斗部构造

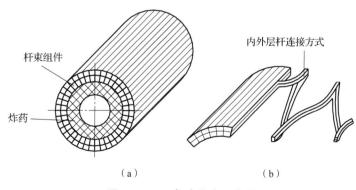

（a）　　　　　　　　　　　（b）

图 3 - 1 - 5　杆束结合示意图

在战斗部壳体两端有前、后端盖，用于连接前、后舱段。在战斗部的外表面覆盖导弹蒙皮，其作用是与其他舱段外形协调一致，保证全弹良好的气动外形。

当战斗部装药由中心管内的传爆药柱和扩爆药引爆时，在战斗部中心处产生球面爆轰波传播，遇上波形控制器，使爆炸作用力线发生偏转，得到一个力作用线互相平行的作用场，并垂直于杆条束的内壁，波形控制器起到了使球面波转化为柱面波的作用。杆束组件在爆炸冲力作用下向外抛射，靠近杆端部的焊缝处发生弯曲，展开成为一个扩张的圆环。环在周长达到总杆长度之前不被破坏。经验指出，这个环直径至理论最大圆周长度的80%还不会被拉断。扩张半径继续增大时，至最后焊点断裂，圆环被分裂成若干段。

连续杆战斗部杆的扩张速度可达1 200～1 600 m/s，和较重的杆条扩张圆环配合，就像一把轮形的切刀，用于切割与其遭遇的飞机结构，使飞机的主要组件遭到毁伤。毁伤程度不仅与杆速有关，而且与飞机的航速、导弹的速度和制导精度等有关。杆式战斗部对飞机的作用原理如图3-1-6所示。

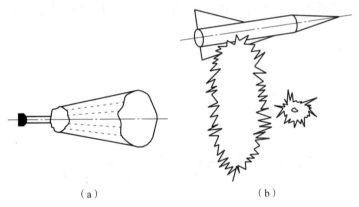

（a）　　　　　　　　　（b）

图3-1-6　杆式战斗部对飞机的作用原理

(a) 杆束扩张过程；(b) 杀伤效果

据国外有关资料报道，曾经研制和装备在导弹上的连续杆战斗部，在美国有波马克（Bomarc），"黄铜骑士"（Talos），改进的"猎犬"（Terrier），"鞑靼"（Tartar），"麻雀"（Sparrow-Ⅲ），AIM-7E，AIM-7F，"海麻雀"（RIM-H7）和"响尾蛇"（AIM-90）等；法国有玛脱拉R-150；英国有"警犬"MK-2。部分连续杆战斗部的主要参数列于表3-1-1中，以供设计时参考。

表3-1-1　部分连续杆战斗部的主要参数

导弹名称和类型	目标	战斗部			C/M_s	杆		环张开直径/m
		总质量/kg	尺寸/mm			数量/根	尺寸/mm	
			长度	直径				
Bomarc（地空）	飞机	136	439	533	0.8	800	4.7×6.8×419	30
Talos（地空）	飞机	133	556	592	0.673	534	6.3×6.3×500	38
Terrier（地空）	飞机	81.6	508	305	0.772	274	6.3×6.3×460	20

导弹名称和类型	目标	战斗部			C/M_s	杆		环张开直径/m
		总质量/kg	尺寸/mm			数量/根	尺寸/mm	
			长度	直径				
Tartar（地空）	飞机	52	343	305		372	4.7×4.7	17
Sparrow - Ⅲ（空 - 空）	飞机	28.6	355	203	0.735	242	4.7×4.7×260	8
R - 150（空空）	飞机	31.2	315	237		255	5×5×248	8

经试验研究，在结构和装药设计方面比较成功的连续杆战斗部，如表 3 - 1 - 2 所示。

表 3 - 1 - 2　连续杆战斗部（CR）设计诸元和战斗部

CRW 设计方案	1	2	3	4	5	6	7	8	9	10
战斗部质量/kg	187.7	178.7	77.6	80.7	29	20.4	62.1	95.3	27.2	25.9
炸药（C - 4）/kg	58.5	49.4	18.6	26.8	8.2	4.1	24	29.5	6.8	7.7
战斗部直径/mm	609.6	609.6	254	304.8	203.2	142.9	342.9	304.8	203.2	203.2
战斗部长度/mm	533.2	533.4	508	485.8	387.3	323.9	400.1	546.1	374.7	374.7
杆截面尺寸/mm²	6.35×6.35	6.35×6.35	4.76×6.35	6.35×6.35	4.76×4.76	4.76×4.76	4.76×6.35	6.35×6.35	4.76×4.76	4.76×4.76
端盖厚度/mm	6.35	3.18	9.5	3.18	前4.76后3.2	前6.35后9.5	3.18	前3.18后6.35	2.38	2.38
杆环初始速度/（m·s⁻¹）	1 372	1 372	1 433	1 433	1 402	1 280	1 524	1 529	1 372	1 372
最大扩张半径出杆环速度/（m·s⁻¹）	24.7 m处914	24.7 m处914	975	1 097	1 219	1 097	1 128	1 067	1 128	1 128
最大扩张半径/m	36.6	36.6	21.6	19.2	9.8	7.3	17.4	21.6	12.5	12.5

3.2　离散杆杀伤战斗部设计

离散杆杀伤战斗部可分成两大类：各向均匀式和定向抛射式。各向均匀式离散杆杀伤战斗部又分为中心核式、胶辊式和定向式。

3.2.1 中心核战斗部

中心核离散杆杀伤战斗部结构仅在导弹 – 目标（简称弹 – 目）各向均匀遭遇时才应用。这种战斗部有一个炸药中心核，其周围环绕排列许多杆条，如图 3 – 2 – 1 所示。

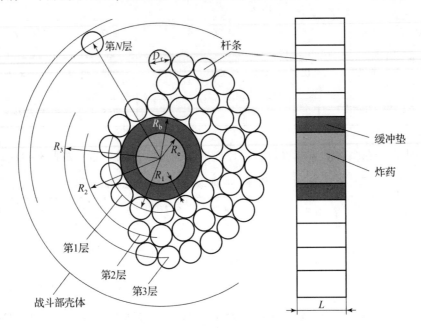

图 3 – 2 – 1　单舱中心核战斗部的几何说明

炸药中心核的半径为 R_e，t_B 为缓冲材料的厚度。将低密度材料放在杆条和炸药之间，能减轻对杆条的冲击，降低应力水平。杆条是圆柱形的，直径为 D_R，长度为 L。杆条相对于战斗部中心的位置定位为半径 R_1，R_2，R_3，$\cdots$，R_N。

杆条数量是战斗部总质量、战斗部直径和所要求的抛射速度的函数。杆条的总数量和初始速度之间的关系必须认真对待，如果中心核炸药装药是为高速抛射设计的，则战斗部上的杆条总数量将少于为低速设计的战斗部的杆条总数量；如果 R_e 小，则能排列开较多的杆条，但是它们的抛射速度低。

图 3 – 2 – 1 所示为一个单个各向均匀战斗部，称为单舱装置，先进的战斗部方案能把多个单舱安排在一个整体式战斗部里。现在从数学上分析讨论单舱结构，排在第 1 层的杆条数量可根据初始杆条直径、炸药半径和必要的缓冲厚度来计算，第 1 层的杆条数量近似为

$$N(1) = 2\pi R_1 / D_R \tag{3.2.1}$$

式中，R_1 为战斗部中心到第 1 排杆条中心的半径；D_R 为杆条直径，$N(1)$ 为第 1 层的杆数。令 $R_1 = R_e + t_B + D_R/2$，其中 R_e 为中心核炸药半径，t_B 为缓冲层厚度，则第 1 层的杆数为

$$N(1) = 2\pi R_1 / D_R (R_e + t_B + D_R/2) \tag{3.2.2}$$

第 2 层上杆条总数量为

$$N(2) = \frac{2\pi}{D_R}\left(R_e + t_B + \frac{D_R}{2} + D_R\right) \tag{3.2.3}$$

第 3 层上杆条总数量为

$$N(3) = \frac{2\pi}{D_R}\left(R_e + t_B + \frac{D_R}{2} + D_R + D_R\right) \tag{3.2.4}$$

现在可以得出第 N 层上的杆条总数量，即

$$N(N) = \frac{2\pi}{D_R}\left[R_e + t_B + \frac{D_R}{2} + D_R(N-1)\right] \tag{3.2.5}$$

杆条总数量 N_R 可表示为

$$N_R = 2\pi N\left(\frac{R_e + t_B}{D_R} + \frac{N}{2}\right) \tag{3.2.6}$$

战斗部的总质量是单舱质量及其尺寸的函数，单个杆条的质量计算为

$$M_R = (\pi/4)D_R^2 L\rho_R \tag{3.2.7}$$

式中，M_R 为单个杆条的质量；ρ_R 为杆条材料的密度；L 为杆条的长度。

单舱结构中全部杆条的总质量为

$$W_T = 2\pi N\left(\frac{R_e + t_R}{D_R} + \frac{N}{2}\right)M_R \tag{3.2.8}$$

或

$$W_T = \frac{(\pi D_R)^2}{2}L\rho_R N\left(\frac{R_e + t_R}{D_R} + \frac{N}{2}\right) \tag{3.2.9}$$

单舱战斗部的总质量为

$$W_T = \underbrace{\pi R_e^2 L\rho_e}_{\text{炸药质量}} + \underbrace{\pi L\rho_B\left[(R_e + t_B)^2 - R_e\right]}_{\text{缓冲件质量}} + \underbrace{\frac{(\pi D_R)^2}{2}L\rho_R N\left(\frac{R_e + t_B}{D_R} + \frac{N}{2}\right)}_{\text{杆条质量}} \tag{3.2.10}$$

式中，W_T 为战斗部总质量。

因为单舱离散杆杀伤战斗部的 L/D 值低，大部分本用于抛射杆条的炸药能量被浪费了，如图 3 - 2 - 2 所示。

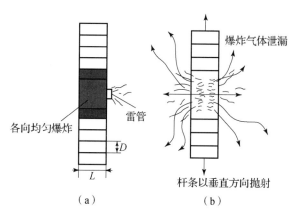

图 3 - 2 - 2 单舱杆条战斗部爆炸时爆炸气体泄漏情况

杆条也可设计成六角形的（图 3 - 2 - 3），装在中心核战斗部构形中能使杆条总数最多。

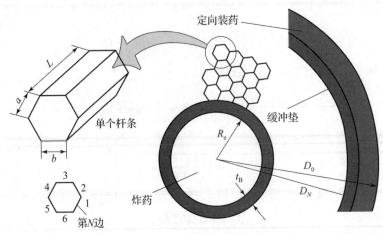

图 3 - 2 - 3 六角形杆条的中心核战斗部

六角形杆条总数的近似值可以根据战斗部的横截面积来计算。有效的战斗部横截面积计算为

$$A_w = (\pi/4) D_N^2 \tag{3.2.11}$$

式中，D_N 为容纳杆条的有效直径。

假设一个圆柱杆的半径为 r_R，杆条边数为 N_s，则杆条的面积为

$$A_R = (\sqrt{3}/3) N_s r_R^2 \tag{3.2.12}$$

装在战斗部上杆条的总数为

$$N_R = \frac{3\pi}{4\sqrt{3}} \frac{D_N^2}{N_s r_R^2} \tag{3.2.13}$$

式（3.2.13）没有考虑用于各向均匀炸药的横截面积，可对其修正为

$$N_R = \frac{3\pi}{\sqrt{3} N_s r_R^2} \left[\frac{D_N^2}{4} - (R_e + t_B)^2 \right] \tag{3.2.14}$$

在杆条的数量计算之后，就能推导出一个方程来计算使杆条按设计速度散开的炸药装药质量。

当希望有较高的抛射速度时，要求装药的直径大；然而，如果要求杆条多，则装药直径就得小。

下面进行速度预报，计算各向均匀展开速度的 Gurney 公式为

$$V = \sqrt{2E} \sqrt{\frac{\dfrac{C}{M}}{\left(1 + \dfrac{R_e}{L}\right) + \left(1 + \dfrac{C}{2M}\right)}} \tag{3.2.15}$$

式中，V 为杆条最大速度；$\sqrt{2E}$ 为 Gurney 速度常数。

如果将 Gurney 方程重新排列并取平方，则

$$\left(\frac{V}{\sqrt{2E}}\right)^2 = \left[1 / \left(1 + \frac{R_e}{L}\right) \right] \left[\frac{C}{M} / \left(1 + \frac{C}{2M}\right) \right] \tag{3.2.16}$$

令 $\gamma = (V/\sqrt{2E})^2$，则

$$\gamma + \frac{C}{M}\frac{\gamma}{2} + \frac{R_e\gamma}{L} + \frac{C}{M}\frac{R_e\gamma}{2L} - \frac{C}{M} = 0 \tag{3.2.17}$$

解出 C/M：

$$\frac{C}{M} = \frac{-\gamma(R_e/L+1)}{(\gamma/2)(1+R_e/L)-1} \tag{3.2.18}$$

设炸药装药质量为

$$C = \pi R_e^2 L \rho_e \tag{3.2.19}$$

杆条总质量为

$$M_T = \frac{(\pi R_e)^2}{2} L \rho_R N \left[\frac{R_e + t_B}{D_R} + \frac{N}{2} \right] \tag{3.2.20}$$

杆条和缓冲件材料的密度分别为 ρ_R 和 ρ_B，将式（3.2.19）和式（3.2.20）代入式（3.2.17），求解 R_e，得

$$2\rho_e R_e^2 \Big/ \left[\pi D_R^2 \rho_R N \left(\frac{R_e + t_B}{D_R} + \frac{N}{2} \right) \right] = -\gamma \left(\frac{R_e}{L} + 1 \right) \Big/ \left[\frac{\gamma}{2} \left(1 + \frac{R_e}{L} \right) - 1 \right] \tag{3.2.21}$$

式中，R_e 可由下式计算，即

$$R_e^3 \left(\frac{\pi}{2}\gamma\rho_e \right) + R_e^2 \left[\pi\rho_e L(\gamma-1) + \frac{\pi^2 D_R \rho_R N\gamma}{2} \right] + R_e \left[\pi^2 \frac{D_R^2}{4}\rho_R N\gamma \left(\frac{2L}{D_R} + N \right) \right] + \gamma\pi^2 \frac{D_R^2}{4} L \rho_R N^2 = 0 \tag{3.2.22}$$

令

$$\xi_1 = \frac{\pi}{2}\gamma\rho_e, \quad \xi_2 = \pi\rho_e L(\gamma-1) + \frac{\pi^2 D_R \rho_R N\gamma}{2}$$

$$\xi_3 = \pi^2 \frac{D_R^2}{4}\rho_R N\gamma \left(\frac{2L}{D_R} + N \right), \quad \xi_4 = \gamma\pi^2 \frac{D_R^2}{4} L \rho_R N^2$$

式中，ξ_1、ξ_2、ξ_3 和 ξ_4 的值都是常数。

式（3.2.22）的最后形式变为

$$R_e^3 \xi_1 + R_e^2 \xi_2 + R_e \xi_3 + \xi_4 = 0 \tag{3.2.23}$$

炸药半径可以通过式（3.2.23）计算，并由战斗部质量计算出杆条总数量。杆条抛射速度可根据装药半径 R_e、杆条总质量 M_T 和杆条长度 L 估算出，如图 3-2-4 所示。

上面推导速度公式中，把杆条组成的战斗部处理成密闭容积，没有考虑爆炸时爆轰气体的逸出。Henry 推导了考虑气体逸出及其对抛射速度影响的数学近似式。每单位初始面积的杆条质量为

$$\mu_0 = M_T/(2\pi r_0 L) \tag{3.2.24}$$

式中，M_T 为杆条的总质量；L 为长度。

设 $d\theta$ 内的杆条质量为

$$M = \mu_0 r_0 L d\theta = \frac{M_T}{2\pi r_0 L} r_0 L d\theta \tag{3.2.25}$$

则

$$M = M_T \frac{d\theta}{2\pi} \tag{3.2.26}$$

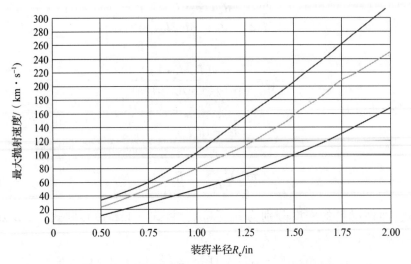

图 3 - 2 - 4   杆条抛射速度与 R_e、L 和杆条总质量的关系

式（3.2.26）在展开期间为常数，应用牛顿定律 $F = MA$ 可得

$$PLrd\theta = P_0 \left(\frac{r_0}{r}\right)^{2\gamma} rLd\theta = M \frac{dV_r}{dt} = \mu_0 r_0 Ld\theta \frac{d(V_r^2/2)}{dr} \tag{3.2.27}$$

式中，P 为压力；V_r 为杆条抛射速度。

对式（3.2.27）积分，得

$$\int r^{1-2\gamma} dr = \frac{r^{2-2\gamma}}{2 - 2\gamma} \tag{3.2.28}$$

$$\frac{2P_0 r_0^{2\gamma-1} r^{2-2\gamma}}{\mu_0(2-2\gamma)} = V_r^2 + \text{const} \tag{3.2.29}$$

初始条件：当 $r = r_0$ 时，$V_r = 0$，则

$$\text{const} = \frac{2P_0 r_0}{\mu_0(2-2\gamma)} \tag{3.2.30}$$

杆条抛射速度为

$$V_r = \sqrt{\frac{2p_0 r_0}{\mu_0(2-2\gamma)}\left[\left(\frac{r_0}{r}\right)^{2\gamma-2} - 1\right]} \tag{3.2.31}$$

式中，r 为爆炸气体产物对杆条最大作用半径。

上述分析假设了爆炸压力均匀分布在整个杆条的内表面积上，因此整个杆束从战斗部抛出后在短时间内是以相同速度一起运行。但事实并非如此，实际上在杆条内表面上施加的冲击力并不均匀，这个非均匀压力分布将对每个杆条产生不同的力，改变它们的抛射方向矢量和动量，最终引起杆条翻滚。

3.2.2   胶辊式战斗部

胶辊式战斗部的构造由交替列置的炸药环层、缓冲环层和杆条组成，图 3 - 2 - 5 所示的胶辊式战斗部，每个杆条都有相同的质量。一薄层环形炸药夹在两层缓冲材料之间，缠围在战斗部周围。缓冲件材料声速低，能吸收爆炸冲击波压力，防止杆条粉碎或破坏。这种战斗

部爆炸时将杆条抛出在导弹轴线的周围，仅适用于各向均匀导弹/目标交战的情况。

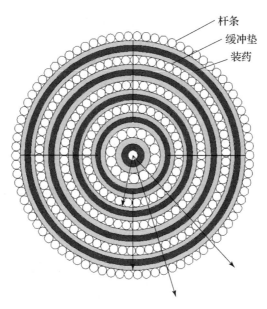

图 3 - 2 - 5　胶辊式战斗部的几何构形

下面推导预报抛射初始速度的方程。首先假设缓冲环和炸药环的厚度不变，设战斗部最外层半径 R_o 处有最快的杆条速度 V，杆条和缓冲环的总质量为 M。每单位面积的平均密度由下式计算[2]：

$$\rho = (C + M)/(\pi R_o^2) \tag{3.2.32}$$

如果假设抛射速度的分布为线性的，则初始速度可表示为

$$V(r) = V(r_i/R_o) \tag{3.2.33}$$

式中，r_i 为战斗部上特定距离处的内半径。

将式 (3.2.33) 代入如下能量守恒方程，求解抛射速度 V，即

$$CE = \int_0^{R_0} \rho V^2(r) 2\pi r dr \tag{3.2.34}$$

杆条的抛射速度为内层杆条半径 r_i 的函数，可根据内层杆条的几何位置计算每个杆条的速度：

$$V = \sqrt{2E} \left[\frac{C/M}{\frac{1}{2}(1 + C/M)} \right]^{\frac{1}{2}} \left(\frac{r_i}{R_o} \right) \tag{3.2.35}$$

式 (3.2.25) 在给定炸药厚度不变的条件下 (图 3 - 2 - 6)，可计算每层杆条有相同的抛射速度。通常，内外层杆条的速度均匀分布比非均匀分布有更高的杀伤威力。

为计算战斗部质量与杆条层数的关系，可进行一些推导。胶辊式战斗部的每一层由两个缓冲环、一圈炸药材料和一圈杆条组成，其几何配置如图 3 - 2 - 7 所示。

胶辊式战斗部的中心可以是中空的，或者有一根中心杆。如果采用中心孔，其内部可用来储放安全及解除保险构件，或者导弹的电缆等。

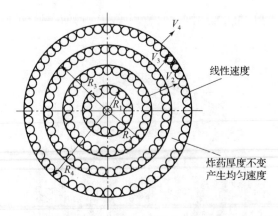

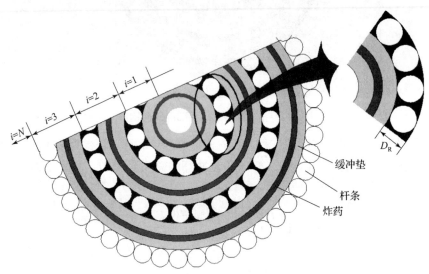

图 3 – 2 – 6 炸药层厚度不变的胶辊式战斗部产生线性分布的杆条速度

图 3 – 2 – 7 胶辊式战斗部的设计参数

胶辊式战斗部上的杆条总数量可以用类似于中心核战斗部杆条总数量的计算方法求得，第 1 层上的杆条总数为

$$N(1) = (2\pi/D_R)(r_R + t_B + t_e + t_B + D_R/2) \tag{3.2.36}$$

式中，r_R 为杆条半径；t_B 和 t_e 分别为缓冲件和炸药的厚度。

第 2 层杆条的数量是

$$N(2) = (2\pi/D_R)(r_R + t_B + t_e + t_B + D_R/2 + t_B + t_e + t_B + D_R) \tag{3.2.37}$$

或

$$N(2) = (2\pi/D_R)\left(r_R + 2(t_B + t_e + t_B) + \frac{3}{2}D_R\right) \tag{3.2.38}$$

N 层杆条数量为

$$N(N) = (2\pi/D_R)\{r_R + N(2t_B + t_e) + [2(N-1)+1]D_R/2\} \tag{3.2.39}$$

因此，杆条总数量是杆条层数的函数。杆条的总质量为

$$M_T = \pi^2 r_R L\rho_R\{r_R + N(2t_B + t_e) + [2(N-1)+1]D_R/2\} \tag{3.2.40}$$

设 $W_T(N)$ 是 N 层的战斗部总质量，则第 1 层的总质量为

$$W_{\mathrm{T}}(1) = \pi L \rho_{\mathrm{R}} r_{\mathrm{R}}^2 + \pi L \rho_{\mathrm{B}} (r_{\mathrm{B}}^2 - r_{\mathrm{Bi}}^2)_{11} + \pi L \rho_{\mathrm{e}} (r_{\mathrm{e}}^2 - r_{\mathrm{ei}}^2)_{12} +$$
$$\pi L \rho_{\mathrm{B}} (r_{\mathrm{B}}^2 - r_{\mathrm{Bi}}^2)_{13} + N(1) \cdot M_{\mathrm{T}} \tag{3.2.41}$$

式中，r_{B} 和 r_{e} 为外半径；r_{Bi} 和 r_{ei} 是内半径；脚注 11 依次指的是第 1 层杆条和第 1 层缓冲材料。第 1 个半径是缓冲材料，第 2 个半径是炸药，第 3 个半径显然又是缓冲材料。第 1 层和第 2 层总质量为

$$W_{\mathrm{T}}(2) = \pi L \rho_{\mathrm{R}} r_{\mathrm{R}}^2 + \pi L \rho_{\mathrm{B}} (r_{\mathrm{B}}^2 - r_{\mathrm{Bi}}^2)_{11} + \pi L \rho_{\mathrm{e}} (r_{\mathrm{e}}^2 - r_{\mathrm{ei}}^2)_{12} +$$
$$\pi L \rho_{\mathrm{B}} (r_{\mathrm{B}}^2 - r_{\mathrm{Bi}}^2)_{13} + N(1) \cdot M_{\mathrm{T}} + \pi L \rho_{\mathrm{B}} (r_{\mathrm{B}}^2 - r_{\mathrm{Bi}}^2)_{21} +$$
$$\pi L \rho_{\mathrm{e}} (r_{\mathrm{e}}^2 - r_{\mathrm{ei}}^2)_{22} + \pi L \rho_{\mathrm{B}} (r_{\mathrm{B}}^2 - r_{\mathrm{Bi}}^2)_{23} + N(2) \cdot M_{\mathrm{T}} \tag{3.2.42}$$

因为 $r_{\mathrm{Bi}} = r_{\mathrm{B}} - t_{\mathrm{B}}$，代入式（3.2.42），两层杆条的新的表达式为

$$W_{\mathrm{T}}(2) = \pi L \rho_{\mathrm{R}} r_{\mathrm{R}}^2 + \pi L \rho_{\mathrm{B}} (2 r_{\mathrm{B}} t_{\mathrm{B}} - t_{\mathrm{B}}^2)_{11} + \pi L \rho_{\mathrm{e}} (2 r_{\mathrm{e}} t_{\mathrm{e}} - t_{\mathrm{e}}^2)_{12} + \pi L \rho_{\mathrm{B}} (2 r_{\mathrm{B}} t_{\mathrm{B}} - t_{\mathrm{B}}^2)_{13} +$$
$$N(1) \cdot M_{\mathrm{T}} + \pi L \rho_{\mathrm{B}} (2 r_{\mathrm{B}} t_{\mathrm{B}} - t_{\mathrm{B}}^2)_{21} + \pi L \rho_{\mathrm{e}} (2 r_{\mathrm{e}} t_{\mathrm{e}} - t_{\mathrm{e}}^2)_{22} +$$
$$\pi L \rho_{\mathrm{B}} (2 r_{\mathrm{B}} t_{\mathrm{B}} - t_{\mathrm{B}}^2)_{23} + N(2) \cdot M_{\mathrm{T}}$$

$$\tag{3.2.43}$$

式（3.2.43）仅为外半径和材料厚度的函数。单根杆条的质量为 $M_{\mathrm{R}} = \pi D_{\mathrm{R}}^2 \rho_{\mathrm{R}} L / 4$。如果已知初始炸药厚度 t_{e} 和缓冲件厚度 t_{B}，则战斗部总质量 $W_{\mathrm{T}}(2)$ 展开为材料厚度的函数。

式（3.2.43）可写为

$$W_{\mathrm{T}}(2) = 2 \pi L \rho_{\mathrm{B}} t_{\mathrm{B}} (r_{\mathrm{B}11} + r_{\mathrm{B}13} + r_{\mathrm{B}21} + r_{\mathrm{B}23}) + 2 \pi L \rho_{\mathrm{e}} t_{\mathrm{e}} (r_{\mathrm{e}12} + r_{\mathrm{e}22}) - 4 \pi L \rho_{\mathrm{B}} t_{\mathrm{B}}^2 - 2 \pi L \rho_{\mathrm{e}} t_{\mathrm{e}}^2 +$$
$$(2 \pi^2 / D_{\mathrm{R}}) r_{\mathrm{R}}^2 L \rho_{\mathrm{R}} (2 r_{\mathrm{R}} + 6 t_{\mathrm{B}} + 3 t_{\mathrm{e}} + D_{\mathrm{R}})$$

$$\tag{3.2.44}$$

每层炸药和缓冲件的具体半径如下：

$$r_{\mathrm{B}11} = r_{\mathrm{R}} + t_{\mathrm{B}}$$
$$r_{\mathrm{B}13} = r_{\mathrm{R}} + t_{\mathrm{B}} + t_{\mathrm{e}} + t_{\mathrm{B}}$$
$$r_{\mathrm{B}21} = r_{\mathrm{R}} + t_{\mathrm{B}} + t_{\mathrm{e}} + t_{\mathrm{B}} + D_{\mathrm{R}} + t_{\mathrm{B}}$$
$$r_{\mathrm{B}23} = r_{\mathrm{R}} + t_{\mathrm{B}} + t_{\mathrm{e}} + t_{\mathrm{B}} + D_{\mathrm{R}} + t_{\mathrm{B}} + t_{\mathrm{e}} + t_{\mathrm{B}}$$
$$r_{\mathrm{B}12} = r_{\mathrm{R}} + t_{\mathrm{B}} + t_{\mathrm{e}}$$
$$r_{\mathrm{B}22} = r_{\mathrm{R}} + t_{\mathrm{B}} + t_{\mathrm{e}} + t_{\mathrm{B}} + D_{\mathrm{R}} + t_{\mathrm{B}} + t_{\mathrm{e}}$$

替换这些方程组，具有层排杆条的胶辊式战斗部的总质量为

$$W_{\mathrm{T}}(2) = 4 \pi L (t_{\mathrm{B}}^2 \rho_{\mathrm{B}} + t_{\mathrm{e}}^2 \rho_{\mathrm{e}}) + t_{\mathrm{B}} \left[4 L r_{\mathrm{R}} \left(\rho_{\mathrm{B}} + \frac{3 \pi \rho_{\mathrm{R}}}{r_{\mathrm{R}}} \right) \right] +$$
$$t_{\mathrm{e}} \left[2 \pi L r_{\mathrm{B}} \left(4 \rho_{\mathrm{e}} + \frac{3 \pi}{r_{\mathrm{R}}} \right) \right] + t_{\mathrm{e}} t_{\mathrm{B}} \left[8 \pi (\rho_{\mathrm{B}} + \rho_{\mathrm{e}}) \right] + 4 \pi^2 r_{\mathrm{R}}^2 L \rho_{\mathrm{e}} \tag{3.2.45}$$

3.2.3　定向式战斗部

中心核或胶辊式各向均匀战斗部，根据导弹/目标的脱靶距离，与定向战斗部系统一起使用都可提供一个加强型的战斗部系统，称为定向式离散杆杀伤战斗部。图 3-2-8 所示为一个具有定向装药的胶辊式战斗部。

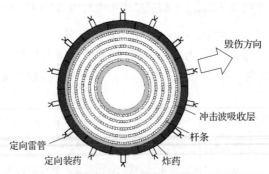

图 3 - 2 - 8   外表面有定向装药的离散杆杀伤战斗部

外层炸药的作用是将全部杆条束抛向目标的方向，显然，定向杆抛射速度越高，则定向装药要越多，使装排杆条的空间减少。同样，增加抛射速度会使杆条上应力和应变更高，破碎的概率增大。所以，要在杆条和定向炸药之间放置低密度的缓冲材料，以防杆条在抛射时可能破碎。通常在定向离散杆杀伤战斗部中都装有各向均匀炸药装药和定向炸药装药，这就存在二者之间的平衡问题。如果各向均匀模式 C/M 较大，则中心部分的炸药初始直径大。这个大直径的中心炸药所占用的体积本来可以用于杆条和定向炸药。战斗部直径较大时，二者平衡关系比较好解决。相反，战斗部直径较小则难以实现。另外，胶辊式战斗部要求定向比较困难，它的缓冲吸能材料占用的内空间太大。

外层定向炸药设计通常成圆环形，放置在杆条的周围，起爆元件放置在定向炸药上，起爆元件数目依据所要求的定向方位确定。在大多数定向方案中，可选择 180°或者 120°的炸药弧发火。如果战斗部是以 180°炸药弧发火，则整个杆条束以 20°~40°的分散模式抛开，而用 120°的炸药弧时则以 45°~60°的散开模式抛开杆条束。两个分散模式如图 3 - 2 - 9 所示。

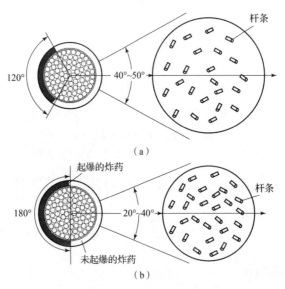

图 3 - 2 - 9   定向分散模式与炸药起爆弧长的关系

杆条以较低的速度抛出，具有一定的翻滚速率。如果要求对目标大炸高下多次冲击，则 180°炸药弧比较理想，与 120°炸药弧相比，这类结构要求起爆器数量多，并且定向精度要好。下面对定向杆条展开速度进行估算。

1. 定向杆条展开速度预估

采用端面开口的 Gurney 方程来近似表达最大杆条速度与定向炸药厚度的函数关系。战斗部长度为 L，战斗部直径是 $2R_o$。端面开口的 Gurney 方程为

$$V = \sqrt{\frac{1}{1 + \frac{2}{\pi} + \frac{2R_o}{L}}} \sqrt{2E} \sqrt{3\frac{C}{M}} \Big/ \sqrt{\left(4 + \frac{C}{M}\right)\left(1 + \frac{C}{M}\right)} \tag{3.2.46}$$

利用因式分解和通分能够计算 C/M，设

$$F = \sqrt{1 \Big/ \left(1 + \frac{2}{\pi} + \frac{2R_o}{L}\right)} \tag{}$$

则

$$(V/\sqrt{2E})^2 (4 + C/M)(1 + C/M) = F_3(C/M)^2 \tag{3.2.47}$$

如果 $(V/\sqrt{2E})^2 = \gamma$，则对 180° 炸药弧的方程为

$$\underbrace{\frac{C^2}{M^2}(\gamma - 3F^2)}_{\zeta_1} + \underbrace{\frac{C}{M}(5\gamma)}_{\zeta_2} + \underbrace{4\gamma}_{\zeta_3} = 0 \tag{3.2.48}$$

式中，ζ_1、ζ_2 和 ζ_3 为常数。

式（3.2.48）化简为

$$(C/M)^2 \zeta_1 + (C/M)\zeta_2 + \zeta_3 = 0 \tag{3.2.49}$$

炸药装药现在能够表达为炸药厚度 t_e 的函数，炸药装药为

$$C = \pi(R_o^2 - R_i^2)L\rho_e \tag{3.2.50}$$

式中，R_i 为炸药的半径，$R_i = R_o - t_e$。

所以定向炸药装药方程写为

$$C = \pi\left[R_o^2 - (R_o - t_e)^2\right]L\rho_e \tag{3.2.51}$$

式（3.2.51）简化为

$$C = \pi(2R_o t_e - t_e^2)L\rho_e \tag{3.2.52}$$

现在式（3.2.48）变为

$$C^2(\gamma - 3F^2) + 5CM\gamma + 4\gamma M^2 = 0 \tag{3.2.53}$$

炸药厚度 t_e 为

$$t_e^4\left[(\pi L)^2 \rho_e(\gamma - 3F^2)\right] + t_e^3\left[4R_o(\pi L\rho_e)^2(-\gamma + 3F^2)\right] +$$

$$t_e^4\left[4(R_o\pi L)^2\rho_e^2(\gamma - 3F^2) - 5\pi(\pi L)^2\rho_e\gamma^2\frac{D_R}{2}\rho_R N\left(R_i + \frac{D_R N}{2}\right)\right] +$$

$$t_e\left[5\pi(\pi L)^2\rho_e R_o\gamma\frac{D_R}{2}\rho_R N(2R_o + D_R N)\right] +$$

$$2\gamma D_R\pi^2 L\rho_R\left(NR_{ei} + \frac{N^2}{2}D_R\right) = 0 \tag{3.2.54}$$

若战斗部直径和最大战斗部质量不变，则炸药厚度是各向均匀炸药半径 R_e 的函数，如图 3-2-10 所示。

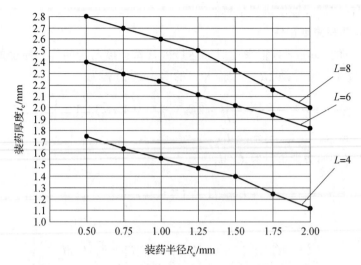

图 3 - 2 - 10　定向炸药厚度相对于各向均匀炸药半径的对比

用炸药厚度来计算最大抛射速度，并可计算定向速度和最大各向均匀速度关系的曲线。这些方程提供了抛射初始速度的估算方法，它是战斗部初始形状和诸元的函数，此后需用试验数据校核和验证这些数学模型。用 Gurney 方程计算的杆条抛射速度假设了所有的缓冲材料都没有引起阻尼作用，全部炸药能量都传递给杆条了。至于缓冲件对抛射速度的影响及炸药气体如何从杆条层间逸出，还需要进一步试验研究才能给予充分的理解。

2. 定向模式展开的修正方程

圆柱形或六角形杆条在抛射之前并非平稳地放置在炸药界面上，其间含有内部装填空隙或气孔，降低了炸药加速的效率。端面开口 Gurney 方程假设炸药装药和金属质量均为长方体形，所有的炸药都与金属壳体接触；然而，由于在相邻杆条之间有过量的气体逸出，使最大抛射速度降低。为了更准确估算定向杆战斗部的速度，对端面开口 Gurney 方程进行了修正[1]，这个新的方程考虑了战斗部的曲率，更好地估算了与杆条界面耦合的炸药气体效率。炸药弧长为 θ，以 rad 表示；E 为每单位质量的炸药能量；炸药长度和密度分别为 L 和 ρ_e；战斗部外半径为 R_o；炸药内半径为 R_i。战斗部的全部尺寸诸元表示在图 3 - 2 - 11 中。战斗部中的炸药总能量为

$$E_T = (\theta/2) E\rho_e L (R_o^2 - R_i^2) \tag{3.2.55}$$

因为相邻杆条之间有空隙，炸药表面并未与每个杆条全面接触，布朗提出利用减小炸药能量来模拟这个杆条初始加速度的降低。对炸药能量表达式进行修正，设已降低的炸药能量为 E_r，则

$$E_r = E \cdot \frac{\text{被加速的杆体表面积×加速效率}}{\text{被加速的杆体表面积×加速效率 + 从两端看到的炸药表面积}} \tag{3.2.56}$$

式 （3.2.56） 的数学表达式为

$$E_r = E \cdot \frac{\bar{N} D_R L \zeta}{\bar{N} D_R L \zeta + 2r_o \pi (t + L) + t(2L - \pi t)} \tag{3.2.57}$$

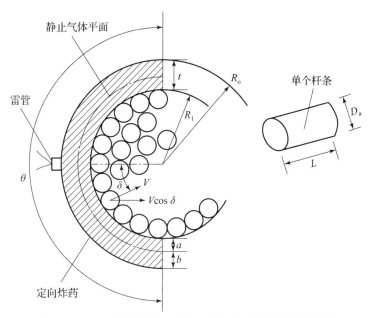

图 3-2-11　应用修正的格尼方程的杆条战斗部几何构形

式中，$\bar{N}$ 为与定向炸药表面接触的杆条总数；E 为炸药总能量；常数 ζ 表征杆条在瞄准的方向上被加速的能力，它是杆条形状和装填方位的函数，计算表明，对于圆柱杆 $\zeta = 0.634$。由能量守恒方程得到

$$\frac{\left[\,(\theta/2)E\rho_e L\,\right](2R_o t - t^2)\bar{N}D_R L\zeta}{\bar{N}D_R L\zeta + 2R_o\pi(t + L) + t(2L - \pi t)} = \frac{1}{2}MV^2 + \frac{1}{2}\int_0^b \rho\left[\,\gamma_2(x)\,\right]^2 dx + \frac{1}{2}\int_0^a \rho\left[\,\gamma_1(x)\,\right]^2 dx$$

(3.2.58)

炸药的几何表面是环形的，卷靠在战斗部的周围。这个环形弧长度在决定加速杆条过程的能量大小时是很关键的。如果炸药弧 180°起爆，则会发生内向爆炸或聚合效应，将杆条向中心挤压。杆条被挤压到临界核心之后，它们开始推挤相邻的杆条，然后经一定时间开始向外膨胀。从流体代码分析得到，杆条间发生了二级动量传递过程。

杆条平均速度表达为

$$\bar{V} = (2V/\theta)\sin(\theta/2) \tag{3.2.59}$$

最终的压垮速度为

$$V = \bar{V}\theta/\sin(\theta/2) \tag{3.2.60}$$

将式（3.2.60）代入式（3.2.58），炸药气体产物正在向目标方向运动为

$$\gamma_1(x)^2 = \left[\left(\frac{x}{a}\right)\frac{\bar{V}\theta}{2\sin(\theta/2)}\right]^2 \tag{3.2.61}$$

在相反方向上或背离目标的气体运动为

$$\gamma_2(x)^2 = \left[\left(\frac{x}{b}\right)\frac{\bar{V}\theta}{2\sin(\theta/2)}\right] \tag{3.2.62}$$

如果假设气体密度均匀，则

$$\rho = \frac{C}{a+b} = \frac{0.5L\rho_e(2R_ot - t^2)}{a+b} \tag{3.2.63}$$

当战斗部起爆时，气体的驻定平面保持不变，其中长度 a 为从驻定平面到杆条的炸药厚度，b 为该平面到炸药外边沿的长度。

将式（3.2.61）~式（3.2.63）代入式（3.2.58），可得

$$M\frac{\bar{V}^2\theta^2}{4\sin^2(\theta/2)}\left\{1 + \frac{1}{6}\frac{C}{M}\left[\left(\frac{b}{a}\right)^2 - \frac{b}{a} + 1\right]\right\} = \frac{2E\left[\theta/(2\pi)\right]\rho_e L\pi(2R_ot - t^2)\bar{N}D_RL\zeta}{\bar{N}D_RL\zeta + 2R_o\pi(t+L) + t(2L - \pi t)} \tag{3.2.64}$$

解出平均速度为

$$\bar{V} = \sqrt{2E}\sqrt{\frac{4\sin^2(\theta/2)(\theta/2)\rho_e L(2R_ot - t^2)\bar{N}D_RL\zeta}{M\theta^2\left\{1 + \frac{1}{6}\frac{C}{M}\left[(b/a)^2 - b/a + 1\right]\right\}\left[\bar{N}D_RL\zeta + 2R_o\pi(t+L) + t(2L - \pi t)\right]}} \tag{3.2.65}$$

与定向炸药接触的杆条总数量为

$$\bar{N} = \frac{\theta}{D_R}\left[R_e + t_{Bi} + D_R\left(N - \frac{1}{2}\right)\right] \tag{3.2.66}$$

利用动量守恒写出依据 C 和 M 的 a 和 b 的表达式，由动量守恒可得

$$MV + \int_0^a \rho\gamma_1(x)\,\mathrm{d}x = \int_0^b \rho\gamma_2(x)\,\mathrm{d}x \Rightarrow MV + \frac{CaV}{2(a+b)} = \frac{CVb^2}{2(a+b)a} \tag{3.2.67}$$

其中，

$$b/a = (2 + C/M)/(C/M) \tag{3.2.68}$$

将式（3.2.66）代入式（3.2.65），则平均杆条速度的最终表达式为

$$\bar{V} = \sqrt{2E}\sqrt{\frac{4\sin^2(\theta/2)(\theta/2)\rho_e L(2R_ot - t^2)\bar{N}D_RL\zeta}{M\theta^2\left\{1 + \frac{1}{6}\frac{C}{M}\left[\left(\frac{2+C/M}{C/M}\right)^2 - \frac{2+C/M}{C/M} + 1\right]\right\}\left[\bar{N}D_RL\zeta + 2R_o\pi(t+L) + t(2L - \pi t)\right]}} \tag{3.2.69}$$

从实际的试验数据和 SPHINX 流体代码分析得到，计算的最快和最慢杆条速度为

$$\begin{cases} V_{R2} = V_{\max} = 1.25\bar{V} \\ V_{R1} = V_{\min} = 0.75\bar{V} \end{cases} \tag{3.2.70}$$

例 3.1 一个中心核杆条战斗部有 7 层杆条，炸药装药半径为 12.7 mm。每个杆条用钢制成，质量为 400 g。试计算圆柱形和六角形杆条的数量，计算总质量和展开速度。

杆条直径为

$$D_R = \sqrt{4M_R/(\pi L\rho_R)}$$

由 $M_R = (\pi/4)D_R^2 L\rho_R$，可得

$$D_R = \sqrt{\frac{4 \times 400}{\pi \times 5 \times 2.54 \times 7.85}} = 2.26(\text{cm})$$

圆柱形杆条的总数量为

$$N_R = 2\pi N\left(\frac{R_e + t_B}{D_R} + \frac{N}{2}\right) = 2\pi \times 7 \times \left(\frac{1.27 + 1.27}{2.26} + \frac{7}{2}\right)$$

$$N_R = 203 \text{ 根杆条}$$

六角形杆条的数量为

$$N_R = \frac{3\pi}{\sqrt{3}N_s r_R^2}\left[\frac{D_N^2}{4} - (R_e + t_B)^2\right]$$

$$D_N = R_e + t_B + N(D_R) = 2 \times (1.27 + 1.27 + 7 \times 2.26)$$

$$= 36.72\,(\text{cm})$$

$$N_R = \frac{3\pi}{\sqrt{3} \times 6 \times 1.13^2}\left[\frac{36.72^2}{4} - (1.27 + 1.27)^2\right]$$

$$= 0.710 \times (337.0 - 6.45) = 234\,(\text{根})$$

圆柱形杆条的总质量为

$$W_R = 203 \times 400 = 81\,200\,(\text{g})$$

炸药装药为

$$C = \pi R_e^2 L\rho_e = \pi \times 1.27^2 \times 5 \times 2.54 \times 1.7 = 109.3\,(\text{g})$$

外层杆条的最大速度是

$$\frac{C}{M} = \frac{0.24}{178} = 0.001\,35$$

$$V = \sqrt{2E}\sqrt{\frac{C/M}{\left(1 + \frac{C}{2M}\right)\left(1 + \frac{R_e}{L}\right)}} = 2\,600\sqrt{\frac{0.001\,35}{1.000\,67 \times 1.1}}$$

$$V = 2\,600 \times 0.035\,0 = 91\,(\text{m/s})$$

总质量等于

$$W_T = \pi R_e^2 L\rho_e + \pi L\rho_B\left[(R_e + t_B)^2 - R_e^2\right] + \frac{(\pi D_R)^2}{2}L\rho_R N\left(\frac{R_e + t_B}{D_R} + \frac{N}{2}\right)$$

$$= \pi \times 1.27^2 \times 1.27 \times 1.7 + \pi \times 1.27 \times 2 \times \left[(1.27 + 1.27)^2 - 1.27^2\right] +$$

$$\frac{(\pi \times 2.26)^2}{2} \times 12.7 \times 7.85 \times 7 \times \left(\frac{1.27 + 1.27}{2.26} + \frac{7}{2}\right)$$

$$= 81\,694.7\,(\text{g})$$

例 3.2　如果例 3.1 中最大半径 $R_o = 23$ cm，假设 180°炸药弧。试计算杆条平均抛射速度。

解：

$$R_i = 36.72/2 = 18.36\,(\text{cm})$$

$$R_o = 23 \text{ cm}$$

$$t = R_o - R_i = 4.64 \text{ cm}$$

炸药的总质量（360°）为

$$C = \pi L\rho_e(R_o^2 - R_o^2) = \pi \times 12.7 \times 1.54 \times (23^2 - 18.36^2)$$

$$= 61.41 \times (529 - 337) = 11\,790.7\,(g)$$

用于加速杆条的总炸药装药量 $C = 11\,790.7/2 = 5\,895.3\,(g)$，被加速的总质量为 $M = 81\,694.7 + 5\,895.3 = 87\,590\,(g)$，有

$$\frac{C}{M} = \frac{5\,895.3}{87\,590} = 0.067\,3$$

$$\bar{V} = \sqrt{2E} \sqrt{\frac{4\sin^2(\theta/2)(\theta/2)\rho_e L(2R_o t - t)\bar{N}D_R L\zeta}{M\theta^2\left\{1 + \frac{1}{6}\frac{C}{M}\left[\left(\frac{2+C/M}{C/M}\right)^2 - \frac{2+C/M}{C/M} + 1\right]\right\}\left[\bar{N}D_R L\zeta + 2R_o\pi(t+L) + t(2L+\pi t)\right]}}$$

$$\bar{N} = \frac{\theta}{D_R}\left[R_e + t_{Bi} + D_R\left(N - \frac{1}{2}\right)\right]$$

其中，

$$\bar{N} = \frac{3.14}{2.26}\left[1.27 + 1.27 + 2.26\left(7 - \frac{1}{2}\right)\right] = 1.389 \times 17.23 = 23.93\,(\text{根杆条})$$

$$I = 4\sin^2(90°) \times 1.57 \times 1.54 \times 12.7 \times (213.4 - 21.52) \times 23.93 \times 2.26 \times 12.7 \times 0.634$$
$$= 1.02 \times 10^7$$

$$J = 87\,590 \times 9.85 \times [1 + 0.011\,22(943.6 - 30.7 + 1)] = 5.38 \times 10^6$$

$$K = 435.4 + 1\,487.7 + 185.4 = 2\,108.5$$

$$\bar{V} = \sqrt{2E}\sqrt{\frac{I}{JK}} = 2\,600\sqrt{\frac{1.02 \times 10^7}{(5.38 \times 10^6) \times 2\,108.5}} = 78\,(\text{m/s})$$

$$V_{max} = 1.25 \times 78 = 97.5\,(\text{m/s})$$

$$V_{max} = 0.75 \times 78 = 58.5\,(\text{m/s})$$

3.3　连续杆杀伤战斗部设计

连续杆战斗部是目前空空、地空、舰空导弹上常用战斗部类型之一。据国外有关资料报道，当导弹制导标准误差小于 9 m，或者为 9～20 m，战斗部质量限制为 11～130 kg 时，选用这种类型的战斗部结构是适宜的。这种战斗部与破片型战斗部相比，最大的优点是杀伤效率高；缺点是对导弹制导精度要求高，生产成本比较高。

试验证明，连续杆的速度衰减和飞行距离成正比关系。计算表明，杆条速度的下降主要由空气阻力引起，而杆束扩张焊缝弯曲剪切所吸收的能量对其影响很小。杆环直径增大断裂后，杆条将发生向不同方向转动和翻滚，这时连续杆环的效力就大大下降了，连续杆的效应就转变成破片效应了。由于连续杆断裂生成破片数量相当少，所以击毁效率就急速下降。由此作用特点可知，这种结构形式的战斗部，对于脱靶量小的弹－目交会条件，才能最好地发挥其效应。

3.3.1　主要威力性能参数计算

连续杆战斗部是靠杆条与目标遭遇时的动能，产生切割效应而毁伤目标的。为此，衡量本战斗部的威力主要参数有杆条初始速度、杆的连续性和杆的切割率等。

1. 杆的初始速度

由于本战斗部在结构上有些特色,如中心管径大,含有曲面衬筒(又称波形控制器或透镜),长径比较小,所以爆炸载荷系数较小。即使与破片战斗部一样大小,也因条的扩张,会从间隙逸出而损失爆炸能,故杆速偏低。按能量守恒原理得到杆的初始速度为

$$v_0 = 1.236 \sqrt{\frac{\xi_r Q_e}{\frac{1}{2} + \frac{1}{\beta}}} \tag{3.3.1}$$

式中,Q_e 为炸药的爆热(J/kg);β 为炸药与杆束金属质量比;ξ_r 为考虑到环开始扩张时,因杆间存在间隙,使炸药爆炸能量损失的修正系数,$\xi_r = 0.75$。

通常初始速度为 1 000 ~ 1 600 m/s,杆链环的衰减难以理论计算,常由试验确定,如图 3-3-1 所示。

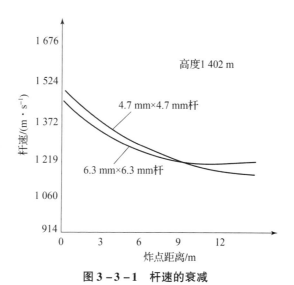

图 3 – 3 – 1 杆速的衰减

2. 杆的连续性

杆的连续性是连续杆战斗部发挥杀伤效应的独有特性。要保证杆链环的连续性,从设计到工艺都应十分关注:透镜的选材和形状的优化应与应力波传播行程协调;战斗部连接结构与杆束的受力协调(尽量使外壳受力杆束不作主受力件);杆焊接强度与杆材强度的匹配;透镜和杆束材料的品质状况,以及装药品质等。由于涉及环节多,即使严格控制和检测,杆结构相对爆炸冲击力其脆弱性是客观存在的,因而当杆束扩张到理论直径之前仍发生断裂。目前杆环连续性是通过试验测定杆环的连续性系数 K_s 来描述,在战斗部威力半径 R 处设置厚度为 3 ~ 4 mm 的 A3 钢板作圆形靶板。

杆环的连续性系数为

$$K_s = \frac{L - \sum_{i=1}^{n} l_i}{L} \times 100\% \tag{3.3.2}$$

式中,K_s 为杆环的连续性系数(%);L 为爆炸前靶板实际弧长(m);l_i 为爆炸后,靶板上未被切割部分(因杆断裂所致)在水平线上的投影长(m);n 为靶板上杆断裂处的数目。

3. 切割率

切割率是指连续杆在毁伤威力半径处对典型目标或模拟目标强度的钢制靶板（对飞机可用 4~6 mm A3 钢板）拦截切断能力，切割率可用下式计算：

$$K_c = \left(1 - \frac{\sum\limits_{j=1}^{m} \Delta_j}{L - \sum\limits_{i=1}^{n} l_i}\right) \times 100\% \tag{3.3.3}$$

式中，K_c 为切割率，是杆环能量的量度（%）；L 为炸前靶板实际弧长；Δ_j 为靶上留下的连续杆打击印痕未切割部分在水平线上的投影长；l_i 为靶板上未被杆切割部分在水平线上的投影长；m 为靶上数得的杆印痕而未切割部位数目；n 为靶上数得的杆束组件断裂部位数目。

试验表明，切割率可达 100%，并可设金属网观察杆打击网标时留下痕迹，可直接观察和确定杆的形状和方向性。

3.3.2　连续杆战斗部的杀伤概率

战斗部的杀伤区是指这样的一个区域，在爆炸时，如果目标遭到战斗部的相当杀伤作用，则目标参考点必在该区域之中。所以，摧毁目标的必要和充分条件是战斗部爆炸时，目标参考点在杀伤区内。因而常用战斗部中心为基准来估量杀伤区。

我们在考察一个战斗部的杀伤区时，总认为在爆炸时，它摧毁了至战斗部中心距离为 R 以内的所有点的目标。因此，杀伤区应与战斗部同心，并且是半径为 R 的球形空间。距离 R 通常定义为战斗部的杀伤半径。由此可知，杀伤半径是战斗部及目标特性的函数。

通常，除非武器系统因故障而失灵，均可认为导弹是有效的。有效导弹的摧毁概率 P 可定义为在给定目标、导弹、战斗部以及拦截条件下，有效导弹导致目标摧毁的概率。

设 $f(x,y,z)$ 表示在爆炸时，描述目标参考点相对战斗部的位置的概率密度函数，$G(x,y,z)$ 为条件杀伤概率，则实用导弹的摧毁概率可用下式计算：

$$P = \iiint f(x,y,z) G(x,y,z) \mathrm{d}x\mathrm{d}y\mathrm{d}z \tag{3.3.4}$$

对子球形杀伤区，式（3.3.4）可写为

$$P = \iiint\limits_{V} \frac{1}{(2\pi)^{3/2}\sigma^3} e^{-\frac{R^2}{2\sigma^2}} G(x,y,z) \mathrm{d}x\mathrm{d}y\mathrm{d}z \tag{3.3.5}$$

式中，V 为杀伤区；σ 为均方根偏差；R 为杀伤半径，$R^2 = x^2 + y^2 + z^2$。

对于连续杆战斗部来说，其杀伤威力与杆的速度、质量和特性尺寸（厚度）等有关。当连续杆击中飞机构件时能切断构件（切断翼尖端部除外），这种破坏会导致飞行失效。在杆件达到其最大扩展半径以后，杆对目标的杀伤效率迅速下降，这时摧毁概率值可忽略不计。

对于连续杆战斗部的杀伤区可理解为这样的一个区域：在杆件达到最大扩展半径 R 之前，如果目标被杆件致命地切割，则起爆时，目标参考点必在此区域内。所以，连续杆束完全张开时的最大理论直径的 1/2，就是战斗部的威力半径。

战斗部爆炸时，连续杆运动是一个以战斗部质心为中心的锥面，杀伤区局限在战斗部的轴线方向，因而使各种不同接近角接近目标的命中概率和杀伤概率均受到限制。

连续杆束完全扩张到最大直径时，杀伤效率最高，如果再继续扩张，轮形杆圆环就要断裂，而形成少量的破片条，使战斗部的杀伤效率大大下降。根据连续杆战斗部的作用特点，单发导弹摧毁目标的概率，可简化为二维情况：

$$P_1 = \int_{-\infty}^{+\infty} \int_{-\infty}^{+\infty} f(z,y) G(y,z) \mathrm{d}z\mathrm{d}y \tag{3.3.6}$$

式中，$f(z,y)\mathrm{d}z\mathrm{d}y$ 为 $\mathrm{d}z\mathrm{d}y$ 区域的命中概率；$G(z,y)$ 为战斗部在 (y, z) 坐标点爆炸时目标的摧毁概率。

如果已知分布规律 $f(z, y)$ 和摧毁概率 $G(z, y)$，即可借助解析法或数值积分法得到 P_1。

当摧毁曲线对所有起爆方向为对称情况时（目标的易损性在各方向全一样时），则式 (3.3.6) 可进一步化简。这时，二维规律 $G(z, y)$ 可用一维摧毁规律的起爆半径 $G(R)$ 的函数给出，如图 $3-3-2$ 所示。

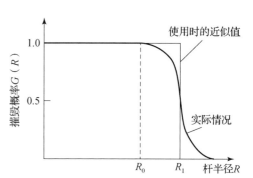

图 $3-3-2$　一维摧毁概率曲线

图中，R_0 为杆扩展周界与展开杆的长度大致相等时的半径，R_L 为杆条的最大扩展半径（金属环碎裂时的半径）。因此，连续杆战斗部的摧毁概率，在一维散布函数 $f(R)$ 时，可表示为

$$P_1 = \int_0^{\infty} f(R) G(R) \mathrm{d}R \tag{3.3.7}$$

式中，$f(z,y)$ 为制导系统无误差时，导弹弹道散布的密度函数；$G(R)$ 为战斗部在距目标 R 距离爆炸时的摧毁概率；R 为导弹的脱靶量。

而导弹在无系统误差时的散布规律为

$$f(R) = \frac{R}{\sigma^2} \exp\left(-\frac{R^2}{2\sigma^2}\right) \tag{3.3.8}$$

式中，σ 为标准误差（均方根偏差）。

按照实际的或接近实际的摧毁规律，在距目标 R_0 距离的摧毁概率 $G(R) = 1$，以后随 R 的增加，则 $G(R)$ 将减小至 0。所以，R_0 可认为是 100% 的摧毁半径（有时称绝对杀伤半径）。为此，可用下式表示为

$$\begin{cases} G(R) = 1, & R \leqslant R_0 \\ G(R) = \exp\left[-k(R^2 - R_0^2)\right], & R \geqslant R_0 \end{cases} \tag{3.3.9}$$

将式 (3.3.7)、式 (3.3.8) 和式 (3.3.9) 代入，得到

$$P_1 = \int_0^{R_0} \frac{R}{\sigma^2} \exp\left(-\frac{R^2}{2\sigma^2}\right)\mathrm{d}R + \int_{R_0}^{\infty} \frac{R}{\sigma^2} \exp\left(-\frac{R^2}{2\sigma^2}\right) \mathrm{e}^{\left[-k(R^2-R_0^2)\right]} \mathrm{d}R = 1 + \frac{2k\sigma^2}{1+2k\sigma^2} \exp\left(-\frac{R^2}{2\sigma^2}\right) \tag{3.3.10}$$

式中，k 为当 $R > R_0$ 时，战斗部对目标杀伤按衰减规律杀伤的系数。

当给定 P_1 值时（通常 $P_1 = 0.96 \sim 0.98$），则可按下式计算 k 值，即

$$k = \frac{1}{2\sigma^2 \exp\left(-\dfrac{R_0^2}{2\sigma^2}\right)\Big/(1-P_1)} \tag{3.3.11}$$

3.3.3 连续杆战斗部的结构设计

在初步设计时，原则上可按下列步骤进行设计：确定杆材和杆的横截面积；确定杆束的尺寸；选择炸药的类型和数量；设计炸药装药空腔形状；战斗部其他零件的设计；向引信设计者提供必要的协调数据，列出战斗部的设计诸元。

在实际设计时，上述设计程序并不是一成不变的，而是随着设计者的经验和观点改变的。下面就有关设计的主要方面阐述如下：

1. 连续杆战斗部的具体设计

1）杆材钢号的选择

杆条应选择韧性好的低碳钢和合金钢制造，即选用塑性指标（材料的延伸率 $\delta\%$ 和断面收缩率 $\psi\%$）高的材料。另外，所选材料焊接性能要好，在承受爆炸冲力作用方面强度性能好，目前常用的材料是 20Mn 和 10 号普通碳钢等钢料。

2）杆条横截面积尺寸的选择

通常将目标遭受破坏作为设计杆条横截面积的依据。国外根据大量的试验研究认为，杆条的横截面积以 4.7 mm 或 6.3 mm 为边长的方形为好，上述尺寸截面的杆条分别以大于 914 m/s 和 1 066 m/s 的速度打击（或称碰击）目标的要害部位时，可造成目标的致命杀伤。所以，初步确定杆条横截面积时，可以在上述比较窄的范围内选择。

3）杆束的尺寸（连续扩张杆环的初始尺寸）

杆长一般受战斗部外壳的限制。这个问题与导弹总体设计组规定的战斗部质量和所占舱段空间是密切相关的。所以，在战斗部设计时，要很好地利用上述质量和空间规定，尽可能加大扩张的连续杆环半径，当杆束组件完全扩张的环半径越大，则高杀伤力可允许的导弹制导误差就可增大。这对于战斗部与导弹总体和其他部件之间的协调设计是非常有益的。杆束组件完全扩张半径很明显是一个单独杆长度累加值的函数。设计经验指出，大约为战斗部总质量的 65% 可分配给杆质量，这个百分比应该看作多数成功的连续杆战斗部的设计标准。有了杆束组件总质量，以及单根杆的横截面积和钢的密度，则杆材料的总长就可以计算了。最后便可确定单根杆的长度和杆束组件的长度。

因为杆横截面是固定的，所以选取杆的数量就决定了杆束组件的直径。杆束组件的长度和直径以及其长径比，只能在某一定范围内使用。很明显，杆束组件的长度和直径不能超过战斗部舱的尺寸。由于相邻杆端部分实施焊接，所以只要可能杆应尽量地加长，以便使连续杆环半径损失减至最小。

杆束长径比应限制在 2~3 范围较好，这样在起爆时单根杆不易产生弯曲和变形。当长径比大于 3 时，在设计爆炸装药中试验是困难的。在杆束长径比小时，因用于焊接杆的长对环周长有影响，所以扩张环半径将减小。当选用的长径比小至 1 时，实际的扩张环半径为理论半径的 70%~85%（这是根据以杆长的累加值得到的）。

4）爆炸装药

使连续杆获得高的初始速度，提供一个摧毁（杀伤）目标所需要的打击速度，是选用爆炸装药的类型和数量的主要依据。

杆圆环扩张飞向目标时由于空气阻力，使杆速损失而下降，所以打击速度是导弹速度、杆的初始速度和衰减速度，以及目标速度的矢量和。试验指出，截面为 6.3 mm×6.3 mm 的杆，打击目标速度下限为 914 m/s。而截面为 4.7 mm×4.7 mm 的杆，打击目标的速度下限为 1 066 m/s。这两种杆的速度与炸点距离的关系如图 3-3-3 所示。

爆炸装药与杆金属质量的比 $(\beta = C/M_s)$ 是影响杆初始速度最重要的参数。例如，内腔中间是空心凹穴的战斗部，采用 4.7 mm×4.7 mm~6.3 mm×6.3 mm 的杆和 $\beta = 0.6~0.7$ 时，可得到将近 1 524 m/s 的初始速度。合理的 β 值要通过炸药空腔的精心设计得到，炸药空腔的几何形状与使用炸药的类型有关。适合用于连续杆战斗部的装药有 C-4、B、H-6 和奥克托今为主（HMX/尼龙 86/14）等炸药。

5）炸药装药内腔（简称内腔）形状

内腔通常有一个凹陷中心。空腔设计成这种形状，主要是因为当炸药爆轰时，爆炸冲力不使杆加速引起严重弯曲和变形，而只给予沿杆长一个不变的速度。如果空腔设计成一个等截面的筒形结构，炸药爆轰时沿杆长的爆炸冲力就很不均匀。中心部位的杆得到较高的速度（与两头端部相比），从而使杆发生破裂和扭转（图 3-3-4）。

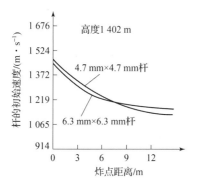

图 3-3-3　杆速与炸点距离间的关系

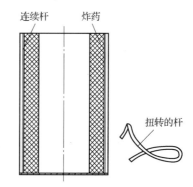

图 3-3-4　引起杆条扭转和破碎的战斗部

实践证明，内腔采用均匀化受力衬套和惰性材料组成的战斗部（图 3-3-5），可以消除上述杆的破碎和扭转现象。所选用的惰性材料，应能耐中等温度，适合浇铸或机制，并且有坚韧、坚硬的特性。模拟试验时可以考虑用熟石膏代用。

传爆扩爆药在炸药装药中的起爆位置，能影响杆的完整性。根据经验，扩爆药应当尽可能放在战斗部轴向杆束两端的中间，或者放在战斗部一端装药圆柱体的中心（图 3-3-5）。

当杆束层与层之间存在小的间隙时，可能引起杆束的外层发生层裂（成疤）现象。生产中采用填料办法使空隙填满即可克服上述现象。

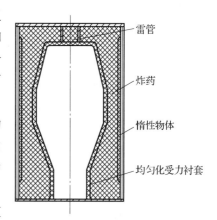

图 3-3-5　均匀化受力衬套与
惰性物组成的战斗部

6）战斗部其他零件的设计

战斗部两头的端部盖（一般一头称盖，另一头称底）的厚度，在初步设计时可取 3~

9.5 mm 厚。杆束和端部盖之间要安置切断环管，它的功用是保证起爆后，从端部盖中释放杆，靠崩裂和聚能射流效应，使杆束与端部盖处脱离。切断环管的外径一般可取 9.5 ~ 12.7 mm。

7）向引信设计者提供必要的参数资料

引信是战斗部系统的一个组成部分，在设计过程中，应该向引信设计者提供下列数据和资料：使用炸药的种类；战斗部的图纸，杆的长度和横截面积；杆束扩张圆环的直径以及杆的初始速度等。

8）列出战斗部的设计诸元

这部分内容概括了战斗部的全部设计，具体包括下列内容：战斗部总质量，战斗部设计和装配图，炸药（包括类型和质量）；装药和杆金属的质量比；连续杆的参数（横截面积和长度尺寸，扩张杆环直径，材料和质量，初始速度等）；战斗部的质心位置及其装配方法等。

2. 保证连续杆战斗部威力性能的一些措施

（1）战斗部的杆速组件是直接用于摧毁（或杀伤）目标的重要杀伤元素，所以，在战斗部结构设计时不应将其作为导弹受力构件，以防杆束组件受载发生畸变或破坏。

（2）杆束组件两端焊接（用氩弧焊），焊后应进行退火消除内应力。在杆端侧面交错焊接组合时，一定要保证质量（满足焊缝强度和尺寸要求），为了使杆束组件扩张时能够顺利地展开而又不被拉断，于原焊缝处可适当增加虚焊缝，以利于杆束从此薄弱处快速拉开而又不被拉断。

（3）杆束组件两端的切断环管，最好选用紫铜圆管。当战斗部装药爆炸时，它在爆炸载荷作用下，瞬间形成性能好的环形聚能射流，迅速将杆束组件与端部构件切断。此时杆束就只受径向冲力作用向外扩张，从而消除由于两端约束条件造成杆断裂的影响。

（4）波形控制器结构尺寸和材料一定要严格控制质量，否则沿杆长的等强作用力场可能破坏，就起不到将球面波转变为柱面波的作用，而且有可能在爆炸一开始，由于杆周部受力变形过大面被拉断。

总之，一个性能好的战斗部，必须由设计和工艺两方面来保证，否则很难发挥其效应。大量试验表明，杆的初始速度和杆的连续性是一对突出的矛盾。战斗部结构一定时，增大初始速度，连续性就明显下降；反之，降低初始速度，则连续性就提高。

思 考 题

3.1 针对不同的目标，应当以什么原则确定杆条战斗部中杆条的形状及几何尺寸？

3.2 简要概述杆条参数对聚焦式杆条战斗部的毁伤效能有何影响。

3.3 如何对中心起爆聚焦离散杆战斗部初始飞散姿态进行控制？

3.4 如何确定可控离散杆战斗部毁伤切口长度？

3.5 杆条排布对聚焦式杆条战斗部毁伤效能有何影响？

第4章

爆破战斗部

4.1 概　述

爆破战斗部是常用的战斗部类型之一，它在各种介质（如空气、水、土壤、岩石和金属等）中爆炸时，介质将受到爆炸气体产物（或称爆轰产物）的强烈冲击。爆炸气体产物具有高压、高温和高密度的特性。对于一般常用的高能炸药，其爆炸气体的波阵面压力可达 7 万~30 万大气压；温升可达 3 000 ~ 5 000 ℃，密度可达 2.15 ~ 2.37 g/cm³。具有这样特性的爆炸气体产物作用于周围介质，必然要在介质内引起扰动，人们把这种扰动称为波，它具有一定的破坏能力，因而在军事技术上被用作杀伤破坏目标的手段。

当爆破战斗部在侵彻的土壤中爆炸时，在形成爆炸波的同时，还产生爆破作用和地震作用。爆破作用能使地面形成爆炸坑，而爆炸波和地震作用能引起地面建筑物和防御工事的震塌和震裂。

当爆破战斗部在空气中爆炸时，有 60%~70% 的炸药爆炸能传递给空气冲击波，冲击波作用于目标物，将给目标施加巨大压力和冲量。所以一些建筑设施极易遭受冲击波的破坏。在空中爆炸的同时，爆破战斗部壳体还将破裂碎成破片，向周围飞散。在一定范围内，具有一定动能的破片亦能起一定的杀伤作用。但与爆破作用、冲击波作用的威力相比，这种作用是从属于第二位的。所以，一般认为爆破战斗部爆炸摧毁目标，在空气中主要依靠冲击波作用，在土壤中主要靠爆破作用。

爆破战斗部可涉及的目标类型很广，几乎空中、地面、地下、水上和水下的目标都能涉及，最常用于摧毁地面战场和敌后纵深的各类目标。

炮兵用的火箭爆破战斗部，主要用于对付战场目标，如野战防御工事、轻型永备发射点，必要时亦可用于开辟通道。由于使用射程较近，所以这种战斗部与射程较远的导弹中的爆破战斗部相比，战斗部威力较小，但它具有结构简单、机动性好的优点。

地地近程弹道式导弹（射程小于 1 000 km）的爆破战斗部，它所涉及的主要对象是不规则地分布在一定面积范围内的一组面目标，如政治、经济、军事中心、工业基地、铁路枢纽、港口和导弹发射场、机场等。当然，也可用于打击大型建筑物、炮兵阵地和桥梁等点目标。这种导弹的战斗部所装高能炸药可达 1 000 kg 以上。

目前，巡航导弹是各国特别重视研制发展的弹种之一。这种导弹的爆破战斗部用于打击陆上的热电站中心、铁路桥梁和海军基地，以及水上水下的舰艇等目标，均有良好的效应。

为了使敌方舰船目标遭受巨大破坏，爆破战斗部常设计成带有聚能效应或半穿甲效应的结构形式。这类战斗部的炸药量和弹道式导弹战斗部一样，装填高能炸药量亦是相当大的，一般达几百千克，最高接近千克。

实战经验表明，对于面目标采用爆破型战斗部效果最好，对于点目标一般用杀爆型战斗部或杀伤型战斗部为好。从广义上讲，爆破型战斗部可理解为大口径的爆破弹、火箭弹和导弹爆破战斗部，以及空投的爆破航弹等。

爆破战斗部的一些主要参数见表4-1-1。在设计同类型战斗部时，这些数据可供确定战斗部参数时参考。

表 4-1-1　爆破战斗部主要参数

导弹类型	目标	总质量/kg	长度/mm	直径/mm	炸药质量/壳体质量/kg	导弹名称
地地	轻型结构	1 360	1 828	762	4.46	"斗牛士"
地地	对炸药敏感结构	680	1 092	748	4.25	"诚实约翰"
地地	一般地面目标	662 ± 13	1 575	508	1.16	"下士"
地地	地面结构	1 519	2 057.5 ± 5	1 016	3.48	DF - 2
舰舰	军舰	500	724	700	3.15	"冥河"
地舰	军舰	1 010	1 030～1 034	高 913，宽 710		

应该指出，为了有效地对付地面的大面积目标，常规装药战斗部的威力是有限的，特别是对付大后方的地面目标，还会受各种条件的限制（飞机投弹要受对方火力威胁和气候条件等影响，射程远的导弹要受弹着点散布精度的影响）。

4.2　典型爆破战斗部结构

4.2.1　火箭爆破战斗部

1. 结构组成

火箭爆破战斗部按其在弹道上飞行稳定的方式可分为两类：尾翼式和涡轮式。前者在飞行中靠尾翼获得稳定飞行，这种稳定方式的结构，其长径比可取得大一些，最长可达弹径的20倍。所以，这种弹道射程较远。其缺点是弹着点散布较大。而涡轮式火箭弹是靠旋转获得稳定的，获得高转速将受技术条件和水平的限制。试验证明，这种结构的长径比不宜过大，弹长一般不超过弹径的10倍，否则将出现火箭弹的翻倒现象，这样就破坏了弹道性能，达不到预期的射程。火箭弹与尾翼弹相比，弹着点的散布较小，射程较近。爆破战斗部火箭弹的典型结构如图4-2-1（a）和（b）所示。

由图4-2-1可知，全弹由战斗部和发动机两大部分组成。结合方式可用固定式（焊接、卷边接等），亦可用分解式（螺纹结合、销结合等）。

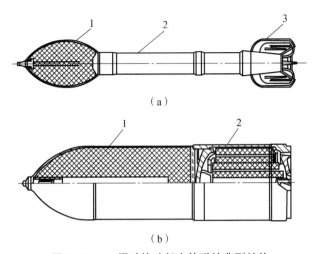

（a）

（b）

图 4 - 2 - 1 爆破战斗部火箭弹的典型结构

（a）尾翼式；（b）涡流式

1—战斗部；2—发动机；3—尾翼

2. 战斗部结构参数

与杀伤战斗部相比，杀爆战斗部最显著的特点是弹壳薄，装填炸药量大，其结构参数包括相对壁厚、相对长度、战斗部相对质量系数、装药相对质量系数以及装填系数 5 个。后三个参数的大小代表战斗部的威力，与同类型的爆破弹丸相比，大 0.5 ~ 1.0 倍，这是由火箭弹本身具有的特点所致。

（1）装填系数为

$$\alpha = \frac{m_\omega}{m} \times 100\%$$

式中，m_ω 为炸药装药质量（kg）；m 为战斗部全质量（kg）。

对于大多数的爆破战斗部，$\alpha = 50\% \sim 60\%$。

（2）相对壁厚为

$$\bar{\delta} = \frac{t}{d}$$

式中，t 为战斗部壳体壁厚；d 为战斗部直径。

（3）相对长度（或称长径比）为

$$\lambda = \frac{l_w}{d}$$

式中，l_w 为战斗部的长度。

（4）相对质量为

战斗部相对质量

$$K_m = \frac{m}{d^3} (\text{kg/dm}^3)$$

炸药相对质量为

$$K_\omega = \frac{m_\omega}{d^3} (\text{kg/dm}^3)$$

根据制式产品统计得到的爆破战斗部结构参数列入表 4 – 2 – 1 中。

表 4 – 2 – 1　爆破战斗部的结构参数

类型	$\alpha/\%$	t	$\overline{l}$	$K_\mathrm{m}/(\mathrm{kg \cdot dm^{-3}})$	$K_\omega/(\mathrm{kg \cdot dm^{-3}})$
尾翼式	30 ~ 60	0.02 ~ 0.03	最大达 8	5 ~ 15	3 ~ 8
涡轮式	30 ~ 60	0.02 ~ 0.03	最大达 4	3 ~ 8	1.5 ~ 3.0

4.2.2　近程对地弹道式导弹爆破战斗部

1. 弹道导弹定义及弹道特点

弹道式导弹是指在火箭发动机推力作用下按预定程序飞行，关机后按自由抛物体轨迹飞行的导弹，其飞行弹道如图 4 – 2 – 2 所示。

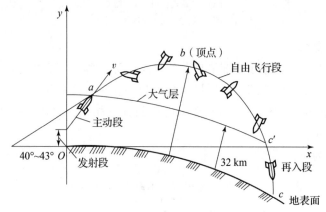

图 4 – 2 – 2　弹道式导弹飞行弹道

弹道导弹的主要弹道特性如下：

（1）导弹沿着一条预定的弹道飞行；

（2）发射时多数采用垂直发射技术；

（3）导弹大部分弹道处于稀薄大气层或外大气层内；

（4）采用大推力火箭发动机；

（5）采用推力矢量控制技术（TVC）；

（6）弹头和弹体之间的连接通常采取分离式结构；

（7）再入时气动加热强烈，需要采取防热措施。

地地弹道式导弹，按照射程可分为：近程弹道式导弹，射程在 1 000 km 以内；远程弹道式导弹，射程为 1 000 ~ 5 000 km；超远程弹道式导弹，射程为 5 000 ~ 10 000 km。而国外认为射程为 2 000 ~ 4 000 km 时，称为中程导弹。例如，美国的"雷神"中程导弹，其射程为 2 700 km，其战斗部质量为 1 360 kg；而射程达 8 000 ~ 10 000 km 时，称为洲际导弹。

2. 几类典型的弹道导弹

1）东风系列导弹

东风－5 号（DF－5）导弹是中国研制的第一代洲际地地战略导弹；东风－31 号（DF－31）导弹是中国研制的第二代远程地地战略导弹；东风－25 号（DF－25）是第二代中程地地战略导弹；东风－21 号（DF－21）是第二代中程地地战略导弹；东风－15 号（DF－15/M－9）导弹是中国研制的近程地地战术导弹，其出口型为 M－9；东风－11 号（DF－11/M－11）导弹是中国研制的近程地地战术导弹，其出口型称 M－11。图 4－2－3 所示为东风－21 号中程地地战略导弹。

图 4－2－3　东风－21 号中程地地战略导弹

2）"白杨"－M 导弹

该导弹是为取代 RT－2PM 弹道导弹并在其基础上研制的新一代洲际弹道导弹系统（图 4－2－4），该导弹可携带多枚分导弹头，射程超过 1 万 km，飞行速度快，并能作变轨机动飞行，具有很强的突防能力。

"白杨"－M 导弹参数为：弹长 22.7 m；弹径为 1.95 m；起飞质量为 47.2 t；结构为三级固体燃料；投掷质量为 1 200 kg；爆炸当量为 55 万 t TNT；射程为 10 500 km；命中精度小于 90 m。

图 4－2－4　"白杨"－M 洲际弹道导弹

3）"烈火"系列导弹

"烈火"系列导弹参数如下：

"烈火"－Ⅰ：中程弹道导弹，长 15 m，重 12 t，有效载荷为 1 000 kg，射程为 700 ~ 800 km；

"烈火" – Ⅱ：携带 3 000 kg 的常规或战略有效载荷时的最大理论射程为 3 000 km；

"烈火" – Ⅲ：质量为 48 t，直径为 2 m，长 16 m，有两级，支持 600 ～ 1 800 kg 的各种战略有效载荷。

3. 弹道导弹战斗部结构组成及作用

这种导弹的战斗部常位于全弹的头部，装的是普通炸药，质量可达 1 t 左右。当然亦可以装原子核装药，为了确保普通装药战斗部的可靠作用，在战斗部的顶端和底部都装上引信装置。当弹头在目标处着地时，引信作用引爆炸药。导弹战斗部装药量越多，爆破威力就越大，另外弹头落地时的动能和燃料箱中的剩余燃料也会增加爆破威力。

由于导弹飞行马赫数较大，射程要求远，所以弹头外形必须是气动阻力小。因此，有头部做成锥形或曲线的旋成体，为了承受作用在头部的载荷（指发射和再入时的惯性载荷和气动力），头部应有一定的强度和刚度，同时还必须考虑气动加热的程度，不因热流的作用而使头部损坏。

导弹头部接受力形式可分为不可分离头部和可分离头部，如图 4 – 2 – 6 所示。

可分离头部作用特点：当主发动机停止工作后，弹头与弹身在分离机构的作用下分离，并各自按自己的弹道飞行。为什么要采用分离头部呢？这是因为考虑近代弹道火箭有利的质量推力比约为 0.5，因此起飞加速度不大，但在重返大气层时速度很大，由空阻引起负加速度极大，结果能使主动段和再入段的轴向载荷相差 10 倍以上。例如，导弹一切零部件强度按主动段受载设计，则将经受不了再入时的制动过载，因而会使导弹发生强烈破坏或甚至完全损坏，这是绝对不允许的。

如果取再入段的最大过载作为设计过载，那么结构一定过于坚固，势必使消极质量大增，这样对提高射程是极不利的。

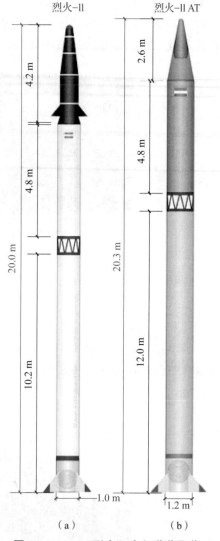

图 4 – 2 – 5 "烈火" 中程弹道导弹

(a) 烈火 – Ⅱ；(b) 烈火 – ⅡAT

若做成分离式头部，则弹体的结构强度就可按主动段载荷设计，而头部就按再入段的受载情况来设计。这样可使导弹全质量大大减轻，这样的弹头也会飞得更远。

目前，中程以上导弹都采用可分离头部，而近程导弹，分离与不可分离两种形式头部都有采用。这主要考虑近程弹道导弹在大气层内飞行时间较长，主动段与再入段的过载相差又不大的缘故。下面以 P – 2 导弹为例继续研究战斗部结构组成。

P – 2 导弹是可分离式头部，全弹结构布局如图 4 – 2 – 7 所示。

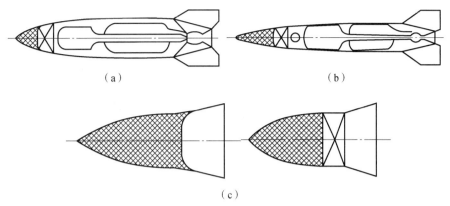

图 4 – 2 – 6　分离与不可分离头部形式

（a）不可分离的导弹；（b）可分离头部的导弹；

（c）不包括仪表舱（左）和包括仪表舱的可分离头部（右）

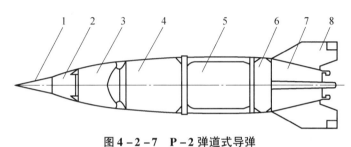

图 4 – 2 – 7　P – 2 弹道式导弹

1—头部引信；2—战斗部；3—安定裙（或称稳定裙）；4—酒精箱；

5—液氧箱；6—仪表舱；7—尾部；8—稳定器

P – 2 导弹战斗部的头部由战斗部、稳定裙和分离装置等组成。战斗部结构如图 4 – 2 – 8 所示。

P – 2 导弹战斗部的外形母线为抛物线，战斗部不计引信质量为 1 297 kg。其中混合炸药（梯/黑/铝/卤蜡 =60/24/16/5）质量为 1 008 kg，外壳质量仅为 289 kg。

炸药是由底部灌注，由于战斗部底部为凹形，为了保证在盖口上面能充填炸药，在底板上开有最后浇注孔（又名接管嘴）22 和 4 个排气孔 24。

底板上焊有两个环首螺栓孔 23，以供制造车间或安装工厂使用。

特别截面的旋环，用来对接战斗部和安定裙，上有 30 个倾斜螺钉孔，此外套环上还有两个容孔，是供插头部安定裙定向销钉用的。

穿过战斗部质心（约距地 602 mm 处）的横截面上焊有两个螺纹容孔的凸耳，孔上拧着两个轴颈，供车间移动战斗部以及对接战斗部与部件本体时使用。在平时及发射前用螺塞封闭着。

战斗部的防热是采用内部隔热层办法来解决，隔热层结构大致是：在战斗部壳体内颈喷涂好 67 号漆，然后放上软木隔热体，壳体内表面的其余部分覆上纸板，靠近前端用三层，靠近后端用一层。软木隔热体和纸板要用清漆粘在壳体上，并用一定压力的气体打入橡皮袋以压紧纸板。与炸药接触的纸板上用清漆粘上白铁皮，以防装药时纸板受热而损坏。铁皮内表面应涂 65 号漆，以防炸药与金属接触。

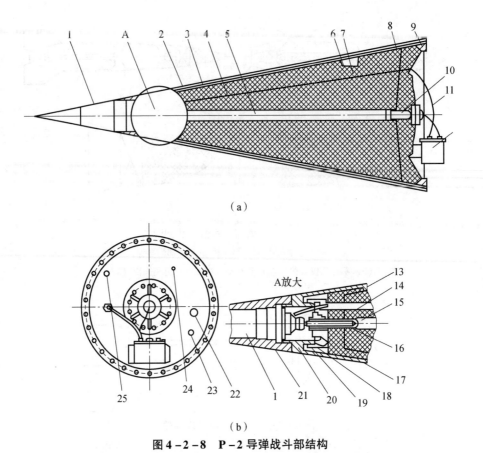

（a）

（b）

图 4 - 2 - 8　P - 2 导弹战斗部结构

1—引信；2—外壳；3—缓冲层；4—电缆管；5—中心管；6—凸耳；7—药柱；8—缓冲垫；9—隔框；10—辅起爆管；
11—传输管；12—引信控制器；13—套筒；14—药柱；15—中心管；16—主起爆管；17—隔热盘；18—压环；
19—定位环；20—头部衬套；21—连接套筒；22—浇注孔；23—螺栓孔；24—排气孔；25—容孔

战斗部炸药装药时梯/黑/铝/卤蜡混合炸药，熔药的程序是：将含有 5% 卤蜡的 TNT 熔化，将装配好的头部衬套组合件（衬套、隔热盘等）与壳体钎焊，焊缝凸起处允许用锉锉至与壳平。关于其他组合件如底、中心管、口盖、舱口盖、电缆管等的装配可根据结构图分析解决。

当整个战斗部壳体组合件装好后，在隔框上钻 30 个斜孔（用于与稳定裙螺接）和 2 个销钉孔（用于对接时定位）。

4. 战斗部和相接部件的连接

一般是战斗部与仪表舱相连，连接必须简便可靠，连接方法如图 4 - 2 - 9 所示。

在战斗部连接环（旋环）上钻有斜孔。连接螺钉穿过斜孔旋入仪器舱隔框上的螺帽（焊在隔框上的凸起物）上。此种结构螺帽的焊接复杂，在圆锥面上钻斜孔也较困难。

为便于战斗部和仪器舱对接时螺钉和孔的配合，需要有导向销，如图 4 - 2 - 10 所示。导向销一般为 2~3 个，并不对称地分布在隔框上，这样可防止在安装对接时定错战斗部和仪器舱的相对位置。

5. 可分离头部的稳定裙

稳定裙可把头部空气压力中心向后移。它的作用好比尾翼弹的尾翼一样，产生稳定力矩，保证头部再入时稳定飞行。

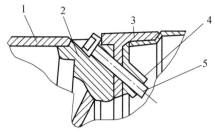

图 4 - 2 - 9　连接结构

1—战斗部外壳；2—旋环；

3—仪器仓隔框；4—凸起物（螺帽）；5—螺钉

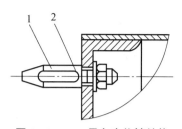

图 4 - 2 - 10　导向定位销结构

1—导向定位销；2—扳手孔

常见的稳定裙和战斗部外形如图 4 - 2 - 11 所示。

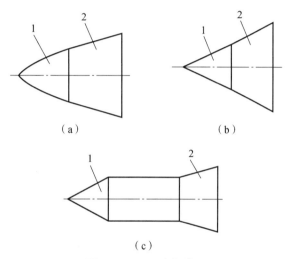

（a）　　　　　　　　　　（b）

（c）

图 4 - 2 - 11　头部外形

1—战斗部；2—稳定裙

由图 4 - 2 - 11 可知，稳定裙是截锥形，稳定裙在运动过程中主要承受气动压力和惯性力，同时还受到强烈的气动加热。在保证结构轻、刚度和强度高的条件下，稳定裙一般采用纵向桁条、横向隔框、蒙皮（硬铝或钢板 -3 ~ 6 mm）和缠绕在蒙皮上的玻璃钢等组成。

桁条的作用是承受主动段飞行时作用在裙上的轴向力。

隔框的作用是加强壳体的刚度，防止壳体在外压作用下失稳。由于壳体大，所以蒙皮和隔框的连接不用焊而用铆，如用焊将引起大变形。隔框尺寸和间距首先采用理论与实践符合较好的计算式初步确定，然后再用试验进行验证。

玻璃钢起防热作用，它不是受力件，由玻璃带缠绕而成，缠绕时应注意弹头的方向，否则在飞行中将会产生玻璃钢的撕裂现象，使防热层遭受破坏。

6. 头部的分离机构

按照稳定裙和后舱连接方式，以及分离力的作用点的位置，分离机构目前有三种方案，如图 4 - 2 - 12 所示。

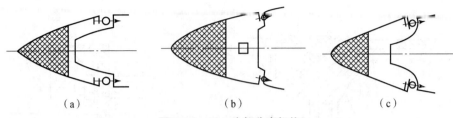

图 4 - 2 - 12　头部分离机构

(a) 侧向分离机构；(b) 中央螺钉连接的中央分离机构；(c) 沿连接隔框连接的中央分离机构

下面介绍分离机构的结构。

1）侧向分离机构

曾经研究和使用的分离机构有爆炸螺钉式、弹簧式、过渡套筒的弹簧式和气压式等数种，由于存在不可靠、结构太复杂等缺点，后被中央分离机构所替代。为此，这里简单介绍爆炸螺栓，如图 4 - 2 - 13 所示。

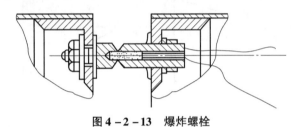

图 4 - 2 - 13　爆炸螺栓

二分离体靠空心螺栓连接，连接螺栓上有两个凸缘，用以分别顶住前后加强框，空心螺栓内装有用于产生分离力的黑火药。通电后经点火帽引燃火药，使其断裂并分离。为了实现沿轴线的定向断裂，在钉杆上切一个凹槽。

此结构的优点是简单，体积小，质量轻，装配方便，经济性良好；缺点是分离力较难准确控制。

设计中的主要问题包括：爆炸螺栓基本尺寸确定（包括连接计算、分离计算），火药的选择，点火帽设计，高压气密以及工艺偏差等内容，这些问题可以通过理力、材力、机零、火工品等知识给予初步估算。但是更重要的是应通过气密、过载、振动、低温、强度、扳手力矩和预紧力关系，附加速度测定以及防潮等试验得到解决。

2）中央分离机构

本机构的特点是：只有唯一的一个既起连接又起分离作用的机构。为此，能给出最小的力的偏心，易保证二分离体不相撞。

其分离能源可采用压缩弹簧、压缩气体或火药爆燃时给出的能量。

图 4 - 2 - 14 所示为采用爆炸螺栓 7 解锁，用强力弹簧 9 分离。

具体构造：在舱盖 8 上旋入半螺钉 1，第二个半螺钉 2 靠螺帽 3 与托板 4 相连。两个半螺钉由二夹块 5 和 6 相连，夹块本身由爆炸螺栓 7 压紧，在舱盖 8 与托板 4 之间装有强力弹簧 9，用松紧螺钉 10 与头部相连。弹簧压缩后的长度可由半螺钉 2 和螺帽 3 来调整。

分离过程：通电后，螺栓 7 炸断，半螺钉 1、2 被拆散，靠强力弹簧将二者弹开。

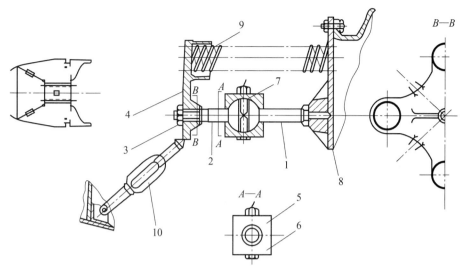

图 4 - 2 - 14　中央分离机构

1，2 半螺钉；3—螺帽；4—托板；5，6—二夹块；7—爆炸螺栓；8—舱盖；9—强力弹簧；10—松紧螺栓

本机构的缺点：形体大，质量大，安装不方便。其优点是能保证总分离力作用在火箭的纵轴上，分离瞬间不产生大的倾斜，有利于射击精度。另外，它的唯一分离执行机构是爆炸螺栓 7，所以工作比较可靠。

3）沿隔框连接中央分离机构

这种分离的特点：分离结构在中央，而前后两段在隔框处连接，因此这种机构可看作是以上两种机构的组合形式。

4.3　爆破战斗部战术技术指标与结构特征参数

战争中要攻击的地面目标种类很多，而且情况各不相同，现代科技的发展使所研制的战斗部具有更高的威力，其技术途径之一是一弹多战斗部，但给部队使用带来一定的困难。爆破型战斗部具有对付广泛的目标，作战使用方便灵活，同时简化部队的管理、维护的特点。在海湾战争中，美军发射了近 300 枚"战斧"巡航导弹，多数配置 BGM - 109C 型爆破战斗部。海湾战争初期美军用了百余发"战斧"导弹先摧毁伊拉克严密设防的指挥通信中心、防空导弹阵地、总统府、化学武器和核武器设施等战略目标，为多国部队实施大规模轰炸扫清了障碍。通用爆破型战斗部还可用于攻击枢纽、桥梁、舰船等目标。由此可见，爆破型战斗部在现代战争上所处地位的重要性。爆破型战斗部所配置的武器不仅是导弹，还有火箭弹、航空炸弹等。

4.3.1　战斗部技术指标

爆破战斗部分内爆式和外爆式两种作用方式。外爆式在结构外爆炸，主要靠冲击波超压压垮目标；内爆式战斗部进入结构内部爆炸，对目标的破坏有贯穿结构破坏和内爆气体产物膨胀破坏结构。金属结构在动量作用下破坏也是毁伤目标机制之一。

外爆战斗部的主要威力参数是爆炸产生的超压 ΔP_m、正压作用时间 t_+ 和比冲量 i_+。

对于内爆战斗部，则主要穿入目标一定深度或穿过障碍物在目标内部爆炸，要求战斗部壳体具有相当的强度，对土壤形成一定大小的抛掷弹坑；对地下建筑物造成崩塌，并破坏其内部设施。

由于爆破型战斗部爆炸后破坏能量比较集中，要求武器系统具有较高的射击精度，所以今后的改进方向除配置高精度的制导系统外，还包括改进战斗部的结构、装填钝感性，提高威力和安全性，提高可靠性。

4.3.2 战斗部结构参数

设计经验表明，标志战斗部的结构特征，习惯采用结构参数，结构参数包括装填系数 (α)、弹头相对质量 K_G、装药相对质量 K_e、相对壁厚 $\bar{\delta}$ 和相对长度 λ 等。结构参数的大小反映了战斗部的威力性能和结构完善性，一些爆破战斗部结构参数范围见表 4-3-1，对新产品初步设计是有指导意义的。表中符号：m_w 为弹头质量；m_ω 为装药质量；d_w 为弹头直径；t_w 为弹头壁厚；l_w 为弹头长度。括号中数据适用于引信为延期作用的爆破战斗部，其余则适用于瞬发引信的爆破战斗部。

表 4-3-1　制式爆破战斗部的结构参数

结构参数	野战火箭爆破战斗部		近程地地导弹爆破战斗部
	尾翼式	涡轮式	
装填系数 $\alpha = \dfrac{m_\omega}{m} \Big/ \%$	30~60（>25）	30~60	60~77
弹头相对质量 $K_G = \dfrac{m_w}{d_w^3} \Big/ (\mathrm{kg \cdot dm^{-3}})$	5~15（8~10）	3~8	
装药相对质量 $K_e = \dfrac{m_\omega}{d_w^3} \Big/ (\mathrm{kg \cdot dm^{-3}})$	3~8（2.5~3.0）	1.5~3.0	
弹头相对壁厚 $\bar{\delta} = \dfrac{t_w}{d_w}$	0.02~0.03（0.06~0.10）	0.02~0.02	0.005
		≤4	2

4.4　爆破战斗部毁伤威力设计

爆破战斗部对各种目标的破坏作用，是爆破战斗部威力设计的主要内容。具体地讲，就是要根据目标特点，首先确定破坏各种目标所需的炸药量，合理地选择装填系数；然后初步确定战斗部质量，按照目标的结构特点获得最佳的爆炸效应。有时需要战斗部在目标外爆炸（简称外部爆），此时战斗部壳体可尽量做薄一些，一般壳体质量占战斗部总质量的 15%~20%；有时需要使战斗部进入目标内部爆炸（简称内部爆炸）。在内部爆炸条件下，战斗部碰炸或延期后不久才炸，所以战斗部壳体必须经得住碰撞力，壁厚要适当增加，一般壳体应达战斗部总质量的 25%～30%，如果对付的目标为重型结构，则战斗部壳体需用高强度金属材料，弹头应做成弧形，壳壁要加厚，此时壳体质量可达战斗部总质量的 50% 左右。总之，各种爆破战斗部的装药量是相当大的，占战斗部总重的 50%～85%。下面按照空中、水中和土壤等（或其他固体）介质中对目标破坏要求进行威力设计，设计方法是工程设计法，即由药量计算威力参数，如果达不到要求，增大药量重新计算，直到满足要求为止。同时，还需要和总体进行协调。

4.4.1　空气中爆炸威力设计

1. 空气中爆炸对目标的破坏作用

在空气中爆炸时，能使周围目标，如建筑物、军事装备和人员等遭到不同程度的毁伤效应。这里着重讨论冲击波的破坏和杀伤效应。

各类目标在爆炸作用下的破坏和杀伤机理是很复杂的，不仅与冲击波和作用条件有关，而且与目标本身的特性，如形状、抗破坏强度和自身振动周期等有关，见表 4－4－1。

表 4－4－1　材料抗冲击波压力能力

材料种类	抗压能力/MPa
低碳钢板	1 000
优质混凝土	50～70
普通混凝土	30
砖墙	0.3
玻璃钢	0.004

目标不同，自身振动周期 $T(\mathrm{s})$ 就不同，则冲击波的超压和比冲量的作用效果就不同。

对于建筑物或其他结构件目标来说，当 $\dfrac{i_+}{T} \geq 10$ 时，目标受冲击波作用按最大压力计算，此时目标相当于受静压作用。当 $\dfrac{i_+}{T} \leq 0.25$ 时，目标受冲击波作用按比冲量计算，此时目标相当于受冲击作用。一些典型建筑物的自身振动周期 T 见表 4－4－2。

表 4－4－2　典型目标的 T 值

建筑物形式	自身振动周期 T/s	建筑物形式	自身振动周期 T/s
1～2 层砖建筑	0.25～0.35	3～4 层木建筑住宅	0.50～0.70
3～4 层砖建筑	0.35～0.45	2 层砖墙	0.01
2～3 层砖建筑	0.35～0.50	1.5 层砖墙	0.015
1～7 层砖建筑	0.50～0.70	钢筋混凝土墙 0.25 m	0.015

建筑物形式	自身振动周期 T/s	建筑物形式	自身振动周期 T/s
2~4 层砖建筑	0.30~0.40	木梁上的楼板	0.30
5~9 层砖建筑	0.60~1.20	轻隔板	0.07
1~2 层木建筑	0.40~0.50	玻璃安装板	0.02~0.04

空气冲击波对各种目标破坏和杀伤作用的超压值可通过试验得到，峰值超压对各种建筑物和设施的破坏程度见表 4 – 4 – 3；峰值超压对各类军事技术装备的破坏程度见表 4 – 4 – 4。

表 4 – 4 – 3　峰值超压对建筑物和设施的破坏情况

峰值超压/（×10⁻¹ MPa）	对目标物的破坏程度
0.05~0.10	玻璃安装物破坏
0.05	轻隔板破坏
0.10~0.16	木梁上的楼板破坏
0.25	1.5 层砖墙破坏
0.45	2 层砖墙破坏
0.35	房屋外墙有局部倒塌
0.53	1/2 以上房屋破坏，部分屋顶（包括骨架）被吹倒
0.70	全部砖墙变成碎石，钢架结构被扭曲，仅钢柱不弯曲
1.05	除地下室设备外，全部建筑物被毁
2.11	所有建筑物全部被破坏成乱石堆，钢柱全部弯曲
3.00	钢筋混凝土墙 0.25 m 被破坏
4.00	野战工事被破坏
0.14~0.28①	混凝土和矿渣混凝土建筑被破坏
2.10~2.50①	钢筋混凝土制造的轻型地下隐蔽所，壁厚 5~7 cm，外覆 90 cm 厚泥土被破坏
2.50~2.90①	波形钢板制的地面拱形工事，支柱 6~7 m，上覆 90 cm 厚泥土被完全破坏

注：①指原子弹 1 500 t TNT 当量（炸高 90 m）和原子弹 3 000 t TNT 当量（炸高 150 m）条件下的试验数据。

表 4 - 4 - 4　峰值超压对军事的或其他技术装备的总体作用破坏情况

峰值超压/(×10^{-1} MPa)	对技术装备的破坏程度
0.10 ~ 0.20	螺旋桨飞机遭到轻伤
0.20 ~ 0.50	螺旋桨飞机蒙皮遭到严重损伤，歼击机遭到轻伤
0.50 ~ 1.00	螺旋桨飞机完全失灵，歼击机蒙皮遭受严重损伤
>1.00	所有飞机全遭损坏
≥1.50 ~ 2.00	使火炮失去作用
≥0.50	使雷达站无线电设备遭受破坏
0.07 ~ 0.14	运输机遭到不同程度的损坏
0.42	地面飞机将遭到完全破坏
>1.50 ~ 2.00	地面炮和高射炮遭到不同程度的损伤
0.20 ~ 1.10	载重汽车遭到不同程度的损伤
0.35 ~ 1.20	履带式拖拉机遭到不同程度的损伤
0.35 ~ 3.00	装甲运输车、轻型自行火炮遭到不同程度的损伤
4.00 ~ 5.00	中型、重型坦克严重破坏
10.00 ~ 15.00	中型、重型坦克完全破坏
0.51	德制 TMi43 反坦克地雷可引爆
0.51 ~ 0.68	美制 M6 反坦克地雷可引爆
0.85 ~ 1.10	意大利制 SACj 反坦克地雷可引爆

由表 4 - 4 - 4 可知，各类飞机抗超压能力是很弱的。运输机、联络机一类飞机抗超压能力最弱；歼击机（特别是喷气式）抗超压较强。苏联某些飞机允许的超压值如下：

对于图 - 4 飞机，$\Delta P_{允许} \leqslant 0.006$ MPa；

对于伊尔-28 飞机，$\Delta P_{允许} \leqslant 0.01$ MPa；

对于米格-17 飞机，$\Delta P_{允许} \leqslant 0.02$ MPa。

冲击波峰值超压对人员的作用，据国外报道，超压小于 0.02 MPa 时，对人体无危害；超压为 0.02 ~ 0.04 MPa 时，人的听觉失灵，周身轻微挫伤，四肢脱胳，此时称为轻伤；超压为 0.04 ~ 0.05 MPa 时，人的听觉器官被震坏，耳鼻流血，四肢骨折并严重脱胳，此时称中等伤；超压为 0.05 ~ 1.00 MPa 时，将使人员耳鼻大出血，四肢严重骨折，周身严重挫伤，甚至可死亡，此时称严重伤；当超压大于 0.12 ~ 0.20 MPa 时，可直接致人死亡。

当建筑物遭受冲击波比冲量破坏时，表 4 - 4 - 5 中的比冲量 i 可供战斗部威力设计时参考。

表 4 - 4 - 5 某些建筑物破坏时的比冲量

目标名称	破坏比冲量 $i/(\text{MPa} \cdot \text{s})$
2 层砖墙	2 000
1.5 层砖墙	1 900
巨大建筑物严重破坏	2 000 ~ 3 000
轻型结构被破坏	1 000 ~ 1 500
窗玻璃被震碎（或打破）	300（30 ~ 40）

2. 空气冲击波波阵面参数计算

在靠近爆炸装药附近，冲击波等压阵面形状与装药形状有关，如图 4 - 4 - 1 所示，而在一定距离之外，波阵面才接近球形向外扩张。离爆心越远，则冲击波强度越弱，但在同半径上冲击波强度是相等的，称为均强性。

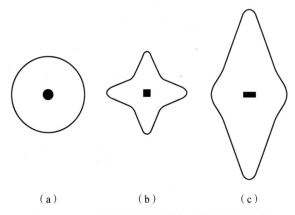

（a）　　　　（b）　　　　（c）

图 4 - 4 - 1 各种装药形状爆炸时等压面的形状

（a）球形装药；（b）立方体装药；（c）圆饼形装药

实际炸药装药爆炸时，按照离爆心远近，爆炸场可划分为爆炸产物作用区、爆炸产物和空气冲击波联合作用区，以及空气冲击波为主的作用区。离爆心距离习惯用装药特性尺寸的倍数表示。例如，球形装药用球半径表示；对于柱形装药用柱半径表示。对于标准炸药（TNT），爆炸产物的膨胀体积为初始体积的 800 ~ 1 600 倍，由此可确定产物作用区。在球形爆炸时，爆炸产物容积的极限半将为装药原来半径的 10 倍，柱形药柱爆炸时这个比值约为 30 倍，因而可以断定爆炸产物的作用场局限于非常小的距离内。因此认为，当 $r = (7 - 14) r_a$ 时，为爆炸产物作用区；当 $r = (14 ~ 20) r_a$ 时，为爆炸产物和冲击波联合作用区；当 $r > 20 r_a$ 时，是冲击波为主的作用区。

实践证明，在爆炸装药附近即 $r = (10 ~ 12) r_a$，时，其压力下降和距离的立方成反比（p，r^{-3}），说明压力下降很快；而当 $r > 12 r_a$ 时，压力下降和距离平方成反比（p，r^{-2}），说明压力下降缓慢；在远距离时，压力下降与距离成反比，说明压力下降更缓慢。以上规律告诉我们，爆炸产物作用距离不大。要想增大破坏范围，主要是靠炸药在空气中爆炸产生的冲击波。

空气冲击波参数主要有冲击波峰值超压 Δp、正压作用时间 t_+ 和比冲量 i 等。对于冲击波峰值超压 Δp 可以通过量纲分析得到，即

$$\Delta p = f\left(\frac{\sqrt[3]{\omega}}{R}\right) \tag{4.4.1}$$

式（4.4.1）表明，影响超压的主要因素为炸药量与距离，在组成 $\sqrt[3]{\omega}/R$ 的形式后，超压仅是一个变量的函数了。式（4.4.1）可展成多项式形式，即

$$\Delta p = f_1(\sqrt[3]{\omega}/R) = A_0 + A_1\left(\frac{\sqrt[3]{\omega}}{R}\right) + A_2\left(\frac{\sqrt[3]{\omega}}{R}\right)^2 + A_3\left(\frac{\sqrt[3]{\omega}}{R}\right)^3 + \cdots \tag{4.4.2}$$

通过一系列试验就可以拟合出系数 A_0、A_1、A_2。在实际工程应用中取前三项就足够精确了。由边界条件 $R \rightarrow \infty$ 时，$\Delta p = 0$ 得 $A_0 = 0$。

由量纲分析同样可得 $t_+/\sqrt[3]{\omega}$ 和 $i/\sqrt[3]{\omega}$ 均是 $\sqrt[3]{\omega}/R$（ω 为装药量，R 为距爆心的距离）的函数表达式，进而可展开成多项式形式，即

$$t_+/\sqrt[3]{\omega} = f_2(\sqrt[3]{\omega}/R) = B_0 + B_1\left(\frac{\sqrt[3]{\omega}}{R}\right) + B_2\left(\frac{\sqrt[3]{\omega}}{R}\right)^2 + B_3\left(\frac{\sqrt[3]{\omega}}{R}\right)^3 + \cdots \tag{4.4.2}$$

$$i/\sqrt[3]{\omega} = f_3(\sqrt[3]{\omega}/R) = C_0 + C_1\left(\frac{\sqrt[3]{\omega}}{R}\right) + C_2\left(\frac{\sqrt[3]{\omega}}{R}\right)^2 + C_3\left(\frac{\sqrt[3]{\omega}}{R}\right)^3 + \cdots \tag{4.4.3}$$

式中，ω、R 的单位分别为 kg 和 m；系数 A_i、B_i、C_i（$i = 0,\ 1,\ 2,\ \cdots$）由试验确定。

当采用其他炸药时，ω 可以用 ω_e 来代替，ω_e 表示炸药的 TNT 当量。设某一个炸药的爆热为 Q_{vi}，药量为 ω_i，其 TNT 当量为

$$\omega_e = \frac{Q_{vi}}{Q_{vTNT}}\omega_i \tag{4.4.4}$$

式中，Q_{vTNT} 为 TNT 的爆热（$4\ 186 \times 10^3$ J/kg）。

1）空气冲击波峰值超压的经验计算公式

萨道夫斯基（M. A. Sadovskyi）根据球状 TNT 装药在无限空气介质中爆炸的试验结果得到冲击波的超压计算公式为

$$\Delta p = \left(\frac{0.76}{\bar{R}} + \frac{2.55}{\bar{R}^2} + \frac{6.5}{\bar{R}^3}\right) \times 10^5,\ 1 \leqslant \bar{R} \leqslant 10 \sim 15 \tag{4.4.5}$$

式中，超压 Δp 的单位为 Pa；$\bar{R} = R/\sqrt[3]{\omega}$ 为相对距离。

在计算装药附近的超压时，式（4.4.5）不适用，试验得到装药附近的超压公式为

$$\Delta p = \left(\frac{14.071\ 7}{\bar{R}} + \frac{5.539\ 7}{\bar{R}^2} + \frac{0.357\ 2}{\bar{R}^3} + \frac{0.006\ 25}{\bar{R}^4}\right) \times 10^5,\ 0.05 \leqslant \bar{R} \leqslant 0.50 \tag{4.4.6}$$

相对距离的范围比较大时，建议采用下面的公式计算：

$$\Delta p = \left(\frac{0.67}{\bar{R}} + \frac{3.01}{\bar{R}^2} + \frac{4.31}{\bar{R}^3}\right) \times 10^5,\ 0.5 \leqslant \bar{R} \leqslant 70.9 \tag{4.4.7}$$

对于其他炸药，根据式（4.4.4）换算成 TNT 当量。需要指出的是，上述换算会引起较大的误差，因为空气冲击波初始参数与炸药的爆轰压力、多方指数等有关。

一般认为，当爆炸高度系数 $\bar{H}$ 符合下列条件时，称为无限空中爆炸：

$$H = \frac{H}{\sqrt[3]{\omega}} \geqslant 0.35 \qquad (4.4.8)$$

式中，H 为爆炸装药离地面的高度（m）；ω 为梯恩梯装药质量（kg）。

（1）装药在地面爆炸时，由于地面的阻挡，空气冲击波不是向整个空间传播，而是向半无限空间传播，因而被冲击波卷入运动的空气量减少 1/2。当装药在混凝土和岩石一类的刚性地面爆炸时，可看作二倍的装药在无限空间爆炸。

将 $\omega_e = 2\omega$ 代入式（4.4.5）得到

$$\Delta p = \left(\frac{0.96}{\bar{R}} + \frac{4.05}{\bar{R}^2} + \frac{13}{\bar{R}^3} \right) \times 10^5, \ 1 \leqslant \bar{R} \leqslant 10 \sim 15 \qquad (4.4.9)$$

装药在普通土壤地面爆炸时，土壤在高温高压的爆轰产物作用下会发生变形、破坏，甚至部分抛掷到空中形成一个炸坑。例如，100 kg TNT 装药爆炸后留下的炸坑面积达 38 m²，在这种情况下就不能按刚性地面全反射来考虑。试验表明，此时 ω_e 取 $(1.7 \sim 1.8)\omega$，若取 $\omega_e = 1.8\omega$ 并将其代入式（4-4-5），得到

$$\Delta p = \left(\frac{0.92}{\bar{R}} + \frac{3.77}{\bar{R}^2} + \frac{11.7}{\bar{R}^3} \right) \times 10^5 \qquad (4.4.10)$$

几种情况的计算结果如图 4-4-2 所示。

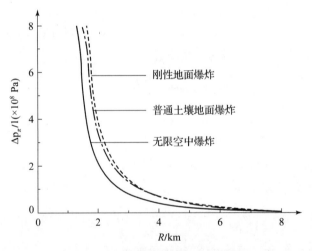

图 4-4-2　TNT 装药爆炸时超压与距离的关系

（2）如果装药在堑壕、坑道、矿井内爆炸，则空气冲击波沿着坑道两个方向传播，这时卷入运动的空气要比在无限介质中爆炸时少得多。TNT 当量炸药可根据面积比来计算，即

$$\omega_e = \omega \frac{4\pi R^2}{2S} = 2\pi \frac{R^2 \omega}{S} \qquad (4.4.11)$$

式中，S 为一个方向传播的空气冲击波面积，等于坑道面积（m²）；R 为冲击波传播距离（m）。

如果装药是长圆柱形，空气冲击波为柱形波，其面积等于 $2\pi R L$（L 为装药长度），则

$$\omega_e = \omega \frac{4\pi R^2}{2\pi R L} = 2 \frac{R\omega}{L} \qquad (4.4.12)$$

（3）如果装药在高空爆炸，则应该考虑空气介质初始压力 p_0 的影响。设高空中的压力

为 p_{0H}，海平面的压力为 p_0，则在压力为 p_{0H} 的高空中爆炸时，TNT 当量为

$$\omega_e = \frac{p_{0H}}{p_0}\omega$$

根据估算，海拔高 3 000 m 处的冲击波超压要比海平面的小 9%，而海拔 6 000 m 处时要小 10%。

通常认为，壳体破碎的瞬间破片速度接近最大值，即取 $r = r_m$（r_m 为壳体破碎时的半径）。令 $\omega_e Q_v$ 为留给爆轰产物的当量炸药，则上式改写为

$$\omega_e = \frac{\omega}{1 + a - a\alpha}\left[\alpha + (1 + a)(1 - \alpha)\left(\frac{r_0}{r_m}\right)^{N(\gamma-1)}\right] \tag{4.4.13}$$

对于柱对称战斗部，$a = 1$，$N = 2$，有

$$\omega_e = \frac{\omega}{2 - \alpha}\left[\alpha + 2(1 - \alpha)\left(\frac{r_0}{r_m}\right)^{2(\gamma-1)}\right] \tag{4.4.14}$$

对于球对称战斗部，$a = 2/3$，$N = 3$，有

$$\omega_e = \frac{\omega}{5 - 2\alpha}\left[3\alpha + 5(1 - \alpha)\left(\frac{r_0}{r_m}\right)^{3(\gamma-1)}\right] \tag{4.4.15}$$

式中，ω 为装药质量（kg）；ω_e 为留给爆轰产物的当量炸药（kg）；α 为弹药装填系数；r_0 为装药半径（m）；r_m 为破片达到最大速度时的半径（m）。

由试验数据知，铜壳 $r_m = 2.24r_0$，钢壳 $r_m \approx 1.5r_0$，脆性材料和预制破片的 r_m 则更小一些。当求得 ω_e 后代入空气冲击波超压和比冲量计算式，就可以得到空气冲击波参数。

2）空气冲击波正压作用时间 t_+ 计算

空气冲击波正压作用时间 t_+ 也是衡量冲击波对目标的破坏程度的重要参数之一，如同确定 Δp 一样，也可以根据爆炸相似律通过试验方法建立经验公式。

根据爆炸相似律，由于

$$\frac{t_+}{\sqrt[3]{\omega}} = f\left(\frac{R}{\sqrt[3]{\omega}}\right)$$

所以空爆（$R/\sqrt[3]{\omega} \geqslant 0.35$）时，有

$$\frac{t_+}{\sqrt[3]{\omega}} = 1.35 \times 10^{-3}\left(\frac{R}{\sqrt[3]{\omega}}\right)^{1/2} \tag{4.4.16}$$

式中，t_+ 为正压作用时间（s）。

如果装药在地面爆炸，则药量应该用 TNT 当量进行计算。对于刚性地面将 $\omega_e = 2\omega$ 代入式（4.4.16），土壤地面取 $\omega_e = 1.8\omega$ 时

$$\frac{t_+}{\sqrt[3]{\omega}} = 1.5 \times 10^{-3}\left(\frac{R}{\sqrt[3]{\omega}}\right)^{\frac{1}{2}} \tag{4.4.17}$$

式中，时间 t_+ 的单位为 s。

一般化学爆炸的正压作用时间是几毫秒到几十毫秒。

3）空气冲击波比冲量 i 计算

空气冲击波的比冲量 i 也是冲击波对目标的破坏作用的重要参数之一，比冲量的大小直

接决定了冲击波破坏作用的程度。理论上讲，比冲量是由空气冲击波阵面超压对时间的积分得到的，但是计算比较复杂。一般是用超压－时间关系曲线所包的面积来计算空气冲击波的比冲量 i，即

$$i = \int_0^{t^+} \Delta p(t)\, \mathrm{d}t \tag{4.4.18}$$

根据试验数据得到

$$\frac{i}{\sqrt[3]{\omega}} = A\frac{\sqrt[3]{\omega}}{R} = \frac{A}{R}, \ R > 12r_0 \tag{4.4.19}$$

式中，r_0 为装药半径；比冲量 i 的单位为 MPa·s。

TNT 炸药在无限空间中爆炸时 $A \approx 200 \sim 250$。采用其他炸药时需要换算。由于比冲量与爆轰产物速度成正比，而爆轰产物速度又与炸药爆热的平方根成正比，则

$$i = A\frac{\omega^{2/3}}{R}\sqrt{\frac{Q_{Vi}}{Q_{VTNT}}} \tag{4.4.20}$$

如果装药在普通土壤地面上爆炸，将 $\omega_e = 1.8\omega$ 代入式（4.4.19），得到

$$i = (300 \sim 370)\frac{\omega^{2/3}}{R}, \ R > 12r_0 \tag{4.4.21}$$

4）空气冲击波反射

冲击波遇到大而坚固的垂直目标壁面时，入射波将从壁面反射形成新波，称为反射波。此时压力骤增，增加程度与入射波波阵面的超压有关。根据平面冲击波在刚性壁面的正反射，利用冲击波的基本关系式，得到反射冲击波的超压为

$$\Delta p_2 = 2\Delta p_1 + \frac{6\Delta p_1^2}{\Delta p_1 + 7p_0} \tag{4.4.22}$$

对于强冲击波来说，由于 $p_1 \geq p_0$，则 $\Delta p_2 \approx 8\Delta p_1$；而对于弱冲击波来说，$p_1 - p_0 \approx p_0$，则 $\Delta p_2 \approx 2\Delta p_1$。必须指出的是，在强冲击波下，反射冲击波的超压是入射冲击波的 8 倍，这个极限并不准确。因为在强冲击波情况下，空气处于高温和高压状态，此时仍把空气当作完全理想气体，显然与实际气体存在很大出入。如果考虑实际气体的离解和电离等效应，这个比值要大得多，可能达到 20，甚至更大。

当入射波与壁面成一倾角时将发生斜反射，斜反射有正规和不正规反射两种。正规反射的特点是入射波与反射波在壁面上相交。不正规反射的特点是入射波与反射波不在壁面相交，而在稍离壁面一定位置处相交，并出现几乎垂直于壁面的头波（也称马赫波）沿着壁面运动。图 4－4－3 所示为装药在空中爆炸时不同位置所发生的情况，图中 B 点的压电传感器处于空气冲击波掠过时不发生反射的位置，测得典型的 $p(t)$ 曲线如 1 号曲线所示。地面 C、E、F、G、K 各点与爆炸中心构成不同的入射角 φ_0，得到不同的 $p(t)$ 曲线。$\varphi_0 = 0°$ 时，产生正反射，记录的 $p(t)$ 曲线如 2 号曲线所示，反射压力要比 B 点高得多。图中 E 和 F 点由于入射波阵面的 $\varphi_0 < \varphi_{cr}$（φ_{cr} 为正规反射向不正规反射转换时的最小临界角），发生正规反射。反射压力与时间的关系如 3 号曲线所示。$\varphi_0 > \varphi_{cr}$ 时（图中 G 和 K 点），产生马赫反射波。马赫反射的 $p(t)$ 曲线如图 4－4－3 所示，反射压力比入射压力更高。因此，装药在空中爆炸时，地面不同位置处发生各种反射，反射后的压力提高很多，这一点已为试验所证

实。因此，可利用冲击波的这种反射特性，让弹药在合适的高度爆炸，以达到最大的破坏效应。空气冲击波反射后的压力与冲量计算如下。

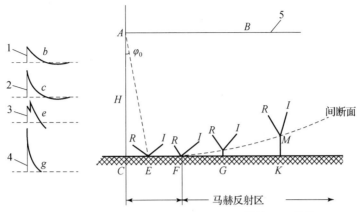

图 4 - 4 - 3　炸药在空中爆炸时不同位置的 $p(t)$ 曲线

1—入射波；2—正反射；3—正规反射；4—马赫反射；5—传感器；I—入射冲击波；R—反射冲击波；M—三波点

（1）正反射（$\varphi_0 = 0°$），可用式（4.4.22）计算。

（2）正规斜反射（$\varphi_0 < \varphi_{cr}$），由试验可知，入射波压力小于 3×10^5 Pa 时，反射波的压力与入射角无关，仍可用式（4.4.22）计算。

（3）马赫反射（$\varphi_{cr} < \varphi_0 < 90°$），有

$$\Delta p_m = \Delta p_{mG}(1 + \cos \varphi_0) \tag{4.4.23}$$

式中，Δp_{mG} 为地面爆炸时空气冲击波的峰值超压（Pa），按式（4.4.22）计算。

φ_{cr} 与装药质量 ω(kg)、爆炸高度 H(m) 的关系由试验得到，如图 4 - 4 - 4 所示。

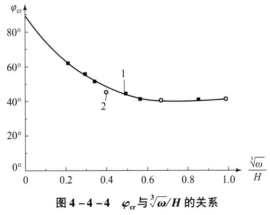

图 4 - 4 - 4　φ_{cr} 与 $\sqrt[3]{\omega}/H$ 的关系

1—非正规斜反射；2—正规斜反射

比冲量的计算公式如下：

$$i = i_{+G}(1 + \cos \varphi_0)(0° < \varphi_0 < 45°，正规斜反射) \tag{4.4.24}$$

$$i = i_{+G}(1 + \cos^2 \varphi_0)(45° < \varphi_0 < 90°，非正规斜反射) \tag{4.4.25}$$

式中，i_{+G} 为地面爆炸时的比冲量（N·s/m^2），按式（4.4.21）计算。

爆炸高度对地面的反射波压力有显著的影响。从图 4 - 4 - 4 看到，爆炸高度对地面反射

波压力产生双重影响。高度增加，离爆炸中心越远，入射波压力减小，但又引起 φ_{cr} 和 φ_0 的减小，这就反而使反射波压力增高。因此，对于一定的入射波压力，存在着一个最有利的爆炸高度。

最有利爆炸高度的计算公式为

$$H_{ur} = 6.89 \sqrt[3]{\frac{\omega}{\Delta p_2}} \tag{4.4.26}$$

式中，H_{ur} 为产生一定反射波压力 Δp_2 时的最有利高度（m）；Δp_2 为反射波压力（MPa）；ω 为装药量（kg）。

3. 战斗部速度对爆炸效应的影响

研究表明，战斗部速度大时，可增加运动方向上的爆炸效应，运动中的炸药装药爆炸时，冲击波初始压强系数为

$$\frac{p_x}{p_{x0}} = \left(1 + \frac{K+1}{2}\frac{V_c}{D}\right)^2 \tag{4.4.27}$$

式中，p_x 为运动装药爆炸时空气冲击波的初始压力（MPa）；p_{x0} 为静止装药爆炸时空气冲击波的初始压力（MPa）；V_c 为战斗部速度（m/s）；D 为空气冲击波波阵面的最大初始速度（m/s）；K 为空气等熵绝热指数（强波 $K = 1.2$）。

一般情况 $p_x/p_{x0} > 1$，其增量可看作有效药量的增加，按能量相似得到

$$m_{\omega e} = m_\omega \left(1 + \frac{V_c^2}{2Q_v}\right) \tag{4.4.28}$$

设 $D = 7\,200$ m/s，$K = 5/4$，$V_c = 3\,000$ m/s，则

$$\frac{p_x}{p_{x0}} = \left(1 + \frac{K+1}{2}\frac{V_c}{D}\right)^2 = 2.16$$

由此可见，运动装药爆炸时，在运动方向上空气冲击波初始压力要比静止时提高 1 倍多。对较远距离处，如 $R \geqslant 40r_0$ 时压力增长为 35% ~ 40%。

根据能量相似原理，可把运动装药携带的动能所引起的能量增加看成装药药量的增加，其所对应的冲击波比冲量为

$$i_x = A\left(1 + \frac{V_c^2}{2Q_v}\right)^{2/3}\frac{m_\omega^{2/3}}{r} \tag{4.4.29}$$

一般情况下，若 $V_c > 1\,000$ m/s，比冲量增加 20% ~ 40%，计算结果比试验值偏大些。

以上讨论了球形标准炸药装药（TNT）在空中爆炸时的冲击波特性参数，如为其他炸药应换算成 TNT 当量。对于实际的战斗部爆炸时，壳体破碎需要消耗能量，起到减少装药效应的作用。为此，应按能量守恒定律，首先将战斗部装药换算成裸装药当量；然后再换算成 TNT 当量，才能代入相应公式求冲击波特性参数的计算。

4.4.2 弹药壳体的影响

在上面的讨论中，只考虑了理想状态，即球形标准炸药装药爆炸时的冲击波特性参数，把问题简化了。实际上弹药爆炸时，壳体破碎需要消耗能量，起到减少装药的作用。

根据试验得知，壳体变形与破碎消耗的能量占装药总能量的 1% ~ 3%，近似估算时可以

忽略不计。通常认为，当壳体破碎的瞬间破片速度接近最大值，即取 $r = r_\mathrm{m}$（r_m 为壳体破碎时的半径），可以推导出战斗部爆炸后留给爆轰产物的当量炸药 ω_e，则式（4.4.29）改写为

$$\omega_\mathrm{e} = \frac{\omega}{1 + a - a\alpha}\left[\alpha + (1 + \alpha)(1 - \alpha)\left(\frac{r_0}{r_\mathrm{m}}\right)^{N(\gamma - 1)}\right] \qquad (4.4.30)$$

对于柱对称战斗部，$\alpha = 1$，$N = 2$，有

$$\omega_\mathrm{e} = \frac{\omega}{2 - \alpha}\left[\alpha + 2(1 - \alpha)\left(\frac{r_0}{r_\mathrm{m}}\right)^{2(\gamma - 1)}\right] \qquad (4.4.31)$$

对于球对称战斗部，$\alpha = 2/3$，$N = 3$，有

$$\omega_\mathrm{e} = \frac{\omega}{5 - 2\alpha}\left[3\alpha + 5(1 - \alpha)\left(\frac{r_0}{r_\mathrm{m}}\right)^{3(\gamma - 1)}\right] \qquad (4.4.32)$$

式中，ω 为战斗部装药质（kg）；ω_e 为留给爆轰产物的当量炸药（kg）；α 为装填系数，$\alpha = \omega/(\omega + m)$；$r_0$ 为装药半径（m）；r_m 为破片达到最大速度时的半径（m），由试验数据知，铜壳 $r_\mathrm{m} = 2.24 r_0$，钢壳 $r_\mathrm{m} \approx 1.5 r_0$，脆性材料和预制破片的 r_m 则更小一些。

通常破坏目标的 Δp_m 和 i 要根据目标易损性或通过试验来确定，如果已知 Δp_m 及 i，则可利用超压和比冲量公式方便地确定爆炸装药 ω_e，再考虑装药质量 ω 和 ω_e 的关系，便可求得实际战斗部装药量 ω，根据战斗部的战术指标要求，初步选择战斗部的装填系数 α，便可求得战斗部的质量。

4.4.3 水中爆破战斗部威力设计

最常见的反舰武器有水雷、鱼雷、深水炸弹和导弹战斗部等，它们的共同特点是装填系数大，在水中进行爆炸（导弹战斗部可能在舰面或舰侧爆炸）。

水与空气相比，其基本特点是密度大，可压缩性差（压力为 1 000 atm 密度变化为 $\Delta\rho/\rho \approx 0.05$），声速大（在 18 ℃ 时海水中为 1 494 m/s）。由于水具有这些特性，所以炸药在水中爆炸后，会形成冲击波（初始压力可达 10 000 MPa）、气泡和水流，这些便是造成水中目标破坏的因素。对于猛炸药约有 1/2 的爆炸能以冲击波的形式传播，所以冲击波是引起目标破坏的主要作用因素；而气泡脉动作用时间长，它对目标作用近似"静压"作用，只有当战斗部与目标处于有利位置时，气泡才起较大作用；水流则是引起附加破坏效应。

1. 水中爆炸冲击波压力、比冲量和能流计算

水中爆炸冲击波压力随时间变化的衰减规律为

$$p(t) = p_\mathrm{m}\mathrm{e}^{-\frac{1}{\theta}}$$

$$p(t) = p_\mathrm{m}\mathrm{e}^{-\frac{1}{\theta}\left(t - \frac{\tau}{c_0}\right)} \qquad (4.4.33)$$

式中，p_m 为冲击波最大压力（峰值压力）（MPa）；θ 为时间常数，大小与炸药的种类、质量有关；τ 与距离中心的距离有关；c_0 为水中声速。

对于球形药包，有

$$\theta = 10^{-4} m_\omega^{1/3}\left(\frac{R}{m_\omega^{1/3}}\right)^{0.24} \text{（s）}$$

对于柱形药包，有

$$\theta = 10^{-4} m_\omega^{1/3} \left(\frac{R}{m_\omega^{1/3}} \right)^{0.41} \ (\text{s})$$

式（4.4.33）中的第一式适用于 $p(t)$ 值变化至 $30\% \, p_m$ 值的条件，第二式适用于 $t \geq R/c_0$ 范围。

比冲量 i 是压力随时间的积分，即

$$i = \int_{\frac{\tau}{c_0}}^{t} p \mathrm{d}t = p_m \mathrm{e}^{-\frac{1}{\theta} \left(t - \frac{\tau}{c_0} \right)} \mathrm{d}t = p_m \theta \left[1 - \mathrm{e}^{-\frac{1}{\theta} \left(t - \frac{\tau}{c_0} \right)} \right] \tag{4.4.34}$$

当 $t \to \infty$ 时，则 $i = p_m \theta$，将 p_m 和 θ 值代入式（4.4.34），即可得到 i 值的具体经验式。

图 4-4-5 所示为 136 kg TNT 装药在水中爆炸时，在离炸心 6 m 处测得的 $p-t$ 曲线和比冲量的计算曲线。由 $p-t$ 曲线可知，压力随时间衰减是很快的。

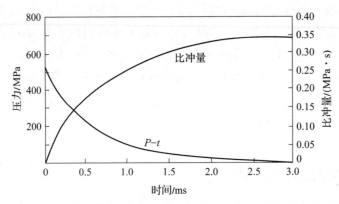

图 4-4-5　冲击波压力随时间的衰减规律和冲击波比冲量随时间的增长规律

由球形药包水中爆炸试验结果得到经验式如下：

最大压力为

$$p_m = k \left(\frac{m_\omega^{1/3}}{R} \right)^\alpha \tag{4.4.35}$$

比冲量为

$$i = l m_\omega^{1/3} \left(\frac{m_\omega^{1/3}}{R} \right)^\beta \tag{4.4.36}$$

能流（又名水流能量密度）为

$$E = \xi m_\omega^{1/3} \left(\frac{m_\omega^{1/3}}{R} \right)^\gamma \tag{4.4.37}$$

表 4-4-6 列出了常用炸药的 k、l、ξ 和 α、β、γ 的试验值。

对其他炸药，表中的数据可根据能量相似原理进行换算，例如某炸药的水中冲击波峰值压力系数 k 可用下式计算：

$$k_i = k_T \left(\frac{Q_{vi}}{Q_{vTNT}} \right)^{\frac{\alpha}{N+1}} \tag{4.4.38}$$

式中，k_i 为所使用炸药的 k 值；k_T 为 TNT 炸药的 k 值；Q_{vi} 为所使用炸药的爆热（J/kg），Q_{vTNT} 为 TNT 炸药的爆热（J/kg），对球面波 N 取，柱面波 N 取 1；$\alpha \approx 1.13$。

表 4 – 4 – 6　某些炸药水中冲击波的试验常数

炸药	p_m/Pa		$i/(\mathrm{MPa \cdot s})$		$E/(\mathrm{J \cdot m^{-2}})$	
	$k \times 10^5$	α	l	β	$\xi \times 10^4$	γ
TNT	52.2	1.13	5 762.4	0.89	8.14	2.05
$\rho_0 > 1.52 \ \mathrm{g/cm^3}$	$0.078 < \sqrt[3]{\omega}/R < 1.57$		$0.078 < \sqrt[3]{\omega}/R < 0.95$		$0.078 > \sqrt[3]{\omega}/R < 0.95$	
PENT	63.2	1.2	7 565.6	0.92	16.9	2.16
$\rho_0 < 1.6 \ \mathrm{g/cm^3}$	$0.067 < \sqrt[3]{\omega}/R < 3.3$		$0.1 < \sqrt[3]{\omega}/R < 1$		$0.1 < \sqrt[3]{\omega}/R < 1$	
TNT50/PENT50	54.4	1.13	9 084	1.05	10.4	2.12
$\rho_0 > 1.6 \ \mathrm{g/cm^3}$	$0.082 < \sqrt[3]{\omega}/R < 1.5$		$0.088 < \sqrt[3]{\omega}/R < 1$		$0.088 < \sqrt[3]{\omega}/R < 1$	

水中冲击波正压作用时间远小于空气冲击波的持续时间。

对于球形装药, 有

$$t_+ = 2 \times 10^{-4} \cdot \sqrt{\omega R} \tag{4.4.39}$$

或

$$t_+ = 10^{-5} \cdot \sqrt[6]{\omega} \sqrt{R} \tag{4.4.40}$$

2. 气泡脉动

药包在无限水介质中爆炸时, 爆炸产物所形成的气泡将在水中进行膨胀和压缩的脉动, 气泡脉动而引起的二次压力波的峰值一般不超过冲击波峰值的 20%, 但其作用时间远大于冲击波作用时间, 故比冲量二者很接近。

TNT 炸药在水中爆炸形成的二次压力峰值为

$$p_m - p_0 = 72.4 \frac{m_\omega^{1/3}}{R} \tag{4.4.41}$$

式中, p_0 为与装药量同深度处水的静压力 (MPa)。

二次压力波的比冲量为

$$i = 6.04 \times 10^3 \frac{(\eta Q_v)^{2/3}}{Z^{1/6}} \frac{m_\omega^{2/3}}{R} \tag{4.4.42}$$

式中, Q_v 为炸药的爆热 (kcal/kg); η 为 $n-1$ 次脉动后留在产物中的能量分数; Z 为第 n 次脉动开始, 气泡中心所在位置的静压力, 以水柱高度表示 (m)。

在深水时, 爆轰产物第一次脉动所引起的最大压力不超过冲击波压力的 10% ~ 20%。图 4 – 4 – 6 表示脉动压力和时间的关系。产物脉动的周期为毫秒量级以上, 气体产物脉动周期及最大直径可由下列经验公式给出:

$$T_w = k_w \frac{\omega^{1/3}}{(H + H_0)^{5/6}} (\mathrm{s}) \tag{4.4.43}$$

$$d_w = J_w \frac{\omega^{1/3}}{(H + H_0)^{1/2}} (\mathrm{m}) \tag{4.4.44}$$

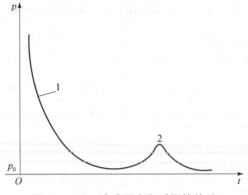

图 4 – 4 – 6　脉动压力和时间的关系

式中，T_w 为水中爆轰产物的脉动周期（s）；d_w 为水中爆轰产物的最大直径（m）；H 为水头（装药在水面下的浸没深度）（m）；H_0 为大气压头（10 m 水深）；k_w、J_w 为经验常数，见表 4 – 4 – 7。

表 4 – 4 – 7　计算气泡脉动周期和最大直径的经验常数

炸药类型	J_w	k_w	炸药类型	J_w	k_w
TNT	11.037	2.109	特屈儿	11.256	2.153
泰安	11.702	2.235	HBX – 1	12.578	2.404
彭托里特	11.037	2.109	HBX – 2	13.682	2.617

破坏水中目标的 p_m 和 i 值可通过试验来确定。有了 p_m 和 i 值可利用上述一系列公式求出爆炸装药量，根据所选定的战斗部装填系数，便可初步确定战斗部质量。

3. 爆破战斗部在水中爆炸时的破坏作用半径

对于有防雷装置的舰艇的破坏半径的经验公式为

$$R_{f0} = K_t \sqrt[3]{m_\omega} \qquad (4.4.45)$$

式中，R_{f0} 为对有防雷装置的舰艇的破坏半径（m）；K_t 为与舰艇类型有关的系数。对于战列舰，$K_t = 0.4 \sim 0.5$；对于航空母舰和巡洋舰，$K_t = 0.55 \sim 0.60$。

对没有防雷装置的舰艇的破坏半径的经验公式为

$$R_f = \frac{300}{p} \sqrt{m_\omega} \qquad (4.4.46)$$

式中，R_f 为没有防雷装置的舰艇的破坏半径（m）；p 为破坏舰艇所需压力，对于轻巡洋舰、驱逐舰或运输舰，$p = 120$ MPa，对于潜艇，$p = 47$ MPa，p 值可用 4.4.3 节介绍的方法计算；m_ω 为梯恩梯炸药量（kg）。

4.4.4　土壤或其他固体介质爆炸威力设计

爆破战斗部（以下简称弹头）是对付轻型土木工事或掩蔽所的重要武器之一，为了确保破坏地下工事，首先应使弹头侵彻一定深度；然后引爆弹头，弹头的准确、及时引爆，要靠引信机构的延期作用来控制。所以，弹头在地下爆炸时，应满足两种作用：一是侵彻作用，即弹头要经得住冲击载荷，获得一定的侵彻深度；二是弹头装药的爆破作用。

1. 战斗部侵彻深度计算

（1）土壤侵彻 Young 公式为

$$\bar{H} = \frac{k_s k_{shape} k_m}{d^{2.4}} p(\bar{V}_c) \tag{4.4.47}$$

$$p(\bar{V}_c) = \begin{cases} \alpha_1 \ln(1 + \alpha_2 \bar{V}_c), & \bar{V}_c < \bar{V}^* \\ k(\bar{V}_c - \bar{V}_0), & \bar{V}_c \geqslant \bar{V}^* \end{cases} \tag{4.4.48}$$

式中，$\alpha_1 = 9.48 \times 10^{-4}$，$\alpha_2 = 215$，$k = 0.021\,3$，$\bar{V}_0 = 0.030\,5$，$\bar{V}^* = 0.061$，$\bar{V}_c = V_c/1\,000$；$V_c$ 为战斗部撞击速度；$\bar{H} = H/d$，H 为侵彻深度。

系数 k_m 定义为

$$k_m = \begin{cases} 0.27 m^{1.1}, & m < 27 \\ m^{0.7}, & m \geqslant 27 \end{cases} \tag{4.4.49}$$

式中，m 为战斗部质量。

系数 k_{shape} 取决于战斗部形状，由下式确定：

$$k_{shape} = \begin{cases} 0.18\bar{l}_{nose} - 0.09\Delta\bar{l}_{nose} + 0.56, & 卵形头部 \\ 0.25\bar{l}_{nose} - 0.125\Delta\bar{l}_{nose} + 0.56, & 锥形头部 \end{cases}$$

式中，$\bar{l}_{nose} = l_{nose}/d$ 为战斗部头部相对长度；$\Delta\bar{l}_{nose} = \Delta l_{nose}/d$ 为截顶战斗部头部相对长度。

对于尖卵形头部，k_{shape} 可用下式计算：

$$k_{shape} = 0.56 + 0.18\sqrt{k_{CRH} - 0.25}$$

式中，k_{CRH} 为战斗部头部曲率半径。

如果战斗部头部形状既不是卵形也不是圆锥形，Young 推荐用卵形或者圆锥形近似实际形状。如果钝头部分不足战斗部直径的 10%，那么可以忽略该部分。

典型土壤参数 k_s 见表 4 – 4 – 8。

表 4 – 4 – 8　典型土壤参数 k_s

靶板描述	k_s
密实的、干的、黏结的砂土，干的钙质土，大块的土膏	2 ~ 4
无水泥固结的砂土，非常坚硬的干黏土，中等密实的无水泥	4 ~ 6
带填充物的土壤	8 ~ 10
坚硬的，低含水率的泥沙和黏土	5 ~ 10
潮湿的泥沙和黏土，非常松散的表土层	10 ~ 20
非常软的、饱和的黏土，很低的剪切强度	20 ~ 30
沉积黏土和地质淤泥	30 ~ 60

土壤侵彻 Young 公式的适用范围：$m > 2$ kg，$\bar{H} \geq 3$，$V_c < 1\,220$ m/s。

（2）冰和冻土侵彻 Young 公式为

$$\bar{H} = \frac{k_s k_{\text{shape}} k_m}{d^{2.4}} p(\bar{V}_c)，\quad \bar{H} = \frac{H}{d} \tag{4.4.50}$$

$$p(\bar{V}_c) = \begin{cases} 0.28 \times 10^{-3} \ln(1 + 205\,\bar{V}_c)，& \bar{V}_c < 0.061 \\ 0.52 \times 10^{-2}(\bar{V}_c - 0.030\,5)，& \bar{V}_c \geq 0.061 \end{cases} \tag{4.4.51}$$

其中，

$$k_m = m^{0.6} \ln(50 + 0.29 m^2) $$

Young 建议系数 k_s 的取值：对于淡水冰和海水冰，$k_s = 4.5 \pm 0.25$；对于完全冰冻的饱和土壤，$k_s = 2.75 \pm 0.5$；对于部分冰冻的土壤，k_s 可高达 7.0。

冰和冻土侵彻 Young 公式的适用范围：$m > 5$ kg，$\bar{H} \geq 3$，$V_c < 1\,220$ m/s。

（3）别列赞公式。别列赞公式比较简单，且公式中的系数在实际运用中又得到不断修正，比较符合实际情况，因而应用广泛，即

$$\bar{H} = \frac{\gamma_4 m \bar{V}_c \cos\theta}{100 d^3} \tag{4.4.52}$$

式中，θ 为战斗部侵彻方向与靶板之间的夹角；典型土壤参数 γ_4 取值见表 4-4-9。

表 4-4-9　典型土壤参数 γ_4

靶板材料	γ_4
松土	1.3
黏土	1.0
坚实黏土	0.7
松散沙土	0.9
土壤	0.6
砂质土壤	0.5
砂土	0.45
石灰岩	0.2
花岗岩	0.16

俄罗斯火炮研究中心对别列赞公式进行了修正，修正后的别列赞公式为

$$\bar{H} = \frac{\gamma_5 \gamma_6 m \bar{V}_c}{1\,000 d^3} \frac{\cos(\xi\theta)}{\sqrt{\cos\theta}} \tag{4.4.53}$$

式中，$\gamma_5 = (2.8\sqrt[3]{d} - 1.3\sqrt{d})[0.5 + 0.4(l/d)^{2/3}]$。

对于细长战斗部，$\xi = 1.82$；对于非细长战斗部，$\xi = 2.62$。此外，$\theta \leqslant 0.5\pi/(2\xi - 1)$，$\bar{V}_c \leqslant 0.4$，典型土壤参数 γ_6 的取值见表 4 - 4 - 10。

表 4 - 4 - 10　典型土壤参数 γ_6

靶板材料	γ_6
松土	13 ~ 17
普通土壤	11 ~ 13
中等密度黏土	7 ~ 10
冻土	3 ~ 5
土壤	6 ~ 8
正常含水量的砂土	4.5 ~ 7.0
饱和的砂土	6 ~ 9
砂质土壤	5 ~ 7
石灰岩	1.8 ~ 2.0
花岗岩	1.4 ~ 1.7

2. 土壤中爆破效应

只有确保弹头有侵彻作用，才能获得爆破效应。衡量爆破威力的大小，主要看弹头爆炸后形成弹坑容积大小。弹头在土壤中（或其他固体介质中）爆炸时，爆炸的高压气体会强烈推动周围的土壤，使其迅速产生位移而形成爆炸波。由于土壤（或其他固体介质）的密度很大，不易压缩，因而压力的传递速度较小，产生的爆炸波也较弱，对目标破坏作用不大。所以，弹头在土壤中爆炸时主要靠土壤的移动和由移动而引起的震动来破坏目标。

爆破战斗部在岩土深处爆炸时称为隐炸，并形成四个区，即排出区、压缩（碎）区、破坏区和震动区，如图 4 - 4 - 7 所示。压缩区是爆炸气体排挤周围土壤形成的空洞；破坏区是土壤发生位移以及由位移而产生变形和裂缝的区域；震动区是因土壤震动而使目标产生明显破坏的区域。

对于压缩区，有 $R_y = K_y \sqrt[3]{m_\omega} = 0.36 K_p \sqrt[3]{m_\omega}$；

对于破坏区，有 $R_p = K_p \sqrt[3]{m_\omega}$；

对于震动区，有 $R_v = (1.83 \sim 2.20)R_p$。

式中，R_y、R_p、R_v 分别为压缩区、破坏区和震动区的半径（m）。经验指出，R_y 的范围为 5 ~ 300 倍装药体积；R_p 的范围为 2 ~ 4 倍压缩区；式 R_v 所列范围是指对地面建筑有破坏性威胁的半径；K_y、K_p 分别为土壤（或其他固体介质）及炸药性质有关的压缩系数和破碎系数（m/kg$^{1/3}$），K_p 值可见表 4 - 4 - 11。m_ω 为以 TNT 为当量的炸药量（kg）。

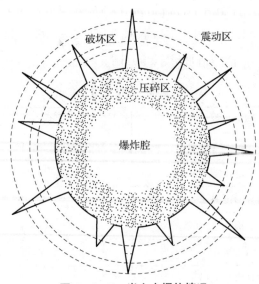

图 4 – 4 – 7　岩土中爆炸情况

表 4 – 4 – 11　各种介质的 K_p 值

介质性质	介质对破坏的破碎系数 $K_p/(\mathrm{m \cdot kg^{-1/3}})$
松软的土地	1.40
荒地	1.07
砂石	1.00 ~ 1.04
带砂的泥土	0.96
石灰岩和砂岩	0.90 ~ 0.92
水泥砂浆建筑的砖砌体	0.97
混凝土	0.71 ~ 0.85
石建筑物	0.84
钢筋混凝土	0.42 ~ 0.51

如果战斗部在不深的土壤中爆炸时，由于炸点上方土层较薄，除了在炸点周围形成上述四个作用区外，炸点上方的土壤还会受高气压体的推动而被抛掷出去，形成漏斗状的弹坑，这表明侵彻深浅对爆破效应有很大影响。侵彻太浅可以形成弹坑；侵彻过深就形不成弹坑（隐炸）。为了发挥战斗部装药的最大威力，通常希望获得最佳弹坑。大量试验表明，爆破形成的弹坑基本上可分三类，其特点如下。

Ⅰ 类：弹坑口部平均直径 $d_m = \dfrac{d_1 + d_2}{2} \approx (2 \sim 3)h$ 时（其中 d_1、d_2 是坑口的直径，h 是坑深）。对于普通土壤，单位药量的抛土量 $q_0 = 2.0 \sim 2.5 \ \mathrm{m^3/kg}$，而弹坑容积 $\approx 0.38 d_1 d_2 h$。

Ⅱ 类：弹坑口部平均直径 $d_m \approx (3.0 \sim 3.8)h$ 时，对于普通土壤 $q_0 = 1.2 \sim 1.5 \ \mathrm{m^3/kg}$，而

弹坑容积 $V \approx 0.33 d_1 d_2 h$。

Ⅲ类；弹坑口部平均直径 $d_\mathrm{m} \approx (3.9 \sim 4.5) h$ 时，对于普通土壤 $q_0 = \dfrac{2}{3}$ m³/kg，而弹坑容积 $V \approx 0.29 d_1 d_2 h$。

对于抛掷爆破，一般采用抛掷指数 n 来衡量弹坑特性，n 为爆炸坑半径 $d/2$ 与最小抵抗线 h（装药中心到自由面的垂直距离称为最小抵抗线）之比，$n = d/(2h)$。抛掷爆破可根据抛掷指数的大小分成以下情况。

（1）$n > 1$ 为加强抛掷爆破，此时爆炸坑顶角大于 90°；

（2）$n = 1$ 为标准抛掷爆破，此时爆炸坑顶角等于 90°；

（3）$0.75 < n < 1$ 为减弱抛掷爆破，此时爆炸坑顶角小于 90°；

（4）$n < 0.75$ 为松动爆破，此时不出现岩土的抛掷现象。

当 $R_\mathrm{p} = h = d/2$ 时的弹坑，为了保证最大的爆炸作用，战斗部炸药穿入土壤的最有利深度为

$$H'_\mathrm{m} = h + \Delta l \cos \alpha \qquad (4.4.54)$$

式中，H'_m 为战斗部装药穿入土壤爆破时的最有利深度（m）；h 为最小抵抗线（m），$h = K_\mathrm{p} \sqrt[3]{m_\omega}$；$\Delta l$ 为战斗部质心至弹顶距离（m）；α 为弹头轴线与土壤表面法线之间的夹角（°）。

研究爆破威力时必须同时考虑侵彻作用和爆破作用。实践中可能遇到下列三种情况。

（1）$H_\mathrm{m} > H'_\mathrm{m}$ 情况，可认为弹头满足了战术要求，通常采用依靠引信控制弹头侵彻作用的延迟时间来满足这一要求。

（2）$H_\mathrm{m} = H'_\mathrm{m}$ 情况，这是一种理想设计情况，应力争达到这一要求。

（3）$H_\mathrm{m} < H'_\mathrm{m}$ 情况，说明弹头未达到最有利侵彻深度就炸了，这样形成的弹坑太浅，容积太小，战斗部爆破威力没有充分发挥出来。遇到这种不利情况，可采取加大弹重、增大落速、减小弹径或减小着角等措施，以提高侵彻深度。

战斗部装药为 m_ω 时，其爆炸效果（土壤中形成的弹坑尺寸）为最大时的侵彻深度为

$$H_\mathrm{opt} \approx (0.85 \sim 0.95) \sqrt[3]{m_\omega} \qquad (4.4.55)$$

式中，m_ω 为 TNT 装药量（kg）；H_opt 为装药中心到土壤表面的垂直距离（m）。

设弹头在目标介质内为匀减速运动，则 H_opt 对应的引信延期时间为

$$t_\mathrm{opt} = \frac{2 L_\mathrm{np}}{V_\mathrm{c}} \left[1 \pm \sqrt{1 - \frac{H_\mathrm{opt}}{L_\mathrm{np} \sin \theta_\mathrm{c}}} \right] \qquad (4.4.56)$$

式中，L_np 为弹头的侵彻行程（m）；V_c 为弹头和目标介质碰击瞬间的速度（m/s）；θ_c 为落角（°）。

应该指出，由式（4.4.56）计算的时间只是概略值，还需通过射击试验进行修正才能最后确定。

若所选引信型号及延期时间已定，可由下式计算爆炸深度：

$$H' = \left(V_\mathrm{c} T_\mathrm{f} - \frac{V_\mathrm{c}^2 T_\mathrm{f}^2}{4 L_\mathrm{np}} \right) \sin \theta_\mathrm{c} \qquad (4.4.57)$$

式中，H' 为爆炸深度（m）；T_f 为所选引信延期时间（s）。

根据 H' 值，选用表 4 - 4 - 12 中的系数 K_b，再通过下式评定战斗部的爆破效应：

$$H \approx \sqrt[3]{\frac{m_\omega}{K_b}}$$ (4.4.58)

表 4 - 4 - 12　系数 K_b

障碍物类型		系数 K_b
石堆砌物，混凝土，山岩	$H' \leq 0.9$ m	5.0
	$H' = 1.5$ m	4.0
	$H' = 2.0$ m	3.5
	$H' > 2.0$ m	3.0
碎石和土		1.0（均值）
普通土壤		0.7（均值）
钢筋混凝土		8.0

除上述抛掷爆炸外，还有地洞爆炸（隐炸），这对破坏地下目标是有意义的。苏联梁赫夫等应用相似律研究了土中爆炸的超压和比冲量，认为土壤性质较复杂，颗粒之间有空气、水分等直接影响着压缩波的参量。如果计及土壤的空气含量（占体积的百分数）α_0 时，则压缩波的超压（MPa）和比冲量（MPa·s）公式为

$$\Delta p = K_1 \left[\frac{\sqrt[3]{m_\omega}}{R} \right]^{\mu_1}$$ (4.4.59)

$$i = K_2 \sqrt[3]{m_\omega} \left[\frac{\sqrt[3]{m_\omega}}{R} \right]^{\mu_2}$$ (4.4.60)

式中，K_1、K_2、μ_1、μ_2 是与 α_0 有关的系数（表 4 - 4 - 13）。

表 4 - 4 - 13　与 α_0 有关的系数

$\alpha_0/\%$	K_1	μ_1	K_2	μ_1
0	600	1.05	800	1.05
0.05	450	1.50	750	1.10
1	250	2.00	450	1.25
4	45	2.50	250	1.40
34（未水饱和）	7.5	3.00	220	1.50

当 R 一定时，在 $\alpha = 0$ 的条件下，则 $\Delta p \sim \sqrt[3]{m_\omega}$，$\Delta p \sim R^{-1}$ 成立；而在 $\alpha_0 = 34\%$ 时，则 $\Delta p \sim \sqrt[3]{m_\omega}$，$\Delta p \sim R^{-3}$ 成立。显然 α_0 对 Δp 和 i 影响很大。

压缩波超压作用时间为

$$t_+ = 2\frac{K_2}{K_1}10^{-4}\sqrt[3]{m_\omega}\left[\frac{\sqrt[3]{m_\omega}}{R}\right]^{\mu_2-\mu_1} \qquad (4.4.61)$$

式中，m_ω、R、t_+ 的单位分别为 kg、m、s。

目标的自振周期 $T \ll t_+$ 时，则目标将被压缩波中最大超压破坏。

4.5 典型弹道式导弹战斗部结构设计

战斗部的威力设计和结构设计，应根据导弹总体所确定的战斗部质量和体积，按照目标特性和军事上的使用要求进行设计。以结构较为复杂的典型弹道式导弹战斗部设计为例，典型地对地导弹战斗部属爆破型战斗部，设计时需要考虑导弹头部外形、结构尺寸以及要考虑重返大气层的稳定性和防热设计等内容。

4.5.1 头部外形选择的基本原则

对于弹道式导弹的爆破战斗部，一般安置在全弹头部位置，头部舱段外形就是战斗部本体，所以它既是受力件又是爆炸能源。这种导弹头部外形尺寸的确定涉及许多方面，与导弹射程大小，战斗部的类型、威力大小等有关。一般中、近程导弹头部是可分离的结构形式，而近程的头部是不可分离的结构形式。头部外形究竟如何选择，提出下列几条原则。

（1）头部外形应有利于头部内腔容积增大而表面面积缩小，以便增大炸药量和减少壳体质量。

（2）头部外形设计应有利于使弹头重返大气层时空阻最小，增强保存飞向目标速度的能力，以提高射击命中精度和减少敌方拦击的可能性。

（3）头部外形应有利于减轻传入头部壳体的气动加热，保证弹头的安全飞行，不因过热而引爆弹头。

（4）外形要有利于弹头飞行稳定，确保必要的命中精度。

常见的头部外形有锥形、蛋形（圆弧形）、抛物线形和指数母线形等。前三种属尖顶形，最后一种为钝形。

抛物线形和圆弧形的头部，在同样容积下，具有表面面积小、头部质量轻和空阻小等优点，缺点是成型性较差。若为锥形头部，当包围容积与前者相同时，则具有表面面积大和壳体重等缺点，优点是成型工艺简单。从统计资料分析来看，当射程为 300～700 km 时，一般采用抛物线形弹头；当射程为 700～1 500 km 时，常采用锥形头部；当射程超过 1 500 km 时，弹头重返大气层气动加热严重，头部气动加热温度可达 6 000 K 以上，故采用有利于减轻气动加热的半球和截锥组合形头部；当射程为 5 000～10 000 km 时，广泛采用半球形头部结构外形，这种外形对于克服"热障"是有利的。

4.5.2 头部结构尺寸的计算

导弹头部的主要部分是装填炸药。所以，头部尺寸的主要计算是确定头部内安放炸药的长度，如图 4-5-1 所示。

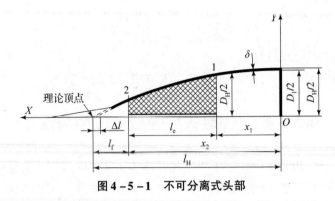

图 4 – 5 – 1 不可分离式头部

假设导弹头母线为抛物线形,其边界条件如下:

当 $x = 0$ 时,则 $y = \dfrac{D_H}{2}$, $\dfrac{dy}{dx} = 0$;

当 $x = l_H$ 时,则 $y = 0$。

将上述条件代入一般抛物线方程,得到头部外形的抛物线方程为

$$y = \frac{D_H}{2}\left[1 - \left(\frac{x}{l_H}\right)^2\right] \tag{4.5.1}$$

同理,可得头部壳体内形抛物线方程为

$$y = \frac{D_1}{2}\left[1 - \left(\frac{x}{l_H'}\right)^2\right] \tag{4.5.2}$$

式中, $l_H' = l_H - \Delta l = l_H - \dfrac{\delta}{\sin\beta_0}$。

因为

$$\tan\beta_0 = y'\mid_{x = l_H} = -\frac{D_H}{l_H}$$

所以

$$\beta_0 = \arctan\left|\frac{D_H}{l_H}\right| = \frac{l}{\lambda_H}$$

$$D_1 = D_H - 2\delta$$

弹道式导弹头部细长比 $\lambda_H = 2 \sim 4$,而巡航导弹头部长细比一般为 $\lambda_H \approx 2 \sim 3$。

因头部是对称旋转体,利用积分原理,可求 1 点至 2 点的外形体积:

$$V_{1-2} = \int_{x_1}^{x_2}\pi y^2 dx = \frac{\pi D_H^2}{4}\left[(x_2 - x_1) - \frac{2}{3 l_H^2}(x_2^3 - x_1^3) + \frac{l}{5 l_H^4}(x_2^5 - x_1^5)\right] \tag{4.5.3}$$

同理,得 1 点到 2 点的内形体积:

$$V_{1-2}' = \frac{\pi D_1^2}{4}\left[(x_2 - x_1) - \frac{2}{3 l_H'^2}(x_2^3 - x_1^3) + \frac{l}{5 l_H'^4}(x_2^5 - x_1^5)\right] \tag{4.5.4}$$

药室内腔容积应满足下列条件:

$$V_{1-2}' = V_e - V_c \tag{4.5.5}$$

式中, V_c 为除炸药以外零部件所占体积,即引信、辅助传爆管和电缆管等的体积; V_e 为炸

药所具有的体积，$V_e = \dfrac{m_\omega}{\rho_e}$。

利用式（4.5.5）和 $x = l_H - l_f = l_e + x_1$（其中 l_f 为头部长），则引信长 $l_f = 0.225$ m。由于式（4.5.3）中包含未知数 x_1^5，用分析解困难较大，用图解法或试探法求解较为方便。任意给出一系列 x_1 值，便可解得 V'_{1-2} 与 x_1 的关系曲线。一旦确定 x_1 值，便可计算出装药长 l_e，而战斗部长 $l_w = l_H - x_1$，战斗部大端直径为

$$D_w = D_H \left[1 - \left(\frac{x_1}{l_H} \right)^2 \right] \tag{4.5.6}$$

4.5.3　分离式导弹头部结构尺寸的确定

分离式导弹头部结构有两种基本形式，如图 4-5-2 所示。对于可分离式导弹头部尺寸的确定，上述计算方法依然有效，不过还应补充关于稳定裙长度和直径的计算。稳定裙（又称安定裙）只是在弹头重返大气层时才起作用。通过头部静态稳定性计算可以求得裙的几何参数，然后进行动态稳定性（振荡是衰减的）计算。要求头部参数能使攻角随高度下降的振幅是收敛的。

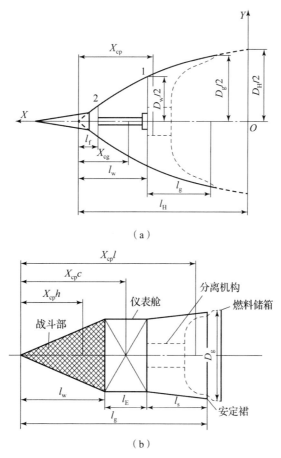

（a）

（b）

图 4-5-2　分离式导弹头部结构

（a）无仪表舱头部；（b）有仪表舱头部

所谓静态稳定性，是指不考虑控制系统下导弹头部的稳定运动。导弹头部纵向静稳定性计算方法如下。

设分离头部外形为抛物线形 [图 4-5-2（a）]，按照理论力学求质量中心方法确定头部的中心位置，再根据气动参数计算出头部的压力中心位置。由下式可方便地求得静态稳定系数：

$$\Delta \eta_{st} = \frac{X_{cp} - X_{cg}}{l_g} = \frac{X_{cp} - X_{cg}}{l_w + l_s} \tag{4.5.7}$$

式中，X_{cp} 为头部压力中心（简称压心）至理论顶点的距离；X_{cg} 为头部质心至理论顶点的距离；l_g 为分离头部的长度。

η_{st} 值越大，则说明头部再入大气层时能很快转入稳定状态，η_{st} 值一般取 $7\% \sim 10\%$，所以，压心一定在质心之后。当有姿态控制系统时，η_{st} 值可取得小一些（$6\% \sim 7\%$），以减轻头部结构。

当头部再入攻角小于头部顶端切线角时，则抛物线形头部的压心位置为

$$X_{cp} \approx 0.62 l_g \tag{4.5.8}$$

将战斗部装药的质心作为头部的质心，初步近似计算是允许的。下面分两种情况计算 X_{cg}。考虑头部壳体厚度时，则

$$X_{cg,1-2} = \frac{1}{V_{1-2}} \int_{x_1}^{x_2} x \mathrm{d}V = \frac{\pi D_H^2}{8 V_{1-2}} \left[(x_2^2 - x_1^2) - \frac{1}{l_H^2}(x_2^4 - x_1^4) + \frac{1}{3 l_H^4}(x_2^6 - x_1^6) \right] \tag{4.5.9}$$

不考虑头部壳体厚度时，则

$$X'_{cg,1-2} = \frac{1}{V'_{1-2}} \int_{x_1}^{x_2} x \mathrm{d}V' = \frac{\pi D_H^2}{8 V'_{1-2}} \left[(x_2^2 - x_1^2) - \frac{1}{l_H'^2}(x_2^4 - x_1^4) + \frac{1}{3 l_H'^4}(x_2^6 - x_1^6) \right]$$

$$\tag{4.5.10}$$

求得 $X_{cg,1-2}$ 和 $X'_{cg,1-2}$ 后，便可按下式求得理论顶端至重心的距离：

$$\begin{cases} X_{cg} = l_H - X_{cg,1-2} \\ X'_{cg} = l_H - X'_{cg,1-2} \end{cases} \tag{4.5.11}$$

$\eta_{st} \approx 0.1$，将式（4.5.8）代入式（4.5.9），得到

$$l_g = \frac{X_{cg}}{0.52} \tag{4.5.12}$$

已知 l_g 和 $l_w = l_e + l_f$，有

$$l_{st} = l_g - l_w \tag{4.5.13}$$

安定裙的直径为

$$D_g = D_H \left[1 - \left(\frac{l_H - l_g}{l_H} \right)^2 \right] \tag{4.5.14}$$

若分离式头部由锥、圆柱和截锥组合时 [图 4-5-2（b）]，头部压心公式为

$$X_{cp} = \frac{\sum_i^n N^i X_{cp}^i}{\sum_i^n N^i} \tag{4.5.15}$$

式中，N^i 为头部某组成段的法向力，如战斗部为 N^h；$N^i X_{cp}^i$ 为头部某组成段的压心位置，如战斗部为 X_{cp}^h。

作用于头部的法向力，由空气动力学可知

$$N = \frac{C_N}{2} \rho S V^2 \qquad (4.5.16)$$

压力中心系数 $\bar{X}_{cp} = \frac{X_{cp}}{l_g}$，则式（4.5.15）可化简为

$$\bar{X}_{cp} = \frac{\sum_i^n C_N^i \bar{X}_{cp}^i}{\sum_i^n C_N^i} \qquad (4.5.17)$$

式中，C_N^i 为头部某组成段法向力系数，如战斗部为 C_N^b；$\bar{X}_{cp}^i$ 为头部某组成段压心与 l_g 之比，如战斗部为 $\bar{X}_{cp}^h = \frac{X_{cp}^h}{l_g}$。

因为

$$\Delta \eta_{st} = \frac{X_{cp} - X_{cg}}{l_g}$$

所以

$$\bar{X}_{cp} = \bar{X}_{cg} + \Delta \eta_{st}$$

又因为 $C_N^b \approx 3\alpha$，则

$$C_N^{st} = 3\alpha(\bar{D}_g - 1)$$

$$\bar{D}_g = \frac{D_g}{D_w}$$

式中，D_g 为安定裙的最大直径；D_w 为战斗部的最大直径。

将上述关系代入式（4.5.17）得到

$$\bar{D}_g = \frac{3\alpha(\bar{X}_{cp}^{st} - \bar{X}_{cp}^h) + C_N^c(\bar{X}_{cg} + \Delta \eta_{st} - \bar{X}_{cp}^c)}{3\alpha(\bar{X}_{cp}^{st} - \bar{X}_{cg} - \Delta \eta_{st})} \qquad (4.5.18)$$

式中，α 为攻角，一般为 $8° \sim 10°$；$\Delta \eta_{st}$ 为静安定角，一般取 $\Delta \eta_{st} = 0.10$；$\bar{X}_{cg}$ 为质心系数，$\bar{X}_{cg} = \frac{X_{cg}}{l_g}$；$\bar{X}_{cp}^h$ 为战斗部的压心系数，$\bar{X}_{cp}^h = \frac{2}{3} \frac{\lambda_w}{\lambda_g}$，$\lambda_w = \frac{l_w}{D_w}$，$\lambda_g = \frac{l_g}{D_w}$；$\bar{X}_{cp}^c$ 为仪表舱的压心系数，$\bar{X}_{cp}^c = \frac{1}{2}\left(1 + \frac{\lambda_w}{\lambda_g}\right)$；$\bar{X}_{cp}^{st}$ 为安定裙的压心系数，$\bar{X}_{cp}^{st} = 1 - \frac{1}{2} \frac{\lambda_{st}}{\lambda_g}$，$\lambda_{st} = \frac{l_{st}}{D_w}$；$C_N^2$ 为仪表舱的法向系数，$C_N^2 = \frac{4.8}{\pi} \alpha^2 (\lambda_g - \lambda_w)$。

分离头部再入大气层时，除满足静稳定性外，还应具备动稳定性。所谓动稳定性，就是要求头部的攻角变化规律是衰减的。所以，讨论动稳定性应从头部再入运动着手，校验其运动过程是否具有动稳定性。为了便于研究，现做下列假设。

头部飞行马赫数（Ma）很大，头部阻力系数（C_D）与马赫数无关；

忽略地心引力的影响，弹道近似为直线；

大气密度（ρ）随高度（y）的变化规律是 $\rho = \rho_0 e^{-\frac{1}{6\,700}y}$，其中 ρ_0 是海平面大气密度，$\rho_0 = 0.178 \text{ kg/m}^3$，$y$ 为高度（m）。

头部再入大气层时的运动方程（图 4-5-3）为

$$\frac{d^2 y}{dt^2} = \frac{C_D \rho V^2 A}{2m} \sin \theta_E \quad (y \text{ 方向}) \tag{4.5.19}$$

$$\frac{d^2 x}{dt^2} = \frac{C_D \rho V^2 A}{2m} \sin \theta_E \quad (x \text{ 方向}) \tag{4.5.20}$$

由式（4.5.19）和 $\rho = \rho_0 e^{-\frac{1}{6\,700}y} = \rho_0 e_0^{-\beta_H y}$ 可解得头部再入大气层时速度变化公式，即

$$V = V_E e^{-[C_D \rho_0 A \beta_H \sin \theta_E / (2m)]} e^{-\beta_H y} \tag{4.5.21}$$

式中，θ_E 为弹道切线与水平线的夹角（再入角）（°）；V_E 为头部进入大气层时的速度（m/s）；C_D 为头部阻力系数；g 为重力加速度（m/s²）；A 为头部特性面积（m²），以最大横切面表示；m 为整个头部质量（kg）；β_H 为常数，$\beta_H = \dfrac{1}{6\,700}$（1/m）。

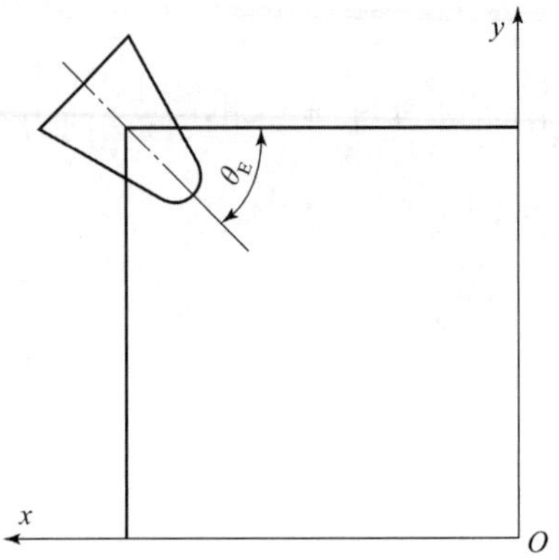

运动时的纵向载荷计算式为

图 4-5-3　头部再入图形

$$-\frac{dV}{dt} \frac{1}{g} = \frac{C_D \rho_0 A V_E}{2mg} e^{-\beta_H y} e^{-[C_D \rho_0 A \beta_H \sin \theta_E / (2m)]} \tag{4.5.22}$$

将式（4.5.22）对 y 求导数并令其等于 0，便得到最大纵向载荷时对应头部的高度和速度：

$$y_1 = \frac{1}{\beta_H} \ln K_0, \quad K_0 = \frac{C_D \rho_0 A}{\beta_H m \sin \theta_E}$$

$$V_1 = V_E e^{-1/2} \approx 0.61 V_E \tag{4.5.23}$$

式（4.5.23）表明，头部进入稠密大气层与空气质点相碰，使速度受到损失。

最大减加速度为

$$-\left(\frac{dV}{dt}\right)_{\max} = -\left(\frac{dV}{dt}\right)_1 = \frac{\beta_H V_E^2 \sin \theta_E}{2} \tag{4.5.24}$$

最大过载系数为

$$\left(\frac{dV}{dt} \frac{1}{g}\right)_{\max} = -\frac{\beta_H V_E^2 \sin \theta_E}{2g} \tag{4.5.25}$$

上述计算说明，$C_D A / m$ 值对速度及以纵向过载变化规律起主导作用（因 θ_E 变化不大），故 C_D / m 值是头部设计的主要参量；当 g 为常数时，$\left(\dfrac{dV}{dt}\right)_{\max}$ 随 V_E 和 θ_E 而变化，所以正确确定 V_E、θ_E 是非常重要的。

导弹头部重返大气层时，它受到某一种干扰而产生初始攻角 α_E，随着头部下降运动，

攻角将要发生相应变化,在角位移小的情况下,攻角随时间的摆动运动方程为

$$\frac{\mathrm{d}^2\alpha}{\mathrm{d}t^2} + f_2(t)\frac{\mathrm{d}\alpha}{\mathrm{d}t} + f_2(t)\alpha = 0 \tag{4.5.26}$$

式 (4.5.26) 的近似形式为

$$\frac{\alpha}{\alpha_\mathrm{E}} = \frac{\mathrm{e}^{K_1 \mathrm{e}^{-\beta_\mathrm{H} y}}\cos\left(\frac{\pi}{4} - 2\sqrt{K_2}\mathrm{e}^{-\beta_\mathrm{H} y}\right)}{\sqrt{\pi\sqrt{K_2}\mathrm{e}^{-\beta_\mathrm{H} y/2}}} \tag{4.5.27}$$

式 (4.5.27) 可用图 4 - 5 - 4 表示,它是余弦曲线的变化规律,其曲线的包络如图中虚线所示,如果包络线方程收敛,则再入头部具有动稳定性;如果为发散,则为非动稳定性头部。由图 4 - 5 - 5 可知,要确保动稳定性,动稳定因子 K_1 应小于 0。

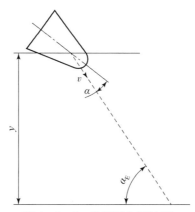

图 4 - 5 - 4 头部再入初始图

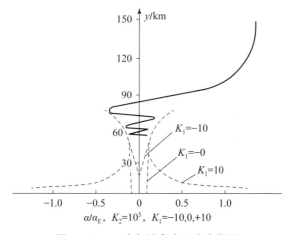

图 4 - 5 - 5 攻角随高度下降变化图

攻角摆动的最大振幅随高度的变化规律为

$$\frac{\alpha}{\alpha_\mathrm{E}} = \frac{\mathrm{e}^{K_1 \mathrm{e}^{-\beta_\mathrm{H} y}}}{\sqrt{\pi\sqrt{K_2}\mathrm{e}^{-\beta_\mathrm{H} y/2}}} = \frac{1}{\sqrt{\pi}K_2^{1/4}}\mathrm{e}^{(K_1 \mathrm{e}^{-\beta_\mathrm{H} y} + \beta_\mathrm{H} y/4)} \tag{4.5.28}$$

式中,K_1 为动稳定因子,$K_1 = \dfrac{\rho_0 Ag}{4\beta_\mathrm{H} W \sin^2\theta_\mathrm{E}}\left[C_\mathrm{D} - C_{La} + (C_{ma} + C_{ma})\left(\dfrac{l_\mathrm{g}}{\sigma_\mathrm{r}}\right)^2\right]$;$K_2$ 为静稳定因

子，$K_2 = \frac{\rho_0 \Lambda_q}{2\beta_H^2 W \sin^2\theta_E}\left[C_{La}\beta_H \sin\theta_E - \frac{C_{ma}l_g}{\sigma_r^2}\right] \approx -\frac{g\rho_0 A}{2\beta_H^2 W l_g \sin^2\theta_E}\bar{C}_{ma}\left(\frac{l_g}{\sigma_r}\right)^2$；$W$ 为弹头质量；C_{La} 为攻角变化时，升力系数的变化速度，$C_{La} = \left(\frac{\partial C_L}{\partial a}\right)_{a\to 0}$，$C_{La} = C_{Na} - C_D = 2(\cos^2\delta_v - \sin^2\delta_v)$，$\delta_v$ 为锥半角；C_{Na} 为攻角变化时，法向力系数的变化速度，$C_{Na} = \left(\frac{\partial C_N}{\partial a}\right)_{a\to 0}$，$C_{Na} = 2\cos^2\delta_v$；$C_{mq}$ 为当角速度变化时，力矩系数的变化速度为 $\frac{\partial C_m}{\partial\left(q\frac{l_g}{v}\right)_{q\to 0}}$，$C_{mq} = -(1 + \tan^2\delta_v) + \frac{8}{3}\left(\frac{X_{cg}}{l_g}\right) - 2\cos^2\delta_v\left(\frac{X_{cg}}{l_g}\right)^2$；$C_{m\dot{a}}$ 为与攻角变化有关的力矩系数变化速度，$C_{m\dot{a}} = \frac{\partial C_m}{\partial\left(\dot{\alpha}\frac{l_g}{v}\right)_{\dot{\alpha}\to 0}}$，$C_{m\dot{a}} \approx 0$；$C_{ma}$ 为与攻角有关的力矩系数变化速度，$C_{ma} = \left(\frac{\partial C_m}{\partial\alpha}\right)_{a\to 0}$，$C_{ma} = -\frac{4}{3} + 2\cos^2\delta_v\left(\frac{X_{cg}}{l_g}\right)$；$\left(\frac{l_g}{\sigma_r}\right)^2$ 为头部长与回转半径之比的平方，对于任意质量中心位置的表达式为

$$\left(\frac{l_g}{\sigma_r}\right)^2 = \frac{80}{12\tan^2\delta_v + 3 + 80\left(\frac{X_{cg}}{l_g} - \frac{3}{4}\right)^2}$$

式中，l_g 为分离头部全长（又称头部特性长度）（m）；σ_r^2 为回转半径的平方，可表示为

$$\sigma_r^2 = \frac{I_1}{m}$$

式中，I_1 为分离头部的赤道转动惯量（kg·m·s²）；m 为分离头部的质量（kg）；q 为角速度；C_m 为力矩系数；C_L 为升力系数；$\dot{\alpha}$ 为攻角对时间的导数。

必须保证攻角振幅的变化是收敛。动稳定条件是 $K_1 < 0$，则

$$\frac{C_{La} - C_D}{C_{mq} + C_{m\dot{a}}} > \frac{ml_g^2}{B_1} \tag{4.5.29}$$

而静态稳定条件是 K_2，则

$$\frac{C_{La}}{C_{ma}} > \frac{ml_g}{I_1\beta_H\sin\theta_E} \tag{4.5.30}$$

从上述分析可知，在设计弹道导弹的再入头部时，应将头部的外形设计和结构的质量设计合理地协调起来，才能确保再入飞行时的静、动稳定性要求。

4.5.4 弹道式导弹头部的防热设计

弹道式导弹头部壳体结构要保证两个基本条件：一是在气动加热条件下，壳体结构温升不应使强度降低太多，以保证足够的强度和刚度；二是保证壳体内部的温度为装药和仪器允许的温度，一般标准炸药允许温度不高于 80 ℃，核装药和精密仪器要求不超过 40 ℃，一般取 (20 ± 5) ℃；对于载人的宇宙飞船，维持正常工作温度为 10～30 ℃，短时工作条件下也不允许超过 40～50 ℃。

由于气动加热与飞行速度、射程有关，所以射程不同，防热结构也不相同，但应满足上

述两个基本条件。

1. 目前对头部的几种防热措施

（1）在金属壳体内部加绝热材料。这种措施只能使头部内部温度满足要求，并不能降低金属壳体本身的温度，所以气动加热严重时，金属性能会大大降低（表4-5-1），故此法适用于近程及战术导弹。

表4-5-1　温度对材料性能的影响

材料		强度极限 $\sigma_b/(\times 10^{-1}$ MPa)					
		20 ℃	300 ℃	400 ℃	500 ℃	600 ℃	700 ℃
LF3	σ_b	23.5	6.5				
LF12		45.5		6.9			
LF6		32					
LD10		47					
30CrMnSiA		110	100	92	70		10
45 钢		63.9	72.8				
25 钢		50.2	55	47.6	33.7	15.8	

（2）烧蚀防热法。此法靠连续消耗表层材料的方法来散热，烧蚀过程就是材料的损失过程，是目前弹头防热的主要途径。它是利用复合材料（玻璃钢）通过下列过程达到防热的目的：一是本身的热容吸热；二是相态变化和化学分解，吸收大量的热；三是伴随相态变化在玻璃钢表面形成一个温度较低的气体层，自动地起阻热和散热作用，热流增加，则质量迁移率增加，相应增加了防热作用；四是表面辐射。

因此对烧蚀材料的要求：分解和汽化温度要高；分解、汽化吸热量要多；沿壁厚方向热导率要小，沿表面方向热导率要大，两个方向的热导率相差最好接近百倍；另外，材料密度要小（一般为 1.8~2.0 g/cm³），力学性能和工艺性也要好。

目前常用的烧蚀材料如表4-5-2所示。

表4-5-2　常用烧蚀材料

温度/℃	环氧玻璃塑料	酚醛玻璃塑料	有机硅玻璃塑料	聚酯玻璃塑料
长期工作	260~300	260	260~370	205
短期工作	1 650	2 480	2 760	1 650

除上述防热法外，还有蒙皮上用等离子喷涂耐高温绝热涂料法，用材料的热容吸收和储存热量的热沉法，发汗冷却法，蒸发冷却法以及液体循环冷却法等。后三种方法未见实际应用。

2. 热沉式气动加热的理论计算

按照实际情况，头部表面温度可用一维热平衡方程求解：

$$C_\omega \gamma_\omega \delta_\omega \frac{\mathrm{d}T_\omega}{\mathrm{d}\tau} = q_\omega + q_s - q_r \tag{4.5.31}$$

式中，C_ω 为壳体材料比热容（J/(kg·K)）；γ_ω 为壳体材料密度（kg/m³）；δ_ω 为壳壁厚度（m）；q_ω 为气动加热的热流密度（W/(m²·s)）；q_s 为太阳辐射加热的热流密度（W/(m²·s)）；q_r 为壁表面的辐射热流密度（W/(m²·s)）。

由于式（4.5.34）是非线性微分方程，不可能有解析解，故用数值近似积分。设起始壁温为 T_ω（K），积分间隔为 $\Delta\tau$（s），对任意瞬间可用有限增量的比值 $\dfrac{\Delta T_{\omega k}}{\Delta \tau_k}$ 代替导数 $\dfrac{\mathrm{d}T_\omega}{\mathrm{d}\tau}$，可得

$$\Delta T_{\omega k} = \frac{q_a(T_{\omega k-1}) + q_s - q_r(T_{\omega k-1})}{C_\omega \gamma_\omega \delta_\omega} \Delta \tau_k \tag{4.5.32}$$

式中，$\Delta T_{\omega k}$ 为在时间 $\Delta \tau_k$ 间隔内壁温的变化（K）；$\Delta T_{\omega(k-1)}$ 为对应时间间隔 $k-1$ 次终了时壁温（K）。

在时间间隔 k 次终了的温度为

$$\begin{cases} T_{\omega k} = T_{\omega(k-1)} + \Delta T_{\omega k} \\ T_{\omega k} = T_{\omega 0} + \displaystyle\sum_{i=1}^{k} T_{\omega i} \end{cases} \tag{4.5.33}$$

要求解式（4.5.32），必须求出 q_a、q_s 和 q_r 值，在再入大气层时，q_s 与 q_a 和 q_r 相比较小，故可忽略，则

$$q_a = h_c(T_r - T_\omega) \tag{4-5-34}$$

式中，h_c 为对流换热系数（W/(m²·K)）；T_r 为附面层的回复温度（K），$T_r = T_\delta\left(1 + \eta_r \dfrac{K-1}{2}Ma_\delta^2\right)$，$T_\delta$ 为附面层边界温度（K）；η_r 为与附面层结构有关的系数，对于层流，$\eta_r = 0.85$，对于紊流，$\eta_r = 0.89 \sim 0.90$；K 为附面层中空气的比热比，$K = 1.4$；Ma_δ 为附面层边界气流的马赫数。

辐射热流密度可表示为

$$q_r = \varepsilon_H \sigma_H T_\omega^4 \tag{4.5.35}$$

式中，ε_H 为壁面辐射系数（又名黑度系数），与温度有关，一般 $\varepsilon_H < 1$；σ_H 为斯忒藩-玻耳兹曼常数，$\sigma_H = 13.6 \times 10^{-12}$（J/K）。

实际工程计算时，是将有关 h_c、T_δ、Ma_δ、T_r 等值取 $k-1$ 时刻与 k 时刻的平均值，而壁温仍取 $T_{\omega(k-1)}$，从而得到

$$\begin{cases} \bar{q}_a = \bar{h}_c \bar{T}_\delta (1 + 0.2\eta_r \bar{M}_\delta^2) - \bar{h}_c \bar{T}_\omega \\ \bar{h}_c = \dfrac{h_{ck} + h_{c(k-1)}}{2} \\ \bar{T}_{\delta k} = \dfrac{T_{\delta k} + T_{\delta(k-1)}}{2} \end{cases} \tag{4.5.36}$$

将式（4.5.36）和 $q_r = \varepsilon_H \sigma_H T_{\omega(k-1)}^4$ 代入式（4.5.32），可以算出 $\Delta T_{\omega k}$，通过式（4.5.33）可得

$$T_{\omega k} = T_{\omega(k-1)} + \Delta T_{\omega k} \tag{4.5.37}$$

对 $\Delta \tau$ 的取法建议遵照下列原则，即所求 $\Delta T_{\omega k} \leqslant （1\% \sim 2\%）T_{\omega m}$，$T_{\omega m}$ 为壁材的熔化温度。总之，$\Delta \tau$ 取值越小，则计算精度越高。

为了考虑飞行时头部周围气体的可压缩性，以及附面层内空气的物理性质（如黏度、密度、导热性等）的变化，下面用参考温度 T^* 来修正，T^* 与附面层结构有关。

对层流附面层，有

$$T^* = T_\delta \left[1 + 0.032 Ma_\delta^2 + 0.58 \left(\frac{T_\omega}{T_\delta} - 1 \right) \right] \tag{4.5.38}$$

对紊流附面层，有

$$T^* = T_\delta \left[1 + 0.035 Ma_\delta^2 + 0.45 \left(\frac{T_\omega}{T_\delta} - 1 \right) \right] \tag{4.5.39}$$

相应的换热系数为

$$\begin{cases} h_c = 3.26 (Re^*)^{-1/2} (Pr^*)^{-2/3} \rho^* C_p^* V_\delta，\text{层流时} \\ h_c = 0.29 (Re^*)^{-0.2} (Pr^*)^{-2/3} \rho^* C_p^* V_\delta，\text{紊流时} \end{cases} \tag{4.5.40}$$

式中，Re^* 为对应 T^* 的雷诺数，该值与气流速度、所选头部位置点和气流的动黏性系数有关；Pr^* 为对应 T^* 的普朗特数，附面层为层流时，$\eta_r = \sqrt{Pr^*}$，紊流时 $\eta_r = \sqrt[3]{Pr^*}$，η_r 为温度恢复系数；ρ^* 为对应于 T^* 的空气密度；C_p^* 为对应于 T^* 的空气比热容（W/(kg · K)）。

根据导弹和头部的弹道性能参数，利用冲击波理论可以首先求得 T_δ、Ma、V_δ、ρ_δ 等参量；然后求得 ρ^*、Re^*、C_p^* 和 Pr^* 值。将上述一系列值代入式（4.5.40）求得 h_c。

3. 头部隔热层厚度的计算

为了保护战斗部内炸药不受高温作用，战斗部必须有隔热层，隔热层可在金属壳体的外表亦可在内表面。一般近程导弹战斗部热防护隔热层在金属内部，通常用软木、纸板等作隔热材料，在隔热材料与炸药之间用白铁皮隔开。中程以上导弹头部，隔热套一般套在金属壳体的外表面。

在选定隔热层材料后，应通过试验和计算确定其厚度。

由上述气动加热计算可知，头部表面温度是随飞行时间变化的，所以头部壁向隔热层的导热过程是不稳定的过程。

由于头部体积远大于隔热层厚度，故可用一维的固体导热方程代替实际是三维的固体导热方程：

$$\frac{dT}{d\tau} = a_T \frac{d^2 T}{dy^2} \tag{4.5.41}$$

式中，T 为研究点处绝对温度（K）；y 为沿头部表面法向上的隔热层厚度（m）；a_T 为导温系数（m²/s）；$a_T = \dfrac{\lambda_A}{C_A \gamma_A}$，$\lambda_A$ 为热导率(W/(m · K))；C_A 为隔热材料的比热容（W/(kg · K)）；γ_A 为隔热材料的密度（kg/m³）。

将式（4.5.41）写成有限差分形式，即

$$\frac{\Delta T}{\Delta \tau} = a_T \frac{\Delta^2 T}{\Delta y^2} \tag{4.5.42}$$

将平壁分成同样厚度 Δy 的许多层，每层各注角码…，$n-1$，n，$n+1$，…，同时，将时间也分成相等的间隔 $\Delta \tau$，各以角码…，$k-1$，k，$k+1$，…标明。例如，$T_{n,k}$ 是在 k 时间第 n 层中心面上的温度，如图 4 – 5 – 6 所示。

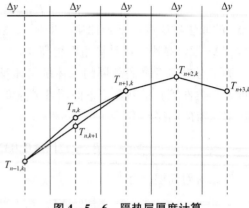

图 4 – 5 – 6　隔热层厚度计算

从图 4 – 5 – 6 可知，在第 n 层的温度曲线具有两种坡度，因此温度对坐标 y 的导数有两个值：

$$\left(\frac{\Delta T}{\Delta y}\right)_1 = \frac{T_{n-1,k} - T_{n,k}}{\Delta y}$$

对上式取

$$\left(\frac{\Delta T}{\Delta y}\right)_2 = \frac{T_{n,k} - T_{n-1,k}}{\Delta y}$$

其二次导数可得

$$\frac{\Delta^2 T}{\Delta y^2} = \frac{\left(\frac{\Delta T}{\Delta y}\right)_1 - \left(\frac{\Delta T}{\Delta y}\right)_2}{\Delta y} = \frac{T_{n+1,k} + T_{n-1,k} - 2T_{n,k}}{(\Delta y)^2} \tag{4.5.43}$$

第 n 层温度对时间的导数为

$$\frac{\Delta T}{\Delta \tau} = \frac{T_{n,k+1} - T_{n,k}}{\Delta \tau} \tag{4.5.44}$$

将式（4.5.43）和式（4.5.44）代入式（4.5.42），得到

$$\Delta T_{n,k} = T_{n+1,k} - T_{n,k} = \frac{2a_{\mathrm{T}}\Delta \tau}{(\Delta y)^2}\left(\frac{T_{n+1,k} + T_{n-1,k}}{2} - T_{n,k}\right) \tag{4.5.45}$$

如已知 k 时间间隔内隔热层内部的温度分布，根据式（4.5.36）可以计算 $k+1$ 时间间隔内隔热层内部的温度分布。

利用头部表面的温度计算结果，并假设在气动加热之前，头部结构内的温度为 15 ℃，并从头部顶端算起，取头部上两个点作为计算截面，进行隔热层厚度的计算。

在应用式（4.5.36）时，建议选取 $\Delta \tau$ 值的大小为：在弹道主动段上取 6 s，真空段取 10 s，而再入段取 2 s。隔热层的差分间隔 $\Delta y = 1$ mm。

利用式（4.5.36）可以由表及里地求第 n 层隔热层的温度，要求在弹道被动段终了时，该层的温度不超过允许的温度值，当隔热层内装填标准炸药时，则不应超过 80 ℃。

4.5.5　战斗部传爆道设计原则

引信自目标或其他起爆源接收的信号一般能量极低，不足以使战斗部内不敏感的炸药（如 TNT 混合炸药和含铝混合炸药）爆炸。要使这个信号的能量增大到适当的程度，必须经过放大，除某些触发引信发出机械能量或惯性能量的输出信号外，一般引信是发出电气输出信号，通过电点火管或电雷管引起爆炸，依靠雷管爆炸能激发主传爆药柱爆炸，显然，这些

爆炸能比雷管的能要大得多，由其再引爆辅助传爆药，释放出足够的爆炸能，使战斗部主装药爆炸。

近程弹道式导弹爆炸战斗部多采用两端引发的电引信，这样可获得较高的效能。例如，东风–2 号火箭战斗部有两个引信（一个在顶部，一个在底部），其顶部引信既有碰击开关又有惯性开关（有两个并且互相垂直），而每一个惯性开关中有三个相互成 120°的沿圆周分布的触点。由于惯性开关一个垂直弹轴，一个与弹轴平行。所以，不管战斗部以何种方向落地（或碰击目标），都能可靠地接通电源，使引爆系统可靠作用。

电气引信常用电容器放电形式，供给传爆系统以电的信号，并能在极短时间内放出足够的能量，引爆传爆系统，使弹头在很短时间内爆炸。

导弹爆破战斗部的传爆程序如图 4–5–7 所示。

图 4–5–7　导弹爆破战斗部的传爆程序

图 4–5–7 可解释如下：弹头引信碰目标接通电路，利用电容放电使桥式电雷管作用产生引爆战斗部的初始脉冲。关于桥式电雷管性能如表 4–5–3 所列，从表中可知，这种雷管内装少量的极敏感的炸药，并装有一个电阻。电容放出的电通过它，温度陡升，使敏感的炸药爆炸。一般设计电容器放电给雷管，要求短时间内引爆弹头必须满足下列关系：

电雷管所得能量 $< \dfrac{1}{2} C_e E_e^2$

式中，C_e 为电容器电容；E_e 为电容器充电后的电压。

表 4–5–3　桥式电雷管性能

雷管	电阻值	最小起爆能量	起爆时间	成分
电桥式	$6 \sim 9\ \Omega$	$7 \times 10^{-4}\ \text{J}$	$< 30\ \mu\text{s}$	叠氮化铅（0.2 ± 0.1）g 泰安 $0.17 \pm^{0.02}_{0.03}$ g

总之，电容器所蓄能量能保证雷管起爆。

桥式雷管的爆炸脉冲传给了主传爆管内的泰安药柱（重 85.5 g）。为了确保引爆作用，它们之间的距离将受临界起爆距离的限制。一般轴向临界起爆距离大于径向临界起爆距离。这个值与雷管装药性质、药量以及被引爆药的性质、密度有关。雷管的轴向和径向起爆能力的分布如图 4–5–8 所示。

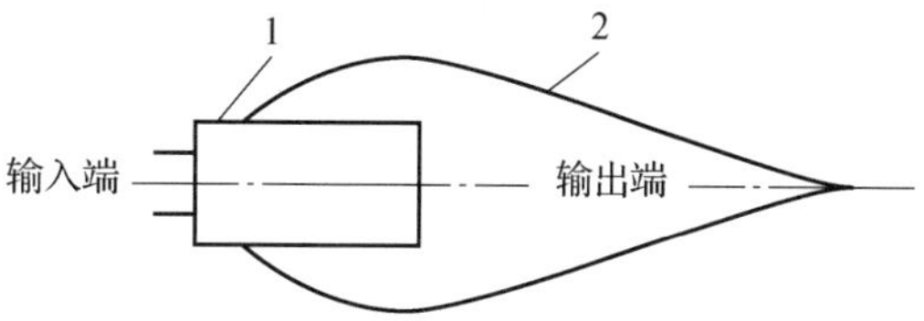

主传爆药装药在传爆道中具有双重的地位。对电桥式雷管来说，它是被发装药，依靠雷管起爆。对于辅助传爆管内的装药来说，它又是主发装药，依靠它去起爆辅助传爆药柱。以辅助传爆药柱的敏感性要次于主传爆药。它通常由石蜡钝感的泰安药柱组成。

图 4–5–8　雷管的起爆能力

1—雷管；2—等威力面

辅助传爆药柱由钝感的泰安组成，为了保证压制药柱的质量，其长径比一般不超过 1.5～2.0。东风-2号火箭的辅助药柱共6节，每节长286.5～288 mm，质量为335 g。然后将各节用胶黏结放入辅助传爆管内。辅助传爆药的感度应比主装药（基本装药）要高些。辅助传爆管一般放在战斗部整个中心位置，这样可确保基本装药（或称主装药）爆炸完全。根据有限的统计，辅助传爆药量占基本药量的0.5%～5.0%，而东风-2号战斗部的辅助传爆药量和基本药量之比是2%。

思 考 题

4.1　简要阐述热点起爆机理。

4.2　压缩波和稀疏波各自具有哪些特点？

4.3　冲击波的本质是什么？冲击波是如何形成的？都具有哪些性质？

4.4　若测得空气中冲击波速度 $D = 1\,000$ m/s，试计算冲击波参数 p_1、u_1、T_1、ρ_1。已知 $p_0 = 1.0 \times 105$ Pa，$u_0 = 0$，$T_0 = 288$ K，$\rho_0 = 1.25$ kg/m，$c_0 = 340$ m/s，$k = 1.4$。

4.5　空气冲击波破坏作用的三个主要参数是什么？

4.6　220 kg TNT炸药在刚性地面爆炸，试计算距离爆心30 m处空气冲击波的各项参数。

4.7　水中爆炸的基本特点是什么？与空气中爆炸现象的重要区别是什么？

4.8　500 kg TNT炸药在无限水域中爆炸，试计算离爆心50 m处水中冲击波的比冲量。

4.9　在岩土中的爆破威力与哪些因素有关？有什么规律？

4.10　试简要说明空中、水中、土中爆炸作用效应的共性和不同之处。

4.11　设计一个爆破战斗部，拦截导弹目标，通过所设计的爆破战斗部对其造成毁伤。根据爆破战斗部工程设计方法，计算峰值压力、冲量和等效装药量等参数，并确定战斗部能够在5 cm的脱靶距离处使导弹结构变形至其直径的1/4。战斗部的几何形状如题4.11图所示。

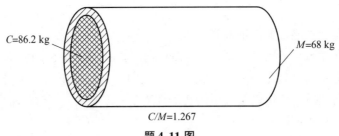

$C = 86.2$ kg　　　　　　　　　　　$M = 68$ kg

$C/M = 1.267$

题 4.11 图

第 5 章
穿甲战斗部

5.1 概 述

穿甲弹是以其动能碰击硬或半硬目标（如坦克、装甲车辆、自行火炮、舰艇及混凝土工事等），从而毁伤目标的弹药。由于穿甲弹是靠动能来穿透目标，所以也称动能弹。一般穿甲弹穿透装甲目标，以其灼热的高速破片杀伤（毁伤）目标内的有生力量，引燃或引爆弹药、燃料，破坏设施等。穿甲弹是目前装备的重要弹药之一，已广泛配用于各种火炮。

在装甲及反装甲相互抗衡及发展过程中，穿甲弹的发展已经历四代：第一代是适口径的普通穿甲弹，普通穿甲弹指的是长径比 $l/d \leqslant 5$（l 为弹丸长度，d 为弹丸直径）的穿甲弹。普通穿甲弹的弹芯通常是实心的，具有卵形或平的弹头部（带被帽）；有的普通穿甲弹在内部装有少量炸药（采用弹底引信）。普通穿甲弹的弹体通常是由特殊热处理的合金钢制成的，其头部坚硬，碰击装甲时能承受较大的应力而不破坏；弹体的硬度低于头部，确保弹体通过靶板时不脆断。第二代是次口径超速穿甲弹。第三代是旋转稳定脱壳穿甲弹。第四代是尾翼稳定脱壳穿甲弹（也称为杆式穿甲弹）。杆式穿甲弹（简称杆式弹）指的是长径比 $l/d > 10$ 的穿甲弹，如尾翼稳定脱壳穿甲弹。杆式弹弹芯一般由高密度材料制成，如钨合金或贫铀合金，密度为 $17 \sim 19$ g/cm³，长径比 $l/d = 10 \sim 35$，速度为 $1.5 \sim 1.8$ km/s。由于杆式弹的弹形较好，其千米速度降仅为 $45 \sim 80$ m/s。

由于采用高密度钨（贫铀）合金制作弹体，使穿甲弹穿甲威力和后效作用大幅提高。在大、中口径火炮上主要发展钨（贫铀）合金杆式穿甲弹。在小口径线膛炮上除保留普通穿甲弹外，主要发展钨、贫铀合金旋转稳定脱壳穿甲弹，而且正向着威力更大的尾翼稳定杆式穿甲弹发展。

5.1.1 装甲目标特性

装甲目标是指具有一定装甲防护和攻击能力的武器装备。装甲目标防护能力最强的是坦克。坦克是攻防兼备的武器，有强大的火力，配有夜视、夜瞄、激光测距、电子弹道计算机、双向稳定器（实施行进间射击）和自动装填装置，从而提高了射击精度和射速，成为陆军的主要突击力量。

坦克的操作驾驶一般位于车体前部，动力部件在后部，因此正面防护能力较强。图 5-1-1 所示为一般坦克的防护结构示意图，炮塔前部最厚，车体前装甲较厚，装甲法线角 β

人（装甲法线与水平面夹角称为法线角，装甲板与水平面的二面夹角称为倾角，二者为互余），而坦克顶部、后部、侧面及车体底部的防护较为薄弱。表 5-1-1 列出了国外一些坦克的主要性能和结构参数，仅供参考。

图 5-1-1　坦克的装甲结构示意图

表 5-1-1　国外坦克的主要性能

性能	苏联 T80	俄罗斯 T-90	美 M1A1	美 M1A2	英"挑战者"Ⅱ	法 AMX 勒克莱尔	德"豹"Ⅱ	日本 90 式	以色列 MK3
装备时间	约 1984 年	约 1993 年	1985 年	约 1991 年	1990 年	约 1995 年	约 1979 年	1990 年	约 1986 年
乘员/人	3	3	4	4	4	3	4	3	
战斗质量/t	42~43	46.5 ($1\pm2\%$)	57.2	63	62.5	50~53	55.2	48~50	61
车体长/m	7.4		7.958	9.828	8.327	6.88	7.72	9.76	8.78
车高（到炮塔顶）/m	2.2		2.438	2.438	2.49	2.46	2.46	2.34	2.65
火炮口径/(mm/类型)	125/滑膛	125/滑膛	120/滑膛	120/滑膛	120/线膛	120/滑膛	120/滑膛	120/滑膛	120/滑膛
装填方式	自动	自动	人工		人工	自动	人工	自动	
战斗射速/(发·min^{-1})	6~8		4~6		12		4~7		
高低射界/(°)	-5~18		-10~20		-8~15			-6~9	-8~20
弹药基数/发	40	43	40		64	40			50

续表

性能	苏联 T80	俄罗斯 T-90	美 M1A1	美 M1A2	英"挑战者"Ⅱ	法 AMX 勒克莱尔	德"豹"Ⅱ	日本 90 式	以色列 MK3
穿甲弹初始速度/(m·s^{-1})	1 615	1 700	1 650	1 470	1 750		1 500		
穿甲威力/mm/距离/m		500 铀、460 钨/2 000	540/1 000				540/1 000		
装甲类型/mm	复合/反应式	复合/反应/主动防护系统	复合、贫铀	贫铀	"乔巴姆"装甲	复合		复合/间隔	模块式特种装甲
正面抗穿甲弹能力/mm	500		450		450		400		
正面抗破甲弹能力/mm	650		700		570		650		
功率/kW	721	618	1 103.25	1 103.25	880	118.55	1 118.55	1 100	882.6
最大速度/(km·h^{-1})	65~75	60	66.7	67	56	71	72	70	55
越野平均速度/(km·h^{-1})	45		46			50	55		
最大行程/km	400	470~550	465	460			520	300	

由表 5-1-1 可以看出，坦克的装甲防护正在不断地改用新材料和新结构，同时还改进了车体结构，增大了发动机的功率。这样不仅增大了坦克的防护能力，也增大了其机动性能。

近年来防护技术有很大发展，不断出现新型装甲。除均质装甲外，装甲类型还有复合装甲（含间隙装甲）、反应装甲、贫铀装甲和主动防护。均质装甲是一种传统的装甲，通过提高装甲材料的力学性能、增加装甲厚度与法线角来提高抗弹能力。虽然单一均质装甲难以防御现代反坦克弹药的攻击，但它仍然是坦克防护的最基本的装甲，而且其他类型的装甲多是在此基础上改进而成的。其他类型的装甲防护性能，通常也是以均质装甲为基础来评定的。

1. 均质装甲

装甲靶板按制造方法分铸造装甲靶板和轧制靶板。轧制装甲靶板又可分为均质装甲靶板和非均质装甲靶板。非均质装甲靶板的表面层经渗碳或表面淬火具有较高的硬度，而靶板内部保持较高的韧性。坚硬的表面层易使穿甲弹弹头破碎或产生跳弹，能降低穿甲作用。高韧性的内层使变形的传播速度降低从而减小了着靶处的应力，起着吸收弹丸动能的作用，使弹丸侵彻能力下降。均质装甲靶板则在整个厚度上具有相同的力学性能和化学成分（合金钢）。均质装甲靶板按硬度的不同又可分为三种。

（1）高硬度钢：$d_{HB} = 2.7 \sim 3.1$ mm，如 2Π 板，板厚 $b \leq 20$ mm。这种钢板坚硬，但韧性不高，较脆。抗小口径穿甲弹的能力较强，当碰击速度较高时，靶板背面容易产生崩落。

（2）中硬度钢：$d_{HB} = 3.4 \sim 3.6$ mm，如 603 板、43ΠCM 板。这种钢板的综合力学性能较好，硬度较高，有足够的冲击韧性和强度极限，常用作中型或重型坦克的前部和两侧装甲。

（3）低硬度钢：$d_{HB} = 3.7 \sim 4.0$ mm，这种钢板的冲击韧性较高，但强度极限较低，通常用于厚度大于 120 mm 的厚钢甲。增大装甲的厚度、法线角和提高装甲板的力学性能，可大幅提高装甲的抗弹性能。

2. 间隙装甲

间隔装甲是指装甲钢板间具有间隙或装有其他部件的双层或多层钢甲。其作用是使破甲弹提前起爆，穿甲弹弹体遭到破坏并消耗弹丸的动能，改变弹丸的侵彻姿态和运行路径，提高防护能力。间隙装甲结构一般是在距主装甲之上的一定距离处再加一层较薄的防护装甲。

3. 复合装甲

20 世纪 70 年代后期，苏联 T-72 坦克首上复合装甲和英国挑战者坦克的"乔巴姆"（Chobham）坦克装甲问世，并得到迅速发展。进入 20 世纪 80 年代以后复合装甲已成为现代主战坦克的主要装甲结构形式，也是改造现有老坦克、强化装甲防护的主要技术措施。这种新型装甲结构大大提高了坦克装甲防护能力，与均质装甲相比，对动能弹的抗弹能力提高了 2 倍。目前，以复合装甲为主要内容的特种技术，已成为未来坦克加强装甲防护的关键技术。

图 5-1-2 所示为英国"乔巴姆"坦克装甲，由内、外装甲和中间填充陶瓷薄板组成，该薄板在铝、塑料或尼龙壳体中。

复合装甲一般由两层或多层装甲板之间放置夹层材料结构组成，夹层可为玻璃纤维板、碳纤维板、尼龙、陶瓷、铬刚玉等。

1）纤维增强复合材料

表 5-1-2 列出了坦克和装甲车辆复合装甲用纤维增强复合材料夹层及内衬的情况。

所用纤维可以是非金属材料，也可以是金属材料。不同类型的纤维以及纤维含量、纤维表面处理技术、纤维纺织方式，不同类型的树脂、树脂含量，不同的复合技术（包括层叠数量、叠层方式及叠合固化工艺等），都会对纤维复合材料的抗弹能力产生影响。

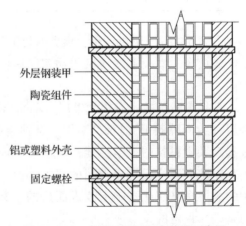

外层钢装甲

陶瓷组件

铝或塑料外壳

固定螺栓

图 5-1-2 "乔巴姆"坦克装甲示意图

表 5 – 1 – 2　坦克和装甲车辆复合装甲用纤维增强复合材料夹层及内衬

序号	类型	复合装甲夹层及内衬构成	应用
1	抗弹型	玻璃纤维布 – 酚醛树脂 – 聚己烯酯缩丁醛树脂	T – 72 坦克
2	抗弹型	玻璃纤维布 – 环氧树脂	主战坦克
3	抗弹型	多向排列玻璃毡 – 环氧树脂	主战坦克
4	抗弹型	玻璃纤维布 – 环氧树脂 – 酚醛树脂	主战坦克
5	抗弹型	凯夫拉网（与贫铀元件复合）	M1A1 坦克
6	防辐射型	短玻璃纤维 – 磷苯二甲聚酯树脂 – 双酚基聚酯树脂（含铅）	衬
7	抗崩落型	凯夫拉 29/49 纤维 – 酚醛树脂	M113 装甲车

2）抗弹陶瓷

陶瓷成为现代复合装甲重要材料的原因在于，现代坦克需要轻质防弹材料。它能在质量增加不大或不增加的条件下，大幅提高抗弹能力。

对钨合金长杆弹侵彻钢 – 陶瓷 – 钢（垂直侵彻，速度为 800 ~ 1 400 m/s）的研究表明，陶瓷受碰撞后，由于陶瓷的高压缩强度或高硬度使长杆弹体变形、断裂或偏转。在长杆深入侵彻的过程中，细碎状陶瓷粉向杆体运动的相反方向流动，对长杆弹侵彻产生较大的摩擦阻力；同时在陶瓷材料内形成许多锥形裂纹，并且在拉应力作用下形成许多碎片，这些碎片对弹杆具有良好的磨蚀作用，使弹杆减短及终止侵彻。

4. 反应装甲

目前，反应装甲指的是炸药爆炸式反应装甲，反应装甲块的基本结构如图 5 – 1 – 3 所示，其由前、后板（钢板）和中间夹层（钝感炸药）构成。

反应装甲块一般由 2 mm 厚的炸药层夹在 1 mm 厚的钢板盒中间构成爆炸块。该爆炸块又装在 1.5 mm 厚钢板盒内，盒高 100 mm，宽 250 mm，长度根据安装部位而定。

第一代反应装甲可使破甲弹的破甲深度损失 30% ~ 40%，但对杆式穿甲弹基本上没有作用。

第二代反应装甲兼有防护杆式穿甲弹和破甲弹的能力。其外形尺寸和内部结构大致与第一代相当，只是炸药性能有所变化。第二代反应装甲使杆式穿甲弹穿深损失达 16% ~ 67%。这是对杆式穿甲弹的挑战，也是穿甲弹研制者面临的课题。

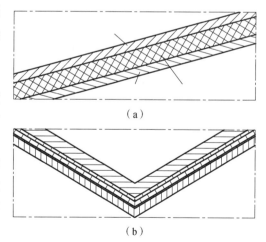

（a）

（b）

图 5 – 1 – 3　反应装甲块

5. 主动防护

美国陆军正在发展一种新型主动防护系统，由传感器网、计算机和反击弹组成，当来袭弹丸被传感器网感知时，计算机能计算出来袭弹丸情况，并指令相应的反击弹作用，使弹丸偏转、折断或失效。这种灵巧装甲系统可装在装甲车外部约 30 cm 处。

俄罗斯 PT-5 式坦克的主动防御系统（ARENA）装有一部可探测来袭目标的雷达，一旦探测到来袭目标，装在炮塔上的榴弹发射器一齐射出大量弹丸，将来袭目标击毁于坦克之前。

5.1.2 穿甲弹结构

1. 普通穿甲弹

普通穿甲弹的结构特点是弹壁较厚（$\lambda_\delta = (1/5 \sim 1/3)d$），装填系数较小（$\alpha = 0 \sim 3.0\%$），弹体采用高强度合金钢。图 5-1-4 所示为普通穿甲弹的典型结构，由风帽、弹体、弹带、炸药、引信、曳光管、引信缓冲垫和密封件等组成。

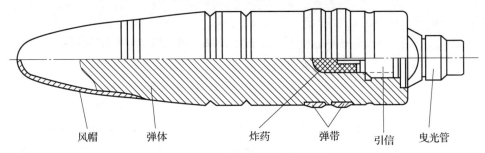

图 5-1-4　普通穿甲弹典型结构

最早出现的穿甲弹是尖头穿甲弹（图 5-1-5）。其弹头是由淬过火的钢材制作而成的，头部呈尖形，利用巨大的动能撞击目标造成穿透。为了提高击穿装甲的杀伤后效，不少型号在弹丸底部设有一个小的空腔，内部装少量炸药，可以在击穿装甲后爆炸杀伤车内成员。这种穿甲弹使用了较长时间，但在使用过程中，人们逐渐发现它有一个明显的缺点，就是当击中倾斜的装甲时，弹头非常容易发生跳弹和弹头破碎的现象。这个问题一直困扰着使用者和设计师。

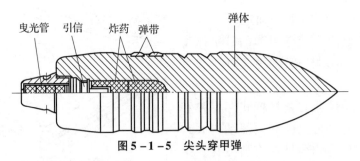

图 5-1-5　尖头穿甲弹

为了解决这个问题，设计师们发明了它的进化版本——钝头穿甲弹。这种穿甲弹头部不再是尖锐的，而是平钝的形状，能在一定程度上避免发生跳弹，如图 5-1-6 所示。因为弹头变成了钝形，增加了飞行中的空气阻力，所以设计师在其头部增加了一个轻金属制作的尖头风帽，可以在飞行中减小空气阻力。当击中目标后，风帽粉碎，不会影响弹头正常穿甲，如图 5-1-7 所示。

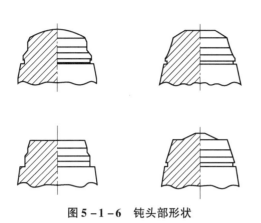

图 5 - 1 - 6　钝头部形状

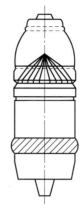

图 5 - 1 - 7　有断裂槽的弹头部破坏情况

　　但是，钝头穿甲弹防止跳弹的性能仍旧不理想，为了更好地解决这个问题，研制出了新一代弹药——被帽穿甲弹，如图 5 - 1 - 8 所示。该弹的弹头前有一个由韧性好的合金制作的"帽子"，当炮弹击中目标时，被帽可以让弹头"粘"在弹着点上防止发生跳弹，如图 5 - 1 - 9 所示。

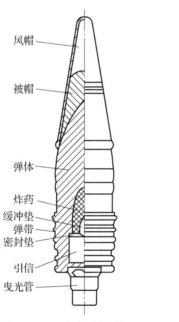

风帽

被帽

弹体

炸药
缓冲垫
弹带
密封垫

引信

曳光管

图 5 - 1 - 8　被帽穿甲弹

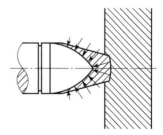

图 5 - 1 - 9　被帽的作用

　　面对穿甲弹性能的不断提高，坦克的装甲也变得越来越厚，研制了一种新的穿甲弹——次口径高速穿甲弹，如图 5 - 1 - 10 和图 5 - 1 - 11 所示。这种弹药内部没有炸药，纯粹靠动能摧毁目标。因为弹体除了弹芯外都用轻金属制作，所以在同等口径、同等发射药量的情况下可以得到更高的初始速度。

　　次口径高速穿甲弹尚存在下述问题。

　　（1）弹形不好，断面质量密度太小，速度衰减很快，在远距离处穿甲无优越性。垂直或小法向角穿甲时，威力较好，但大法向角时，弹芯易受弯矩而折断或跳飞。

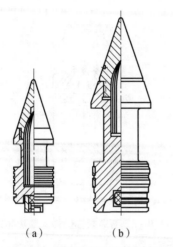
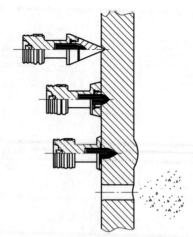

图 5 - 1 - 10　线轴形次口径超速穿甲弹　　　图 5 - 1 - 11　次口径超速穿甲弹的穿甲过程

（2）因弹芯穿出钢甲后要破碎，故不能对付屏蔽装甲或间隔装甲。

（3）碳化钨弹芯烧结成型后不易切削加工，工艺较差。

（4）初始速度高，且有的弹丸使用软钢弹带，射击时对炮膛磨损严重。

由于上述缺点，次口径超速穿甲弹不能有效地对付现代坦克，需要进一步提高威力。

2. 杆式穿甲弹

20 世纪 60 年代出现了尾翼稳定脱壳穿甲弹，俗称杆式穿甲弹，现主要装备于大中口径线膛、滑膛的坦克炮和反坦克炮，是反坦克的主用弹药。这类弹主要由飞行体和弹托两大部分组成。当前典型的杆式穿甲弹结构如图 5 - 1 - 12 和图 5 - 1 - 13 所示，前者由滑膛炮发射，后者由线膛炮发射。我国的 73 式 100 mm 滑杆式弹、120 mm 滑杆式弹和 105 mm 线杆式弹都属于这种形式。

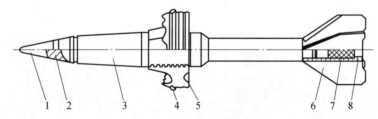

图 5 - 1 - 12　杆式穿甲弹

1—风帽；2—被帽；3—弹体；4—导带；5—卡瓣；6—尾翼；7—电光管；8—压螺

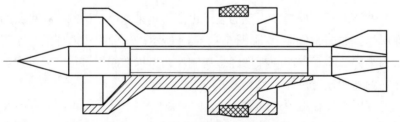

图 5 - 1 - 13　滑膛炮用杆式穿甲弹

杆式穿甲弹的结构可以分成：三块各为120°的扇形卡瓣组成的弹托，杆式弹体、尾翼、风帽及曳光管组成的飞行弹体，由导带及其他密封件组成的密封装置等三个基本组成部分。在膛内，弹托和弹体通过锯齿状的环形齿和环形槽啮合在一起，弹托支撑弹体，并起传递火药燃气压力驱动弹体的作用，前后定心部使弹丸入膛时能正确定心导引。出炮口后，弹托脱落，弹体飞向目标，在终点侵彻装甲。次口径或同口径尾翼作为飞行弹体的飞行稳定装置，尾翼翼片前缘带有后掠角，并有一定角度的斜面，使飞行弹体在飞行过程中低速旋转，前者可减小飞行阻力，后者则有利于提高射击密集度。曳光指示弹体的飞行弹道。为防止高温高压的火药燃气自弹炮间隙中泄出，加剧冲刷火炮膛壁，降低火药能量的有效利用，在弹托和定心部后边上设置导带等加以密闭；为防止火药燃气钻入弹托三块卡瓣接合面处的轴向缝隙和弹托与弹体间的装配间隙，在相应位置上设有密封件，当用线膛炮发射时，需将导带设计成双层结构，通过内外导带的相对滑动降低弹丸的转速，如图 5 - 1 - 14 所示。弹体头部套有风帽，以改善飞行弹体的气动力性能。

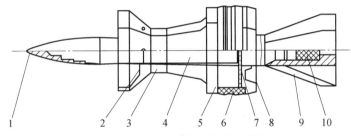

图 5 - 1 - 14 线膛炮用杆式穿甲弹

1—风帽；2—前紧固环；3—弹托；4—弹体；5—内导带；
6—外导带；7—密封件；8—后紧固环；9—尾翼；10—曳光管

杆式穿甲弹质量小，初始速度高，尾翼稳定方式又使弹体长度可以不受稳定性的限制，可使长细比大，断面比质量高，速度损失小，着靶比动能高，所以大着角碰击目标时不易跳飞。本章将简单介绍弹丸零件的结构及其作用。

5.1.3 穿甲作用

1. 靶板基本破坏形态

穿甲弹靠弹丸的碰击侵彻作用穿透装甲，并利用残余弹体、弹体破片和钢甲破片的动能或炸药的爆炸作用毁伤装甲后面的有生力量和设施。

穿甲弹垂直撞击装甲时，装甲产生局部变形、破坏等现象，这些变形、破坏与常见的静态变形和破坏大不相同。典型的破坏形式主要有韧性破坏、花瓣型破坏、冲塞型破坏和破碎型破坏，如图 5 - 1 - 15 所示。装甲的破坏形式与弹丸的着速、装甲相对厚度、装甲材料的力学性能以及弹头部的形状等因素有关。

（1）韧性破坏。当尖头穿甲弹垂直撞击机械强度不高的韧性装甲时会出现韧性破坏情况。撞击开始时靶板材料向表面流动，然后靶板材料随弹头部侵入开始径向流动，沿穿孔方向由前向后挤开，靶板上形成圆形穿孔，孔径大于或等于弹体直径。同时在靶板的前后表面形成"唇"，如图 5 - 1 - 15 （a）所示。

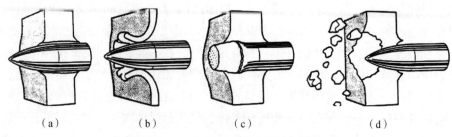

图 5 - 1 - 15　靶板几种典型破坏形式

（a）韧性破坏；（b）花瓣型破坏；（c）冲塞型破坏；（d）破碎型破坏

（2）花瓣型破坏。当锥角较小的尖头弹和卵形头部弹丸侵彻薄钢靶且碰击速度小于某值时，弹头很快穿透薄板，随着弹头部向前运动，靶板材料顺着弹头表面扩孔而被挤向四周，孔逐步扩大，同时产生径向裂纹，并逐渐向外扩展，靶背表面形成花瓣型破坏，如图5 - 1 - 15（b）所示。

（3）冲塞型破坏。圆柱形弹及普通钝头弹撞击薄板及中厚板时，弹和靶相接触的环形截面上产生很大的剪应力和剪应变，并同时产生热量。在短暂的撞击过程中，这些热量来不及散去，造成环形截面上的温度急剧升高，进一步降低了材料的抗剪强度，以致出现冲塞型破坏，如图5 - 15（c）所示。

（4）破碎型破坏。弹丸高速穿透中等硬度或高硬度钢板时，弹丸会塑性变形和破碎，靶板也出现破碎并崩落痂片，弹丸穿透靶板后，大量碎片就从靶后喷溅出来，如图5 - 1 - 15（d）所示。

上述是基本穿甲形态，而真实穿甲过程一般呈综合型穿甲形态。例如，杆式穿甲弹在大法向角下对钢甲的破坏形态，除了碰击表面出现破坏弹坑之外，弹、靶产生边破碎边穿甲，最后产生冲塞型穿甲。

2. 影响穿甲破坏的基本因素

穿甲弹侵彻装甲时，决定装甲破坏形式的基本因素是弹丸头部形状、装甲相对厚度、装甲力学性能和穿甲弹着靶姿态。

1）弹丸头部形状

尖头弹撞击装甲时，常产生韧性破坏，而钝头弹穿甲时，则容易产生冲塞型破坏。这是因为尖头弹侵彻装甲时容易排挤金属，使其产生塑性流动。钝头弹由于作用面积大，应力小，故不易使金属流动而有利于剪切。但是，究竟产生韧性破坏还是冲塞型破坏，还要看装甲的相对厚度和力学性能。

2）装甲相对厚度

装甲相对厚度是指装甲厚度 h 与弹径 d 之比，当 $h/d < 1$ 时，即装甲厚度小于弹径时，则装甲弯曲是主要变形，而弯曲引起的径向应力是最大应力。在这种情况下，会出现韧性破坏。而脆性装甲则形成剪切破坏。

对于 $h/d > 1$ 的厚靶板，冲塞通常发生在弹丸侵彻靶板的后期阶段，此时弹丸距靶背面的距离约为 d。Woodward认为钝头弹在侵彻靶板初期是延性扩孔，当弹丸侵彻到一定深度时，破坏模式转为冲塞，弹丸消耗的能量减少。假设弹丸通过延性扩孔侵彻到靶板中间某

处，弹丸后面需要侵彻的剩余深度为 h_1 时，弹丸侵彻深度每增加 δh 消耗在靶板上的功为

$$\delta W = \frac{\pi}{2} d^2 Y_t \delta h_1 \qquad (5.1.1)$$

此时靶板作用在弹丸上的等效阻应力取 $2Y_t$。Woodward 假设所形成塞块的厚度为 h_1，靶板的剪应力为 $\tau = Y_t / \sqrt{3}$，当沿塞块厚度方向剪切距离增加 δh 时，消耗的功为

$$\delta W = \frac{\pi}{\sqrt{3}} Y_t d h_1 \delta h_1 \qquad (5.1.2)$$

令式（5.1.1）与式（5.1.2）相等，得到形成冲塞时的临界厚度 $h_1 = (\sqrt{3}/2) d$。由此可以看出，钝头弹丸撞击厚靶板（$h/d > 1$）时，开始是延性扩孔，靶板材料被挤到两边，弹丸头部受到压缩。在距靶背面 $0.87d$ 时，由于弹丸周围靶板材料产生较大应变并扩展到靶板背面从而形成塞块，最后塞块飞出。

图 5-1-16 所示为利用平头刚性钢弹丸以不同的速度撞击铝靶板试验得到的靶板剖面图。试验中弹丸直径为 4.76 mm。靶板为 7039-T6 铝板，厚度为 9 mm。从图中可以清楚地看到，当撞击速度小于 260 m/s 时，侵彻过程是通过延性扩孔完成的，弹丸头部的靶板材料受到压缩被排挤到孔的两侧，在靶板表面形成"唇"，同时靶板背面出现明显鼓包。当撞击速度为 315 m/s，弹丸侵彻到距靶板背面一倍弹径时，塞块周围出现了剪切裂纹，塞块将以比撞击速度更高的速度飞出。靶板中有两个塞块，它们形成的位置和时间并不同，这是高强度和高失效应变材料中常见的现象。相反，由于低强度靶板撞击区周围材料变形相当严重，避免了剪切失效。

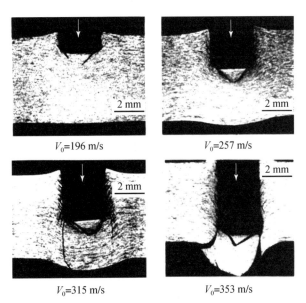

$V_0 = 196$ m/s $V_0 = 257$ m/s

$V_0 = 315$ m/s $V_0 = 353$ m/s

图 5-1-16　不同速度钝头弹丸撞击得到的铝板横截面

3）装甲力学性能

装甲硬度的提高，使冲击韧性降低。实弹射击表明，高硬度装甲受到钝头穿甲弹垂直撞击时，将产生崩落和开裂破坏。

当装甲厚度近于弹丸直径时，装甲硬度对破坏形式的影响较大，随着装甲硬度的增加，

弹丸难以侵入，因而冲出塞块的可能性就增加。实践证明，表层硬度大的非均质装甲，不论其背层的硬度如何，它被弹丸冲击时往往都冲出塞块，而且塞块的变形小，其高度近似等于装甲的厚度。

装甲表层硬度减小（如表层硬度约为 3.0HB 时，背层硬度为 3.4 ~ 3.7HB），装甲破坏的性质稍有改变，当弹丸侵入装甲很深时，才开始剪切塞块。如继续降低表层硬度（如表层的硬度为 3.2HB，背层的硬度为 3.4 ~ 3.7HB），装甲破坏不是冲出塞块，而是成韧性破坏。

对硬度为 3.0 ~ 3.1HB 的均质装甲，典型的破坏是冲出塞块，对于硬度较高的均质装甲（如硬度为 3.5 ~ 3.6HB），其破坏的特点是弹丸局部侵入装甲，并剪切出变形很大的塞块。若对低硬度均质装甲（硬度为 4.0 ~ 4.1HB），其破坏形式则为韧性穿甲。

对于铸造装甲而言，硬度对破坏形式的影响不大，大多数的破坏形式均为冲出塞块。当钢板厚度很大时（如 $h/d > 2.5$），使用碳化钨弹芯往往是韧性破坏形式，使用普通钢弹芯时易出现破碎穿甲。

4）穿甲弹着靶姿态

穿甲弹轴线和着靶速度矢量的夹角称为章动角，也称攻角，章动角越大，在靶板上的开坑越大，因而穿甲深度越小。对长径比大的弹丸和大法向角穿甲时，章动角对穿甲作用的影响更大。

5.2 穿甲弹技术指标要求

5.2.1 威力

对穿甲战斗部的威力要求是指能在规定射程内从正面击穿装甲目标，并具有一定的后效作用毁伤目标（即在目标内部有一定的杀伤、爆破和燃烧作用）。

随着装甲技术的快速发展，出现了各种各样的装甲，其抗穿甲弹的能力大幅提高，如一些国家目前装备的第三代改进型坦克及正在研制的第四代坦克正面防护装甲抗穿甲弹的能力达到相当于 700 ~ 800 mm 厚的均质装甲靶板的水平。800 mm 厚的均质装甲靶板的制造、使用仍然不够方便和经济。因此，在穿甲弹的生产与科研过程中，为考核穿甲弹的穿甲威力，一般把穿甲弹要对付的实际目标转化为一定厚度和一定倾斜角的均质靶板，这样便于考核和评价穿甲弹的穿甲威力。大量的试验结果表明，杆式穿甲弹的穿甲深度与均质装甲靶板的厚度、弹丸的着靶速度矢量与靶板法线之间的夹角 α（称为弹丸着靶角），存在如下关系：

$$P = h/\cos\theta \tag{5.2.1}$$

这一关系在 $\alpha = 0° ~ 70°$ 的范围内误差不大。因此进行穿甲威力试验可以采用 220 ~ 450 mm 厚的均质装甲靶板，再选取不同的法向角即可得到不同厚度的均质装甲靶板目标。穿甲威力如图 5 - 2 - 1 所示。

穿甲弹威力是用某个着角（或称靶板设置角）下对某种类型的靶板所能穿透的厚度及其穿透率来表征的。穿甲弹威力指标包括靶板类型、靶板厚度、靶板设置角和穿透率四个因素。

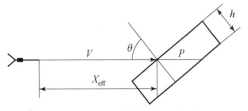

图 5 – 2 – 1　穿甲威力示意图

目前，多使用 50% 或 90% 穿透率的概念。穿透或穿不透是一个随机事件，对于一定结构的弹丸和装甲目标，弹丸的着靶速度越高，穿透的概率越大；反之，着靶速度越低，穿透的概率越小。对于穿甲弹结构与目标都确定的情况，在某着靶速度段内，影响穿甲的随机因素还有很多，通常认为弹丸穿透装甲事件服从正态分布。

对于一定的装甲目标，每种弹丸都有着各自的 50% 穿透率的着靶速度，记为 V_{50}，V_{50} 的标准方差记为 σ_{V50}。V_{50} 和 σ_{V50} 可以使用多种试验方法求得，通常使用升降法或兰利法（Langlie）。V_{50} 越小表示穿甲能力越大，σ_{V50} 越小表示穿甲越稳定。目前我国对穿甲威力的评价指标都使用 90% 穿透率的速度 V_{90}。V_{90} 与 V_{50} 的关系为

$$V_{90} = V_{50} + 1.28\sigma_{V50} \tag{5.2.2}$$

一种传统的评价方法为：对于一定的装甲目标，每种弹丸都有着各自的最小穿透速度，即弹丸着速低于该值（或范围）时就不能穿透，此速度称为极限穿透速度 V_{bl}。V_{bl} 的大小标志着弹丸穿甲的能力，对于相同的装甲目标，V_{bl} 越小，穿甲能力越大；V_{bl} 越大，穿甲能力越小。V_{bl} 可近似认为与 V_{90} 相等。

穿甲威力的典型表示方法如下。

（1）在 2 000 m（或 X）距离处穿透均质靶板的厚度为 h，穿透率不小于 90%。

（2）在 2 000 m（或 X）距离处穿透 h/θ 均质靶板，穿透率不小于 90%。其中，h 为靶板厚度，θ 为靶板法向角，如 150 mm/60°、150 mm/71°、220 mm/68.5° 等。

5.2.2　密集度

坦克、自行火炮和装甲车辆等现代装甲目标的机动性好，体积小，而穿甲弹必须直接命中，才可能毁伤目标。因此要求武器系统具有很高的射击精度，包括火控系统的精度和穿甲弹的密集度，而很好的密集度正是对穿甲弹的重要要求。

穿甲弹的密集度用高低和方向中间误差 $E_y \times E_z$（$E = 0.674\,5\sigma$）的大小来评定，目前穿甲弹的指标一般不大于 0.30 m × 0.30 m。

5.2.3　直射距离

直射距离是指弹道顶点高度等于给定目标高时的射程。根据装甲目标实际高度，通常取为 2 m。射击中，当目标位于直射距离内时，可快速直接瞄准射击。穿甲弹必须具有高初始速度、低伸弹道才能及时有效地摧毁机动灵活的装甲目标。直射距离越远，表明弹道越低伸，穿甲弹的性能越好。初始速度越高，弹道系数越小，弹道越低伸。

5.2.4　武器系统的机动性

要满足穿甲弹的威力性能越来越高的要求，必然导致炮口动能增大，这将直接影响火炮

及武器系统的机动性能。但在战争中，武器系统的机动性能是非常重要的。炮口动能的大小，直接影响着武器系统的质量，炮口动能越大，质量越大，其机动性能越差。因此，在确定弹丸的初始速度和弹丸质量时，必须综合考虑，以解决威力和机动性能的矛盾。而脱壳穿甲弹虽然初始速度很高（可达 1 800 m/s 以上），但是弹丸的质量轻而威力大，这在一定程度上是解决上述矛盾的良好途径。

5.3 穿甲弹毁伤威力设计

穿甲弹是靠弹丸的碰击侵彻作用穿透装甲，并利用残余弹体、弹体破片和钢甲破片的动能或炸药的爆炸作用毁伤装甲后面的有生力量和设施。因此，穿甲弹的威力计算主要包括两个方面，一是穿透靶板的极限穿透速度；另一个是穿透靶板后的剩余速度。

5.3.1 普通穿甲弹毁伤威力计算

1. 极限穿透速度计算公式

1）德马尔公式

德马尔假设平头圆柱体弹丸在贯穿靶板过程中不变形，且靶板的失效形式为绝热剪切，弹丸动能完全消耗在靶板被冲击部分的材料形成绝热剪切环形带中，得到平头弹丸贯穿靶板厚度为 h 的极限穿透速度为

$$V_{bl} = K \cdot d^{0.75} h^{0.7} / m^{0.5} \tag{5.3.1}$$

式中，V_{bl} 的单位为 m/s，d 的单位为 cm，h 的单位为 cm，m 的单位为 kg。大量试验证明，将 h 的指数 0.75 改为 0.7，计算值更接近试验值，同时考虑到靶板倾角的影响，将式（5.3.1）改为

$$V_{bl} = K \cdot \frac{d^{0.75} h^{0.7}}{m^{0.5} \cos \alpha} \tag{5.3.2}$$

式中，V_{bl} 为极限穿透速度；d 为弹丸直径；m 为弹丸质量；h 为靶板厚度。

如果根据经验确定了弹靶系统的 K 值，就可以根据初始条件计算出极限穿透速度。K 值称为穿甲复合系数，它综合反映了靶板和弹丸材料性质、弹丸结构等影响侵彻的因素。对于普通穿甲弹丸来说，K 值的范围为 2 200～2 600，在估算时，通常取 $K = 2 400$。式（5.3.3）还可以写成相对量的形式，即

$$V_{bl} = K \cdot C_e^{0.7} C_m^{-0.5} d^{-0.05} / \cos \alpha \tag{5.3.3}$$

式中，$C_m = m/d^3$，$C_e = h/d$。

2）贝尔金公式

德马尔公式的一个严重缺点是没有考虑装甲和弹丸的力学性能，以及弹丸的结构特点对穿甲效力的影响。贝尔金在德马尔公式的基础上，考虑这种影响而建立一个新的经验公式，即

$$V_{bl} = 215 \sqrt{K_1 \sigma_s (1 + \varphi)} \frac{d^{0.75} h^{0.7}}{m^{0.5} \cos \alpha} \tag{5.3.4}$$

式中，$\varphi = 6.16 C_m / C_e$；σ_s 为靶板屈服极限；K_1 为效力系数，即考虑弹丸结构特点和靶板受

力状态的系数，用普通穿甲弹撞击均质装甲钢的效力系数见表 5 - 3 - 1。

表 5 - 3 - 1　普通穿甲弹的效力系数

穿甲弹种类	效力系数 K_1	备注
尖头穿甲弹	0.95 ~ 1.05	
钝头穿甲弹	1.20 ~ 1.30	厚度约等于弹径的均质装甲钢
被帽穿甲弹	0.90 ~ 0.95	

效力系数也可以用下列公式进行估算。

（1）对尖头穿甲弹，有

$$K_1 = \frac{2\sqrt{2}}{3} C_e^{0.5} \left(\frac{2.6I}{1+\varphi} + 0.333 \right) \tag{5.3.5}$$

（2）对钝头穿甲弹，有

$$K_1 = \frac{2\sqrt{2}}{3} C_e^{0.5} \left(\frac{2.2I}{1+\varphi} + 0.333 \right) \tag{5.3.6}$$

式中，I 为取决于弹丸头部形状的系数，可采用下式进行计算：

$$I = \frac{8 - 5n_2}{n_1} \sqrt{(1 - n_2)(2n_1 - n_2 - 1)n_2^2} \tag{5.3.7}$$

式中，n_1 为弹头部曲率半径与弹丸直径之比；n_2 为弹头部钝化直径与弹丸直径之比（对尖头弹，$n_2 = 0$）。

对于带被帽的弹丸，效力系数可用钝头弹公式计算，但弹形系数用无被帽的尖头弹公式计算，并将其减小 5% ~ 10%，即

$$I = (0.90 \sim 0.95) \frac{8}{15} \frac{\sqrt{2n_1 - 1}}{n_1} \tag{5.3.8}$$

2. 剩余速度计算公式

Lambert 和 Jonas 在分析了大量刚性弹丸贯穿靶板的理论模型后，把这些理论模型用一个统一的公式来表示，即

$$\frac{V_r}{V_{bl}} = k \cdot \sqrt{\left(\frac{V_0}{V_{bl}} \right)^2 - 1} \tag{5.3.9}$$

式中，k 为经验常数，取决于塞块和弹丸质量比。

由于该方程是理论分析推导出来的，适用各种不同的弹丸头部形状。当 $k = 1$ 时，式（5.3.9）为卵形头部弹丸侵彻公式；当 $k = [m/(m + m_1)]^{0.5}$ 时，式（5.3.9）为球头弹丸侵彻公式，其中 m 为弹丸的质量，m_1 为塞块的质量；当 $k = m/(m + m_1)$ 时，式（5.3.9）为平头弹丸侵彻公式。因此，不考虑靶板实际失效模式时，刚性弹丸的剩余速度可以通过能量和动量守恒方程计算。但是如果弹丸贯穿靶板过程中质量有损失，情况就变得很复杂了，就不能采用能量和动能守恒方法。

塞块的质量可以采用下式进行计算：

$$m_1 = 0.8 \frac{\pi d^2}{4} \rho h \tag{5.3.10}$$

式中，ρ 为靶板密度。

5.3.2　杆式穿甲弹毁伤威力计算

对于长杆式脱壳穿甲弹的穿甲威力尚无较准确的计算方法。目前所使用的计算方法都是建立在实际穿甲试验基础上的复合计算方法。

由于该类穿甲弹要对付的坦克装甲类型繁多，所以各种弹的穿甲威力指标也不相同。目前，作为指标考核的主要靶板类型有带一定倾斜角度的单层均质板、三层板及复合板。其中单层均质板是最主要的，生产验收多用此类靶板。对三层板、复合板的穿甲威力往往仅作为产品研制阶段的考查指标。但是，一般都要求所研制的杆式穿甲弹对这两种板必须具有一定的穿甲威力。另外，随着贫轴装甲、反应装甲、主动装甲和多种多样的装甲的出现，所研制的新型杆式穿甲弹对这些装甲板也应做些穿甲威力摸底试验。

1. 极限穿透速度计算公式

在优化设计计算过程中，可以仅以带一定倾斜角度的均质靶板作为穿甲目标进行总体优化。在计算时可使用现有的穿甲威力计算程序，也可以应用下述的经验公式：

$$V_{90} = \frac{KP^{0.5}}{l_B^{0.27} \rho_P^{0.27} m_F^{0.04}} \tag{5.3.11}$$

式中，V_{90} 为穿透率为 90% 的着靶速度（m/s）；K 为计算复合系数；P 为穿甲深度（dm），按下式计算，即

$$P = \frac{B}{\cos \alpha} \tag{5.3.12}$$

式中，B 为均质靶板的厚度（dm）；α 为靶板法线与射线所夹锐角。

在优化设计过程中，为了比较方案的优劣，可以取如下两种指标中任意一个指标进行比较。

（1）有效穿透距离 X_0 已定，由式（5.3.11）可以计算出 X_0 处的着速 V_c，以 $V_{90} = V_c$ 代入式（5.3.11）可计算出 P。P 越大，方案越优越。

（2）穿甲深度 P 已定（由式（5.3.12）便可确定出 B 与 α），由此可计算出各类方案对该目标的 90% 穿透率的着速 V_{90}，由 V_{90}、V_c、C_z，应用式（5.3.11）便可计算出有效穿透距离 X，X 越大，方案越优越。

在美国，经常使用的极限穿透速度公式为

$$V_{bl} = K_h^{0.5} C_m^{-0.5} (C_e \sec \alpha)^{0.8} \tag{5.3.13}$$

式中，K_h 为与杆式弹硬度相关的常数。

另一个计算杆式弹侵彻单层轧制均质装甲的极限速度公式为

$$\begin{cases} V_{bl} = 4\,000\,(l/d)^{0.15} \sqrt{f(z)d^3/m} \\ f(z) = z + e^{-z} - 1 \\ z = h\,(\sec \alpha)^{0.75}/d \end{cases} \tag{5.3.14}$$

式中，右端各参数符号与前面相同，单位为 cm·g·m 制，但计算结果 V_{bl} 的单位为 m/s。式

（5.3.14）是根据200多个极限速度值（弹体质量为 $0.5 \sim 3\,630$ g，弹径 $d = 2 \sim 50$ mm，长径比 l/d 为 $4 \sim 30$，靶板厚度为 $6 \sim 150$ mm，倾角 α 为 $0° \sim 60°$，杆式弹密度为 $(7.8 \sim 19.0) \times 10^3$ kg/m³）统计出来的。式（5.3.14）适用于平头、锥形或半球形头部的等效正圆柱体杆，靶板的相对厚度 $C_e > 1.5$，但公式并没有反映出弹靶材料性质及头部形状的影响。

2. 剩余速度计算公式

杆式穿甲弹贯穿有限厚靶板是大多数实际情况中所遇到的。杆式穿甲弹贯穿靶板的研究对弹丸和装甲设计者来说非常重要，同时也是弹靶相互作用过程中最复杂的问题，它涉及许多方面，包括侵彻和侵蚀过程的非稳态特性、靶板入口和背面界面的影响以及靶板中会出现各种不同的失效机制等。因此，用理论方法来分析该问题非常困难，造成了目前仍缺乏杆式穿甲弹贯穿有限厚靶板的计算模型。

图 5-3-1 所示为长径比 $l/d = 10$，撞击速度为 2.03 km/s 的钢杆撞击钢靶板后的成坑照片，该照片展示了侵蚀杆贯穿有限厚靶板过程的复杂性。从照片中可以清楚地看到反向杆形成的薄壳圆筒沿坑壁线性排列，靶板背面的鼓包明显为拉伸失效。另外，靠近靶背面处成坑直径增大，说明在侵彻最后阶段靶板的侵彻阻抗会降低。

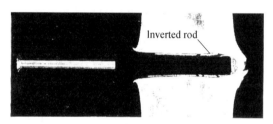

图 5-3-1　钢靶板上的成坑和鼓包

Lambert 在详细分析了杆式弹侵彻过程基础上给出了侵蚀杆式弹的剩余速度计算公式，即

$$\frac{V_r}{V_{bl}} = k_0 \cdot \left[\left(\frac{V_0}{V_{bl}} \right)^\alpha - 1 \right]^{1/\alpha} \tag{5.3.15}$$

式中，k_0 和 α 为各种弹靶组合的经验常数。

若取 $k_0 = 1$，$\alpha = 2.5$ 时，与试验数据吻合较好，如图 5-3-2 所示。

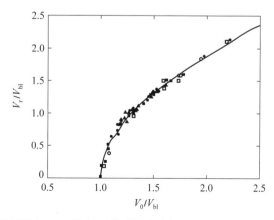

图 5-3-2　钢杆贯穿 RHA 靶板后的剩余速度与 Lambert 方程（$k_0 = 1$，$\alpha = 2.5$）

5.4　杆式穿甲弹结构设计

杆式穿甲弹设计中一般会遇到两种情况，一种是给现有火炮设计弹（配弹设计）；另一种是给新火炮系统设计弹。对于老炮配新弹的限定条件下，综合考虑穿甲威力、结构强度、内弹道性能、外弹道性值、经济性、可加工性等因素。对于新炮配新设的武器系统除考虑上述因素外，还应当考虑整个武器系统的机动性，如在满足给定的穿甲威力要求的前提下，选取最小的火炮口径、最低的膛压及最短的火炮身管。下面以老炮配新弹的设计来介绍穿甲弹功能设计。

5.4.1　弹重选取

普通穿甲弹设计中遇到两种情况，一种是给现有火炮设计弹（配弹设计）；另一种是给新火炮系统设计弹。

1. 在现有火炮系统中弹丸质量的确定

当为现有火炮进行配弹设计时，穿甲弹弹丸质量应当这样确定：膛内保证火炮强度，膛外保证击穿规定厚度的装甲，且其极限穿透距离为最大值。具体步骤如下。

（1）根据设计工作中积累的经验，确定一系列比较合适的相对弹丸质量范围 C_{m1}，C_{m2}，…，C_{mn}。

普通穿甲弹的 C_m 值为 13～20。

（2）根据 $m = C_m d^3$ 计算一系列弹丸质量 m_1，m_2，…，m_n。

（3）根据火炮强度条件，确定对应的初始速度（轻弹按炮口动能不变，重弹按炮口动量不变）V_1，V_2，…，V_n。

（4）由德马尔公式计算穿透给定装甲的极限穿透速度 $V_{bl} = K \dfrac{d^{0.75} h^{0.7}}{m^{0.5} \cos \alpha}$（$\alpha$ 一般取为 $60°$）。

（5）根据经验确定一个弹形系数 i，并计算不同弹丸质量下的弹道系数（$c = (id^2/m) \times 10^3$）c_1，c_2，…，c_n。

（6）由西亚切函数公式 $cx = D(V_{bl}) - D(V_0)$ 计算对应不同弹丸质量的极限穿透距离 x_1，x_2，…，x_n。

（7）作 $x - m$ 曲线。对应 x 最大者即最有利弹丸质量。

2. 为新火炮系统设计弹时弹丸质量的确定

这种情况下最有利的弹丸质量应在保证达到战术技术要求的条件下，使火炮机动性最好。战术技术要求一般是上级给定的（如在给定距离上击穿给定倾角的装甲厚度）。火炮机动性可用炮口动能的大小来衡量。具体设计步骤如下。

（1）由给定口径在穿甲弹的相对弹丸质量系数范围中选择一系列弹丸质量 m_1，m_2，…，m_n。

（2）由德马尔公式计算不同弹丸质量条件下，穿甲的极限穿透速度 V_{bl1}，V_{bl2}，…，V_{bln}。

（3）根据选定的弹形系数 i，计算一系列对应的弹道系数 c_1，c_2，$\cdots$，c_n。

（4）由西亚切函数公式 $D(V_0)=D(V_{bl})-cX$ 计算一系列对应的初始速度 V_{01}，V_{02}，$\cdots$，V_{0n}。

（5）计算对应的炮口动能 E_1，E_2，$\cdots$，E_n。

（6）作 $E-m$ 曲线。对应 E 最小的 m 值即最有利弹丸质量。

5.4.2　结构设计

目前，根据国内外设计的大多数杆式穿甲弹的弹丸结构可以综合成如图 5-4-1 所示的典型结构。

弹托、弹体、尾翼、风帽及导带分别可以综合成如图 5-4-2～图 5-4-6 所示的典型结构。图中加脚标的字母代表图形的几何要素，l 为长度、d 为直径、α 为角度。图中所有尺寸均为变量，为简化图形，只标出文中所涉及的尺寸。

这些典型结构，当某些尺寸取不同值时即可变成各种各样的结构形式，如图 5-4-2 所示。若取 l_{14}、l_{11} 即变成常见的 59 式 100 mm 坦钨、铀合金脱壳穿甲弹的弹托形式，若取 l_3、l_4、l_5、l_6、l_7 均为零，且 l_{14}、l_{18} 足够大，则变成双锥形弹托。在图 5-4-3 中也一样，取 $d_{26}=d_{27}=d_{28}=d_{29}$，则变成我们通常见到的凹槽式牙型弹体；若取 $d_{26}=d_{27}<d_{28}$，$d_{29}<d_{28}$，则变成了凸台式牙型弹体等。

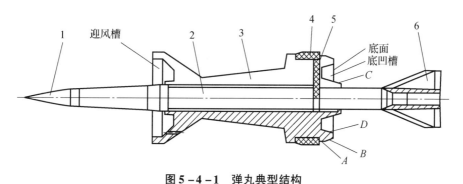

图 5-4-1　弹丸典型结构

1—风帽；2—弹体；3—弹托；4—外导带；5—密封件；6—尾翼

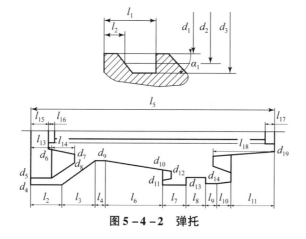

图 5-4-2　弹托

在毁伤能力设计时应主要考虑弹托、弹体、风帽、尾翼和导带的设计，其他零件如紧固件、密封件、垫圈、垫片、曳光管及其压螺等零件可以暂不考虑。因为这些零件的质量占弹丸质量的比例很小，对总体参数的选取影响不大（图5-4-4~图5-4-6）。

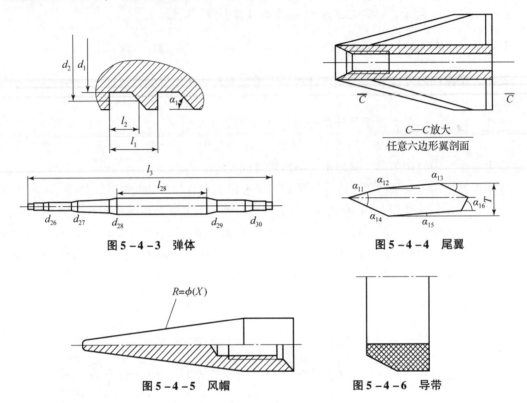

图 5-4-3　弹体　　　　　　　　　图 5-4-4　尾翼

图 5-4-5　风帽　　　　　　　　　图 5-4-6　导带

1. 弹托的设计

弹托的设计应满足：在膛内各卡瓣具有抱紧的特性；在膛外能够顺利脱壳；发射强度可靠。为此对初步结构应进行这方面的校核计算，并修改一些尺寸使之满足这些条件。

1）对卡瓣抱紧特性计算

杆式穿甲弹弹托在膛内的自抱紧特性，就是组成弹托的各卡瓣，在膛内火药燃气压力、闭气环的作用力、膛壁反力等各种力作用下，能够自行抱紧，不会发生分离。弹托具有自抱紧特性是设计密封结构的基础。

（1）膛内弹托受力分析。

如图5-4-7所示为卡瓣的纵对称面，把它所受的径向和轴向均布载荷都简化成一个集中等效力，把复杂的空间力系简化成为简单的平面力系。图中，R_y、R_z 分别为弹托迎风槽内空气动力径向和轴向分量；F_N 为膛壁反力；F_{Nf} 为 F_N 产生的摩擦力的轴向分量；F_u 为外导带的径向压力；F_r 为弹丸在膛内旋转产生的离心力；F_z 为轴向惯性力；B_1、B_2、B_3、F_1 分别为 A、B、C、D 面上的火药燃气径向压力；F_{hz} 为火药燃气的轴向推力；F_{pd} 为由外导带施加的轴向压力；F_{Bz} 为飞行弹体的轴向作用力；B_4 为当各卡瓣发生分离或有分离趋势时的摩擦力。

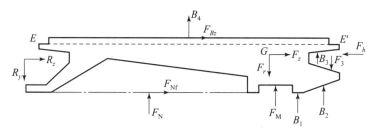

图 5 - 4 - 7　卡瓣受力分析

（2）弹托膛内自抱紧特性计算。对上述诸力进行分析（忽略一些次要力，以求简化计算）。

在设计弹托时，一般设计有前、后紧固环将各卡瓣紧固为一体。在膛内弹丸速度较高时，R_y、R_z 是两个不小的力。其中，R_y 与膛壁反力及紧固环的紧固力平衡，而 R_z 与 F_z、F_{Bz} 及 F_{hz} 相比却小得多，可以忽略不计。

F_N、F_{Nf}、F_M 对弹托的自抱紧作用是有利的。F_N 的大小、方向及作用位置具有随机性，不便于计算；F_u 的大小与导带的材料、强制量、温度、炮膛结构、膛压等因素有关，其值也不便计算。考虑到这三个力的综合作用结果与其他力相比较小，而且对抱紧有利，为简化抱紧特性计算将其忽略，使计算结果偏于安全。

因为弹丸在膛内转速较低，离心力 F_r 不大，而且为前后紧固环的紧固力所平衡，计算时也将予以忽略。

前、后紧固环的紧固力对抱紧有利。在设计时仅考虑其满足勤务处理过程中使卡瓣不散开的要求，该力也不大，而且还与 R_y、F_r 抵消一部分，故计算时不考虑。

如图 5 - 4 - 7 所示，在卡瓣上对定点 E 取矩，根据结构要求，相对 E 点逆时针的力矩为抱紧力矩，顺时针的力矩为外翻力矩。

经推导，诸力相对 E 点的力矩计算公式如下：

$$\begin{cases} M_{B1} = 2h_A R_A p_b \left(l_A + \frac{1}{2} h_A \right) \sin \frac{\pi}{n} \\ M_{B2} = h_B (R_A + r_B) p_b \left[l_B + \frac{R_A + 2r_B}{3(R_A + r_B)} h_B \right] \sin \frac{\pi}{n} \\ M_{B3} = h_C (R_C + r_C) p_b \left[l_C + \frac{R_C + 2r_C}{3(R_C + r_C)} h_C \right] \sin \frac{\pi}{n} \\ M_{B4} = \frac{S m_F f_0 p_b}{nm} l_{B4} \end{cases} \tag{5.4.1a}$$

$$\begin{cases} M_{Fz} = \frac{S m_S p_b}{nm} (R_G - R_E) ; M_{F1} = h_D (R_D + r_D) p_b \left[l_D - \frac{R_D + 2r_D}{3(R_D + r_D)} h_D \right] \sin \frac{\pi}{n} \\ M_{FPd} = \frac{F_2}{n} p_b \left[\frac{2(R^3 - r^3)}{(R^2 - r^2)} - R_E \right] \\ M_{Fhz} = \frac{\pi}{n} (R_A^2 - r_B^2) p_b \left(\frac{2n(R_A^3 - r_B^3)}{3\pi(R_A^2 - r_B^2)} \sin \frac{\pi}{n} - R_E \right) \end{cases} \tag{5.4.1b}$$

上面诸公式中符号的定义如下：

h_A、h_B、h_C、h_D 分别为图 5 - 1 - 4 上 A、B、C、D 处相应于弹托上圆柱体或圆台体的高；R_A、R_B、R_C、R_D 及 r_A、r_B、r_C、r_D 分别为相应圆台体的大头及小头半径；l_B、l_C、l_D 为相应的圆台体大头端面到 E 点的距离；l_{B4} 为 E 点到摩擦力 B_4 作用线的距离，可以认为 B_4 作用于弹托环形槽（或螺纹槽）的中点处；n 为弹托的卡瓣个数；p_b 为弹底火药燃气压力；F_z 由式（5 - 4 - 48）求出；R 为弹托定心部半径；r 为外导带内半径；R_E 为固定点 E 处的半径；R_G 为卡瓣质心 G 点处的半径；m_S 为弹托的质量；m_F 为飞行弹体的质量；S 为炮膛横截面积；l_A 为圆杜部 A 的左端面到 E 点距离；f_0 为弹托与弹体之间的摩擦系数。

抱紧力矩之和为

$$M_B = M_{B1} + M_{B2} + M_{B3} + M_{Bz} + M_{B4} \tag{5.4.2}$$

外翻力矩之和为

$$M_F = M_{F1} + M_{FPd} + M_{Fkz} \tag{5.4.3}$$

根据设计经验及对国内外同类产品的统计结果，若取 $M_B \geq 1.4 M_F$，就能够满足弹托膛内的自抱紧特性要求。

2）对脱壳的估算

脱壳计算比较复杂，可以按如下经验方法进行估算。

（1）弹托迎风槽空气动力脱壳设计估算。如图 5 - 4 - 1 所示，在弹丸出炮口并冲出火药燃气后效区之后，迎面而来的高速气流在弹托迎风槽前面形成一道脱体激波，并在迎风槽内形成高压区。各卡瓣将在这一高压作用下与飞行弹体发生径向和轴向分离。迎风面上的压力提供轴向脱壳力；迎风槽内侧面上的压力提供径向脱壳力。一个卡瓣的迎风面面积 S_1 和迎风槽内侧面面积 S_2（未脱壳时）分别为

$$S_1 = \frac{\pi}{4n}(d_4^2 - d_{28}^2) \tag{5.4.4}$$

$$S_2 = l_{13} d_5 \sin\frac{\pi}{n} + \frac{1}{2}(l_{14} + l_{15} - l_{13})(d_5 + d_7)\sin\frac{\pi}{n} - \frac{1}{2}l_{14}(d_8 + d_6)\sin\frac{\pi}{n} \tag{5.4.5}$$

式中，n 为卡瓣个数，且 $n \geq 2$，其他符号定义如图 5 - 4 - 2 所示。

经验表明，要取得满意的空气动力脱壳效果，即脱壳干扰较小的效果，可满足

$$\frac{S_2}{S_1} \geq \tan\alpha_1 \tag{5.4.6}$$

式中，α_1 定义如图 5 - 4 - 2 和图 5 - 4 - 3 所示。

（2）弹托底凹槽火药燃气后效脱壳设计估算。若选定的弹托结构为火药燃气和空气动力共同脱壳的类型，则应进行该项估算。如图 5 - 4 - 1 所示，起主要密封作用的外导带一个出炮口，大量的火药燃气沿着 A、B 面与炮膛壁间的间隙高速流出，A、B 面上的火药燃气压力骤然下降，这样作用于 D 面上的火药燃气压力（使卡瓣发生分离的力）与其他脱壳力之和大于 A、B、C 面上的抱紧力。从这时起，各卡瓣将从底凹槽处胀断后紧固环而发生径向分离。当弹托底面出炮口后，膛内火药燃气从炮口喷出，迅速膨胀，其速度超过弹丸的速度。在这一膨胀气流的作用下，弹托底凹槽内形成一个高压区，各卡瓣将在这一高压作用下继续发生径向分离。

产生径向分离力的 D 锥面沿卡瓣对称面径向的投影面积为

$$S_D = \frac{1}{2}(d_{18} + d_{15})(l_{18} - l_{11})\sin\frac{\pi}{n} \tag{5.4.7}$$

在火药燃气后效期内仍产生抱紧力的 C 锥面沿卡瓣纵对称面径向的投影面积为

$$S_C = \frac{1}{2}(d_{19} + d_{16})l_{18}\sin\frac{\pi}{n} \tag{5.4.8}$$

经验表明，在后效期间产生径向分离的条件为

$$\frac{S_D}{S_C} \geqslant 1.3, \ n = 3 \tag{5.4.9}$$

射击试验表明，此值越大，后效脱壳越顺利。根据理论分析，当 n 增大时，此值应取得小些。

2. 弹托前后锥体尺寸设计

弹托的前后锥体尺寸应根据弹托环形槽受力均匀的原则进行设计计算，即

$$r^2(z) = \left(r_0^2 - r_p^2 - \frac{2\tau r_p}{\alpha}\right)\left[\frac{\varSigma_0}{\varSigma_0 + \left(\rho_p\ddot{z} - \frac{2r}{r_p}\right)}\right]^\beta + r_p^2 + \frac{2\tau}{\alpha}r_p$$

式中，z 为以锥体小头端面为零点的锥体轴向坐标绝对值（m）；$\ddot{z}$ 为弹丸轴向加速度（m/s^2）；$r(z)$ 为坐标 x 处的锥体半径（m）；r_p 为弹体环形槽处的半径（m），$r_p = 0.5d_{28}$；r_0 为锥体小头起始半径（m）；τ 为锥体环形槽处设计剪切应力（Pa）；α、β、$\varSigma_0$ 分别为一种综合参数，可表示如下：

$$\alpha = \frac{E_s}{E_p}\left(\rho_p\ddot{z} - \frac{2\tau}{r_p}\right) - \rho_s\ddot{z} \tag{5.4.10}$$

$$\beta = \frac{E_p}{E_s} \cdot \frac{\alpha}{\rho_p\ddot{z} - \frac{2\tau}{r_p}} \tag{5.4.11}$$

$$\varSigma_0 = \sigma_0 + 2\mu_p p_b + \frac{E_p}{E_s}(1 - 2\mu_s)p_b \tag{5.4.12}$$

式中，E_p、E_s 分别为弹体、弹托材料的弹性模量（Pa）；ρ_p、ρ_s 分别为弹体、弹托材料的密度（kg/m^3）；μ_p、μ_s 分别为弹体、弹托材料的泊松比；σ_0 为锥体起始端面环形槽处弹体横截面上的应力（Pa）；p_b 为弹底火药燃气压力（Pa）。

应当注意的是，对于前锥体进行计算时应取 $p_b = 0$。

由这种方法计算所得的 $r(z)$ 是非线性的，通常呈 S 形，其斜率是递增的。曲线的最小斜率位于离开锥体起始端面不远处，之后斜率则递增。在实际设计中可以用一条割线近似代替这一曲线，即设计成斜锥体。为了减小弹托两端环形槽处的应力，斜锥体的角度往往取得比计算结果小一些。

3. 马鞍形弹托鞍底直径确定

图 5 - 4 - 2 所示形状的弹托称为马鞍形弹托，d_9、d_{12} 称为鞍底直径。

设弹托的材料许用应力为 σ_{cs0}；对应于 d_9 或 d_{12} 处弹托受压最大横截面积为 A_i；在 A_i 截面上受到飞行弹体的作用力 F_i；在 A_i 截面之前弹托部分的质量为 m_{si}，则

$$A_i\sigma_{cs0} = F_i + m_{si}\ddot{z} \tag{5.4.13}$$

由图 5 – 4 – 2 可知，A_i、m_{si} 为 d_9、d_{12} 的函数，它们之间的关系导出后，即可计算出 d_9 或 d_{12}。关于 σ_{cs0}，可根据材料的静、动态的综合力学性能、实际试验结果、制式产品的取值和设计经验确定。对于确定的材料，σ_{cs0} 取值越小，弹托发射强度的可靠度越大，但弹托的消极质量越大，致使弹丸初始速度降低，对穿甲性能不利；若 σ_{cs0} 取值过大，虽能有效减少弹托质量，有利于提高弹丸初始速度，但弹托发射强度的可靠度减小。

4. 弹托长度确定

影响弹托长度的因素较多，应当与弹体的设计一起综合考虑。如图 5 – 4 – 3 所示，当 l_{28} 确定后弹托的长度即可计算出来。如图 5 – 4 – 2 所示，弹托长度为

$$l_s = l_{28} + l_{17} + l_{16} + l_{15} \tag{5.4.14}$$

5.4.3 弹体设计

弹体的设计应当满足穿甲威力、发射强度及与弹托精确配合的要求；还应当满足与风帽、尾翼及密封件连接的要求；在其外形上要尽量满足减小空气阻力的要求。

1. 弹体总长的确定

弹体的总长度由穿甲威力指标确定。穿甲深度也可用下面的经验公式计算，即

$$P = \frac{V_c^2 \rho_p l_B}{K^2 \sigma_{st}} \tag{5.4.15}$$

式中，P 为对均质装甲板的穿甲深度（m）；V_c 为弹体着靶速度（m/s）；ρ_p 为弹体材料密度（kg/m³）；l_B 为弹体长度（m）；σ_{st} 为均质装甲板的屈服极限（Pa）；K 为穿甲符合系数。

由式（5.4.15）可以看出，弹体长度 l_B 越大，穿甲深度 P 越大，这在一定的速度范围内是正确的。实际的穿甲试验结果表明，当着速一定时，杆长到一定程度，若再继续加长，反而对穿甲不利，会出现跳弹，甚至折断而使穿甲完全失效的现象；另外，一定长度的杆，速度高到一定程度后，再提高速度其穿甲深度也不明显增加，因为在穿甲过程中，杆式弹体边破碎边穿甲，当杆体破碎完后，自然就丧失了穿甲能力。目前的火炮速度范围内对有限厚度的均质装甲钢板，杆式弹体长度可按如下经验公式选取：

$$l_B = k_2 P$$

式中，k_2 为待优化的系数。根据一些制式产品及大量的科研试验结果统计，对于钨合金或铀合金材料，着靶速度范围为 1 400 ~ 1 850 m/s，长细比为 15 ~ 30，弹径为 33 ~ 20 mm，在优化计算时，系数 k_2 可选取为 0.95 ~ 1.20。

2. 弹体直径的选取

由式（5.4.15）可以看出，当 V_c、l_B、ρ_p、σ_{st} 确定后，P 就是确定的量，而与弹体的直径 d_F 无关。实际上，当直径 d_F 增大时，由于 l_B 一定，则弹丸的质量 m 将增加。在内弹道条件一定时，弹丸的初始速度 V_0 将减小，其着速 V_c 降低，从而使穿甲深度 P 减小；当 d_F 减小时，m 迅速减小，V_0 增加，V_c 增加，因而 P 有增大的趋势。但弹体的直径若取得太细，杆的刚度将大幅降低，这样对于穿甲深度及发射强度是不利的。同时，由于飞行弹体质量减小，其在外弹道上的存速能力降低，致使外弹道上的速度下降量增大而使 V_c 降低，有使 P 减小的趋势。所以，在保证一定弹体长的情况下，弹径的选取以满足发射强度和有利于提高

穿甲威力为原则，在优化设计过程中，可以 d_F 为自变量进行计算。

3. 弹体与弹托连接长度的确定

弹体与弹托的连接长度主要由弹体材料的许用应力、压杆失稳条件、弹体的总长度、弹体的结构形状等因素来决定。

1）弹体的膛内发射强度

设弹丸的质量为 m，飞行弹体的质量为 m_F，飞行弹体头部第一个环形槽槽底之左边的质量为 m_h，尾部第一个环形槽槽底之右边的质量为 m_A，中间部分的质量为 m_m（图 5-4-1）；炮膛横截面面积为 S；弹体与弹托连接环形槽的个数为 N，弹体材料的许用压应力取 σ_{cP0}，许用等效应力为 σ_{A0}，许用剪切应力为 τ_{P0}。

弹丸在膛内的轴向加速度为

$$\ddot{z} = \frac{Sp_b}{\varphi_1 m} \tag{5.4.16}$$

式中，φ_1 为内弹道虚拟系数。

假设飞行弹体作用于弹托每个环形槽上的力 F 是相等的（实际上是有差别的），则

$$F = \frac{m_F \ddot{z} - A_P p_b}{N} \tag{5.4.17}$$

式中，A_P 为弹体上环形槽槽底的横截面积。

弹体环形槽上的剪切应力（图 5-4-3）为

$$\tau_P = \frac{F}{\pi d_{23}\left(l_1 - l_2 + \dfrac{d_{28} - d_{23}}{4\tan\alpha_1}\right)} \tag{5.4.18}$$

剪切强度条件为

$$\tau_P \leqslant \tau_{P0} \tag{5.4.19}$$

为便于计算，取头部第一个环形槽槽底的压应力为 σ_{cP}，尾部第一个环形槽槽底的等效应力为 σ_A，并将 σ_{cP}、σ_A 看成特征应力用于优化设计计算。实际上，危险截面并不见得是这两个截面，由于应力集中的原因，危险截面往往发生在以后几个环形槽处，则

$$\sigma_{cP} = \frac{m_h \ddot{z} - F}{A_P} \tag{5.4.20}$$

$$\sigma_A = \frac{m_A \ddot{z}}{A_P} \tag{5.4.21}$$

应当满足的强度条件为

$$\begin{cases} \sigma_{cP} \leqslant \sigma_{cP0} \\ \sigma_A \leqslant \sigma_{A0} \end{cases} \tag{5.4.22}$$

飞行弹体的左边部分（图 5-4-1）未受弹托支撑处于悬臂状态。在膛内发射时，它将受到一个沿轴线的惯性力；由于其质量偏心、动不平衡和其他因素的扰动，它还将受到随机的横向载荷作用，而式（5.4.20）中未考虑这一横向载荷。因此，在优化设计过程中，必须校核其压杆稳定性。

可以认为飞行弹体左边悬露部分是一端固定，另一端自由，受自重载荷的压杆。设计时

可以使用下述半经验公式进行粗略估算，待方案确定后，再进行较精确的计算。

压杆临界应力为

$$\sigma_{cr} = 0.49 \frac{E_p d}{l_h^2}$$

式中，d 为悬露部分圆柱段的直径；l_h 为悬露部分总长度（包括穿甲头部长度，不计风帽长度）。

悬露部分截面上的最大应力 σ_{max} 应满足如下条件。

弹体材料的比例极限为 σ_{pl}，则

$$\begin{cases} \text{当 } \sigma_{cr} \leqslant \sigma_{pl} \text{ 时}, \sigma_{max} \leqslant \sigma_{cr} \\ \text{当 } \sigma_{cr} > \sigma_{pl} \text{ 时}, \sigma_{max} \leqslant \sigma_{pl} \end{cases}$$

2）连接长度计算

如图 5-4-3 所示，弹体与弹托以环形槽或螺纹相连接的长度为 l_{28}。

由式（5.4.20）和式（5.4.23）得

$$m_h = \frac{A_P \sigma_{cP0} + F}{\ddot{z}} \tag{5.4.23}$$

$$m_A = \frac{A_P \sigma_{A0}}{\ddot{z}} \tag{5.4.24}$$

$$m_m = m_F - m_h - m_A \tag{5.4.25}$$

又

$$m_m = (N-1) m_z \tag{5.2.26}$$

式中，m_z 为弹体上一个环形槽段的质量。

联立式（5.4.25）和式（5.4.26），可得

$$N - 1 = \frac{m_F - m_h - m_A}{m_z} \tag{5.4.27}$$

且

$$l_{28} = (N-1) l_1 + l_2 + \frac{d_{28} - d_{22}}{2 \tan \alpha_1} \tag{5.4.28}$$

将式（5.4.27）代入式（5.4.28）即可求出 l_{28}。

4. 弹体头部结构的确定

弹体头部结构对弹体的侵彻能力有着重要的作用。实践结果表明，对于钨合金弹体，当垂直侵彻均质靶时，当着靶速度大于 1 200 m/s 时，可以认为弹体头部结构对其侵彻能力无明显影响。在斜侵彻时，尤其是对斜置的分层靶（如薄板在前的三层间隔靶及复合靶）作用时，弹体头部结构对弹体侵彻能力的影响就比较明显。研究结果表明，靶体结构和着靶速度的不同，侵彻这些目标的初期及随后侵彻过程的机制也有区别。垂直侵彻均质靶时，弹体头部主要是对侵彻初期的成坑过程起作用，因之头部结构主要是适应在靶体表面上迅速成坑的要求，斜侵彻靶板时，弹体头部结构除了要适应在靶面迅速成坑，并使开坑阶段迅速向稳定侵彻阶段要求过渡外，还必须有利于啃住靶板和使弹头后面的弹体不折断，在侵彻三层间隔靶时，弹头部主要对第一层靶起作用。因此，弹体头部结构要有利于对该层靶板产生剪切

破坏或使能量消耗最小，并且应保持穿透该层靶板后弹体的完整性和不影响弹体再次着靶的姿态。由此可见，要找出某种弹头结构，使之在不同情况下侵彻各种靶板都具有良好的侵彻性能比较困难，而是只能兼顾各种情况。头部结构对侵彻能力的影响在国外受到相当的重视，以色列研制的穿甲块结构有效地对付三层靶，美国则主要采用了与弹体连为一体的半球形头部结构，力图改善对均质钢甲的侵彻能力。国内也进行了弹头部结构对侵彻能力影响的模拟试验研究。

图 5-4-8 所示为目前采用的或经试验研究的弹头部结构。

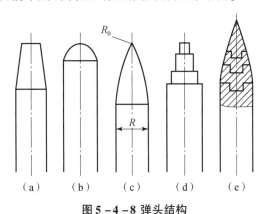

图 5-4-8 弹头结构

（a）截锥头；（b）半球头；（c）锥形头；（d）穿甲块；（e）全钨三截头

截锥形头部结构侵彻均质钢靶时能迅速完成开坑过程，转向稳定侵彻，开坑所消耗的能量相对较少。斜侵彻均质钢甲时，克服弹体跳飞的性能好，能迅速铲入靶内成坑，是侵彻大倾角均质装甲的有利结构。

半球形头部结构能使弹头部质量相对集中，有利于穿甲过程的开坑，这种头部结构对斜侵彻均质靶板最为有利。

圆锥形头部结构，由于其外形可与风帽形状一致，实质上是增加了弹体的有效长度，从而带来一定的好处。但是，这种头部结构对侵彻厚靶板并不有利，模拟试验结果表明，即使斜侵彻均质靶板，其极限穿透速度也相应较高。

穿甲块式弹头结构是由几块直径不同的钨合金圆柱叠合而成，通过风帽与弹体的连接而将其压装在弹体的前端。它能在前部破坏的情况下仍保持后部的完整性，并且后面部分的飞行姿态也不受前面的影响，所以对穿透三层间隔靶有利。但是，对侵彻大倾角厚靶板不是最有利的。这种头部结构的关键在于确定穿甲块数目及其质量比。

全钨三截头结构是由三节钨合金块通过螺纹（或相互压入）连接成整体，实质上这种结构是圆锥形头部和穿甲块头部结构二者综合的结果。模拟试验研究的初步结果表明，全钨三截头部结构具有侵彻薄板在前的三层间隔靶的良好性能，也能兼顾侵彻大倾角均质靶板。

5.4.4　风帽和尾翼设计

风帽及尾翼的设计主要应当考虑飞行稳定性，尽量减小空气阻力，与弹体的连接强度及同轴度要求。若采用铝合金作风帽和尾翼，则应当采取防止在外弹道上空气动力加热烧蚀的措施。

由于超高速杆式穿甲弹的速度一般在4倍声速以上,其波阻占空气阻力的主要部分,所以外形的设计主要从减小波阻来考虑。杆式穿甲弹在超声速飞行时产生的激波情况如图5-4-9所示。在弹头部和尾翼处有较强的激波,激波的强度越大,波阻也越大。

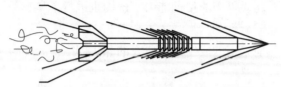

图5-4-9 超声速尾翼弹飞行时的激波图

1. 风帽形状

在超声速情况下,头部波阻占弹身阻力(不包括尾翼)的大部分,因此需要很好地设计。头部的母线形状常用锥形、圆弧形和锥形加圆弧形等,如图5-4-10所示。圆弧形母线和圆柱部可以相切或相割,相割时,可以在同样头部长细比下得到较大的尖锐度,空气阻力较小,因此常被采用,但连接角不宜过大,一般 $\beta < 3°$。

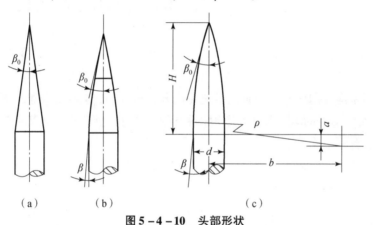

（a）　　　　　（b）　　　　　（c）

图5-4-10 头部形状

（a）锥形;（b）锥形加圆弧形;（c）圆弧形（割线式）

在超声速时,锥形和圆弧形头部外表面的压力分布如图5-4-11所示。锥形头部的顶尖角较小,故顶端的激波较弱,压力较小,气流沿锥面流动时参数不变,头部表面各处的压力是相同的,压力系数即等于波阻系数。圆弧形头部的顶尖角较大。在顶端的激波较强,压力较大,但气流沿母线流动时不断发生膨胀,故压力降低较快。阻力最小的头部母线在圆锥形和正切圆弧形之间。

采用锥形头部,加工简便,且头部最尖,在大马赫数下,阻力较小,故也常用锥形头部或锥形和圆弧形相结合的头部。锥形和圆弧形相结合处应当相切,锥形部一般为风帽。

增大头部长细比可以减少超声速时的头部阻力,故

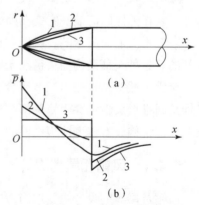

图5-4-11 不同头部形状的
压力分布情况

不论采用何种头部母线，头部长度均应在 3 倍弹径以上，或半顶角 $\beta < 10°$。实际上，在头部长细比较大的情况下，母线头部形状不同的差别很小。头部长细比过大时，会增加攻角对阻力影响的敏感度，锥角越小，攻角的影响越大，并且对飞行稳定性也不利，因此头部长细比 λ_H 也不宜过大，一般 $\lambda_H < 4 \sim 5$。

在超声速时，弹顶尖部越尖锐越好，但不便于加工，因此一般把顶角倒圆，圆弧半径取 $0.1d$。

2. 尾翼设计

杆式穿甲弹目前大多采用次口径尾翼作为稳定装置，其结构如图 5 – 4 – 12 所示。尾翼由尾管与尾翼片组成，尾管起安装尾翼片及与弹体连接的作用，所以内腔设有与弹体连接时能在轴向和径向正确定位的定位面和螺纹连接面，尾管内设置曳光管，尾管壁上钻有小孔。

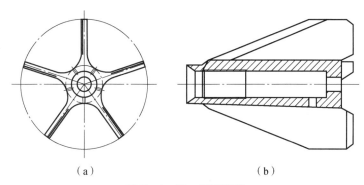

（a）   （b）

图 5 – 4 – 12 尾翼结构

尾翼结构应满足：①飞行空气阻力小；②有足够的稳定储备量，保证飞行弹体的飞行稳定性；③有足够的强度与刚度。

尾翼部分应在保证强度、刚度的前提下，尽量减小其质量，故目前尾翼都用高强度铝合金制造，有利于弹丸质心前移，提高弹丸的飞行稳定性。另外，在侵彻过程中，尾翼片将在弹坑口部被捋掉，消耗一部分能量，用铝合金尾翼消耗的能量将相对减少，有利于弹体的侵彻。

尾翼是决定弹丸气动力特性的关键部件。按照对某滑膛炮用尾翼稳定脱壳穿甲弹气动力特性的分析计算，马赫数为 $4.0 \sim 5.5$，波阻占总阻力的 $48.0\% \sim 57.6\%$，摩阻占 $29.1\% \sim 27.4\%$，底阻占 $22.9\% \sim 15.0\%$；尾翼相对飞行弹体而言，其阻力占总阻的 $54.1\% \sim 50.8\%$，而波阻又占尾翼阻力的 $46.7\% \sim 57.8\%$，可见尾翼气动力特性的重要性。在刚度、强度足够的前提下，尾翼的结构外形主要由气动力特性来决定。

当前杆式穿甲弹尾翼结构的明显特点是：小翼展、小展弦比、削尖翼型的薄翼片、大的翼片前缘后掠角，以及采用 5 ~ 6 片翼片。

展弦比的增大，使阻力也随之增大，一般来说，在保证飞行稳定的条件下，以取小的展弦比为宜。

翼片的相对厚度（翼片厚度对翼片平均弦长之比）是影响阻力的又一因素，相对厚度增大时，翼片阻力将会急剧上升。与展弦比相比，超声速飞行时，相对厚度对阻力的影响更大。有关风洞试验结果表明，翼片相对厚度增加1%时，飞行弹体的总阻力将相应增加5%，由此可见减小翼片相对厚度对减小总阻力的意义。显然，在平均弦长不变的情况下，减薄翼片厚度就能较大地减小尾翼波阻。但是，翼片厚度往往并非首先由其波阻来确定，而是取决于其刚度和强度，在高超声速飞行时，气动加热也是确定尾翼片厚度需要考虑的因素，在满足这些要求的前提下，应取最薄的尾翼片厚度。

翼片前缘后掠角增大，阻力将会显著降低。翼片前缘越尖锐，其波阻也越小。翼片截面两边对称时，其波阻也会下降，不对称的前缘结构，使弹丸产生旋转而增大空气阻力，杆式穿甲弹因需微旋，因此取不对称结构。

尾翼片数增多，有利于飞行稳定，但尾翼阻力也相应增大。

尾翼与弹体用螺纹连接，为防止旋转时螺纹松动尾翼脱落，螺纹处应涂以黏结剂。根据风洞试验，尾翼阻力占全弹总阻力的比例很大。所以，尾翼设计的好坏对改善弹形的关系较大，在超声速时，尾翼的厚度对阻力的影响较大，波阻与厚度平方成正比。因此，超声速尾翼在强度和刚度有保证的条件下越薄越好，并且在尾翼的两面对称时，波阻最小。

在尾翼相对厚度一定时，菱形剖面尾翼具有最小的波阻，正弦形或抛物线形次之，六边形较大。在高超声速时，三角形翼剖面因其前缘最尖锐，具有最小的波阻，但其强度和刚度最差，一般不采用。

总之，在超声速时，前缘越尖锐波阻就越小，这是因为波阻和激波的强度有关，激波越弱，阻力就越小。

考虑工艺性和强度等因素，实心尾翼通常采用前后削尖的六边形，有时为了使弹丸产生低速旋转，可以采用不对称前缘结构，如图 5 - 4 - 13 所示。弹丸旋转会增大空气阻力，所以不对称性不要太大。

在超声速时，尾翼带有一定的后掠角可以减小波阻。在跨声速时，后掠角对减小阻力的效果较显著，但当马赫数大于 2 之后，采用后掠尾翼的意义就不大了。带后掠的前缘对提高尾翼强度和刚度有好处，但后掠角的增加会减小尾翼的面积，使升力减小，影响弹丸的稳定性，并且后掠角与马赫锥相重时，阻力会增大。对于马赫数大于 4 的超高速杆式穿甲弹，后掠角对阻力的影响不大，为了提高升力可采用矩形或后掠角不大的翼平面。

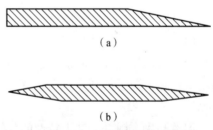

（a）

（b）

图 5 - 4 - 13　尾翼的不对称前缘

尾翼的片数通常采用 4 片或 6 片，片数增加，尾翼的升力可以增加，有利于稳定性，但尾翼的阻力相应也增大了。同时，由于尾翼质量的增大使全弹重心后移，对稳定性不利，所以在可以保证弹丸飞行稳定的情况下，尾翼取 4 片为宜。

尾翼的翼展通常取与火炮同口径，因为增大翼展对提高尾翼升力有显著的作用，并且尾翼端面在膛内也起定心的作用。在弹芯直径较小，或不希望尾翼与炮膛壁接触（如用线膛炮发射尾翼弹）的情况下，也可采用小于口径的尾翼。

尾翼的后端面也可以带有后掠角，以增大尾翼的面积，并使压力中心后移，在需要增大穿甲弹丸稳定性时可以采用；但这种尾翼的刚度稍差，并且在后效期内，可能使穿甲弹产生较大的起始扰动，对精度不利。

3. 设计时应注意的问题

对于尾翼与弹体的连接强度，在 73 式 100 mm 滑脱壳穿甲弹上有过教训。该弹在科研试验及生产验收试验中出现过尾翼在外弹道上脱落。原因是炮弹入膛定位不好，弹丸轴线与炮管轴线间的夹角偏大，最大达到 1°3′，发射时弹丸将产生较大的入膛振动，并且产生尾翼与炮膛之间的碰撞，致使尾翼片严重弯曲、炮膛被划伤、尾翼与弹体连接螺纹的锁紧力矩及黏结剂失效。由于该螺纹旋向设计为左螺纹，而在外弹道上尾翼导转弹体的力矩为右旋力矩，就发生了旋掉尾翼的现象。教训在于，炮弹入膛定位要好，应尽可能地减小弹炮轴线间的起始夹角，再则选取尾翼的螺纹旋向要做具体分析，对于该弹应选取右旋螺纹。实际射击试验表明，使用右旋螺纹即使不涂胶，不加装配力矩，膛内外都未发生尾翼脱落现象。59式 100 mm 坦克炮脱壳穿甲弹的尾翼采用右旋螺纹，从科研到大批量生产，从未出现过尾翼脱落现象。59 式 100 mm 坦克炮为右旋线膛炮，其发射的尾翼稳定脱壳穿甲弹的炮口转速达471 rad/s。采用右旋螺纹，在膛内弹体是主动件，尾翼是被动件，尾翼有被旋松的趋势。在外弹道上，要维持飞行弹体一定的右旋转速，必须靠尾翼在气动力的作用下产生右旋力矩带动弹体旋转，这对尾翼便成了主动件，因而有旋紧趋势。经详细的分析计算，发现在膛内发射过程中，尾翼的轴向惯性力能够产生的摩擦力矩比由弹体带动尾翼旋转产生的惯性力矩大一个数量级。所以选取右旋螺纹连接，在膛内尾翼不可能被旋松，而在外弹道上具有旋紧的趋势。

另外，引进的 105 mm 脱壳穿甲弹，经过多年储存发现其铝合金风帽与弹体连接处出现裂纹，主要原因是风帽斜锥定位口部坐厚设计得太薄（仅为 0.35～0.60 mm）。在装配力矩产生的应力的长期作用下产生了疲劳裂纹。因此，在设计具有斜锥面定位的铝风帽时，应当考虑其长期储存情况下的疲劳强度，其定位锥面的口部应当适当加厚，并且应当尽量减小装配力矩。为避免勤务处理中发生松动，装配时，在螺纹处应涂上一层黏结强度高、抗老化性能好的黏结剂。

5.4.5 密封装置和曳光管

1. 密封装置

密封膛内火药燃气是一个非常重要的问题。密封性能的好坏，不仅直接影响弹丸的射击密集度，而且对于弹丸的发射强度、内弹道性能的稳定性及火炮身管寿命都有着重要的影响。

杆式穿甲弹必须对三个部位进行密封：一是弹炮间隙；二是弹托卡瓣之间的间隙；三是弹托与弹体之间的间隙。

对于弹炮间隙一般采用塑料闭气环进行密封。这种闭气环对于线膛炮与滑膛炮在结构设计方面有着较大的区别。对于线膛炮发射的杆式穿甲弹，塑料闭气环一般设计成双层，分别称为内导带和外导带。内导带很薄，一般厚度不超过 1 mm，它与弹托黏结在一起；外导带厚，套装在内导带外边，能够相对于内导带灵活转动。在膛内，外导带嵌入膛线，充满弹膛之间、密封弹炮之间的间隙；外导带相对于内导带滑动，能够有效地降低弹丸在膛内的转速，并且通过调整其结构参数可使弹丸达到所要求的最佳转速。对干滑膛炮发射的杆式穿甲弹，一般采用单层的较厚实的塑料环，装配后紧固在弹托上。在膛内靠其一定的过盈量及产生的塑性变形充满弹炮间隙，起到密封作用。

卡瓣之间的间隙，一般采用橡胶密封爪或密封碗的结构。

对于弹托与弹体间的间隙，一般采用橡胶密封爪、密封圈或其他装置。

为保证地弹长期储存的气密性，在一些间隙处一般还涂有一层物理、化学性能稳定的硅脂作为辅助的密封措施。

以色列的 M111 穿甲弹采用橡胶密封爪密封卡瓣及弹托与弹体之间的间隙。密封爪的质量仅仅 7 g。其优点是结构简单，质量小，密封可靠。其缺点是，在膛内受到火药燃气压力作用时，其爪伸长，往往会顶破内外导带，致使导转力矩增加，弹丸转速增高。弹丸的转速太高，往往使炮口起始扰动增大，马格努斯效应增大，这样就会导致弹丸的射击密集度变差。有两种解决办法：一是将爪的长度设计得稍短一点，即低于弹托导带槽底径 1.5 ~ 2.5 mm，留出其伸长的空间，如 59 式 100 mm 钽钨铀合金脱壳穿甲弹采用了这一方法；二是把密封爪前移到导带的前边，如法国的 OFL105 就采用了这种结构，这样虽解决了顶破内外导带的问题，但却使少量火药燃气从卡瓣间的局部间隙处漏出。

美国几种型号的杆式穿甲弹都采用橡胶密封碗的方式，密封卡瓣间的间隙及弹托与弹体之同的间隙。其优点是密封可靠，其缺点是质量较大，达 70 g；压制、装配工艺复杂。

英国 PPL64 采用了多层次的密封，既用密封碗，又用密封底托。橡胶密封碗的作用如上所述。密封底托对弹丸在膛内起始运动时进行密封。一般炮管烧蚀磨损最严重的部位是炮膛，当炮管射击若干发后，坡膛会逐渐磨损，导致外导带不能够完全密封火药燃气。而且具有较大直径、较长裙边、强度较低、易变形的密封底托，在火药燃气起始压力作用下紧贴炮膛，起到了良好的密封作用。从实弹射击试验后的弹托残骸看，无火药燃气熏黑现象。这种密封结构有一定的参考价值。该结构的缺点是消极质量较大，约 80 g，而且结构复杂，装配困难，成本较高，且实弹射击后的残骸中也发现个别卡瓣底部接缝处严重的烧蚀与冲刷。漏气原因是：密封件强度余量不够；密封碗上的断裂削弱槽与卡瓣接缝重合；密封件质量差；在膛内作用于卡瓣上的抱紧力矩与外翻力矩之比设计得偏小等。

上述几种国外弹丸都采用了如前所述的双层导带结构密封炮弹间隙，其内外导带结构参数见表 5 - 4 - 1 和表 5 - 4 - 2。

表 5 - 4 - 1　内导带结构参数

结构项目弹丸型号	以色列 M111	美 M833	英 PPL64
材料	聚丙烯	—	—
厚度/mm	0.7	1	1
前缘厚度/mm	1	1.7	1.45
装配方式	压装后机加成型	成型后压装	—
是否用胶黏结	黏结	不黏结	不黏结

续表

结构项目弹丸型号	以色列 M111	美 M833	英 PPL64
质量/g	8	7	8.9
导带槽底直径/mm	95.5	92	92.85

表 5 - 4 - 2　外导带结构参数

结构项目弹丸型号	以色列 M111	美 M833	英 PPL64
材料	尼龙 66	尼龙	尼龙
最大外径/mm	108.9	111.7	108.82
强制量/mm	0.79	2.19	0.75
内径/mm	96.9	94.1	94.92
宽度/mm	34	17	27.72
质量/g	67	50	64
有无紧口槽	有	无	有
装配方式	压装	压装	压装
导带后部弹托圆柱部直径/mm	103.6	104	97.65
导带前部弹托定心部直径/mm	15	12	22.45

由表 5 - 4 - 2 可以看出，三种型号弹丸的外导带结构尺寸差别较大，但都能起到密封火药燃气、降低弹丸膛内转速的作用。M833 外导带的强制量为最大，达 2.19 mm。强制量大，挤进炮膛的初次反作用就大，因此其导带槽最深，深度为 4.95 mm。这对于压装内外导带的难度就会增大，需要选取力学性能更高的塑料材料及严格的压装工艺。M111 和 PPL64 的外导带的强制量较小，而且非常接近，PPL64 的外导带槽深度为 1.365 mm，为最小，这样压装内外导带比较方便。M833 和 PPL64 的外导带分别提供了强制量较大和较小的范例，对于设计新产品有一定的参考价值。

M833 和 PPL64 的内导带都不用胶黏结，简化了装配工艺，降低了成本，减少了污染。这两种弹的内导带比 M111 的内导带都稍厚一点，尤其是前缘厚度较大，这可能是出于装配及膛内作用可靠性的考虑。值得注意的是，PPL64 的外导带的后缘处由一宽 2.3 mm、厚 1 mm 的裙边，在膛内火药燃气的压力作用下，能够更紧密地贴紧炮膛，因此能起到良好的密封作用。

2. 曳光管

曳光管安装在尾管的后部，采用曳光管的目的在于显示弹道，指示弹道点，便于修正射击。曳光管在尾管内由尾翼内腔底面或压螺支撑，并由弹体尾端面在曳光管的另一端限位，使之不能轴向窜动。

曳光管结构尺寸可按所需燃烧时间、光度等来确定。杆式穿甲弹的膛压很高，弹丸在膛内运动的时间很短，曳光管应有较好的强度、较强的光度和适当的曳光点火距离。

5.4.6　塑料导带结构设计

1. 线膛炮用滑动式塑料导带结构设计

性能良好的滑动式塑料导带对弹丸应能起到闭气、定心和传递微量转矩三个作用。本节简要介绍其一般结构形式、作用原理及发射强度。

1）一般结构形式

线膛炮发射的杆式穿甲弹所采用的滑动式塑料外导带的一般结构形式如图 5 - 4 - 14 所示。

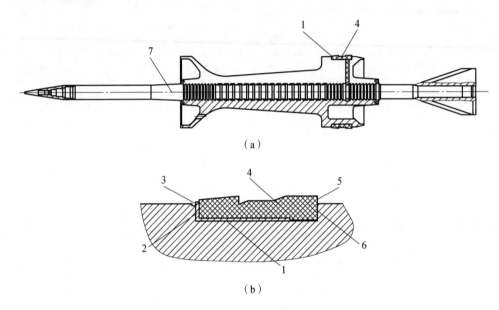

（a）

（b）

图 5 - 4 - 14　滑动式导带结构示意图

1—内导带；2—导带槽前端面；3—外导带前端面；4—外导带；
5—外导带后端面；6—导带槽后端面；7—飞行弹体

外导带相对于内导带能够转动。外导带一般采用尼龙材料，内导带一般使用聚丙烯。在内外导带之间一般涂有一层硅脂作为润滑剂。

外导带出炮口后要能够迅速碎裂成小块或有规律地断裂，以便于脱壳，为此沿外导带纵向加工有几个均布的断裂槽。

2）滑动式塑料导带受力分析

滑动式塑料导带在膛内运动时比固定式导带受力复杂。作用域滑动式导带上的载荷有火药燃气压力、膛线的作用力、弹丸的作用力等，如图 5 - 4 - 15 所示。

（1）火药燃气压力的作用面积。在导带闭气良好的条件下，作用于外导带底端面（图 5 - 4 - 14、图 5 - 4 - 15）的火药燃气压力与弹底压力相等。设受火药燃气压力作用的面积为 S_h 及外导带底端面处弹托圆柱部的半径为 R_A，则

$$S_h = S - \pi R_A^2 \tag{5.4.29}$$

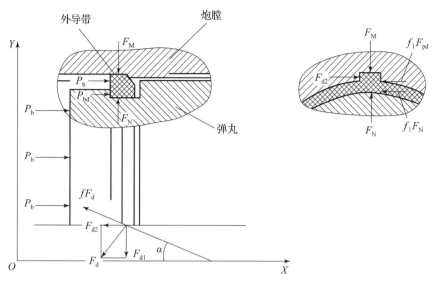

图 5 – 4 – 15　滑动式塑料导带受力分析

（2）膛线与外导带的相互作用力。在发射过程中，外导带嵌入炮膛膛线并沿膛线运动，膛线对它的作用力有：

①膛线的导转侧力。与固定式导带的不同之处在于作用于滑动式导带上的导转侧力较小，这是由于滑动导带间以很小的滑动摩擦力矩来带动弹丸低速旋转。设一条膛线作用于外导带导转侧的力为 F_d，这个力垂直于导转侧面，n 条膛线的导转侧力为 nF_d。

②膛壁对塑料导带的初次反作用力。由于塑料导带一般设计有一定的强制量，当导带挤进炮膛时，膛壁与阳线将压缩导带产生作用力，称为初次反作用力。滑动式塑料导带材料强度较金属导带低，初次反作用力也低，这一反作用力可以通过试验的方法求得。

③膛壁对导带的复次反作用力。弹丸在膛内运动时，由于不均衡因素的影响使弹丸产生摆动，由此引起的膛壁对导带的反作用力称为复次反作用力。复次反作用力具有随机性。在正常情况下，它对导带的强度及弹丸在膛内的转速不产生重要影响，可忽略不计。

（3）外导带与弹体之间的作用力。

①初次反作用力。炮膛作用于外导带上的初次反作用力，通过外导带又作用于弹丸的导带槽底面上，仍用 F_u 表示。

②外导带与导带槽端面的作用力。在膛内运动过程中，导带与导带槽的后端（图 5 – 4 – 14）产生作用力时，称为第一种受力形式［图 5 – 4 – 16（a）］；导带与导带槽的前端面产生作用力时，称为第二种受力形式［图 5 – 4 – 16（b）］。该作用力用 F_{pd} 表示。还存在着第三种受力形式，即在两个端面均不产生作用力，这是一种特殊情况，可以归在以上两种受力形式内进行研究，在这种情况下，弹丸在膛内转速最小。

（4）摩擦力。滑动导带相对于炮膛及导带槽运动就产生了摩擦力及摩擦力矩。

滑动摩擦力有 nfF_d、fF_u。其中，f 为炮膛与外导带的滑动摩擦系数。

滑动摩擦力矩有 f_1F_ur、$f_1F_{pd}R_{cp2}$。其中，f_1 为外导带与导带槽（装有内导带）之间的滑动摩擦系数；R_{cp2} 为外导带与导带槽产生作用力的接触端面处的平均半径。

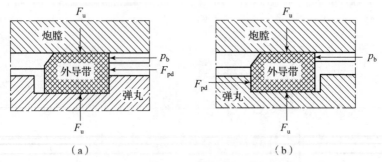

图 5-4-16　滑动式塑料导带两种受力形式

3）外导带与弹体的运动方程及求解

（1）第一种受力形式。

①外导带及弹体的运动方程。

外导带的直线运动方程为

$$p_b S_h + F_{pd} - fF_u \cos\alpha - n(F_d \sin\alpha + fF_d \cos\alpha) = m_d \frac{\mathrm{d}v}{\mathrm{d}t} \tag{5.4.30}$$

外导带的旋转运动方程为

$$nR_{cp1}(F_d \cos\alpha - fF_d \sin\alpha) - R_{cp2}f_1 F_{pd} - rf_1 F_u - RfF_u \sin\alpha = J_{Ad} \frac{\mathrm{d}^2\Phi}{\mathrm{d}t^2} \tag{5.4.31}$$

弹体的直线运动方程为

$$\pi R_A^2 p_b - F_{pd} = m \frac{\mathrm{d}v}{\mathrm{d}t} \tag{5.4.32}$$

弹体的旋转运动方程为

$$R_{cp2} f_1 F_{pd} + rf_1 F_u = J_A \frac{\mathrm{d}\Phi}{\mathrm{d}t} \tag{5.4.33}$$

上述公式中，R 为弹丸定心部半径；R_{cp1} 为导转侧压力平均作用半径；α 为膛线缠角；m_d 为外导带质量；M 为弹体质量；J_{Ad} 为外导带的极转动惯量；J_A 为弹体极转动惯量；Φ 为弹体转角；v 为弹体轴向速度。

②运动方程的求解。由式（5.4.30）和式（5.4.32）可得

$$F_{pd} = \frac{m}{m + m_d}\left[p_b\left(\frac{m_d}{m}\pi R_A^2 - S_b\right) + fF_u \cos\alpha + nF_d(\sin\alpha + f\cos\alpha)\right] \tag{5.4.34}$$

对于等齐膛线，有

$$\frac{\mathrm{d}^2\Phi_1}{\mathrm{d}t^2} = \frac{\pi}{\eta R} \cdot \frac{\mathrm{d}v}{\mathrm{d}t} \tag{5.4.35}$$

式中，Φ_1 为外导带转角；η 为膛线缠角。

将式（5.4.35）代入式（5.4.31）并与式（5.42.3）联立，可得

$$F_{pd} = \frac{1}{f_1 R_{cp2} - J_{Ad}\dfrac{\pi}{\eta Rm}}\left[nF_d R_{cp1}(\cos\alpha - f\sin\alpha) - \right. \tag{5.4.36}$$

$$\left. rf_1 F_u - RfF_u \sin\alpha - J_{Ad}\frac{\pi^2}{\eta Rm}p_b R_A^2\right]$$

由式（5.4.34）与式（5.4.36），可得

$$F_\mathrm{d} = \cfrac{\cfrac{m}{m + m_\mathrm{d}}\left[p_b\left(\cfrac{m_\mathrm{d}}{m}\pi R_\mathrm{A}^2 - S_\mathrm{b}\right) + fF_\mathrm{u}\cos\alpha\right] + \cfrac{\cfrac{J_\mathrm{Ad}\pi^2 R_\mathrm{A}^2 p_b}{\eta Rm} + rf_1 F_\mathrm{u} + RfF_\mathrm{u}\sin\alpha}{f_1 R_\mathrm{cp2} - J_\mathrm{Ad}\pi\cfrac{1}{\eta R_\mathrm{A}}}}{\cfrac{nR_\mathrm{cp1}(\cos\alpha - f\sin\alpha)}{f_1 R_\mathrm{cp2} - \cfrac{J_\mathrm{Ad}\pi}{\eta Rm}} - \cfrac{m}{m + m_\mathrm{d}}n(\sin\alpha + f\cos\alpha)} \tag{5.4.37}$$

为便于应用，在不影响工程计算精度的情况下做如下简化。一般滑动式塑料导带的质量与弹体质量相比小得多，可取

$$\frac{m}{m + m_\mathrm{d}} \approx 1 \tag{5.4.38}$$

一般滑动式塑料导带可以认为是一个薄壁圆环，则可取如下近似：

$$J_\mathrm{Ad} \approx m_\mathrm{d} R^2$$

$$\frac{R}{R_\mathrm{cp2}} \approx 1；\quad \frac{r}{R_\mathrm{cp2}} \approx 1；\quad \frac{R_\mathrm{cp1}}{R} \approx 1；\quad f_1 R - \frac{m_\mathrm{d}\pi R}{m\eta} \approx f_1 R$$

则式（5.4.37）可化简为

$$F_\mathrm{d} = \frac{\left[\dfrac{m_\mathrm{d}}{m}\left(1 + \dfrac{\pi}{\eta f_1}\right)\pi R_\mathrm{A}^2 - S_\mathrm{h}\right]p_\mathrm{b} + \left(1 + f\cos\alpha + \dfrac{f}{f_1}\sin\alpha\right)F_\mathrm{u}}{n\left[\left(\dfrac{1}{f_1} - f\right)\cos\alpha - \left(1 + \dfrac{f}{f_1}\right)\sin\alpha\right]} \tag{5.4.39}$$

将式（5.4.39）代入式（5.4.34）并化简，可得

$$F_\mathrm{pd} = \left[\left(\frac{m_\mathrm{d}}{m}\pi R_\mathrm{A}^2 - S_\mathrm{h}\right)(1 + E_1) + \frac{m_\mathrm{d}\pi^2 R_\mathrm{A}^2}{M\eta f_1}E_1\right]p_\mathrm{b} +$$

$$E_1\left(1 + f\cos\alpha + \frac{f}{f_1}\sin\alpha\right)F_\mathrm{u} + fF_\mathrm{u}\cos\alpha \tag{5.4.40}$$

其中，

$$E_1 = \frac{f_1\sin\alpha + f_1 f\cos\alpha}{(1 - f_1 f)\cos\alpha - (f_1 + f)\sin\alpha}$$

将式（5.4.40）代入式（5.4.33），令

$$a = \frac{m_\mathrm{d}\pi^2 R_\mathrm{A}^2}{M\eta f_1}$$

$$C_1 = E_1\left(1 + f\cos\alpha + \frac{f}{f_1}\sin\alpha\right) + f\cos\alpha$$

则

$$\frac{\mathrm{d}^2\varPhi}{\mathrm{d}t^2} = \frac{f_1 R_\mathrm{cp2}}{J_\mathrm{A}}\left[\left(\frac{m_\mathrm{d}}{m}\pi R_\mathrm{A}^2 - S_\mathrm{h}\right)(1 + E_1) + aE_1\right]p_\mathrm{b} + \frac{f_1}{J_\mathrm{A}}(r + C_1 R_\mathrm{cp1})F_\mathrm{u} \tag{5.4.41}$$

将式（5.4.41）两边对时间积分一次得弹体的炮口转速为

$$\omega_g = \frac{f_1 R_{cp2}}{J_A}\left[\left(\frac{m_d}{m}\pi R_A^2 - S_h\right)(1 + E_1) + aE_1\right]\int_0^{t_g} p_b \mathrm{d}t +$$

$$\frac{f_1}{J_A}(r + C_1 R_{cp2})\int_0^{t_g} F_u \mathrm{d}t$$

式中，ω_g 为弹体炮口转速；t_g 为从弹丸开始运动到炮口的时间。

根据内弹道学原理可知

$$S\int_0^{t_g} p_b \mathrm{d}t = \varphi_1 m_0 v_g$$

式中，φ_1 为内弹道次要功系数；m_0 为包括外导带的弹丸质量；v_g 为弹体的炮口速度。

质量可表示为

$$\omega_g = \frac{f_1 \varphi_1 m_0 v_g R_{cp2}}{J_A S}\left[\left(\frac{m_d}{m}\pi R_A^2 - S_h\right)(1 + E_1) + aE_1\right] + \frac{f_1}{f}(r + C_1 R_{cp2})\int_0^{t_g} F_u \mathrm{d}t$$

$$(5.4.42)$$

（2）第二种受力形式。第二种受力形式是外导带与导带槽在前端面处图 5-4-16（b）产生作用力 F_{pd}，与第一种受力形式相比，F_{pd} 的作用位置与方向发生了变化。

①外导带与弹体运动方程。

外导带的直线运动方程为

$$p_b S_h - F_{pd} - fF_u \cos\alpha - nF_d(\sin\alpha + f\cos\alpha) = m_d \frac{\mathrm{d}v}{\mathrm{d}t}$$

$$(5.4.43)$$

外导带的旋转运动方程为

$$nR_{cp1}(F_d \cos\alpha - f_1 F_d \sin\alpha) - R_{cp2}f_1 F_{pd} - rf_1 F_u - RfF_u \sin\alpha = J_{Ad}\frac{\mathrm{d}^2\Phi}{\mathrm{d}t^2}$$

$$(5.4.44)$$

弹体的直线运动方程为

$$\pi R_A^2 p_b + F_{pd} = m \frac{\mathrm{d}v}{\mathrm{d}t}$$

$$(5.4.45)$$

弹体的旋转运动方程为

$$R_{cp2}f_1 F_{pd} + rf_1 F_u = J_A \frac{\mathrm{d}^2\Phi}{\mathrm{d}t^2}$$

$$(5.4.46)$$

②运动方程的求解。运用上述简化条件及求解方法，求解式（5.4.43）~式（5.4.46）得

$$F_d = \frac{\left[S_h - \frac{m_d}{m}\left(1 - \frac{\pi}{\eta f_1}\pi R_A^2\right)\right]p_b + \left(1 - f\cos\alpha + \frac{f}{f_1}\sin\alpha\right)F_u}{n\left[\left(\frac{1}{f_1} + f\right)\cos\alpha + \left(1 - \frac{f}{f_1}\right)\sin a\right]}$$

$$(5.4.47)$$

$$F_{pd} = F_2 p_b - \left[\left(1 - f\cos\alpha + \frac{f}{f_1}\sin\alpha\right)E_2 + f\cos\alpha\right]F_u$$

$$(5.4.48)$$

其中，

$$\begin{cases} E_2 = \dfrac{f_1\sin\alpha + f_1 f\cos\alpha}{(1 + f_1 f)\cos\alpha + (f_1 - f)\sin\alpha} \\ F_2 = \left(S_h - \dfrac{m_d}{m}\pi R_A^2\right)(1 - E_2) - \dfrac{m_d \pi^2 R_A^2}{m\eta f_1}E_2 \end{cases}$$

$$(5.4.49)$$

$$\omega_g = \frac{f_1\varphi_1 m_0 v_g R_{cp2}}{J_A S}\left[\left(S_h - \frac{m_d}{m}\pi R_A^2\right)(1 - E_2) - aE_2\right] + \frac{f_1}{J_A}(r - C_2 R_{cp2})\int_0^{t_g} F_u \mathrm{d}t$$

式中，$C_2 = E_2\left(1 - f\cos\alpha + \dfrac{f}{f_1}\sin\alpha\right)E_2 + f\cos\alpha$。

4）外导带及弹体运动方程的解

对弹体及外导带的受力分析表明，其所受的轴向摩擦力及导转侧力的轴向分量与火药燃气的作用力相比小得多，若在弹体及外导带的直线运动方程（5.4.43）中，忽略这两项并取内弹道虚拟系数 $\varphi_1 = 1$，则

$$\frac{\mathrm{d}v}{\mathrm{d}t} = \frac{Sp_b}{m + m_d} \tag{5.4.50}$$

对于第二种受力形式，外导带的直线运动方程（5.4.43）变为

$$p_b S_h - F_{pd} = m_d\frac{\mathrm{d}v}{\mathrm{d}t} \tag{5.4.51}$$

将式（5.4.50）代入式（5.4.51）得

$$F_{pd} = S_h p_b - \frac{Sp_b m_d}{m + m_d} \tag{5.4.52}$$

将式（5.4.35）和式（5.4.52）代入式（5.4.44），再将式（5.4.50）代入，并考虑到前面所列的简化条件，解得

$$F_d = \frac{\dfrac{m_d Sp_b}{m + m_d}(\tan\alpha - f_1) + f_1 S_h p_b + (f_1 + f\cos\alpha)F_u}{n(\cos\alpha - f\sin\alpha)} \tag{5.4.53}$$

将式（5.4.52）代入式（5.4.46），积分一次得弹体的炮口转速为

$$\omega_g = \frac{f_1 R_{cp2} v_g}{J_A}\left[(m + m_d)\frac{S_h}{S} - m_d\right] + \frac{rf_1}{J_A}\int_0^{t_g} F_u \mathrm{d}t \tag{5.4.54}$$

5）弹体炮口转速计算

（1）滑动式塑料导带受力过程分析。滑动式塑料外导带与导带槽的前端还是后端面产生作用力 F_{pd}，可根据设计参数应用式（5.4.52）进行初步估算。若 $F_{pd} > 0$ 则为第二种受力形式；若 $F_{pd} < 0$ 则为第一种受力形式；若 $F_{pd} = 0$ 则为第三种受力形式。

在一般情况下，导带嵌入膛线的一小段时间内，初次反作用力 F_u 较大，而火药燃气压力 p_b 较小。作用于外导带的初次反作用力和导转侧摩擦阻力之和大于外导带上的火药燃气推力，这时外导带与导带槽之间的作用力发生在后端面上，即处在第一种受力形式。

由式（5.4.52）可以看出，当 m_d 的值足够大时才能使 $F_{pd} \leq 0$，而一般塑料外导带的质量 m_d 较小，所以处在第一种受力形式的时间很短。随着膛压的升高及挤进阻力的减少，很快就转为第二种受力形式。

大量实弹射击回收到的塑料外导带残骸表明，其后端面无明显磨损，机械加工的刀纹清晰可见，而前端面不仅磨损严重，而且还具有熔化和产生了塑性流动的特征。这表明在第二种受力形式下的作用时间大于第一种受力形式。因此，滑动式塑料导带在膛内运动过程中主要是处在第二种受力形式下。

（2）弹体的膛内转速 ω 及炮口转速 ω_g。设 t_1 为第一种受力形式结束第二种受力形式开始的时刻，t_g 为弹体出炮口的时刻。

当 $0 \leqslant t \leqslant t_1$ 时，有

$$\omega = \int_0^t \left(\frac{d^2\phi}{dt^2}\right)_1 dt \tag{5.4.55}$$

起始条件为：当 $t=0$ 时，$\omega=0$。

当 $t=t_1$ 时，设弹体转速为 ω_1，则

$$\omega_1 = \int_0^{t_1} \frac{d^2\phi}{dt^2} dt \tag{5.4.56}$$

当 $t_1 \leqslant t \leqslant t_g$ 时，有

$$\omega = \int_{t_1}^t \left(\frac{d^2\phi}{dt^2}\right)_1 dt \tag{5.4.57}$$

起始条件为：当 $t=t_1$ 时，$\omega=\omega_1$。

当 $t=t_g$ 时，有

$$\omega_g = \int_{t_1}^{t_g} \frac{d^2\phi}{dt^2} dt \tag{5.4.58}$$

第二种受力形式 t_1 与 t_g 相比小得多，可以认为 $t_1=0$，则弹体炮口转速 ω_g 可以应用式（5.4.58）或式（5.4.54）计算。第一种受力形式的炮口转速可应用式（5.4.42）计算，简便解可按图 5-4-5 的方法导出。

以上两种受力形式的公式，不仅适用于滑动式塑料导带，也适用于滑动式金属导带。由于金属导带质量较大，摩擦系数大，初次反作用力大，更可能处于第一种受力形式，这时 $t_1=t_g$，弹体的炮口转速可应用式（4.12）计算。

在式（5.4.49）、式（5.4.32）、式（5.4.54）中均包括初次反作用力的全冲量一项，即 $\int_0^{t_g} F_u dt$，对于塑料导带，因为膛内迅速产生塑性变形及流动，且局部熔化及磨损，从而使 F_u 迅速减小，使得 F_u 的全冲量与前项相比小得多，可以忽略不计。

初次反作用力的全冲量大小与外导带的尺寸、材料性能、使用温度等因素有关，对弹体炮口转速的影响有待进一步试验与研究。

6）滑动式塑料导带的发射强度

塑料导带的发射强度应从承载与抗磨两个方面考虑。在设计中通过调整塑料导带的结构形式、尺寸、选材来满足发射强度的要求。

在设计过程中，对于发射强度的估算，可以根据上述受力分析与计算，应用常规的方法，在最大膛压情况下进行。在选定方案后，可以应用有限元法进行更精确的强度校核与分析。

（1）滑动导带导转侧强度。

①抗压强度。

外导带导转侧的最大压应力为

$$\sigma_1 = \frac{F_{dm}}{\Delta b}\cos\alpha \tag{5.4.59}$$

式中，F_{dm} 为最大的导转侧压力，由式（5.4.39）或式（5.4.47）求出；Δ 为膛线深度；b 为外导带宽度。

抗压度条件为

$$\sigma_1 \leqslant [\sigma] = \frac{\sigma_c}{n_1} \tag{5.4.60}$$

式中，σ_c 为外导带材料的抗压强度极限；n_1 为导转侧抗压强度系数。

②抗剪强度。

外导带嵌入膛线部分的最大剪切应力为

$$\tau = \frac{F_{dm}}{bb_1}\cos\alpha \tag{5.4.61}$$

式中，b_1 为火炮阴线宽度。

抗剪切强度条件为

$$\tau \leqslant [\tau] = \frac{\tau_0}{n_2} \tag{5.4.62}$$

式中，τ_0 为外导带材料的剪切强度极限；n_2 为导转侧抗剪强度安全系数。

③抗磨强度。一般采用摩擦比功作为抗磨强度的特征数。摩擦比功是在发射过程中，单位面积上所承受的摩擦功。外导带导转侧受到的摩擦力为 fF_d，则每个导转侧上所承受的摩擦功为

$$\omega_1 = \int_0^{l_g} fF_d \frac{\mathrm{d}l}{\cos\alpha}$$

在发射过程中，外导带一般是从第一种受力形式很快转变成第二种受力形式，若只考虑第二种受力形式并且忽略初次反作用力，将式（5.4.47）去掉初次反作用力后代入上式并积分，在积分时考虑到

$$\int_0^{l_g} p_b \mathrm{d}l \approx \frac{m_0 v_g^2}{2S} \tag{5.4.63}$$

则得到摩擦比功为

$$a_1 = \frac{f_1 f m_0 v_g^2 \left[S_h - \frac{m_d \pi R_A^2}{m}\left(1 - \frac{\pi}{\eta f_1}\right) \right]}{2nS\Delta b\cos\alpha \left[(1 + f_1 f)\cos\alpha + (f_1 - f)\sin\alpha \right]} \tag{5.4.64}$$

抗磨强度条件为

$$a_1 \leqslant [a] \tag{5.4.65}$$

式中，$[a]$ 为摩擦容许比功，由外导带与火炮膛线容许的磨损决定。

（2）外导带端面强度。

①抗压强度。

最大压应力为

$$\sigma_2 = \frac{F_{pdm}}{S_2} \tag{5.4.66}$$

式中，S_2 为外导带受力端面处的受力面积；F_{pdm} 为端面最大作用力，可由式（5.4.40）或式（5.4.48）在最大膛压下求出。

抗压强度条件为

$$\sigma_2 \leqslant [\sigma] = \frac{\sigma_c}{n_3} \qquad (5.4.67)$$

式中，n_3 为抗压安全系数。

②抗磨强度。在膛内发射过程中，外导带沿膛线高速旋转，设炮口转速为 ω_{g1}；同时弹体在摩擦力矩作用下发生低速旋转，其炮口转速为 ω_g。在一些次要因素不计的条件下，在膛内，弹体的转速与外导带的转速之比近似为一个常数。设外导带在膛内转过的角度为 ϕ_1，弹体转过的角度为 ϕ，则

$$\phi = \frac{\omega_g}{\omega_{g1}} \phi_1$$

外导带对于弹体转过的角度 ϕ_2 为 $\phi_2 = \phi_1 - \phi = \left(1 - \frac{\omega_g}{\omega_{g1}}\right)\phi_1$。

令常数 $K = 1 - \frac{\omega_g}{\omega_{g1}}$，则

$$\phi_2 = K\phi_1$$

外导带端面所承受的摩擦力矩 $f_1 F_{pd} R_{cp2}$，则摩擦功为

$$W_2 = \int_0^{K\phi_{1g}} f_1 F_{pd} R_{cp2} d\phi \qquad (5.4.68)$$

式中，$K\phi_{1g}$ 为炮口处外导带相对于弹体转过的角度。

对于等齐膛线火炮，有

$$\phi_1 = \frac{\pi l}{\eta R} \qquad (5.4.69)$$

式中，l 为弹丸行程长；R 为火炮阳线半径。

与导转侧磨损强度的处理方法相比，将式（5.4.48）代入式（5.4.68），并考虑到式（5.4.63）和式（5.4.69）得到摩擦比功为

$$a_2 = \frac{F_2 f_1 R_{cp2} K\pi m_0 v_g^2}{2\eta R S S_2} \qquad (5.4.70)$$

抗磨条件为

$$a_2 \leqslant [a] \qquad (5.4.71)$$

（3）滑动式塑料导带强度分析。

①抗压强度。根据对多种产品的强度计算及实弹射击试验结果可知以下性质。

（a）只要导转侧抗压强度足够，其抗剪强度一般都能得到满足。

（b）尽管导转侧的摩擦比功大于端面的摩擦比功，但是当导转侧的抗压强度足够而端面的抗压强度不够时，端面发生严重磨损而导转侧却无明显磨损。

因此，滑动式塑料导带的强度校核主要应计算抗压强度。当抗压强度不够时，其膛内破坏形式不是碎裂，而是严重的磨损及材料的塑性流动。

②安全系数的选取。安全系数的选取主要由滑动式塑料导带的作用可靠性和总体设计的可能性来决定。

（a）导转侧抗压安全系数 n_1。导转侧的磨损直接影响着塑料导带的闭气作用，因此 n_1

应取得大一些。为此，要选取抗压强度高的塑料，或增加其宽度。一般取 $n_1 \geq 2$。

（b）端面抗压安全系数 n_3。外导带端面的少量磨损一般不会影响闭气作用，要增大抗压安全系数 n_3 受到工程塑料性能及弹丸结构方面的限制，一般选取 $n_3 \geq 1.2$。

③选取安全系数应当考虑的变化因素。

（a）塑料材料在 $-40 \sim 50$ ℃ 范围内的变化。

（b）在规定的储存年限内及环境条件下，因塑料老化致使材料力学性能下降。

（c）材料力学性能在生产过程中的跳动。

（d）新旧火炮内膛尺寸的变化以及外导带、导带槽尺寸公差的影响。

④磨损强度。滑动式塑料导带在抗压强度足够的情况下，摩擦比功达到多大值才会出现严重磨损将进一步研究。但是，根据大量的实弹射击试验及有关的试验可得出以下性质。

（a）磨损速度随压力与速度的乘积（pv 值）增大而加快。

（b）导带磨损的速度与塑料材料熔点（K）的倒数成正比。

⑤对塑料导带材料性能的要求如下：

（a）具有足够的强度、硬度、耐磨性、耐热性、耐老化、尺寸稳定和较小的滑动摩擦。

（b）具有足够的延展性，在发射时易嵌入膛线并具有良好的闭气性。

（c）导带材料与发射药、炮弹所用的材料应具有相容性。

（d）能在 $-40 \sim 50$ ℃ 的温度条件下使用和长期储存。

2. 滑膛炮用塑料导带

由于滑膛炮发射的杆式穿甲弹在膛内不能旋转，所以塑料导带的设计与线膛炮不同，塑料导带的主要作用是密闭火药燃气和定心，其一般结构形式只有一层导带要求导带转动。5.4.5 节所介绍的结构原理也适用于滑膛炮用导带的设计，只是应将旋转状态方程及与旋转有关的参量删去。

滑膛炮用杆式穿甲弹的塑料导带在进炮膛时的初次反作用力较大，在设计时应注意核导带槽的剪切强度。另外，根据实弹射击的导带残片看，其外圆在膛内烧蚀磨损比较严重，这对于膛内密封的影响比较大，有可能产生严重漏气，对于火炮身管寿命、弹丸的射击速度、内弹道性能，甚至于弹丸的发射强度都会带来严重的影响。为解决这一问题，应做如下工作：一是使用耐磨、耐烧蚀性能更好的材料；二是改进导带的结构设计，使磨损、烧蚀掉的部分不断地补充，即设计一种对磨损、烧蚀有补充功能的导带结构，如英国 PPL64 杆式穿甲弹、德国的 DM23 杆式穿甲弹等，其导带或其他密封件都设计有裙边，在膛内火药燃气的压力作用下，裙边始终贴紧炮膛，如烧蚀、磨损严重，可以把裙边设计得厚一些；三是采用多种密封措施，除设计有导带外，还可增加闭气槽、密封底托或橡胶密封底碗等。

5.4.7 外弹道计算

1. 初始速度与直射距离的关系

根据杆式穿甲弹高初始速度、小射角、短射程的外弹道特点，做一些简化，便可导出速度与射程的解析关系式。

由尾翼弹的 $C_x - Ma$ 曲线可知，当 $Ma > 2$ 时，阻力系数 C_x 随 Ma 的增加而单调递减，而且近似为线性关系；再则杆式穿甲弹的初始速度高、作战距离近、速度衰减小，在全弹道上其飞行 Ma 均在 2 或 3 以上。所以在外弹道计算时可取如下近似关系式：

$$C_x = a + bV \tag{5.4.72}$$

式中，a、b 为待定常数，可由空气动力计算确定。

由外弹道学可以导出飞行弹体的质心运动方程，并考虑到射角 θ 很小，取 $\sin\theta = \theta$ 和 $\cos\theta = 1$，得

$$\frac{\mathrm{d}V}{\mathrm{d}X} = -\frac{\pi\rho d_{28}^2}{8m_F}C_x V - \frac{g\theta}{V} \tag{5.4.73}$$

忽略重力项并将式（5.4.72）代入式（5.4.73），可得

$$\frac{\mathrm{d}V}{\mathrm{d}X} = -\frac{\pi\rho d_{28}^2}{8m_F}(a + bV)V \tag{5.4.74}$$

这是一个可分离变量的微分方程，起始条件为当 $X = 0$ 时，$V = V_0$。

求解并代入起始条件得

$$V = \frac{aV_0}{b_0 - (bV_0 - a)\,\mathrm{e}^{\beta X}} \tag{5.4.75}$$

式中，$\beta = \dfrac{\pi\rho a d_{28}^2}{8m_F}$；$\rho$ 为空气密度（kg/m³）。

2. 直射距离求法

直射距离有两种计算方法：一种是传统的查表计算方法，在优化设计中应用不方便；另一种是解析法，该方法使用方便，计算精度可以控制在 1% 之内。

由外弹道学可知

$$X_z = K_x V_0 \sqrt{y} \tag{5.4.76}$$

式中，X_z 为直射距离（m）；y 为指标规定的最大弹道高（m）；K_x 为由 V_0、$C\sqrt{y}$ 确定的系数，由外弹学附表求得，其中 C 为对应于 1943 年阻力定律的弹道系数。

弹道系数 C 可表示为

$$C = \frac{C_x d_{28}^2 \cdot 10^3}{2.6m_F} \tag{5.4.77}$$

将式（5.4.72）代入式（5.4.77），得

$$C = \frac{(a + bv)d_{28}^2}{2.6m_F} \tag{5.4.78}$$

为便于计算，式中的速度 X 可以近似取成初始速度 V_0 或取为初步估计的直射距离内的速度平均值，由于常数 b 一般很小，而且 X_z 也不大，所以不会带来较大的误差。

由有关资料可知

$$X_z = \sqrt{\frac{8y}{g}}V_0 K(z)\xi \tag{5.4.79}$$

其中，

$$K(z) = \frac{2}{\left(1 + \frac{32}{3}z\right)^{\frac{1}{2}} + 1}$$ (5.4.80)

式中，ξ 为修正系数，取 $\xi = 1.015$；z 可表示为

$$z = CG(v_0)\sqrt{\frac{y}{2g}}$$ (5.4.81)

式中，$G(v_0)$ 为阻力函数，可查表求得。为便于计算，考虑到式（5.4.88），可将 $CG(v_0)$ 转换成如下形式：

$$CG(V_0) = \frac{\rho V_0 \pi d_{28}^2 (a + bV_0)}{8m_F}$$ (5.4.82)

以式（5.4.82）代入式（5.4.81）得

$$z = \frac{\pi \rho V_0 d_{28}^2 (a + bV_0)}{8m_F}\sqrt{\frac{y}{2g}}$$ (5.4.83)

由式（5.4.81）~式（5.4.83）和 ξ 便可以解出 X_z。

3. 飞行稳定性计算

根据外弹道学摆动理论并考虑到杆式穿甲弹初始速度高、射角小的特点确定飞行稳定性条件。在实际进行优化设计计算时，可比照密集度较好的制式产品的已知参数做对比计算。

1）静态稳定条件

静态稳定条件为

$$\bar{m}_z' \geqslant \left(\frac{\dot{\delta}_0}{\delta_m}\right)^2 \frac{8J_{BF}}{V_0^2 \pi \rho d_{28}^2 l_p}$$ (5.4.84)

式中，$\bar{m}_z'$ 为俯仰力矩系数导数；$\dot{\delta}_0$ 为起始扰动角速度；δ_m 为飞行弹体攻角起始幅值限定值，一般取为 $2° \sim 5°$；l_p 为飞行弹体长度。

2）动态稳定条件

动态稳定条件保证飞行弹体在外弹道上的章动角不断减小，由外弹道学可知

$$C_N' + \frac{2l_p^2 m_F}{J_{BF}}\bar{m}_{zd} > 2n_\lambda \frac{m_F l_p^2}{J_{BF}}m_I + C_x + \frac{8g\sin\theta}{\pi d_{28}^2 \rho V^2}$$ (5.4.85)

式中，$\bar{m}_{zd}$ 为飞行弹体俯仰阻尼力矩系数；n_λ 为飞行弹体摆动一个周期其自转圈数；m_I 为马格努斯力矩系数；C_N' 为法向力系数导数。

考虑到杆式穿甲弹速度高、射角小，故式（5.4.85）大于号右边第三项可以忽略，则动态稳定条件为

$$C_N' + \frac{2m_F l_p^2}{J_{BF}}\bar{m}_{zd} > 2n_\lambda \frac{m_F l_p^2}{J_{BF}}\bar{m}_I + C_x$$ (5.4.86)

（1）减小散布的条件。由外弹道学原理可得

$$\frac{\bar{m}_z'}{C_N'} \geqslant \frac{\dot{\delta}_0 J_{BF}}{m_F l_p V_0}\varphi_m$$ (5.4.87)

式中，φ_m 为偏角起始幅值限定值。

应用式（5.4.84）消去式（5.4.8）中的 $\dot{\delta}_0$，可得

$$\frac{m'_z}{C'_N} \geq \frac{J_{BF}\rho\pi d_{28}^2}{8m_F^2 l_p}\left(\frac{\delta_m}{\varphi_m}\right)^2 \qquad (5.4.88)$$

（2）防止俯仰共振的条件。飞行弹体在一个摆动波长上旋转的圈数 n_λ 要远离"1"就能够避免俯仰共振。对于大长细比的杆式穿甲弹来说，其俯仰共振转速一般较低，仅为 $100 \sim 200$ rad/s。仅由于位移的加工误差产生的导转力矩即能够达到或接近共振转速，为避免发生共振现象，杆式穿甲弹的尾翼都应当设计有产生导转力矩的斜切角，用以控制飞行弹体在全弹道上的平衡转速原理共振转速。根据设计经验一般取 $n_\lambda \geq 2.2$，则

$$n_\lambda = \frac{\omega_{BL}}{\overline{V}}\sqrt{\frac{8J_{BF}}{\rho\pi d_{28}^2 l_p \overline{m}'_z}} \qquad (5.4.89)$$

式中，$\overline{V}$ 为在有效穿透距离内的飞行弹体的平均速度；ω_{BL} 为飞行弹体相对于 $\overline{V}$ 的平衡转速。

思 考 题

5.1 在穿甲中，对于靶板而言，按照厚度分类，靶板大致可分为半无限靶、厚靶和薄靶，半无限靶的厚度一定是无限厚的吗？试给出它们的定义。

5.2 通过图示方法，表达出正攻角和负攻角情况下穿甲弹的入射角 β、碰撞角 θ 和攻角 α，并写出正攻角情况下它们之间的关系。

5.3 随着碰撞速度的增加，产生的碰撞效应明显不同，请分析产生不同效应的机理，并给出不同效应之间的临界速度计算方法。

5.4 穿甲弹的侵彻威力可以用哪些参数表征？各自是怎样定义的？

5.5 从穿甲弹的侵彻效应原理角度，试分析坦克防护可采用什么技术途径。

第6章

聚能破甲战斗部设计

6.1 概 述

6.1.1 聚能现象

圆柱形装药爆炸后，高温高压下的爆轰产物基本是沿炸药表面的法线方向向外飞散（图6-1-1），圆柱形装药作用于靶板上的压力等于爆轰产物的压力，随着爆轰产物的飞散，作用在板上的压力不断衰减，靶板上形成了一个浅坑，如图6-1-2（a）所示。如果圆柱形装药一端有空穴，另一端起爆后在空穴对称轴上将汇聚成一股速度和密度都很高的气流，空穴一端的爆轰产物能量将集中在一个很小的范围内，这种能量集中的效应称为空穴效应或聚能效应。聚能效应会使目标局部产生强烈破坏，因而有空穴的圆柱形装药在金属靶板上的成坑比没有空穴的要深，如图6-1-2（b）所示。通常把一端有空穴，另一端有起爆装置的装药称为成型装药（Shaped - Charge）、空心装药（Cavity Charge）或聚能装药等。

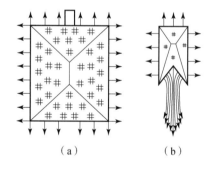

图6-1-1 爆轰产物飞散方向

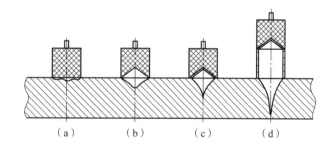

图6-1-2 聚能效应

如果在聚能装药的空穴内表面衬以一层薄的金属、玻璃、陶瓷或其他材料作为内衬，这种内衬称为药型罩。聚能装药起爆后，起爆点处的爆炸波以极高的速度（约8 000 m/s）在炸药内部传播。当爆轰波到达药型罩后，药型罩在爆轰压力（压力峰值达到200 GPa，平均压力约20 GPa）作用下被压垮，以2 000～3 000 m/s的速度向药型罩对称轴上闭合。被压垮的药型罩在极短的时间间隔内变形非常大，应变率达到10^4～10^7/s，最大应变超过10。药型罩在轴线上闭合后，产生一个高温（接近1 000 ℃）、高速（5 000～10 000 m/s）的细长流，称为射流或称聚能侵彻体，跟随在射流之后速度很低的那部分（500～1 000 m/s）称为杵体。如图 6 - 1 - 3 所示，图中序号表示药型罩上的不同位置以及对应的射流和杵位置。从图中可以看出，杵上的排列位置与药型罩排列位置顺序一致，而射流上的排列顺序则与药型罩上的位置相反。因此，某一位置处的药型罩材料一部分（内表面）会形成射流，另一部分（外表面）将形成杵体。

图 6 - 1 - 4 所示为 X 射线摄影系统拍摄到的药型罩在不同时刻的压垮照片，从照片中可以清楚观察到药型罩在爆轰产物作用下产生射流和杵体的过程。

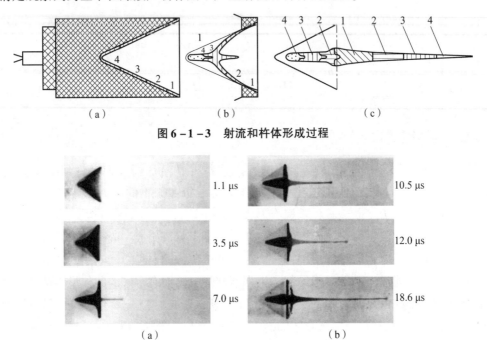

图 6 - 1 - 3　射流和杵体形成过程

图 6 - 1 - 4　药型罩压垮过程 X 射线照片

射流温度和能量很高，金相分析得到铜射流温度为 800 ~ 1 000 ℃，但还未达到铜的熔点温度 1 083 ℃。当能量很高的射流撞击到金属靶板时，金属靶板中将产生很高的压力（峰值压力达到 100 ~ 200 GPa，平均压力为 10 ~ 20 GPa）。同时，靶板的应变率也非常高，达到 $10^6 ~ 10^7/s$，平均应变为 0.1 ~ 0.5。靶板中的温度为其熔化温度的 20% ~ 50%。射流和靶板相互作用会在靶板中形成一个坑，成坑的深度远大于无药型罩的聚能装药，如图 6 - 1 - 2（c）所示。射流与金属靶板相互作用过程称为破甲过程。若适当控制药型罩口部到靶板表面的距离，射流得以充分拉长，射流在靶板成坑深度将更深，如图 6 - 1 - 2（d）所示。

由于射流头部速度和尾部速度相差较大，存在速度梯度，再加上射流塑性能力的限制，射流伸长到一定程度后就出现颈缩和断裂。与静态拉伸不同的是射流速度高、惯性大，射流会在各处断裂，而且相互无影响，如图 6 - 1 - 5 所示。另外，如果聚能装药对称性不好，射流在运动过程中也会出现分散现象，射流拉伸时间越长，分散现象越明显。

图 6 - 1 - 5　射流断裂过程 X 射线照片（起爆后 116 μs）

药型罩可以是任何形状。可以是简单的几何形状（半球形、锥形等），也可以是复杂的几何形状（双锥形、喇叭形和钟形等）和各种组合形状（如锥形和球形组合等）。但药型罩最基本的形状有两种，即锥形和半球形，如图 6 - 1 - 6 所示。

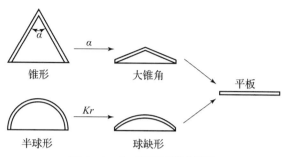

图 6 - 1 - 6 药型罩基本形状

单锥形药型罩锥角是指两母线之间的夹角为 40°~ 60°。随着锥角增加，药型罩的闭合方式会发生变化，HELD 给出了不同锥角药型罩闭合过程的 X 射线照片，如图 6 - 1 - 7 所示。当药型罩锥角大于 150°时，这种药型罩称为大锥角罩，如图 6 - 1 - 8 所示。大锥角罩在爆轰产物作用下将不再压垮，而是翻转形成了射流和杆体合一的自锻弹丸，也称为爆炸成型弹丸（EFP），如图 6 - 1 - 8 所示。

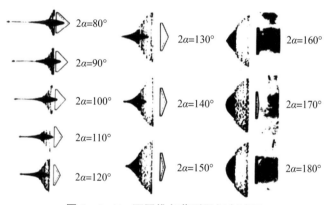

图 6 - 1 - 7 不同锥角药型罩闭合过程

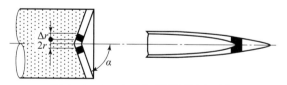

图 6 - 1 - 8 大锥角药型罩闭合过程

半球形药型罩形成射流过程与锥形药型罩并不相同。锥形药型罩形成射流的过程是药型罩材料在轴线上碰撞后，药型罩内表面形成射流，外表面形成杆体，射流是"挤"出来的。而半球形药型罩在爆轰产物作用下内表面外翻形成射流，射流质量很大，无杆，速度为 2 ~ 6 km/s。半球形药型罩形成射流过程如图 6 - 1 - 9 所示。

随着半球形药型罩曲率半径的增加，药型罩逐渐变为球缺形，如图 6 - 1 - 6 所示。球缺形药型罩在爆轰产物的作用下将翻转成一个密实的 EFP，如图 6-1-10 所示。因此大锥角和球缺形两种药型罩都会形成 EFP。

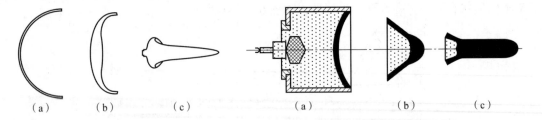

图 6-1-9 半球形药型罩压垮过程 图 6-1-10 球缺形药型罩闭合过程

6.1.2 破甲战斗部

聚能破甲弹是利用聚能装药产生高温、高压、高速的金属射流来击穿装甲目标的，主要用于攻击坦克装甲车辆、掩体和混凝土防御工事等目标，也可以对飞机、舰船等军事目标进行打击。破甲战斗部配装于多种武器，见表 6-1-1。

表 6-1-1 反坦克武器配置

距离	距离范围/m	武器类型
超近距离	<500	枪榴弹、火箭筒、无后坐力炮等
近距离	500~1 000	无后坐力炮、轻型反坦克导弹、主战坦克
中距离	1 000~4 000	中、重型反坦克导弹，主战坦克
中远距离	4 000~40 000	间瞄火炮、火箭炮
远距离	40 000~120 000	武装直升机、战术导弹
超远距离	120 000~500 000	战术战斗机、战役导弹

国外反坦克火箭筒的装备水平见表 6-1-2。

表 6-1-2 国外反坦克火箭筒的装备水平

国别	产品名称	口径/mm	全质量/kg	弹质量/kg	初始速度/(m·s⁻¹)	有效射程/m	破甲厚度(mm/均质钢)	装备年份
法	LRAX89F·1	89	8.2	2.2	300	400~500	400	1968
美	M72A3	66	2.16	1.0	147	350	305	1962
苏联	РПГ-18	64	4.0	2.5	114	200	280	70
苏联	РПГ-16	73				350		70
法	萨尔帕克	68	2.97	1.07	150	150~200	300	70
美	蝮蛇	70	4.1	1.85	256	500	400	1983
英	劳80	94	9.5	4.0	340		>650	

6.2　典型聚能破甲战斗部结构

6.2.1　炮用聚能破甲战斗部

火炮一般初始速度高、直射距离远、射击精度高,这是其优点。但是,线膛炮会使弹高速旋转,为了避免高速旋转对破甲威力的影响,破甲弹大多采用尾翼稳定方式。由于在超声速情况下,同口径尾翼难以保证弹丸的飞行稳定性,故一般采用张开式尾翼。

图 6 - 2 - 1 所示为苏联 100 mm 坦克炮用破甲弹结构示意图,该弹配用于 1953 年式 100 mm 线膛加农炮及坦克炮上,用于对付坦克及装甲车辆。苏联 100 mm 坦克炮用破甲弹主要诸元见表 6 - 2 - 1。

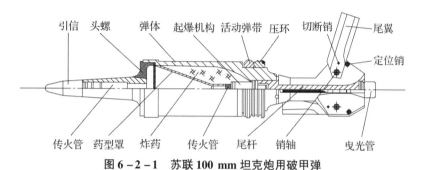

图 6 - 2 - 1　苏联 100 mm 坦克炮用破甲弹

表 6 - 2 - 1　苏联 100 mm 坦克炮用破甲弹主要诸元

主要诸元	参数值
弹丸质量	9.45 kg
弹丸长	609 mm
翼展	280 mm
炸药(梯黑 45/55)密度 1.68 g/cm³	0.967 kg
初始速度	1 013 m/s
膛压	224.7 MPa
破甲威力	400 mm/0°

苏联 100 mm 坦克炮用破甲弹的主要特点:选用了特殊的气动力外形,头部为瓶形结构,肩部很平,而且可减小头部升力,提高了飞行稳定性,因而可以提高弹丸精度。另外,采用活动弹带环结构,使弹体产生低速旋转,同时保证膛内闭气性良好,尾翼为前张式,靠离心惯性力张开,弹带为陶铁弹带,弹丸头部和尾部都是由铝合金制成。弹体材料为优质高碳钢,壁厚较大,引信为机械引信,头部触发,爆轰波通过中心管使弹底雷管起爆,从而使弹丸爆炸。

6.2.2　火箭增程聚能破甲战斗部

图 6-2-2 所示为苏联 20 世纪 60 年代生产的一种反坦克火箭增程破甲弹（ПГ-9式），配用于团级，它是 ПГ-2 式和 ПГ-7 式反坦克火箭弹的一种改进型。它的主要特点是直射距离大（约800 m）。

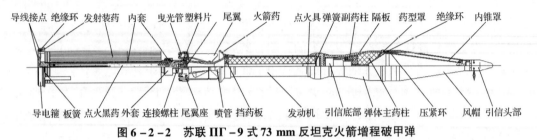

导线接点　绝缘环　发射装药　内套　曳光管塑料片　尾翼　火箭药　点火具弹簧副药柱　隔板　药型罩　绝缘环　内锥罩

导电箍　板簧　点火黑药　外套　连接螺柱　尾翼座　喷管　挡药板　发动机　引信底部　弹体主药柱　压紧环　风帽　引信头部

图 6-2-2　苏联 ПГ-9 式 73 mm 反坦克火箭增程破甲弹

苏联 20 世纪 60 年代生产的一种反坦克火箭增程破甲弹的主要诸元见表 6-2-2。

表 6-2-2　苏联反坦克增程破甲弹主要诸元

主要诸元	参数值
火炮口径	73 mm
火箭弹起始段质量	2.53 kg
发射药（НВП-62　0.62×7.72×2.72）	0.838 kg
主药柱（A—IX—I）	0.274 kg
副药柱（A—IX—I）	0.046 kg
初始速度	435 m/s
火炮高温（50 ℃）最大膛压	64.7~66.6 MPa
发动机高温（50 ℃）最大压力	29.4 MPa
破甲威力	150 mm/30°

苏联 ПГ-9 式反坦克火箭增程破甲弹的设计特点是：适当地降低破甲威力而较大地提高直射距离，同时也充分考虑了弹丸的精度，以适合团属火炮的需要。成型装药战斗部的结构虽与新 40 弹相似。但是，某些结构参数有所改进，如增大了药型罩顶至隔板的距离等；主药柱直接压入弹体，破甲威力较大。

6.2.3　反坦克导弹破甲战斗部

反坦克导弹与反坦克炮用破甲弹相比，有效射程远，反坦克导弹机动性好，它适宜士兵携带卧地发射，也可在吉普车、坦克、直升机上发射。图 6-2-3 所示为"赛格"反坦克导弹战斗部。战斗部由防滑帽、风帽、压电元件、战斗部外壳、主/辅炸药柱、药型罩（锥角为60°）、隔板和压电引信等组成。

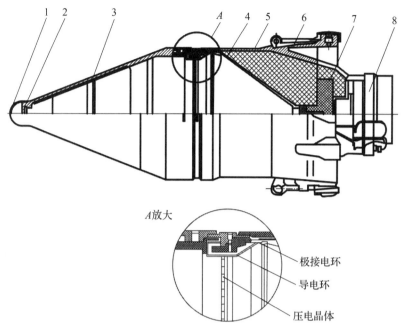

图 6 - 2 - 3　"赛格"反坦克导弹战斗部

1—保护膜；2—防滑帽；3—风帽；4—炸药金属喷涂层；5—炸药；6—壳体；7—隔板；8—引信

"赛格"反坦克导弹战斗部参数：战斗部全重约 2.5 kg，其中装填密度为 $\rho_e = 1.63$ g/cm^3 的 A - IX - 1 炸药，质量为 1.19 kg，引信中为 0.145 kg；药型罩材料是紫铜，锥角约 60°，质量为 0.324 kg（包括导电杆和弹簧）；隔板（泡沫塑料）质量为 0.077 kg。

6.2.4　爆炸成型弹丸战斗部

爆炸成型弹丸是反坦克弹药的一个新支，它是利用聚能效应爆炸成型，不同之处在于药型罩锥角大于 120°或为半球形，在压垮过程中药型罩不形成射流而翻转，最终锻造成一个高速弹丸。同时，该弹丸对装甲目标的侵彻又类似于穿甲弹。因此，它是把破甲和穿甲联系于一体的一种新型弹丸。

爆炸成型弹丸应用比较广，如反坦克、反飞机、反军舰和破坏特殊的硬目标等。

1. 反坦克

末敏弹配置大锥角或半球形药型罩（图 6 - 2 - 4）是一种效费比很高的反装甲弹，用它来摧毁坦克比普通间瞄身管武器提高 120 倍，比子母弹提高 20 倍。

该末敏弹的主要参数：子弹直径为 150 mm，长 160 mm，质量为 13.6 kg，装在 155 mm "萨达姆"导弹内或 227 mm 火箭弹内，由火炮或多管火箭炮送到预定空域。由于时间引信的作用，点燃母弹内的抛射药，母弹在 500 ~ 800 m 空中开舱，将末敏子弹抛散出。抛出的子弹间距约 100 m，以便各自的扫描区相互衔接避免漏掉目标，每枚子弹扫描范围约是一个直径为 150 m 的圆。如果在此范围内发现目标，传感器将信号传给处理系统，以便选定最佳起爆位置，并适时起爆爆炸成型弹丸战斗部，EFP 将以 2 800 m/s 的高速击穿坦克顶部。如果没发现目标，子弹落地自毁。子弹从母弹抛出到击中目标，整个过程不超过 10 s。

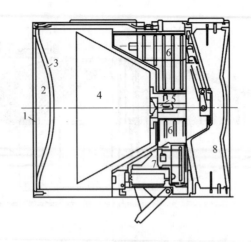

图 6 - 2 - 4 末敏弹配置 EFP 战斗部

1—天线；2—泡沫；3—药型罩；4—炸药；5—保险和解除保险装置；
6—电子舱；7—红外敏感器；8—定向与稳定装置

2. 反飞机

这种战斗部具有多个聚能罩，以便利用聚能效应在多个方向上形成密集的高速破片流，对目标造成更大的破坏。在结构上，环绕壳体外表面交错地安置有多个药型罩，每个罩形成一个弹丸。罩的形状有圆锥形、半球形和球缺形等。例如，"罗兰特"导弹战斗部（图6 - 2 - 5），其壳体上有 5 排（每排 12 个）直径为 35 ~ 40 mm 的半球罩，呈对称分布。爆炸后，每个半球罩形成 50 ~ 60 个破片，其速度达 2 000 ~ 3 000 m/s。

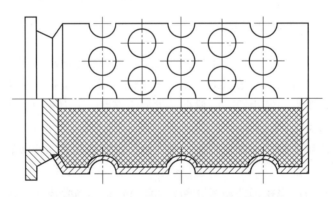

图 6 - 2 - 5 "罗兰特"导弹战斗部示意图

3. 反军舰

目前，世界上有两种类型的战斗部：一种是大直径半球形聚能战斗部，如"冥河"导弹战斗部（图 6 - 2 - 6），它主要用于对付装甲较厚的军舰，战斗部爆炸后，形成高速运动的 EFP，使舰船产生很大的破孔，同时伴有冲击波作用；另一种是在战斗部圆柱形或圆柱 - 圆锥组合形的表面上配置若干个大锥角或半球形的药型罩。整个战斗部是在侵彻到军舰内部后爆炸，由聚能效应形成若干个自锻成型弹丸向四周飞散来破坏目标，并伴有强冲击波作用，称为半穿甲战斗部。这种战斗部主要用于对付薄装甲的快艇等目标。例如，"鸬鹚"导弹战斗部（图 6 – 2 – 7），其质量为 160 kg，前端为较厚的锥形钢制头部，靠导弹的动能与延期引信使战斗部穿透 12 mm 的钢板（战斗部不爆炸）。当战斗部进入船舱 3~4 m 爆炸，在壳体表面上配置的 16 个聚能罩形成速度为 2 000 m/s 左右的自锻成型弹丸。试验证明，"鸬鹚"导弹战斗部可以摧毁 25 个舱体，比其他战斗部的威力要大得多。

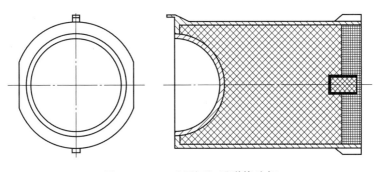

图 6 – 2 – 6　"冥河"导弹战斗部

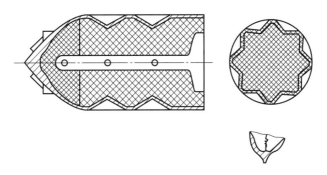

图 6 – 2 – 7　"鸬鹚"导弹战斗部

4. 破坏特殊硬目标

　　有些目标比较坚固，一般通用的战斗部不易摧毁，需采用聚能效应的楔形战斗部。这种战斗部的结构是在长圆柱形实心装药的表面上刻有（或铸造成）多个 V 形槽，槽内衬有金属药型罩。当在一端引爆后，产生多股长条形聚能面射流，对其周围的硬目标起切割和破坏作用。例如，"白星眼"导弹战斗部（图 6 – 2 – 8），在其直径为 382 mm 的圆周上有 8 条 V 形槽，其角度为 120°，材料为低碳钢。当一端起爆后，每个 V 形槽形成面射流可以切割长为 1.7 m 的目标。

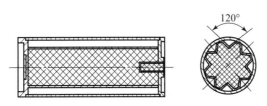

图 6 – 2 – 8　"白星眼"导弹战斗部

6.3　聚能破甲战斗部战术技术指标与威力参数

6.3.1　战术技术分析

1. 威力

威力要求包括两个方面内容：一是在一定着角条件下穿透一定厚度的装甲，而且达到一定的破甲率；二是穿透装甲后对坦克内的人员、设备和弹药具有较大的杀伤破坏能力，即后效作用大。目前，聚能破甲战斗部对坦克均质装甲大多以 h/θ 作为衡量威力指标，h 为装甲厚度，以 mm 来计；θ 为着角，以（°）计。一般要求 h/θ 的值为 120 ~ 180 mm/65°。为了严格控制聚能战斗部的威力，通常采用多层间隔靶 – 标准靶进行验证。

2. 精度

坦克目标尺寸小，一般车体长 6.01 ~ 7.65 m，车体宽 2.95 ~ 3.66 m，车体高 1.9 ~ 3.2 m，又具有高度机动性。因此，要求反坦克武器具有极高的精度，首发必中，对反坦克火箭弹散布偏差为 $B_y \times B_x$，反坦克导弹散布均方差为 $\sigma_y \times \sigma_x$，若散布中心与目标中心重合，无系统误差，命中概率为

$$\begin{cases} P_s = \varphi\left(\dfrac{b_y}{B_y}\right)\varphi\left(\dfrac{b_x}{B_x}\right), & \text{火箭弹} \\[3mm] P_s = \varphi\left(\dfrac{b_y}{0.674\,5\sigma_y}\right)\varphi\left(\dfrac{b_x}{0.674\,5\sigma_x}\right), & \text{导弹} \end{cases} \tag{6.3.1}$$

式中，b_y 为坦克正面边长尺寸的 1/2 在垂直 y 轴方向的投影；b_x 为坦克正面边长尺寸的 1/2 在垂直 x 轴方向的投影；φ 为拉普拉斯函数。

3. 射程

对反坦克导弹来说，射程以最大和最小有效射程表示。对反坦克火箭弹来说，射程是以直射距离 x 而言的。所谓直射距离，是指弹道高为坦克一般高度（一般为 2 m）时最大水平射程。在此距离内对坦克射击，要求保证在弹道上所有点都能准确击中目标，此距离称为反坦克武器的作用半径。

反坦克武器直射距离或有效距离是根据武器分工和允许的武器系统质量确定的。一般连用反坦克武器的有效射程为 300 m，营用反坦克武器为 500 m，团用反坦克武器为 800 ~ 1 000 m，而距离在 1 000 m 以上的目标射击由师属反坦克武器或反坦克导弹来承担。

直射距离 x 是弹的 V_0 函数，对于单兵肩射反坦克武器，不计空气阻力，弹道高限制为 2 m，弹在水平方向 x 为匀速运动，则直射距离为

$$x = 2V_0\cos\theta_0\sqrt{\frac{2H}{g}} \tag{6.3.2}$$

由于 θ_0 很小，取 $\cos\theta_0 = 1$，$H = 2$ m，将其代入式（6.3.2），可得

$$x = 1.277\,1V_0 \tag{6.3.3}$$

实际弹在运动过程中是受到阻力的，故一般单兵取 $x = 1.0 ~ 1.25V_0$，而增程火箭弹

$x = 1.0 \sim 1.11 V_0$。

4. 机动性

机动性是指武器运动性能，机动性好，即能在战场上及时转移，这是由反坦克武器作战环境决定的。在战场上坦克行驶速度为 30 ~ 50 km/h，而反坦克导弹在有效射程内一般每分钟仅能发射 3 ~ 8 发；反坦克火箭筒在直射距离内一般每分钟仅能发射 2 ~ 4 发。因此，反坦克武器必须具有高度机动性。

提高反坦克武器机动性的关键技术在于减轻弹重，而战斗部质量在全弹质量中起决定性作用，因此，战斗部小型化高威力是关键技术。

6.3.2　威力和结构参数

威力和结构参数包括破甲战斗部的静破甲深度、战斗部的质量、直径及配置的引信等。

1. 静破甲深度

静态破甲穿深指标需根据战术指标规定的靶板厚度、角度、穿透率和后效要求来确定，同时考虑影响破甲战斗部威力的因素（章动、旋转、引信瞬发度等）。静态破甲穿深指标确定后，把该指标作为破甲战斗部威力设计、静态试验的初始依据，然后再进行动态试验考核。静态破甲穿深指标应大于战术技术指标的规定值，但不是越大越好。因为破甲穿深是靠一定的战斗部直径和战斗部质量来保证的，指标过高，会导致战斗部直径和战斗部质量过大，影响武器系统的射程和机动性。通常都在规定的战斗部直径和战斗部质量范围内，以求获得最先进的威力水平。

如果采用均质靶板考核方法，破甲战斗部威力指标转换为静态破甲穿深指标通常用下面的经验公式计算：

$$P = \frac{h}{\cos(\theta + \Delta\theta)} \cdot K_1 \cdot K_2 \cdot K_3 \cdot K_4 \tag{6.3.4}$$

式中，P 为静态破甲深度（战斗部转速 $n = 0$）；h 为靶板厚度；θ 为靶板设置角（战斗部着角）；$\Delta\theta$ 为着角变化量，它与战斗部着靶姿态、引信瞬发度等有关，一般取 $3° \sim 6°$；$K_1 \sim K_4$ 均为修正系数。

K_1 为装甲靶板与普通碳钢的修正系数。对于锥形钢药型罩，其在装甲钢上的静态破甲深度约为低碳钢上破甲深度的 84%，而锥形铜药型罩约为 74%。在装甲靶板上的破甲孔径约为低碳钢上破甲孔径的 80%。另外，试验发现射流在钢筋混凝土中的破甲深度为装甲靶板的 2.7 ~ 3.2 倍。国内静态考核时通常采用 45 中碳钢，这时 K_1 的取值为 1.08 ~ 1.14。

K_2 为战斗部旋转对破甲威力的修正系数，与药型罩结构、工艺、装药结构及战斗部转速有关。对于中口径破甲弹，当战斗部转速较高时（$n > 3\,000$ r/min，如旋转稳定战斗部），小锥角罩（$2\alpha < 30°$）破甲深度下降 60%，大锥角（$2\alpha > 60°$）破甲深度下降 20% 左右。当战斗部低速旋转时（$2\,000$ r/min $< n < 3\,000$ r/min），小锥角下降约 20%，大锥角下降 10% 左右。当战斗部转速 $n < 2\,000$ r/min 时，对中、大锥角的罩来说，破甲深度下降 5% 左右，一般可不考虑其影响。例如，低转速的 82 mm 无后坐力破甲弹（无旋转补偿）静态破甲深度为 535 mm，动态威力约 480 mm，转速使破甲深度降低了 10%。而高转速 100 mm 线破甲

弹静态破甲深度为 580 mm，动态威力约 480 mm，转速使破甲深度降低了 17%，因此 K_2 的取值为 1.1~1.2。

K_3 为与引信瞬发度有关的修正系数，压电引信 K_3 取 1.0。

K_4 为与破甲弹的发射过载有关的修正系数，低过载时，动态和静态威力相差 10%，高过载时药柱和隔板会发生变形，动态和静态威力相差高达 20%，所以 K_4 取值为 1.1~1.2。

由于结构、工艺和试验条件的影响，试验表明射流破甲深度有一定的散布范围，其大小符合正态发布，可用均方差 σ 来衡量，考虑到指标规定的穿透率为 90%，则破甲深度要满足

$$P \geqslant \frac{h}{\cos(\theta + \Delta\theta)} \cdot K_1 \cdot K_2 \cdot K_3 \cdot K_4 + 1.282\sigma \tag{6.3.5}$$

由于预测破甲深度的跳动量 σ 值很难，因此在工程设计时，破甲深度指标用下式计算：

$$P = \frac{h}{\cos(\theta + \Delta\theta)} \cdot K_1 \cdot K_2 \cdot K_3 \cdot K_4 + \Delta P \tag{6.3.6}$$

式中，ΔP 为综合修正值。

当 $\theta = 65°$ 时，$\Delta P = 100 \sim 140$ mm；$\theta = 68°$ 时，$\Delta P = 120 \sim 160$ mm。P 为静态破甲深度；h 与 θ 同式（6.3.4）的定义。

2. 战斗部质量和弹径

设计战斗部时，质量与弹径是两个重要的结构参数，有时是总体组提出初步方案与战斗部设计组协商确定；有时是总体组未提出初步方案，则需要战斗部设计组根据战术技术要求来选择确定。

1）战斗部质量

战斗部质量 m_w 是一个综合性参数，它是破甲威力的特征值。战斗部质量 m_w 与破甲深度 P 是近似的线性关系：

$$m_w = K_\sigma P \tag{6.3.7}$$

式中，m_w 为战斗部质量（kg）；P 为战斗部威力设计时应保证的静破甲深度（m）；系数 K_σ 由统计确定，中口径反坦克火箭弹破甲战斗部取 $K_\sigma = 1 \sim 2$；中型反坦克导弹破甲战斗部取 $K_\sigma = 3 \sim 5$；重型反坦克导弹破甲战斗部取 $K_\sigma = 5 \sim 7$。

在战斗部威力设计时，战斗部结构的主要零部件质量可由下式计算：

$$m_w = m_s + m_\omega + m_1 + m_f + m_e \tag{6.3.8}$$

式中，m_s 为壳体与风帽组件质量（kg）；m_ω 为战斗部装药质量（kg）；m_1 为药型罩质量（kg）；m_f 为引信质量（kg）；m_e 为其他零件（如衬套、隔板等）质量（kg）。

壳体与风帽组件质量 m_s 由下式计算：

$$m_s = \left(\frac{1}{9} \sim \frac{1}{20}\right) m_w \tag{6.3.9}$$

经验表明，壳体与风帽组件采用非金属材料时，式（6.3.9）的系数取下限；采用硬铝、薄钢片时，系数取上限。

战斗部装药质量 m_c 近似与破甲穿深 P 呈线性关系：

$$m_c = K_1 P \tag{6.3.10}$$

式中，K_1 为与炸药性质有关的系数，炸药的爆速 $D_e = 8\ 300\ \text{m/s}$ 以上时，$K_1 = 0.9 \sim 1.1$；炸药的爆速 D_e 为 $6\ 800 \sim 7\ 800\ \text{m/s}$ 时，$K_1 = 1.4 \sim 2.0$。

药型罩质量 m_l 近似地与破甲深度呈线性关系：

$$m_1 = K_2 P \tag{6.3.11}$$

式中，K_2 为与药型罩材料有关的系数，常用紫铜罩 $K_2 = 0.03 \sim 0.33$。

引信质量 m_f 由下式估算：

$$m_f = K_3 m_w \tag{6.3.12}$$

式中，K_3 为取决于引信类型的系数。压电引信的 $K_3 = 0.08 \sim 0.10$；电容引信的 $K_3 = 0.02 \sim 0.03$；战斗部其他零件质量 m_e 一般取为

$$m_e = (0.01 \sim 0.05) m_w \tag{6.3.13}$$

战斗部是导弹的有效载荷，它与全弹质量的关系为

$$m_m = \frac{K_2 (K_s - 1)}{K_s - K_Z} m_w = K m_w \tag{6.3.14}$$

由于式（6.3.14）中 K 值是大于 1 的数，当战斗部质量 m_w 增加时，全弹质量随之增大，因而降低武器系统的机动性。因此，对战斗部质量的确定应从严和慎重。

2）战斗部弹径

战斗部的外形不是纯圆柱形，一般是由锥形圆柱形组成，战斗部的最大直径称为弹径。根据战术技术要求和整个武器系统特点，战斗部弹径可以与全弹弹径一致，如反坦克导弹破甲战斗部；也可以大于全弹弹径，如反坦克火箭弹的破甲战斗部。

战斗部弹径确定的原则：确保威力设计所要求的静破甲深度，并符合全弹飞行性能的要求。从战斗部破甲威力来说，弹径越大，破甲能力越强。因此，有时把弹径作为衡量破甲深度的指标。目前，设计最佳的聚能破甲战斗部的破甲深度可达弹径的 8～10 倍。

3. 引信选择和确定

在破甲弹方案设计阶段，要选择确定引信类型。所谓确定引信，是指为新设计的破甲弹选择一种合适的制式引信，或者为该破甲弹设计一种新引信。在多数情况下，引信确定是指引信的选择。

引信的确定与破甲弹的性能、结构有密切的关系。首先，选择确定的引信类型合适与否直接关系到破甲弹的威力性能；另外，引信的头部机构和底部机构是靠破甲弹的许多零件连接而构成回路，在设计破甲弹结构时就必须统一考虑。

1）破甲弹对引信的要求

从发挥破甲弹最大威力的观点来看，对引信的主要要求是起爆完全性和作用瞬发度两个方面。但作为破甲弹对配用引信的全面要求，单从威力考虑是不够的，还必须考虑保证破甲弹作用可靠、使用安全等方面的要求。

（1）高瞬发度。引信瞬发度是指从破甲弹着靶到引信传爆药柱爆轰完毕的时间。高瞬发度则是指引信作用时间为微秒级，高瞬发度有利于保证破甲弹的最佳炸高。在某些情况下，高瞬发度还有利于防止大着角时破甲弹偏转和滑移，从而保证破甲弹爆炸后形成的金属射流有效地破坏目标。

（2）大着角时不失效。由于近代坦克的前装甲的水平倾角很小，加上飞行时弹的章动作用，所以很容易造成头部机构侧面碰击装甲或破甲弹壳体先接触装甲而使引信失效。因此，要求引信在大着角时（60°~68°）能正常起爆破甲弹。

（3）低灵敏度。对于坦克掩蔽阵地或活动于丛林灌木地带的坦克射击时，意味着引信灵敏度高则是很不利的。因为引信碰到这类障碍物时会立即起爆，直接影响破甲弹对目标的正常作用。

（4）有一定的炮口保险距离。反坦克阵地往往选择在林沿、灌木丛的后边，为了保证战士的安全，要求引信在飞离发射架或炮口一定距离后才解除最后一道保险。炮口保险距离一般应大于破甲弹爆炸时的杀伤半径，而小于武器最小攻击区的边界（对反坦克导弹来说）或直射距离（对反坦克火箭弹来说）。

（5）具有擦地炸性能。实战要求未命中坦克的破甲弹能对坦克后伴随步兵构成威胁和杀伤，因此要求引信具有擦地炸机构。

2）引信的选择

破甲弹在早期曾配用过机械触发引信，但是由于其瞬发度低（作用时间在毫秒级以上）、大着角发火性能差等缺点，因此已被淘汰。目前，常用的是压电引信和电容引信。

电容引信工作原理是电容器充电与放电规律的应用，把预先在弹道上充好电的电容器作为能源，当破甲弹碰击目标时，破甲弹头部的碰合开关闭合形成短路，使电容器放电而将电雷管起爆。

压电引信和电容引信皆具有瞬发度高的特点，压电引信不需要弹上有供电装置，它靠晶体受压自身产生电压。由于不需要电源，它的结构简单；其缺点是，晶体易老化，不易保证低灵敏度，晶体在剧烈温度变化时，易产生电压而引起战斗部在弹道上早炸。电容引信要求弹上有供电装置，其本身结构简单可靠。这种引信由于利用破甲弹的风帽组件作为碰合开关，因而易满足大着角发火和低灵敏度的要求。

由于导弹本身具有电源装置，因此在反坦克导弹常选用电容引信。而在反坦克火箭弹上，由于火箭弹本身不具有电源，因此常选用压电引信。

6.4 聚能破甲战斗部威力计算

6.4.1 射流参数计算

1. 射流形成流体动力学理论

轴对称金属药型罩爆炸压垮时聚能射流的形成过程可以用基于不可压缩流体模型的流体动力学来描述。假设聚能射流的形成为不可压缩流体碰撞过程（图6-4-1），两股夹角为 2β 的理想不可压缩流体射流在对称平面内对称碰撞。由于射流碰撞过程是对称的，只需要研究上半平面中射流流动的情况（图6-4-2），这里可认为对称平面是绝对光滑的，即流体沿此平面运动时不存在摩擦阻力。

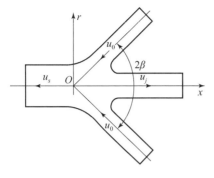 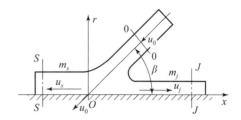

图 6 - 4 - 1　两股不可压缩流体射流碰撞示意图　　**图 6 - 4 - 2　一股射流与理想光滑表面的碰撞**

记 u_0 和 m 分别为汇聚射流的速度和质量（单位时间内流过入射来流横截面的流体质量），u_j 和 m_j 分别为沿 Ox 轴射流向右运动的速度和质量，u_s 和 m_s 分别为射流向左运动的速度和质量。其中，u_0、m 和 β 是给定的，需要确定射流的参数为 u_j、u_s、m_j 和 m_s。由于碰撞过程中各个物理量满足质量、动量和能量守恒定律，从质量守恒定律可得

$$m = m_j + m_s \tag{6.4.1}$$

根据动量守恒定律，动量的变化等于作用力施加的冲量。由于沿 Ox 轴对流体没有任何作用力，所以此方向动量的变化应为零，即

$$(m_j u_j \cos 0° + m_s u_s \cos \pi) - u_0 m_0 \cos(\pi + \beta) = 0 \tag{6.4.2}$$

则

$$m_j u_j - m_s u_s = -u_0 m \cos\beta \tag{6.4.3}$$

由于定常不可压缩流体满足伯努利方程，即流体各处满足

$$P + \frac{1}{2}\rho u^2 = \text{const} \tag{6.4.4}$$

从式（6.4.1）和式（6.4.4）得到射流各部分流动速度的绝对值相等，即

$$u_0 = u_j = u_s \tag{6.4.5}$$

考虑到此式以及式（6.4.1）、式（6.4.3），可得

$$m_j + m_s = m, \quad m_j - m_s = -m\cos\beta \tag{6.4.6}$$

则得到 m_j 和 m_s 分别为

$$m_j = \frac{1}{2}m(1 - \cos\beta) = m\sin^2\left(\frac{\beta}{2}\right) \tag{6.4.7}$$

$$m_s = \frac{1}{2}m(1 + \cos\beta) = m\cos^2\left(\frac{\beta}{2}\right) \tag{6.4.8}$$

下面用不可压缩流体动力学理论来描述聚能射流的形成，并做出如下假设。

（1）在爆炸高压下药型罩为理想（无黏性）不可压缩流体。

（2）药型罩各处的压垮速度 V_0 相同，方向垂直于罩母线，而且在压垮过程中 V_0 保持不变，如图 6 - 4 - 3 所示。

把速度矢量 V_0 分解为沿罩母线方向的分量 u_0 和沿 Ox 轴方向的分量 u_k，由图 6 - 4 - 3 可得

$$u_0 = V_0/\tan\beta, \quad u_k = V_0/\sin\beta \tag{6.4.9}$$

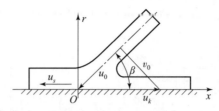

图6－4－3 不可压缩流体聚能射流形成过程示意图

考察药型罩的压垮速度为 V_0 时各个分量的运动情况，如图6－4－3所示。聚能射流流动示意图可分为两个部分，如图6－4－4所示。其中，图6－4－4（a）与图6－4－3的射流流动情况相同，此时生成的两股射流速度相等，$u_0 = u_j = u_s = V_0/\tan\beta$；图6－4－4（b）表示药型罩压垮点 O 的运动速度为 $u_k = V_0/\sin\beta$。

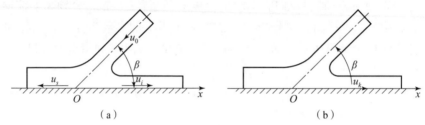

(a)	(b)

图6－4－4 聚能射流形成过程分解示意图

两个流动速度叠加得到

$$v_j = u_k + u_0 = \frac{V_0}{\sin\beta} + \frac{V_0}{\tan\beta} = V_0\frac{1+\cos\beta}{\sin\beta} = V_0\frac{2\cos^2\left(\dfrac{\beta}{2}\right)}{2\sin\left(\dfrac{\beta}{2}\right)\cos\left(\dfrac{\beta}{2}\right)} = \frac{V_0}{\tan\left(\dfrac{\beta}{2}\right)} \quad (6.4.10)$$

$$v_s = u_k - u_0 = \frac{V_0}{\sin\beta} - \frac{V_0}{\tan\beta} = V_0\frac{1-\cos\beta}{\sin\beta} = V_0\frac{2\sin^2\left(\dfrac{\beta}{2}\right)}{2\sin\left(\dfrac{\beta}{2}\right)\cos\left(\dfrac{\beta}{2}\right)} = V_0\tan\left(\dfrac{\beta}{2}\right) \quad (6.4.11)$$

式（6.4.10）给出了聚能射流的速度 v_j，式（6.4.11）则确定了杵杆的速度 v_s；而式（6.4.7）和式（6.4.8）则分别确定了聚能射流的质量 m_i 和杵杆的质量 m_s。

聚能射流和杵杆的动能分别为

$$E_j = \frac{m_j v_j^2}{2} = \frac{m\sin^2\left(\dfrac{\beta}{2}\right)V_0^2}{2\tan^2\left(\dfrac{\beta}{2}\right)} = \frac{mV_0^2}{2}\cos^2\left(\frac{\beta}{2}\right) = E_0\cos^2\left(\frac{\beta}{2}\right) \quad (6.4.12)$$

$$E_s = \frac{m_s v_s^2}{2} = \frac{m\cos^2\left(\dfrac{\beta}{2}\right)\tan^2\left(\dfrac{\beta}{2}\right)V_0^2}{2} = \frac{mV_0^2}{2}\sin^2\left(\frac{\beta}{2}\right) = E_0\sin^2\left(\frac{\beta}{2}\right) \quad (6.4.13)$$

式中，$E_0 = mV_0^2/2$ 为质量为 m、压垮速度为 V_0 的药型罩压垮时的动能。

2. 聚能射流的运动和断裂

聚能装药爆炸时形成的金属聚能射流是一种高速的细长形轴对称（或平面对称）物体。在聚能射流形成过程中，从射流头部微元至尾部微元存在速度梯度，头部微元速度约为第一宇宙速度大小，而尾部微元运动速度通常只有 2 km/s 左右。

射流形成初期轴向运动速度沿聚能射流的分布特性由初始速度梯度值 $\dot{\varepsilon}_0$ 给定，$\dot{\varepsilon}_0$ 由该射流微元轴向速度差 Δv_j 与初始长度 l_0 的比值确定，通常认为 l_0 等于金属药型罩母线段的长度。大多数轴对称聚能射流的 $\dot{\varepsilon}_0$ 典型值为 $10^4 \sim 10^5 \ \mathrm{s}^{-1}$。

在速度梯度的作用下，聚能射流在自由运动中沿轴向伸长，其横向尺寸同时减小。对于大多数射流而言，在运动初始阶段它们沿轴向的伸展实际上是均匀的，没有集中的变形，保持了接近于圆柱形和略微有些锥度的形状，往后射流的伸展出现在局部，造成射流颈缩，最后，射流断裂成无速度梯度的微元，它们各自的长度在后续运动过程中不再变化。图 6 – 4 – 5 所示为聚能射流伸展和断裂过程的典型空时 (z, t) 图像，该图中区分了三个特征区域：聚能射流的均匀变形区（连续区）、颈缩区和断裂区。

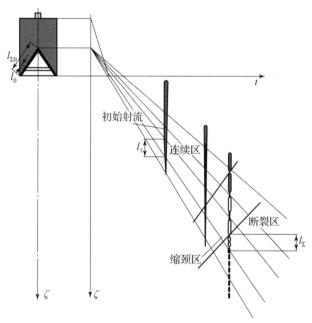

图 6 – 4 – 5　聚能射流伸展和断裂过程时空图像

聚能射流断裂为颗粒微元的特点各不相同，这与药型罩材料性质和聚能射流的几何参数及运动学特性有关（如射流单元的初始半径为 r_{j0}，轴向速度的初始梯度为 $\dot{\varepsilon}_0$ 等）。高速度梯度的铜射流为延性断裂，其特点是随着颈缩半径趋近于零，形成许多几何相似的颗粒微元；镍、铌和纯铝的射流也是类似断裂方式。

其他材料的射流则以另外的方式发生断裂，如铅、钨聚能射流的断裂是体积性的，而钢药型罩聚能装药生成的射流发生断裂时并不出现明显的颈缩，而是通过脆性方式断裂。大质量低速度梯度铜射流的断裂也有类似的特点，如图 6 – 4 – 6 所示。

图 6 – 4 – 6　射流断裂方式

俄罗斯学者对于塑性断裂的聚能射流提出了极限伸长的概念，依据这个概念，伸长与断裂的定量特性参数是极限伸长系数，即颗粒微元（断裂后形成的射流各个相应段落）长度

之和 l_Σ 与射流初始长度 l_0（药型罩上相应段落的长度）的比值：$n_b = l_\Sigma/l_0$。极限伸长系数实质上是聚能射流条件下可变形材料的动态塑性指数或者断裂的应变判据。

射流断裂的另一个特性参数是射流一定段落断裂时形成的各单元个数 N_i 或者整个射流断裂形成单元的总数 N，与此有关的聚能射流伸展过程的定量参数是所谓的惯性伸长系数 $n_1 = l_1/l_0$。这里当射流段落均匀变形阶段结束、颈缩开始发展时刻，该射流段落的长度定义为 l_1。断裂后各个射流微元的初始长度为 $a_0 = l_0/N_i$。应当注意，有些文献中通常把射流断裂时间 t_b（breakup time）看作聚能射流断裂的主要特性参数。射流的极限伸长系数 n_b 与射流断裂时间 t_b 有关，实质上是同一个信息的不同表示形式而已。与其静态特性相比，它们的动态塑性都异常高。例如，断裂之后高速度梯度铜射流各单元的总长度大约是未间断的聚能射流初始长度的 10 倍。试验表明，聚能射流的某些段落在断裂之前甚至还有更大的伸长倍数。例如，在某些阶段，铌聚能射流的极限伸长系数值可达到 $n_b = 26$。正是由于聚能射流伸长时材料的异常高塑性，保障了在作用于靶板的时刻，射流具有相当长度，正是这些事实说明聚能装药具有很强的侵彻能力。

研究聚能射流的伸展和断裂时，往往使用射线 X 闪光照相、同步弹道照相机等试验方法，还可采用根据连续介质力学来建立聚能射流形成理论模型，并应用数值和解析方法确定所研究过程的参数，试验方法和理论方法互相补充，用来获得聚能射流自由运动特性。

根据试验结果拟合得到一些材料极限伸长系数公式为

$$\begin{cases} \text{铜：} & n_b = 1.8 + 15.2\,\dot{\varepsilon}_0 r_{j0} \\ \text{镍：} & n_b = 1.8 + 14\,\dot{\varepsilon}_0 r_{j0} \\ \text{铌：} & n_b = 2.4 + 17.7\,\dot{\varepsilon}_0 r_{j0} \\ \text{20 钢：} & n_b = 1.6 + 8\,\dot{\varepsilon}_0 r_{j0} \end{cases} \tag{6.4.14}$$

经验公式（6.4.14）中，没有包含药型罩材料的物理力学性质参数，这些参数隐含在这些公式的数字系数中。此外，极限伸长系数与聚能射流参数的关系本来就不大清楚。例如，在材料的标准拉伸试验中，材料的塑性通常随应变率增加而降低，而在聚能射流场合则完全相反。下面用不可压缩刚塑性圆柱形杆件拉伸模型来估算聚能射流在惯性变形中应力 – 应变状态的演化特性。

在几何上聚能射流微元在 t 时刻的伸长系数表征为

$$n = \frac{l}{l_0} = 1 + \dot{\varepsilon}_0 t \tag{6.4.15}$$

式中，l 和 l_0 分别为微元和初始时的长度，射流材料轴向运动速度 $v_{j\xi} = \dot{\varepsilon}_0 \xi/(1 + \dot{\varepsilon}_0 t)$，径向运动（垂直于对称轴方向）速度 $v_{jr} = -0.5 r \dot{\varepsilon}_0/(1 + \dot{\varepsilon}_0 t)$，其应力状态可以用应力张量来描述：

$$\sigma_r = \sigma_\theta = \frac{3}{8}\frac{\rho_j \dot{\varepsilon}_0^2}{n^2}\left(\frac{r_{j0}^2}{n} - r^2\right), \quad \sigma_z = Y + \sigma_r \tag{6.4.16}$$

式中，Y 为聚能射流材料的等效流动极限；ρ_j 为射流材料密度；σ_r、σ_θ、σ_z 分别为应力张量的径向、切向和轴向分量。

利用应力变化和单元能量平衡特性分析，可得到极限伸长系数的范围，即

$$\sqrt[3]{\frac{3}{16}\frac{\rho_j\,\dot{\varepsilon}_0^2 r_{j0}^2}{Y}} < n_b < \exp\left(\frac{\rho_j\,\dot{\varepsilon}_0^2 r_{j0}^2}{16Y}\right) \tag{6.4.17}$$

式（6.4.17）的下限对应于平均轴向应力从压缩向拉伸的转变，上限则由能量完全耗散条件和材料径向运动初始储存动能转变为内能的条件确定。

进一步根据射流扰动模型得到

$$\begin{cases} n_1 = 2.78\left(\rho_j\,\dot{\varepsilon}_0^2 r_{j0}^2/Y\right)^{0.32} \\ n_b = 5.38\left(\rho_j\,\dot{\varepsilon}_0^2 r_{j0}^2/Y\right)^{0.39} \\ \bar{a}_0 = 0.65\left(Y/\rho_j\,\dot{\varepsilon}_0^2 r_{j0}^2\right)^{0.51} \end{cases} \tag{6.4.18}$$

式（6.4.18）的第 3 个公式事实上同下式没有差别：

$$\bar{a} = a_0/r_{j0} = 0.65\sqrt{Y/\left(\rho_j\,\dot{\varepsilon}_0^2 r_{j0}^2\right)} \tag{6.4.19}$$

由此可知，断裂射流微元的初始长度 a_0 与射流初始半径无关，只取决于微元之间的速度差 $\Delta v_j = \Delta v^* = \dot{\varepsilon}_0 a_0 = 0.65\sqrt{Y/\rho_j}$，该速度差与聚能射流材料的强度和密度有关。考虑到这种情况，可以求出拉格朗日轴向坐标分别为 ξ_1 和 ξ_2、轴向运动速度分别为 v_{j1} 和 l_{j2} 的两个微元之间塑性断裂的微元数，即

$$N_{12} = \int_{\xi_1}^{\xi_2}\frac{\mathrm{d}\xi}{a_0} = \int_{\xi_1}^{\xi_2}\frac{\dot{\varepsilon}_0}{\Delta v^*}\mathrm{d}\xi = \frac{v_{j2} - v_{j1}}{\Delta v^*} \tag{6.4.20}$$

如果把 v_{j2} 看作聚能射流头部单元速度，v_{j1} 为其尾部单元速度，从式（6.4.29）即得出射流断裂微元总数 N。

根据试验结果可以用式（6.4.18）、式（6.4.19）来估算聚能射流条件下材料的等效流动极限 Y，如极限伸长情况下计算得到的流动极限 Y_n，断裂情况下得到的流动极限 Y_a，则等效流动极限 Y 取它们的平均值 $Y = 0.5(Y_n + Y_a)$。对于铜聚能射流 $Y_n = 0.46$ GPa，$Y_a = 0.28$ GPa；钽聚能射流 $Y_n = 0.26$ GPa，$Y_a = 0.32$ GPa。

聚能射流伸长和断裂还可以用射流断裂时间 t_b 来表达，断裂时间 t_b 与极限伸长系数 n_b 有关，其形式可写为 $n_b = 1 + \dot{\varepsilon}_0 t_b$，略去常数 1，极限伸长系数 n_b 正比于量纲为 1 的断裂时间 $\bar{t}_b = \dot{\varepsilon}_0 t_b$。表 6-4-1 列出了国外在此领域中的若干研究结果。

表 6-4-1　聚能射流断裂的极限伸长系数和临界速度公式的比较

作者	n_b	Δv^*
Hirsh E，1979	$1 + 2\sqrt{\rho_j\,\dot{\varepsilon}_0^2 r_{j0}^2/Y}$	$\sqrt{Y/\rho_j}$
Haugstad B，1983	$2\sqrt{\rho_j\,\dot{\varepsilon}_0^2 r_{j0}^2/Y}$	$0.87\sqrt{Y/\rho_j}$
МГТУ（莫斯科国立技术大学），1984	$5.38\left(\rho_j\,\dot{\varepsilon}_0^2 r_{j0}^2/Y\right)^{0.39}$	$0.65\sqrt{Y/\rho_j}$
Chou P. C.（周培基），Flis W. J.，1986	$2 + 3.75\sqrt{\rho_j\,\dot{\varepsilon}_0^2 r_{j0}^2/Y} - 0.125\sqrt{\rho_j\,\dot{\varepsilon}_0^2 r_{j0}^2/Y}$	

续表

作者	n_b	Δv^*
Chou P. C. （周培基），1992	$(\rho_j \dot{\varepsilon}_0^2 r_{j0}^2/Y)^{1/3}$	
Carleone J.，1993	$5.44\ (\rho_j \dot{\varepsilon}_0^2 r_{j0}^2/Y)^{0.352}$	$0.68\ \sqrt{Y/\rho_j}$
Chantaret P. Y.，1998	$7.5\ (\rho_j \dot{\varepsilon}_0^2 r_{j0}^2/Y)^{1/3}$	

从式（6.4.14）可知，高密度、低强度的材料，高速度梯度、大质量的聚能射流需要高动态塑性（很高的极限伸长系数值）。但是，目前聚能装药理论尚不能准确地预测哪种情况下聚能射流发生塑性断裂、脆性断裂或者体积性断裂，这涉及大塑性应变（1 000% 量级）情况下，微损伤的萌生、增长以及宏观裂纹的形成等问题。

6.4.2 聚能射流侵彻理论

1. 侵彻深度计算

聚能射流在侵彻钢、铝、混凝土等靶板过程中，射流与靶板之间界面处产生很高的压力，高于靶板强度 $1\sim 2$ 个量级，当聚能射流速度 $v_j > 4$ km/s 时，射流和靶板的材料强度都可忽略不计。

假设射流长度为 l，初始速度为 v_j，初始密度为 ρ_j，侵彻靶板的速度为 u_x，靶板的初始密度为 ρ_t，靶板静止不动，聚能射流侵彻靶板的示意图如图 $6-4-7$ 所示。在高压作用下聚能射流在与靶板的作用界面处，聚能射流被"侵蚀"，侵蚀部分朝着与射流运动速度相反的方向流出，靶板材料同样被射流从高压区"挤压"出来，其中一部分被射流携带到靶板自由面处，其余部分产生塑性变形，向孔洞两侧流动。

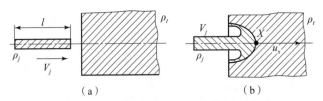

图 6 – 4 – 7　聚能射流微元侵彻靶板示意图

（a）聚能射流侵彻靶板之前；（b）侵彻过程之中

将坐标原点建立在侵彻射流与靶板的界面处（点 X），此时聚能射流的速度为 $v_j - u_x$，而靶板则具有速度 $-u_x$（图 $6-4-8$），则在 X 点处聚能射流完全侵蚀的时间为

$$t_P = \frac{P}{u_x} = \frac{l}{v_j - u_x} \tag{6.4.21}$$

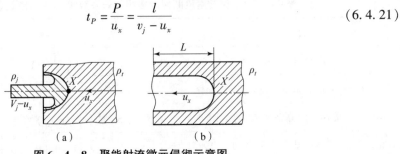

图 6 – 4 – 8　聚能射流微元侵彻示意图

由此可得到侵彻深度公式为

$$P = lu_x / (v_j - u_x) \tag{6.4.22}$$

根据这个关系式，并考虑材料强度对于侵彻过程的影响，可以建立不可压缩流体或者可压缩流体等各种侵彻深度计算公式。

（1）假设聚能射流和靶板材料都是理想不可压缩流体，而且侵彻过程是定常的，根据伯努利方程，得

$$\frac{1}{2}\rho_j (v_j - u_x)^2 + p_j = \frac{1}{2}\rho_t u_x^2 + p_t = p_x \tag{6.4.23}$$

式中，p_j，ρ_j 分别为射流的初始压力和密度；p_t，ρ_t 分别为靶板的初始压力和密度；p_x 为驻点 X 处的压力，该处射流和靶板的速度都为 0。

由于 $p_x \cdot p_j$，$p_x \cdot p_t$，令 $p_j = p_t$，则式（6.4.23）改写为

$$\rho_j (v_j - u_x)^2 = \rho_t u_x^2 \tag{6.4.24}$$

由此得到

$$\frac{u_x}{v_j - u_x} = \sqrt{\frac{\rho_j}{\rho_t}} = \mu \tag{6.4.25}$$

理想不可压缩射流侵彻不可压缩靶板时的压力和速度为

$$p_x = p_t + \frac{\rho_t u_x^2}{2}, \quad u_x = \frac{\mu v_j}{1 + \mu} \tag{6.4.26}$$

射流侵彻深度的公式为

$$P = l\sqrt{\frac{\rho_j}{\rho_t}} = l\mu \tag{6.4.27}$$

公式中侵彻深度只与射流长度和射流、靶板密度的比值有关，与射流速度、射流和靶板材料的可压缩性及强度等无关。在射流速度较高（$v_j > 4$ km/s）时，该式计算得到的侵彻深度与试验数据符合较好。

（2）射流和靶板材料为可压缩流体的情况。此种情况在射流和靶板中会形成冲击波阵面 CD 和 AB，如图 6-4-9 所示。射流是旋转对称物体，根据驻点（点 X）处压力连续条件，由伯努利公式可以得到

$$\rho_j (v_j - u_x)^2 \frac{1 + \lambda_j}{2} = \rho_t u_x^2 \frac{1 + \lambda_t}{2} \tag{6.4.28}$$

式中，$\lambda_j = 1 - \rho_j / \rho_{jx}$，$\lambda_t = 1 - \rho_t / \rho_{tx}$，$\rho_{jx}$ 和 ρ_{tx} 分别为射流和靶板在驻点（点 X）处的密度。由式（6.4.28）得到

$$\frac{u_x}{v_j - u_x} = \sqrt{\frac{\rho_j (1 + \lambda_j)}{\rho_t (1 + \lambda_4)}} \tag{6.4.29}$$

将式（6.4.29）代入式（6.4.22），有

$$P = l\sqrt{\frac{\rho_j (1 + \lambda_j)}{\rho_t (1 + \lambda_t)}} \tag{6.4.30}$$

如果射流和靶板材料的可压缩性相同，即 $\lambda_j = \lambda_t$，则有 $P = l\sqrt{\rho_j / \rho_t}$，与式（6.4.27）相同。

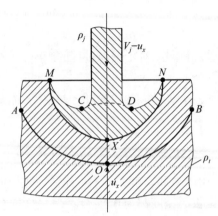

图6-4-9 射流单元超声速侵彻靶板示意图

为了确定 ρ_{jx} 和 ρ_{tx}，必须利用正冲击波波阵面上参数方程求解。把坐标系固联在冲击波波阵面上（图6-4-12），则可压缩流体通过驻点流入冲击波波阵面 AB 参数为 u_x、ρ_t，当靶板和射流材料都是可压缩时，靶板和射流上的动压分别为

$$靶板：\frac{1}{2}u_x^2 + \int\left(\frac{dp}{\rho}\right)_t = \int\left(\frac{dp}{\rho}\right)_{tx} \tag{6.4.31}$$

$$射流：\frac{1}{2}(v_j - u_x)^2 + \int\left(\frac{dp}{\rho}\right)_j = \int\left(\frac{dp}{\rho}\right)_{jx} \tag{6.4.32}$$

式（6.4.31）和式（6.4.32）等号左边的积分可分别根据靶板和射流的等熵线方程计算，分别取 $p = p_t$ 和 $p = p_j$；等号右边的积分应分别使用靶板和射流材料的冲击绝热线方程确定，射流与靶板的界面处 $p_{tx} = p_{jx} = p_x$，由此可以确定 p_x 和 u_x，即得到在可压缩射流定常侵彻情况下靶板的压力和速度。

根据冲击波波阵面两侧动量守恒，不考虑靶板和射流中的初始压力（设 $p_t = p_j = 0$），有

$$靶板：p_x = \rho_t u_x D_t \tag{6.4.33}$$

$$射流：p_x = \rho_t(v_t - u_x)D_j \tag{6.4.34}$$

如果知道靶板和射流材料的冲击绝热线函数关系 $D_t = D_t(u_x)$ 和 $D_j = D_j(v_j - u_x)$，则由式（6.4.33）和式（6.4.34）可以确定射流与靶板碰撞瞬间两者界面处的 p_x 和 u_x，得到

$$\rho_t D_t^2 \frac{u_x}{D_t} = \frac{\rho_j D_j^2(v_j - u_x)}{D_j} \tag{6.4.35}$$

冲击波波阵面处的守恒定律给出：在靶板中 $\rho_t D_t = \rho_{tx}(D_t - u_x)$，在射流中 $\rho_j D_j = \rho_{jx}(D_j - (v_j - u_x))$，则 $\lambda_t = 1 - \rho_t/\rho_{tx} = u_x/D_t$，$\lambda_j = 1 - \rho_j/\rho_{jx} = (v_j - u_x)/D_j$，利用这些关系式，由式（6.4.35）得到

$$\rho_j D_j^2/(\rho_t D_t^2) = \frac{\lambda_j}{\lambda_t} \tag{6.4.36}$$

另一方面，基于式（6.4.22）和式（6.4.35）得到

$$P = l\sqrt{\frac{\rho_j}{\rho_t} \cdot \frac{\rho_j D_j^2}{\rho_t D_t^2}} = l\sqrt{\frac{\rho_j}{\rho_t} \cdot \frac{\lambda_j}{\lambda_t}} \tag{6.4.37}$$

（3）考虑材料强度的影响。把射流和靶板的材料看成不可压缩流体，式（6.4.23）中

p_j 和 p_t 分别为它们的初始压力，由于金属聚能射流已被加热到 $600 \sim 1\,000\ ℃$，其材料（通常为铜或软钢）的强度比钢板低得多，可以认为 $p_j = 0$，而 $p_t = Y$，其中，Y 为靶板动态屈服强度。

式（6.4.23）可改写为

$$\frac{\rho_j(v_j - u_x)^2}{2} = \frac{\rho_t u_x^2}{2} + Y$$

则射流侵彻靶板的速度为

$$\frac{u_x}{v_j} = \begin{cases} \dfrac{\mu}{\mu^2 - 1}\left(\mu - \sqrt{1 + (\mu^2 - 1)\dfrac{2Y}{\rho_t v_j^2}}\right), & \mu = \sqrt{\dfrac{\rho_j}{\rho_t}} \neq 1 \\[4mm] \dfrac{1}{2}\left(1 - \dfrac{2Y}{\rho_t v_j^2}\right), & \mu = 1 \end{cases} \tag{6.4.38}$$

由式（6.4.22）和式（6.4.38），得到侵彻深度为

$$\frac{P}{l} = \begin{cases} \dfrac{1 - \dfrac{2Y}{\rho_t v_j^2}}{1 + \dfrac{2Y}{\rho_t v_j^2}}, & \mu = 1 \\[8mm] \dfrac{\mu\left(\mu - \sqrt{1 + (\mu^2 - 1)\dfrac{2Y}{\rho_t v_j^2}}\right)}{(\mu^2 - 1) - \mu\left(\mu - \sqrt{1 + (\mu^2 - 1)\dfrac{2Y}{\rho_t v_j^2}}\right)}, & \mu \neq 1 \end{cases} \tag{6.4.39}$$

式（6.4.38）和式（6.4.39）中并没有考虑射流和靶板的变形过程，因而其正确性是有条件的。

试验数据表明，射流速度较高时（$v_j > 4\ \text{km/s}$），侵彻过程可以不考虑射流和靶板材料强度。图 6-4-10 所示为试验得到的 u_x/v_j 和 v_j 的关系，试验中药型罩锥角 $2\alpha = 44°$，壁厚 0.9 mm，炸药为 Pentolet（50/50），爆速 $D = 7\,510\ \text{m/s}$。图 6-4-10 中还给出了由式（6.4.38）计算得到的关系曲线（曲线 1），Y 取 3.5 GPa 时（软钢的硬度值 $H_D = 3.5$ GPa，不到 Y 值的 $1/2$），与试验数据非常吻合；图中曲线 2 为式（6.4.39）的计算结果。

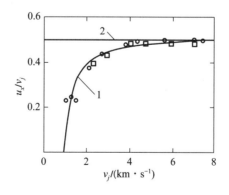

图 6-4-10 计算的 u_x/v_j 与 v_j 的关系曲线
○、□—钢射流侵彻钢靶板的试验点

　　根据试验数据可以判断靶板强度对于聚能射流侵彻深度的影响，从试验结果可以看出当钢靶板硬度提高 4~6 倍时，侵彻深度降低 25%~30%，而且其降低规律接近于线性。主要原因聚能射流尾部速度急剧减小，已小于 4 km/s。

　　式（6.4.33）和式（6.4.36）给出了射流和靶板材料的可压缩性对于侵彻深度 P 的影响。钢（铁或钢）聚能射流侵彻钢靶板时，介质之间相互作用中可压缩性的作用并不重要，因为 $\lambda_j = \lambda_t$。如果铜或铁射流侵彻可压缩靶板材料（水、橡胶、土壤等）等，根据式（6.4.30）和式（6.4.37），靶板材料的可压缩性对射流深度有显著影响。

2. 侵彻孔径计算

　　聚能装药威力可以用侵彻深度来表征，也可以用其在靶板上侵彻孔径来表征。侵彻孔径和侵彻深度实际上是有一定关系的。在一定的聚能射流参数（速度、直径、偏离角）下，随侵彻孔减小，射流无法进入到孔底，耗费（"涂抹"）在孔壁上，降低侵彻深度。

　　试验研究表明，侵彻孔形与聚能射流和靶板的特性有关，孔形可能是圆锥形、圆柱形或者波状形。一般孔的体积与聚能射流的能量（以及直径、射流速度）成正比，与靶板材料强度特性参数（靶板抗力）成反比。在靶板的孔径是变化的（图 6-4-11），根据能量守恒，在靶板表面，靶板易于发生塑性变形，该表面孔直径最大，同时沿聚能射流长度方向动能分布不均匀，导致沿侵彻深度方向孔径不均匀。

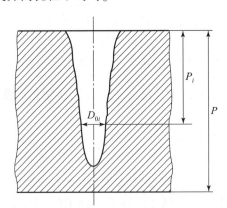

图 6-4-11　聚能射流侵彻靶板的孔剖面

　　假设形成直径 D_{0i}、长度 P_i 的孔所需的功与射流微元的动能成正比，孔状近似圆柱形（图 6-4-11），则 $E_{ji} = m_{ji} v_{ji}^2 / 2 = A_W W_i$，$m_{ji}$、$v_{ji}$ 分别为第 i 聚能射流微元的质量和速度，A_W 为形成单位体积孔所需的功，W_i 为所形成的孔体积，$W_i = \pi D_{0i}^2 P_i / 4$。

　　图 6-4-11 中孔径的计算公式为

$$D_{0i} = \sqrt{\frac{4 E_{ji}}{A_W \pi P_i}} \tag{6.4.40}$$

式中，A_W 不仅与靶板材料和聚能装药结构有关，还与孔距靶板表面的距离有关。靠近靶板表面时 A_W 值是变化的，不是常数，使得靶板表面附近的孔径急剧变化。A_W 可以采用试验方法确定，也可使用经验公式进行估计。试验和理论数据表明，在 $0 \leqslant P/d_j \leqslant 10$（$d_j$ 为射流直径）范围中 A_W 值是变化的，可以用下面的分段函数计算：

$$A_W = K \frac{P_i}{d_{ji}} + A_{W0} \tag{6.4.41}$$

铜聚能射流侵彻高强度钢靶板的情形，可以取 $A_{W0} = 0.3 \times 10^{10}\,\mathrm{J/m^3}$，$K = 0.3 \times 10^9\,\mathrm{J/m^3}$。在 $P/d_j > 10$ 的区域，同样情况下 A_W 值将为常数，可以取 $A_W \approx 0.6 \times 10^{10}\,\mathrm{J/m^3}$。

表 6-4-2 列出了圆锥形头部的侵彻体高速撞击金属靶板的 A_W 值，由于侵彻深度较深，A_W 可看作为常数，$A_W \approx H_D + H_B$，H_B 为靶板金属材料的布氏硬度（GPa），H_D 靶板金属材料的动态硬度（GPa）。

表 6-4-2　圆锥形头部的侵彻体高速撞击金属靶板的 A_W 值

靶板材料		工业纯铁	硬铝	铜	铝	铅
靶板材料密度 $\rho_t/(\mathrm{g\cdot cm^{-3}})$		7.85	2.8	8.9	2.7	11.34
靶板金属材料的布氏硬度 H_B/GPa		0.9	1.1	0.45	0.3	约 0.05
靶板金属材料的动态硬度 H_D/GPa		2.0	1.4	0.72	0.56	约 0.08
形成单位体积孔所需的功 A_W/GPa	计算值	2.9	2.5	1.17	0.86	约 0.13
	试验值	2.8	2.2	1.2	0.83	约 0.1

为了能够近似计算，式（6.4.40）可变换为

$$D_{0i} = A\sqrt{\frac{E_{ji}}{P_i}} = A\sqrt{\frac{\pi}{8}}\, d_{ji} v_{jt} \sqrt{\rho_j \rho_t} \tag{6.4.42}$$

式中，A 为系数；d_{ji} 和 v_{ji} 分别为第 i 个聚能射流的直径和速度。

表 6-4-3 列出了铜聚能射流侵彻半无限厚靶板时各种材料的 A 值。

表 6-4-3　铜聚能射流侵彻各种材料靶板时的 A 值

靶板材料	结构钢	铝合金	钛	铜	铅	冰	混凝土	重黏土
$\rho_j/(\mathrm{g\cdot cm^{-3}})$	7.80~7.82	2.7	4.5	8.9	11.3	0.95	2.2~2.6	1.75
$A/(\mathrm{J^{-1/2}\cdot mm^{3/2}})$	0.55~0.60	0.6~0.8	0.44	0.9	2.2	2.7	0.8	4.0

6.5　聚能破甲战斗部结构设计

6.5.1　药型罩设计

药型罩是形成金属射流的母体，其结构参数将直接影响金属射流的形态及其他相关参数，这些又与破甲效果有直接关系，因此药型罩的设计非常关键。药型罩设计主要是确定药型罩几何形状、锥角、壁厚，并选择合适的材料及加工工艺。

1. 药型罩材料

由射流成型原理知，罩微元以相对速度 V_2 流向驻点时，内壁向右形成射流，外壁向左形成杵体。根据射流成型条件，相对流动速度 V_2 必须小于罩材的声速。当 $V_2 > c_0$ 时，罩微

元将不能形成射流；只有当 $V_2 < c_0$ 时，射流才是稳定的。射流速度 V_j 是 V_2 的函数，要提高射流速度，必须选择具有高声速的罩材。当罩材为铜时，射流最大速度为 $1.23c_0$；超过 $1.23c_0$ 时，射流会发散不凝聚（c_0 为铜的体声速）。由此可见，药型罩材料的塑性、密度、声速是选材时不可缺少的参数指标。用于制造药型罩的材料应具有以下特点：

（1）密度高。射流在相同速度下的比动能高。

（2）塑性好。射流在运动拉伸过程中不易断裂，同时冷加工工艺性好。

（3）熔点高。在形成射流过程中不汽化。

（4）强度适当。在发射和碰击目标时，要有足够的强度，保证罩不变形。

几种材料药型罩的比较见表 6 – 5 – 1。

表 6 – 5 – 1　几种材料药型罩性能及优劣比较

材料	铝（Al）	镍（Ni）	铜（Cu）	钼（Mo）	钽（Ta）	铀（U）	钨（W）
密度 $\rho_j/(\text{g}\cdot\text{cm}^{-3})$	2.7	8.8	8.9	10.0	16.6	18.5	19.4
$c_B/(\text{km}\cdot\text{s}^{-1})$	5.4	4.4	4.3	4.9	2.4	2.5	4.0
射流头部最大速度 $V_{j0\max}/(\text{km}\cdot\text{s}^{-1})$	12.3	10.1	9.8	11.3	5.4	5.7	9.2
$V_{j0\max}\sqrt{\rho_j}$	20.2	30.0	29.2	35.7	22.0	22.0	40.5
排名/位	7	3	4	2	6	5	1

从表 6 – 5 – 1 中看出，最理想的药型罩材料是钨，其次是钼、镍、铜等。由于钨延展性差，形成的射流凝聚性不好。钼和镍除了加工性能差以外，取材也不方便。但是，铜不仅延展性好，而且取材方便，价格适中。因此，国内聚能装药中都用紫铜，并制定了专用国标（GB 1837—1980）。国外大都采用无氧铜，同时对铜中氧的含量给予控制，如 105 mm 坦克炮用破甲弹的药型罩。

罩材的晶粒度对射流成型和破甲有很大关系。以铜材为例，小锥角药型罩罩材的晶粒度一般控制在 50 μm 以下。晶粒越小，射流的性能越好。紫铜 T2 晶粒度一般可达 25 μm 以下，无氧铜 TU2 晶粒度可达 15 μm 左右。铜的再结晶温度对射流特性也有明显影响。再结晶温度与材料中杂质、晶粒大小有关；再结晶温度越低，射流越长，越稳定。优化热处理工艺，选用低再结晶温度的铜材，可以得到最好的晶粒度，提高射流的稳定性。

用作罩材的铜主要有磷脱氧铜（DHP – Cu）、电解韧铜（ETP – Cu）和无氧铜（OFE – Cu）等，见表 6 – 5 – 2 和表 6 – 5 – 3。

表 6 – 5 – 2　各种铜罩材性能

材料编号	铜含量/%	再结晶温度 $T_R/℃$	有效射流长度 L_j/mm	射流断裂时间 $t_r/\mu s$
DHP – Cu	99.90	360	193	45
ETP – Cu	99.92	330	225	58
ETP – Cu	99.92	195	285	73
OFE – Cu	99.98	270	260	65

表 6 - 5 - 3　来自《机械设计手册》（第四版第一卷）

铜材牌号		铜含量/%	状态	板抗拉强度 σ_b/MPa	棒抗拉强度 σ_b/MPa
无氧铜	TU1	99.97	R		186
	TU2	99.95			

电铸罩杂质含量低，晶粒度细，无加工应力，各向同性，精度高，形成的射流品质好，破甲深度大，而且稳定，但罩制造工效太低。

随着材料科学的发展，药型罩材料也在不断更新。研究发现要提高聚能装药侵彻能力，可以采用钽及钽基硬质合金、添加贵金属（银、金、铂）的铜基合金、锡青铜 CuSn8（8% Sn）等制备的药型罩。由于合金中含有锡，药型罩材料的强度极限和流动应力极限得到很大提高，同样也增大了极限伸长系数。还有些药型罩材料采用共晶合金，形成低熔点共晶体的合金有银—铜合金（71.9% Ag—28.1% Cu）、锡—铅合金（61.9% Sn—38.1% Pb）、铅—锑合金（88.8% Pb—2% Sb）、铅—镉合金（82.5% Pb—17.5% Cd）和镉镍合金（99.7% Cd—0.3% Ni）等。药型罩材料最好用具有超塑性结构的合金材料，这样可以生成伸长量相当大的连续完整聚能射流，制造这类合金的关键在于得到细颗粒的等轴晶粒，并使其在超塑性变形过程中得以保持，其中，锌—铝合金 ZnAl22（22% Al）就是结构超塑性好的材料。

2. 药型罩形状的选择

破甲战斗部中的药型罩结构形式主要有简单几何形状药型罩（圆柱筒形罩、小锥角罩、半球罩和大锥角罩）、复杂几何形状药型罩（双锥形、喇叭形和钟形等）、组合形状药型罩（如锥形和球形组合等）和变壁厚药型罩。圆柱筒形罩［图 6 - 5 - 1（a）］可以形成高速、无速度梯度的离散性射流。由于其形成的射流密度较低，不具有很高的破甲能力，因而不具有实用性。当药型罩形状变为圆锥形［图 6 - 5 - 1（b），又称单锥罩］后，压垮角增大，能够形成高速、高速度梯度的密实完整射流，这种射流具有很高的破甲能力。随着圆锥罩的锥角增大，并逐渐过渡到半球形［图 6 - 5 - 1（c）］，聚能射流的头部速度和速度梯度降低，同时射流的质量增大，破甲深度下降，但破甲孔径增大。锥形罩的锥角进一步增大，变成扁圆锥形罩［图 6 - 5 - 1（d），又称大锥角罩］和球缺形罩［图 6 - 5 - 1（e）］，药型罩无法压垮，只能"翻转"，从而形成一个密实的弹丸，称为爆炸成型弹丸（EFP）。

除了简单几何形状的药型罩外，装药结构中也采用各种复杂几何形状的药型罩，最具有代表性的是罩母线为曲线的喇叭罩［图 6 - 5 - 1（f）］和郁金香罩［图 6 - 5 - 1（g）］。把罩母线设计成曲线的目的是增加形成射流的长度。

图 6 - 5 - 1（h）和（i）为两种及两种以上几何形状组合的药型罩。图 6 - 5 - 1（h）为几个圆锥形的组合，形成分段式射流，增加射流长度，同时通过调整各个圆锥形的参数就可以控制射流的参数，控制射流参数的可能性增大。图 6 - 5 - 1（i）为圆锥形和半球形的组合，圆锥形罩在炸高不大的情况下具有较大的破甲深度，半球形形成的孔径较大，该药型罩把圆锥形罩和半球形罩的优点很好地组合了起来。

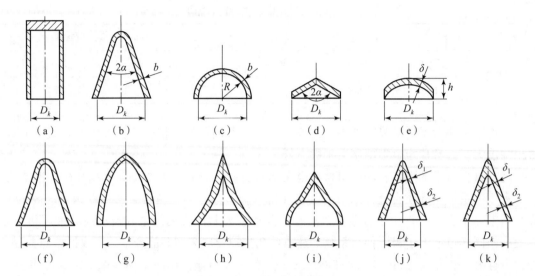

图 6 – 5 – 1 药型罩结构形式

药型罩结构形状的选取主要与装药口径、破甲威力、起爆方式有关。中大口径装药为了提高破甲深度可以选取两个圆锥形组合的罩（双锥罩和喇叭罩），当然也可以选取单锥罩，主要以破甲深度能否满足指标为依据。单锥药型罩结构简单，制作容易，破甲性能稳定，因而广泛采用。双锥罩能充分发挥各部位的破甲效率，提高破甲深度，也已在多个战斗部中使用。例如，80 mm 单兵火箭破甲弹、营 82 mm 无 I 型弹和 105 mm 无 I 型破甲弹等。其中，营 82 mm 无 I 型弹和 105 mm 无 I 型弹采用双锥药型罩后，动态威力由原来的150 mm/65°，分别提高到150 mm/68° 和180 mm/68°，提高率达12.1% 和35%，从理论分析在一定炸高下喇叭形药型罩性能应更好。国外采用的喇叭形药型罩的有苏联 122 mm 破甲弹、法国 105 mm 破甲弹及英国 73 mm 的 MK – 50 枪榴弹等；国内曾用 65 式 82 mm 无破甲弹做过对比试验，结果见表 6 – 5 – 4。从表中看出，喇叭罩的抗旋性能、破甲深度都优于单锥药型罩。

表 6 – 5 – 4 喇叭罩与单锥罩试验对比

罩类别	装药结构	主药柱药量/g	破甲深度/mm				
			$n = 0$	$n = 1\,500$	$n = 2\,700$	$n = 3\,500$	$n = 4\,000$
单锥 $2\alpha = 48°2'$	圆柱形压装 单锥隔板	8 321 510	417	436	417		341
喇叭1	圆柱形压装 单锥隔板	8 321 522	415	445	445	399	
喇叭2	圆柱形压装 单锥隔板	8 321 510	448	471			

小口径破甲弹一般采用弹头引信（也有一些采用弹底引信）。由于口径较小，即使采用较大的装药长径比，装药质量也比较小，这就意味着装药做功能力有限。因此，药型罩只能

采用薄壁（1 mm 以下）、小锥角药型罩，却多以单锥罩为主，较少使用双锥罩与喇叭罩。

关于药型罩顶部的形状，冲压罩一般为圆弧形；旋压罩一般为平顶形或带小圆柱形（如 105 mm 坦克炮、105 mm 无 I 型破甲弹等）。

3. 药型罩尺寸

现以锥形药型罩为例。锥形药型罩设计时需要确定的尺寸有内锥 2α，罩内口径 d_k，罩顶圆弧半径 R_a、R_b（平顶罩为 R_a 和 R_b），罩顶圆弧与锥体切点处壁厚 b_a（也称最小壁厚），以及壁厚变化率 Δb 等，如图 6 – 5 – 2 所示。

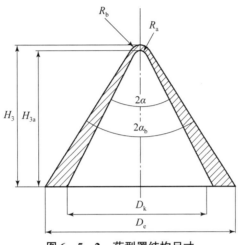

图 6 – 5 – 2　药型罩结构尺寸

1）药型罩锥角的确定

根据定常理想不可压缩流体理论，射流速度和质量分别为

$$\begin{cases} V_j = \dfrac{1}{\sin(\beta/2)} V_0 \cos\left(\dfrac{\beta}{2} - \alpha - \gamma\right) \\ m_j = \dfrac{1}{2} M(1 - \cos\beta) \end{cases} \tag{6.5.1}$$

假设炸药瞬时爆轰，并且药型罩壁面同时平行地向轴线压合，这时 $\alpha = \beta$，$\gamma = 0°$，则

$$\begin{cases} V_j = V_0 \cot\left(\dfrac{\alpha}{2}\right) \\ m_j = M \sin^2\left(\dfrac{\alpha}{2}\right) \end{cases} \tag{6.5.2}$$

由式（6.5.1）可以看出射流速度随药型罩锥角减小而增加，射流质量随药型罩锥角减小而减少。表 6 – 5 – 5 给出了不同锥角药型罩的试验结果。试验条件为：炸药为黑梯 50/50，密度为 1.6 g/cm³。紫铜罩，壁厚 1 mm，罩底直径为 30 mm，随锥角的变化药型罩高度和装药高度也不同。从表中看出，当药型罩锥角为 30°～70° 时，射流具有足够的质量和速度。大锥角时射流头部速度较低，而射流质量较大，且速度梯度较小，形成的射流短而粗，这种情况下破甲深度下降而破孔直径增加，后效作用增强，破甲稳定性较好。小锥角时，射流头部速度较高，射流质量较小，但射流速度梯度较高，形成的射流细而长，破甲深度增加而破孔直径减小。当药型罩锥角小于 30° 时，破甲性能就不稳定。

药型罩锥角大于 70°之后，破甲深度迅速下降。因此，锥形药型罩常用锥角 $2\alpha = 30° \sim$ 70°，对于中大口径战斗部，以选取 35°~44°为宜；对于中小口径战斗部，以选取 44°~70°为宜。采用隔板时锥角宜大一些，不采用隔板时锥角宜小些。

双锥角药型罩无隔板时，小锥角选取 27°~35°为宜，有隔板时小锥角为 40°左右。大锥角多为 55°~65°。这样不仅可增加罩的母线长度和有效炸药装药量，同时能较好地发挥大、小两种锥角所形成的金属射流破甲效果，较大幅度提高破甲深度。两锥角的锥高比视装甲结构而定，对付均质装甲时，锥高比可采用 1:1，对付三层间隔装甲时，锥高比以 1:2 为宜。目前，双锥罩破甲战斗部一般采用 1:1 的锥高比。105 无Ⅱ型战斗部采用的锥高比为 1:2，因而对间隔装甲，尤其是三层间隔装甲有较好的毁伤效果。

表 6 – 5 – 5　不同锥角的试验结果

罩锥角/(°)	装药尺寸/mm		炸高/mm	射流头部速度/(m·s⁻¹)	破甲深度/mm			试验数
	罩高	药高			平均	最大	最小	
0	75	115	—	14 000	—	—	—	
30	47	96	40	7 800	132	155	104	12
40	36	93	50	7 000	129	140	119	5
50	29	91	60	6 200	123	135	114	7
60	24	90	60	6 100	120	127	106	7
70	24	88	60	5 700	121	124	113	7

2）药型罩壁厚

药型罩最佳壁厚 δ_{opt} 与药型罩材料、锥角、罩直径、有效装药量 m_ω 以及壳体等因素有关。将罩简化为图 6 – 5 – 3 所示锥形。由于罩壁厚很薄，其平面图形的质心为 $Y = R_{cp}/2$。

其面积为

$$A = l_m \delta = \frac{R_{cp}}{\sin \alpha_{cp}} \delta$$

于是，药型罩的体积为

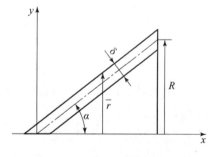

图 6 – 5 – 3　简化的药型罩锥形

$$V = 2\pi Y \cdot A = \frac{\pi R_{cp}^2}{\sin \alpha_{cp}} \delta \qquad (6.5.3)$$

大量试验研究表明，爆炸载荷与药型罩最佳壁厚的匹配取决于有效装药量 m_ω 与药型罩质量 m_1 的比值 K_{opt}，即

$$\frac{m_\omega}{m_1} = \frac{m_\omega}{V\rho_c} = K_{opt} \qquad (6.5.4)$$

将式（6.5.3）代入式（6.5.4），得到药型罩最佳壁厚 δ_{opt}：

$$\delta_{\text{opt}} = \frac{m_\omega \sin \alpha_{\text{cp}}}{\pi R_{\text{cp}}^2 K_{\text{opt}} \rho_c} \tag{6.5.5}$$

式中，R_{cp} 为罩口部的平均半径，可表示为

$$R_{\text{cp}} = R_k - \frac{\delta}{2\cos \alpha_{\text{cp}}} = \frac{d_k}{2} - \frac{\delta}{2\cos \alpha_{\text{cp}}} \tag{6.5.6}$$

因为式（6.5.6）含有 δ，用数学逼近法可试求出 R_{cp}。α_{cp} 为罩半锥角的平均值，$\alpha_{\text{cp}} = \frac{\alpha_1 + \alpha_2}{2}$；$\rho_c$ 为罩材密度；m_c 为由瞬时爆轰确定的有效装药量。K_{opt} 值由试验确定。当选用 HD–6（爆速 $D = 8\,300$ m/s）做光药柱试验时，几种药型罩材最佳壁厚 δ_{opt} 所对应的 K_{opt} 值为：紫铜 $K_{\text{opt}} = 1$；钢 $K_{\text{opt}} = 0.7 \sim 1.0$；铝 $K_{\text{opt}} \geqslant 1.9$。试验还表明，当选用 $K < K_{\text{opt}}$ 时（$\delta > \delta_{\text{opt}}$ 时），射流速度降低，杵体质量增加，破甲直径变小，但破甲深度稳定。当选用 K 大于 K_{opt} 时（$\delta < \delta_{\text{opt}}$ 时），射流速度增高，且不稳定；另外，射流侵彻装甲时，堆渣严重，孔壁呈铁色，破空直径增大，但破甲深度不稳定。

由式（6.5.5）可知，当罩材选定，α_{cp}、m_ω、和 d_k 确定后，罩壁厚 δ 可以通过试验得出的线图直接求得，或由经验公式求得。

此外，常用来求罩壁厚 δ 的经验公式如下。

经验公式一：

$$\begin{cases} \text{钢罩}: \delta = (0.01 \sim 0.03)d_k \\ \text{铝罩}: \delta = (0.02 \sim 0.06)d_k \\ \text{紫铜罩}: \delta = (0.029 \sim 0.04)d_k \end{cases}$$

经验公式二：

$$\delta = 1.35 \times 10^{-6} \rho_e d_k D_e \sqrt{c\tan \alpha}$$

适用于各种类型的装药。

经验公式三：

$$\delta = (0.021 \sim 0.024)d_k$$

适用于中小口径聚能破甲战斗部采用的紫铜药型罩。

经验公式四：

根据压垮速度公式导出经验公式来计算：

$$b = 0.204^2 \left(\frac{D}{V_0 \tan \beta} \right)^2 \frac{\rho_c}{\rho_j} P \tag{6.5.7}$$

式中，V_0 为压垮速度，紫铜罩 $V_0 < 4\,560$ m/s；β 为压垮角；ρ_c 为药型罩罩材初始密度；ρ_j 为射流密度；D 为炸药爆速；P 为所需的破甲深度。

由式（6.5.7）算得的药型罩壁厚，应是罩顶最小壁厚。

3）药型罩壁厚变化率的确定

药型罩可设计成等壁厚和变壁厚两种。等壁厚罩形成的射流破甲相对稳定，常用于小锥角药型罩，如美 90 mm、105 mm 破甲弹。为提高射流速度梯度，使射流能充分拉长，获得较好破甲深度，变壁厚药型罩通常用壁厚变化率 Δ（罩母线单位长度上的壁厚增加量）来表征，如

图 6-5-4 所示。对大锥角药型罩，变壁厚的作用较明显。但值得注意的是，随着 Δ 的增大，射流破甲稳定性将会变差，尤其是小锥角药型罩。Δ 可按下式计算：

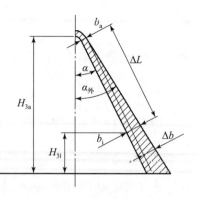

$$\Delta = (b_i - b_a)/\Delta L$$

$$\Delta L = (H_{3a} - H_{3i})/\cos\alpha \qquad (6.5.8)$$

或

$$\Delta b = \Delta L \cdot \tan(\alpha_{外} - \alpha)$$

实际应用中，一般采用两种变壁厚药型罩。一种是顶部薄、底部厚的药型罩；另一种是顶部厚、底部薄的药型罩。采用顶部薄、底部厚的药型罩，只要壁厚变化

图 6-5-4 变壁厚罩结构

适当，穿孔进口变小，随之出现鼓肚，且收敛缓慢，破甲效果好。但如壁厚变化不当，则降低破甲深度。采用顶部厚、底部薄的药型罩，穿孔浅且成喇叭形，如图 6-5-5 所示。

初步设计时 Δb 可按下列经验数值或表 6-5-6 所列数值选取。小锥角罩（$2\alpha < 50°$）$\Delta \leqslant 1.0\%$，大锥角罩（$2\alpha > 50°$）$\Delta \approx 1.1\% \sim 1.2\%$。

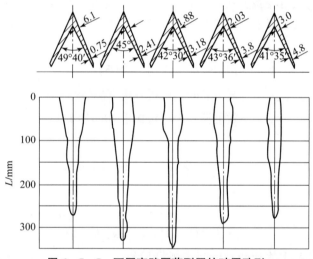

图 6-5-5 不同变壁厚药型罩的破甲孔形

另外，b_a 在设计中往往是给定的，考虑到工艺原因，b_a 不宜过小。对中口径破甲弹，b_a 可取 1.2 mm 左右。

表 6-5-6 Δ 取值 %

$2\alpha/(°)$ ＼ d_k/mm	100	90	80	70	60	50
40	0	0.1	0.2	0.3	0.4	0.5
50	0.4	0.5	0.6	0.7	1.8	0.9
60	0.8	0.9	1.0	1.1	1.2	1.3
70	1.2	1.3	1.4	1.5	1.6	1.7

4）罩口内径

药型罩口径有同口径和次口径两种情况，罩口部直径与装药直径相同时为同口径，罩口部直径小于装药直径时为次口径。

当罩口部直径与装药直径相同时，又有两种情况。一种是罩内径与装药直径相同或留下 1～2 mm，如图 6 – 5 – 6（a）所示，此时罩口径根据式（6.5.9）进行计算。另一种将罩口部直径与装药直径相同，如图 6 – 5 – 6（b）所示。图 6 – 5 – 6（a）结构好于图 6 – 5 – 6（b），图 6 – 5 – 6（a）中 d_c 与 d_0 的差值视装药直径和罩壁厚的大小而定。当装药直径较大，罩壁厚较大时，差值可选为 3～4 mm，主要保证罩在勤务处理与发射过程不脱落，则

$$d_c = d_0 - 2\frac{b}{\cos\alpha} \tag{6.5.9}$$

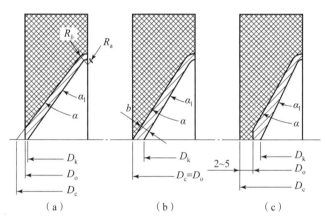

图 6 – 5 – 6　药型罩结构尺寸示意图

当罩口部直径小于装药直径时，应选择图 6 – 5 – 6（c）所示结构。对于中大口径破甲弹，罩口部单边预留的炸药厚度一般为 3.5～5.0 mm，小口径一般不小于 2 mm，否则将失去次口径装药的优势。次口径装药结构可提升射流尾部速度，延长射流断裂时间，减小口部崩落环，但也减少了罩母线长度。

5）罩顶部尺寸确定

药型罩顶部形状有圆弧形、平顶形和小圆柱形三种。冲压罩为圆弧形，旋压罩为平顶形或圆柱形。如果圆弧形罩顶壁厚为 b_a，内、外 R_a、R_b 为同心圆，则 $R_b = R_a + b_a$。R_a 的大小直接影响到破甲性能和罩的工艺。R_a 过大会降低破甲深度，但破甲稳定性和加工工艺性好。R_a 过小则相反。R_a 一般选取为 4～8 mm，中小口径罩锥角小于 50°时，取较小值，中大口径罩锥角大于 50°时取较大值。也可按下列经验式确定：

$$R_b = 0.33 D_k \cdot \frac{\sin(\alpha/2)}{\sin(3\alpha/2)} \tag{6.5.10}$$

$$R_a = R_b - b_a \tag{6.5.11}$$

平顶罩顶部半径 R_a，可取 4～6 mm，顶部壁厚可取 $(1.1～1.3)b_a$，或参照上式选取。圆柱形顶部半径 R_a 可取 5.0～6.5 mm，内高 h 可取 6～8 mm，圆柱部壁厚取 b_a。顶部厚可取 $(1.0～1.3)b_a$。R_a 过小和 h 过大都给旋压成型带来一定困难。中大口径破甲弹一般取较大值。

6.5.2 装药结构设计

1. 炸药的选择

聚能装药所用炸药应满足下列要求。

(1) 具有足够的机械强度和临界应力，以保证战斗部发射时，药柱不变形、不破裂、不爆炸，尤其是高过载、高初始速度战斗部。药柱底部的应力值不要超过炸药的机械强度，绝不允许超过其临界许用应力值，否则可能会产生膛炸。因此，如果炸药没有绝对可靠的临界许用应力数据不可贸然选用。

(2) 有较高的爆速和爆压。研究表明，破甲深度与炸药性能（密度、爆速、爆压、爆热及单质药如 HMX、RDX 的药粒粒度直径大小等）关系密切，用下式表示：

$$\frac{P}{d_k} = a_0 P_{CJ} \sqrt{\rho_e Q} + b_0 \tag{6.5.12}$$

式中，P 为对装甲靶的穿深；d_k 为药型罩口部内径；P_{CJ} 为爆轰波波阵面压力；ρ_e 为炸药的密度；Q 为炸药爆热；a_0、b_0 为与炸药结构有关的经验参数。

由式（6.5.12）可知穿深与爆压是正比例关系，则

$$P = a P_{CJ} \tag{6.5.13}$$

式中，a 为常数；$P_{CJ} = \frac{1}{K+1} \rho_e D_e^2$，$D_e = A \rho_e^{\alpha_1}$，$A$ 是与炸药性质有关的常数，得

$$P_{CJ} = \frac{1}{K+1} \rho_e A^2 \rho_e^{2\alpha_1} = \frac{aA^2}{K+1} \rho_e^{1+2\alpha_1} = \kappa \rho_e^{c_1}$$

式中，$\kappa = \dfrac{aA^2}{K+1}$，$K$ 是爆轰产物多方指数；$c_1 = 1 + 2\alpha_1$。

以上说明，穿深 P 与爆压 P_{CJ} 成正比关系，通过一些转换，可知穿深是装药密度的幂函数，ρ_e 微小变化直接影响穿深。对装药轴向最大密度差应控制在 7 左右，而径向密度应控制在 1 左右。

由于炸药的可压性和压制工艺条件，压制密度只能达到理论密度的 96% 左右，因此很难获得最大的穿深值。对 8701、2761 等炸药的不同密度对应的穿深试验，得到

$$\frac{P}{d_k} = 2.18 \rho_e^{2.2} \tag{6.5.14}$$

对于不同的装药结构，可用结构的修正系数给以修正：

$$\frac{P}{d_k} = 2.18 K_s \rho_e^{2.2} \tag{6.5.15}$$

式中，K_s 为装药结构修正系数。

对于带隔板的装药结构，均用主、副药柱形式，主药柱的高度应高一些，副药柱密度不宜过大，要与引信的起爆能相协调，确保易于起爆，从而使主药柱迅速稳定爆轰，这有利于传播序列的可靠性和破甲威力的稳定性。

(3) 优越的工艺性和机械感度。常温下压装炸药要成型性好、不黏模、退模容易、流散性好，可压密度高，冲击、摩擦和静电感应低，压制安全可靠。注装炸药熔点要适当，黏度要小。

（4）具有较好的安定性和相容性。长期储存中不吸湿，不分解产生带有腐蚀性的气体和离子，影响其他零部件的作用和性能。

目前，国内适用聚能装药的炸药主要有聚黑系列高分子黏结炸药，主要牌号为 JH-1~ JH-14 等，该类炸药是黑索今（RDX）与高分子材料黏结制成。JO-1~JO-8 炸药是奥克托金（HMX）与高分子材料黏结制成。老式火箭弹和坦克炮用破甲弹尚有代号为 RHT 的熔黑梯炸药以及黑索今低分子黏结炸药 A-Ⅸ-1 等。

国外（美国）主要有 PBX-9010，PBX-9205……，RDX 为主的高分子黏结炸药及 PBX-9011、PBX-9404、PBX-9501……，HMX 为主的高分子黏结炸药和 BLX-04、BLX-07、BLX-09、BLX-10、BLX-11、BLX-14、BLX-17 等 JO 类炸药。

炸药应选择能量高的类型，有利于产生较快的射流速度，较高的射流动能，较深的破甲深度。常用的炸药见表 6-5-7。

表 6-5-7　常用的聚能破甲战斗部装药炸药

炸药名称	密度/(g·cm^{-3})	爆速/(m·s^{-1})	爆压/MPa	装药工艺
梯黑 50/50	1.69	7 600		注装
梯黑 40/60	1.726	7 888	27 690	注装
钝化黑索今	1.67	8 498	26 960	压装
HD-6	1.711	8 374		压装
钝化梯黑 50/50	1.672	7 509		注装
LX-14	1.835	8 830	35 000	压装
PBXW-110	1.75	8 480	31 500	注装
2701	1.795	8 594		压装
2721	1.811	8 745		压装
H851	1.930	8 849	35 820	压装
8701	1.722	8 425	29 600	压装

2. 装药结构形状

破甲战斗部结构形状大体分为圆柱形、圆锥形、圆柱和圆锥结合形三种状况。有隔板的分主、副药柱。但主体形状上不会超出圆柱与圆锥两种情况，如图 6-5-7 所示。

装药结构形状的选择受到武器系统总体约束限制，尤其受战斗部质量和尺寸的约束限制最大。有条件的原则上首先应当选取圆柱形，然后选取圆柱与圆锥结合形。另外，装药结构形状的选择还要与战斗部外形相适应。对滴状和超口径破甲弹，可选收敛型装药结构，对减轻弹重和提高初始速度有利，如 40 系列破甲弹、单兵火箭系列破甲弹、62 式 82 mm 无后坐力破甲弹、俄罗斯ⅡΓ-9 破甲弹等。但是，圆柱部高度不宜过小，收敛角不宜过大，否则会影响破甲威力，一般 $\theta \leq 6°$。

对中大口径，中、高初始速度破甲战斗部，多取圆柱形装药结构，如营 82 mm、

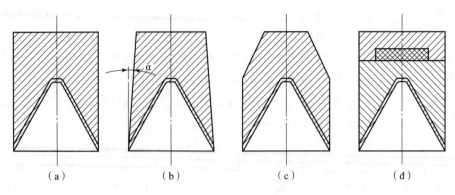

图 6 - 5 - 7　装药结构形状

105 mm无、100 mm 滑、105 mm 坦等破甲弹，可以减小发射时药柱底部应力，对保证安全性有利。另外，对提高破甲深度，尤其是破甲稳定性有一定好处。

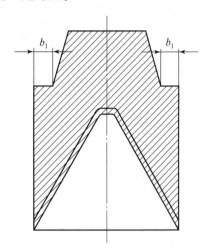

如果采用压装法装药，圆柱形药柱要有拔模梢度，中口径该角度一般为 $15' \sim 30'$。圆柱与圆锥结合形如果也采用压装法装药，则锥角部分应留一个圆台，如图 6 - 5 - 8 所示。图中所取的 b_1 值应确保压药时上冲头不能发生胀径现象，当然这个值也与冲头材料和硬度有关。一般小口径中等密度装药的 b_1 值应小于 2 mm。

装药长径比对射流成型和破甲威力均影响也很大。一般来说，长径比越大，破甲弹破甲深度越高。某装药结构的长径比与破甲深度之间的关系，如图 6 - 5 - 9 所示。从图中可以看出，当长径比超过 5 时，破甲深度增加有限。因此，在实际使用中，战术导弹战斗部的长度通常取 $(2.5 \sim 3.0)D_0$，其他破甲战斗部中能取 $1.5D_0$ 就很好了，多为 $(1.1 \sim 1.3)D_0$。

图 6 - 5 - 8　圆柱与圆锥结合形装药结构

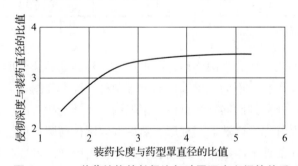

图 6 - 5 - 9　装药结构的长径比与破甲深度之间的关系

3. 药柱尺寸的确定

药柱主要特征尺寸有药柱直径 D_0、高度 H_0、罩顶药高 h_0，如图 6 - 5 - 10 所示。对收敛型装药还有圆柱部高度 h_2 和锥部收敛角 θ。

1）装药直径

装药直径 D_0 的确定直接影响到药型罩的外口径 d_c 和内口直径 d_k 的大小（图 6-5-10）。增大 D_0 的值，实质是增大 D_k 的值从而提高破甲穿深。

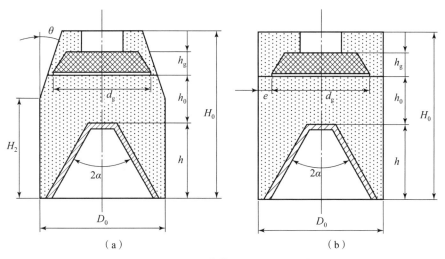

图 6-5-10 装药结构形状和尺寸

确定装药直径 D_0 时，应考虑工艺因素的影响，注装药应保证炸药能充满药型罩口部与壳体间的空隙。压装药不带药型罩时，应保证药柱与罩口部接触部位的强度，不能出现掉块现象。装药直径可由下式计算：

$$D_0 = d_c + 2\varepsilon \tag{6.5.16}$$

式中，d_c 为药型罩外径（mm）；ε 为罩口处装药厚度（mm），注装药时 $\varepsilon = 1.5 \sim 2.5$ mm，不带药型罩压药时 $\varepsilon = 1 \sim 2$ mm，带药型罩压药时 $\varepsilon = 0.25 \sim 0.35$ mm，大锥角药型罩取小值，小锥角药型罩取大值。

2）罩顶药高 h_0

采用隔板后，隔板至罩顶间的距离 h_0（即罩顶药高）对破甲影响很大。h_0 过小，隔板直径 d_g 相对又大，假设厚度适当，很可能隔板直径大端圆周处和罩顶连线与罩母线的夹角大于 90°，罩顶会产生反向射流。另外，对爆轰波在主药柱中的传播过程研究表明，隔板的冲击波传至一定距离，即起爆深入距离 S_2 后，主药柱才起爆。在此距离 S_2 附近，炸药处在起爆或不起爆的临界状态。此时侧峰占主导地位，但尚未传至装药轴线。爆轰波形在轴线附近相当大的范围内为一个平面。随着 h_0 的增加，轴线附近炸药起爆，并参与爆轰波的形成，中间平面部分越来越小。由于该部分爆轰波传播速度较快，使侧峰与中峰在轴向上的距离差距逐渐减小。当 h_0 增到一定值时，形成锥形爆轰波波阵面。此时，中间和两侧爆轰波的传播速度相当，爆轰参数较稳定，对罩的作用参数稳定，破甲效果最好。当 $h_0 > r_g \cdot \tan\varphi_{cr}$ 后（r_g 为隔板大端半径，φ_{cr} 为发生马赫反射的临界角），将在轴线处产生马赫反射，轴线附近的波阵面在一定范围内成为平面，该部位的爆轰参数又有新的变化，并随着 h_0 继续增加，平面以 6° ~ 10° 的锥角扩张。侧峰在整个传播过程中，其曲率半径也随之增大。这些都会影响爆轰波对罩的作用参数。罩顶药高选取一般应遵循以下原则。

（1）h_0 应大于或等于 2.5 倍的起爆深入距离 S_2（$h_0 \geqslant 2.5S_2$），以保证通过隔板的冲击波可靠起爆主药柱，对罩有足够的爆轰能量和稳定的爆轰参数，即

$$h_0 \geqslant 2.5S_2 = 1.85(0.3S_1 + 0.6S_1^2) \tag{6.5.17}$$

式中，S_1 为隔板厚度（mm）。

（2）$h_0 < r_g \tan\alpha$（r_g 为隔板大端半径，α 为药型罩半锥角），以保证爆轰波从罩顶部顺次压垮药型罩，防止罩顶产生反向射流。同时，$h_0 \leqslant r_g \tan\varphi_{cr}$（$\varphi_{cr} \approx 33° \sim 35°$），避免爆轰波在轴线附近产生较大范围的马赫反射。

（3）罩顶药高 h_0 应与隔板直径、厚度，药型罩锥角 2α 有良好的匹配关系。当隔板直径、厚度确定后，药型罩锥角 2α 增加，应适当增加罩顶药高 h_0，减少爆轰波内锥角 $2\varphi'$，可提高爆轰波的稳定性，获得好的破甲效果，h_0 过大会降低隔板作用，使装药质量明显增加。罩顶药高对破甲深度的影响见表 6 – 5 – 8。

表 6 – 5 – 8　罩顶药高对破甲深度影响

罩顶药高/mm	药型罩		隔板		炸药装药	试验发数	平均深度/mm
	2α	质量/g	材料	质量/g			
18.7	65°	385	泡沫塑料	35	8 321	4	540
23.7	65°	385	泡沫塑料	35	8 321	9	612
25	65°	385	泡沫塑料	24	8 321	14	737
26	65°	385	泡沫塑料	24	8 321	11	758

目前，国内外所设计的破甲战斗部装药结构，h_0 值比过去都有较大幅度提高。有隔板装药结构，$h_0 = (0.3 \sim 0.4)D_0$，如俄罗斯 ПГ – 7BM、ПГ – 9 和我国的新 40 Ⅱ 型、105 nm Ⅰ 型破甲弹等。无隔板装药结构，$h_0 \approx 0.5D_0$，如 59 式 100 mm 线新型破甲弹。

当药型罩锥角 $2\alpha = 60°$ 时，可按下式计算：

$$h_0 = \tan\varphi'(r_g - r_b\cos\alpha_1) + r_b(1 - \sin\alpha_1) \tag{6.5.18}$$

式中，φ' 为锥形波在罩顶处的半锥角，一般取 45°；r_g 为隔板大端半径（mm），r_b 为药型罩顶部圆半径（mm）；α_1 为药型罩外锥半角（°）。

3）主药柱圆柱部高度 H_2 的确定

将药柱设计成圆柱和圆锥组合型，目的是保证破甲深度影响不大的情况下，提高炸药装药的利用率，减轻战斗部质量。圆柱部过小，会增大壳体对破甲性能的影响。圆柱部高度 H_2 一般可选取等于或大于药型罩高度，如果战斗部质量许可，最好选圆柱形装药，以减少弹体对破甲的不利影响，圆柱部高度对破甲性能的影响见表 6 – 5 – 9。

表 6 – 5 – 9　圆柱部高度对破甲性能的影响

弹种	圆柱部高度/mm	光药柱破甲深度/mm	带壳体后破甲深度/mm	带壳破甲损失率/%
40 型	31.4	380	280	20.3
新 40 Ⅰ 型	40	510	460	9.8

续表

弹种	圆柱部高度/mm	光药柱破甲深度/mm	带壳体后破甲深度/mm	带壳破甲损失率/%
新 40 Ⅱ 型	94.7	584	570	2.5
62 式单兵	100	320	320	0

4）副药柱尺寸

副药柱大端直径 D_e 一般与主药柱小端直径相同，如图 6-5-11 所示。D_e 的确定主要考虑爆轰波的稳定传播、装药工艺和发射强度等。不带隔板压药时，直径过小，隔板边缘药厚较薄，易造成掉块缺边，影响药柱质量。另外，为了保证爆轰波稳定传播，在装药结构设计时，如果采用聚苯乙烯泡沫隔板，需要在隔板与主、副药柱轴向间留有一定间隙，避免隔板受力破坏。此时隔板边缘药厚应考虑能承受一定的发射惯性力。副药柱大端直径可用下式计算：

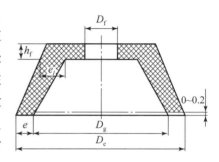

图 6-5-11　副药柱结构尺寸

$$D_e = d_g + 2e \qquad (6.5.19)$$

式中，d_g 为隔板大端直径（mm）；e 为隔板最大直径处的药层厚度（mm），对注装药，选取 $e = 5 \sim 10$ mm，对压装药，选取 $e = 3.5 \sim 7.0$ mm。

副药柱的隔板槽应与隔板有良好的配合，以保证爆轰波波形的对称性。单锥形隔板装入后与副药柱大端面的间隙 $\Delta e = 0 \sim 0.2$ mm，以避免隔板与副药柱因制造误差引起配合不太吻合，造成发射时将副药柱撑裂，影响发射安全。

副药柱小端直径与壳体下端结构有关。确定尺寸时需要考虑发射强度要求及要有足够的爆轰能量，与隔板小端的药厚应等于或大于隔板大端处的药厚，即 $e_1 \geqslant e$。

引信孔直径 d_f 应比引信最大尺寸大 $0.2 \sim 0.4$ mm，孔深应保证引信装配后，引信端部与隔板为最大间隙 Δ_{max} 时，副药柱小端面略高出引信传爆药柱上端面，以保证副药柱稳定起爆。

5）主、副药柱密度

装药密度受炸药种类、工艺及药柱结构形状等影响，应尽量保证其在高度、径向密度分布的均匀性。一般副药柱的密度应略低于或等于主药柱的密度，这样爆轰波才会稳定传播。

6.5.3　隔板设计

试验证明破甲战斗部装药结构中增设隔板后，射流头部速度可提高 10% ~ 30%。目前，除高膛压破甲战斗部外，大都采用带隔板结构，尤其对战斗部质量限制严格的中小口径破甲战斗部，装药结构中都设置有隔板。但是增设隔板后，工艺较复杂，破甲深度的跳动量增大。

1. 隔板设计应遵循的原则

隔板设计应遵循以下原则：①形成的爆轰波应为环状锥形波，波阵面应光滑过渡；②具有一定的稳定性，在隔板质量允许的波动范围内，波形变化不至于太大，或爆轰传播过程中，在偏离轴线处产生马赫反射，形成 W 形波（图 6 - 5 - 12）；③锥形波内锥形面夹角 φ 应与药型罩锥角 2α 匹配；④爆轰波应从罩顶顺次压垮罩壁，即从隔板大直径边缘与罩顶部连线和罩母线的夹角 θ 应小于 $90°$，否则可能会在罩顶产生反向射流。

影响爆轰波形状和参数的因素很多，就隔板而言，有形状、材料、几何尺寸和压制工艺等。

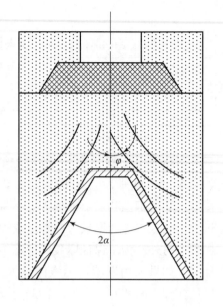

图 6 - 5 - 12　爆轰波在炸药中传播

2. 隔板形状的选择

隔板形状有圆台形、球缺形和几种形状的组合形等，如图 6 - 5 - 13 所示。圆台形用在隔板直径相对药柱直径较小的产品中，如老 40 系列破甲弹。多数产品用截锥形隔板，如新 40 系列和 82 系列破甲弹等。随着对有隔板装药结构中的爆轰波波形和传播的深入研究，减少主药柱中形成的马赫波干扰，隔板形状多采用双锥形或截锥形与球缺组合形，如 80 mm 单兵破甲弹。

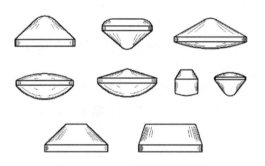

图 6 - 5 - 13　不同形状的隔板

隔板形状的选择应以能形成良好的爆轰波波形为主，同时还要与装药总体结构相适应，尽可能避免棱角和凸台对波传播的干扰。另外，隔板与主、副药柱间要有圆柱定位，保证三者装配的同轴性。

3. 隔板材料

隔板材料直接影响隔爆能力和爆轰波波形。对惰性隔板材料应符合下列要求：隔爆性能好，声速低；具有足够的强度和韧性；材料组织均匀，密度小，工艺性好；内外相相容性好。

常用隔板材料有惰性材料和活性材料。惰性材料主要有聚乙烯泡沫塑料、FS - 501、FX - 501酚醛塑料、酚醛层压布板和标准纸板等。聚乙烯泡沫塑料具有质量轻、易成型的特点，多用于低初始速度、小过载的反坦克火箭战斗部。但是隔板密度应不小于 $0.2\ \text{g/cm}^3$。随着过载的增大，应适当提高密度，以保证发射强度。酚醛塑料具有强度高、成型工艺性好的特点，多用于无坐力炮发射的破甲战斗部，如新 40 系列和 82 系列破甲弹等。表 6 - 5 - 10 列出了几种常用隔板材料的性能。表 6 - 5 - 11 列出了团 95 无破甲弹采用几种不同材料隔板时的破甲性能。

表 6 – 5 – 10　常用隔板材料的性能

材料	酚醛层压布板 3302 – 1	酚醛压塑料 FS – 501	聚乙烯泡沫塑料 PBJ – 20
密度/(g·cm^{-3})	1.3 ~ 1.5	1.4	0.18 ~ 0.22
抗压强度/MPa	250	140	3

表 6 – 5 – 11　隔板材料对破甲性能的影响

隔板材料	试验发数/发	平均破甲深度/mm	最大破甲深度/mm	最小破甲深度/mm	单发跳动/%
FS – 501	5	610	659	542	17
FX – 501	5	563	667	414	38
酚醛板（车制）	5	563	589	538	9
玻璃纤维板（车制）	5	300	407	162	60

活性隔板一般采用低爆速炸药压成，主要有 TNT + Ba(NO$_3$)$_2$25/75 和 TNT + PVAC95/5 等。这类隔板可增加爆轰波的稳定性和有利于提高射流破甲稳定性。

压制活性隔板时，应严格控制活性材料颗粒的均匀性，保证成型后的隔板密度均匀。否则会因隔爆速度的波动，引起爆轰波波形和参数发生变化，使破甲深度的跳动值增大。

4. 隔板尺寸

隔板厚度与材料的隔爆速度、起爆药品种和能量有关。可以通过爆轰波绕过隔板和通过隔板的冲击波时间差来计算。但因隔板材料压制后，由于材料的一致性和均匀性及起爆能量的波动，使隔爆速度有一定差异，给计算带来一定困难。试验表明，聚乙烯泡沫塑料和酚醛树脂（FS – 501）隔板的厚度为 (0.30 ~ 0.48)d_g（d_g 为隔板大端直径）时，可保证有较好的隔爆性能。小锥角药型罩可选较小值，大锥角药型罩取较大值。

隔板直径 d_g 直接影响爆轰波的侧向传播时间。隔板直径越大，作用在罩上的压力冲量越大，压垮速度 V_0 和形成的射流速度 V_j 随之提高。同时对罩的作用范围增大，有利于提高破甲深度。计算表明能够形成射流的罩微元为罩母线长度的 70% ~ 80%，因此隔板直径 d_g 应能覆盖罩口直径 2/3 以上为宜。但是隔板直径的增大将导致破甲稳定性变差。对药型罩锥角小于 40° 的药型罩，不能采用隔板，否则会使破甲不稳定。隔板大端直径经验公式为

$$d_g = K\left[d_k + \frac{2R_a(1 - K)}{K}\right] \tag{6.5.20}$$

式中，d_g 为隔板大端直径（mm）；d_k 为罩口直径（mm）；R_a 为罩顶圆半径（mm）；K 为隔板投影所包围的罩锥体母线长度系数，对于圆柱形药柱取 $K = 0.76 ~ 0.88$。

表 6 – 5 – 12 列出了不同厚度、直径、密度和形状的隔板的试验结果，隔板材料为聚乙烯泡沫塑料，药型罩锥角 $2\alpha = 63°28'$，装药直径为 113 mm。

表 6 – 5 – 12　隔板厚度、直径、密度、形状对破甲性能的影响

隔板				炸药装药	试验发数	平均穿深/mm
厚度/mm	密度/mm	直径/mm	形状			
45	0.2	91.25	多边锥	8 321	10	607
32	0.2	90	双锥	8 321	5	617
30	0.3	84	双锥	8 321	2	657
24	0.2	84	单锥	8 321	5	420
37	0.2	84	双锥	8 321（或 662）	12	737
		84	双锥	8 321（或 662）	20	751
		84	双锥	8 321	4	652

6.5.4　战斗部其他结构设计

破甲弹的设计从实质上来说，就是在使用、生产、发射和飞行条件的限制下，利用新的技术成果研制出最佳威力的产品。

在破甲弹设计过程中，一般分为预研、方案设计、结构设计、威力试验、产品定型等阶段。整个设计过程需要经过多次循环和反复才能完成。

方案设计是整个设计过程中重要的一环，它的主要任务如下：

（1）对战术技术要求进行认真分析。

（2）根据战术技术要求进行威力设计，确定摧毁预定装甲目标所需要静破甲深度。

（3）由威力设计所要求的破甲深度，确定战斗部的质量和外形尺寸。

（4）选择引信。

（5）与总体组协调有关参数。

1. 破甲战斗部炸高设计

聚能射流存在固有的速度梯度，随着射流运动距离的增大，射流的长度将不断增长，当射流长度超过材料塑性极限时就会断裂。破甲深度开始随炸高的增加而增加，射流断裂后，破甲深度随炸高增加而下降。描述破甲深度随炸高变化的曲线称作炸高曲线。炸高曲线不仅能真实评价破甲弹的破甲性能，而且还为合理设计炸高提供了依据。每一种破甲弹的炸高曲线都不相同，这和破甲弹装药结构参数、制造精度以及目标的材料性能有关。理想的炸高曲线应该是上升很快，下降很慢，覆盖面积大。

随着目标的发展，对炸高曲线的要求也发生了变化。以前装甲目标只有均质装甲，仅有装甲厚度发生变化。因此，炸高曲线只要求上升很快，上升幅度要高，使之提高炸高以后，能大幅提高破甲能力。屏蔽装甲、复合装甲出现后，破甲的纵深大大增加，对射流的抗干扰能力也提出了更高的要求。射流作用的范围不仅取决于炸高曲线的上升段，下降段的性能也直接影响到破甲效能。也就是说，现在评定破甲性能的优劣，不仅要看正常炸高下的威力水平，也要看大炸高下的威力水平。聚能装药炸高曲线如图 6 – 5 – 14 所示，由图可知，增加

正常炸高，破甲威力有所增加。但大炸高情况下再增大炸高，破甲威力将下降。对一定的目标来说，增加正常炸高，必定同时也增大了大炸高。例如，图 6-5-14 中 L 为间隔靶第一靶表面至最后靶表面的平均距离。$z_1 + L = z'_1$ 所对应的破甲深度为 P'_1，$z_2 + L = z'_2$ 所对应的破甲深度为 P'_2，$P'_1 > P'_2$。因此，在选择正常炸高时，必须根据破甲弹的炸高曲线，兼顾两者的关系，不能顾此失彼。

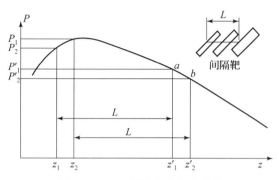

图 6-5-14　聚能装药炸高曲线

1）正常炸高的确定

正常炸高不一定是最佳炸高。正常炸高的最大值应根据破甲弹本身的性能及其所承担的作战任务确定。对于小口径破甲弹，本身具有的威力有限，只能攻击均质装甲目标。为了充分发挥破甲效能，应尽可能增加炸高长度。我国 69 式 40 mm Ⅱ 型火箭弹和法国 Apilas 火箭弹，炸高都是 3 倍战斗部直径，基本上接近炸高曲线的顶端。而大口径破甲弹，不仅要求击穿均质装甲目标，还要求能够对付复合装甲和屏蔽装甲。因此，在正常炸高和大炸高条件下，都应具有良好的破甲能力。在确定炸高时，常常要牺牲正常炸高的破甲能力。国外的反坦克导弹风帽都比较短，特别是大圆头风帽考虑了倾斜着靶时的附加炸高，风帽设计得非常短。例如，美国的"陶"式反坦克导弹的圆头风帽长为 106 mm，只有战斗部直径（127 mm）的 83%。"米兰"型导弹圆形风帽长 200 mm，为战斗部直径的 1.9 倍。改进后的"米兰"-Ⅱ型导弹采用了杆式风帽，虽然倾斜着靶时，附加炸高变化不大，但风帽长度也只有 280 mm，为战斗部直径的 2.4 倍。改进后"霍特"-Ⅱ型导弹，风帽长度仅有1.47 倍的战斗部直径。由此可见，反坦克导弹所取炸高不是破甲战斗部破甲深度最大时的高度，而且比一般火箭破甲弹的炸高要短，原因在于要顾及大炸高下的破甲深度。炸高的最小值应根据战斗部直径和引信最大可靠发火角确定。在最大发火角条件下，战斗部侧面应不碰击靶板。

2）风帽形状

就破甲弹本身来说，一方面要考虑战斗部的气动外形问题，同时也要考虑风帽形状对炸高一致性的影响，即前面提到的倾斜着靶时的附加炸高问题。风帽（头螺）形状通常有截锥形和杆形两种，如图 6-5-15 所示。截锥形多用于超口径尾翼破甲弹，如新 40、营 82、团 95、105 等破甲弹，目的是降低弹型系数、增大稳定储备量，提高弹丸飞行稳定性。杆形头部可降低头部阻力（头部阻力系数），增大稳定力矩系数，提高弹丸飞行稳定性。多用于中、高初始速度的同口径尾翼或较小超口径尾翼稳定破甲弹中，如 105 无筒式、105 坦、美

90、俄罗斯100涄等破甲弹。截锥形风帽结构简单、加工方便、刚度好。在质量限定比较严的中、小口径破甲弹中，多用板料冲压成型，可提高其刚度，如新40、改40等破甲弹。

国外改进后的导弹，其风帽形状都由圆头形改为杆形，其原因是考虑了大炸高下的破甲威力。国外考核破甲威力时同时采用0°着角条件下的紧密叠合靶和65°着角条件下的三层间隔靶。前者用以考核正常炸高时的破甲威力；后者考核大炸高条件下的破甲威力。对于任何一种形状的风帽，0°着角时炸高最短，对正常炸高下的破甲不利，65°着角时存在附加炸高，且附加炸高随风帽前端直径的增大而增长，对大炸高下破甲不利，因此这两种考核条件都是最严格的。

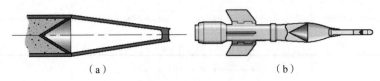

图 6 - 5 - 15　典型风帽（头螺）形状

（a）截锥形；（b）杆形

3）风帽高度的确定

风帽高度取决于有利炸高和引信的瞬发度以及总体对战斗部长度的要求，最有利炸高一般通过试验方法或经验公式确定：

$$z_0 = (0.47 \sim 0.62)\kappa \cdot l_m + r_k \tan \alpha \qquad (6.5.21)$$

式中，l_m 为药型罩母线长度（mm）；r_k 为药型罩内口径（mm）；α 为药型罩内半锥角（°）；κ 为与锥角有关的修正系数，见表 6 - 5 - 13。

表 6 - 5 - 13　不同锥角下的 κ 值

$2\alpha/(°)$	30	40	50	60	70
κ	2.20	2.76	3.26	3.75	4.30

$$z_0 = x_b \cdot d_k \qquad (6.5.22)$$

$$x_b = 2.4 + 0.036\alpha \qquad (6.5.23)$$

式中，d_k 为药型罩内口径（mm）；α 为药型罩内锥半角。

由于破甲弹风帽的强度较低，其变形对破甲弹速度的影响较小，因此破甲弹实际作用时的炸高 z_0 可由下式近似计算：

$$z_0 = H + V_z T_z \qquad (6.5.24)$$

式中，H 为风帽长度；V_z 为破甲弹碰击目标时的速度；T_z 为引信瞬发度或引信作用时间。

如果知道了破甲弹着靶时的速度和引信瞬发度，就可以根据有利炸高来确定风帽的长度。一般来说，破甲弹着靶时的速度已知，这里只要确定引信的瞬发度。破甲弹着靶到引信传爆药柱起爆结束这段时间称为引信瞬发度或引信作用时间。通常压电引信的瞬发度为

$$T_z = t_1 + t_2 + t_3 + t_4 \qquad (6.5.26)$$

式中，t_1 为破甲弹着靶到雷管起爆前的时间；t_2 为雷管作用时间，电雷管一般为 4 μs 左右；t_3 为导爆管作用时间；t_4 为传爆药柱作用时间。

2. 破甲战斗部壳体

破甲弹壳体的存在减弱了稀疏波的影响，限制了爆轰能量在其他方向的散失，提高了有效装药量，增强了射流对目标的作用效果，如图 6－5－16 所示。当有外壳装药（1）和无外壳装药（2）爆炸时，同样的药型罩得到的结果不尽相同，无外壳装药情形中射流后面部分的速度值降低。这两种情形中射流头部的速度相等，可以解释为由于该区炸药层较厚，压垮过程中外壳对药型罩上部圆锥段的影响可能表现不出来。但是，随着向装药底部趋近、炸药层厚度变薄，外壳的影响变得更为明显。如果无外壳装药情形的速度分布是最佳的，为了使具有厚钢外壳的装药达到相近的效果，可以增加近圆锥底面处药型罩的厚度（如增加 20%～30%），而近端部处药型罩的厚度则保持不变。

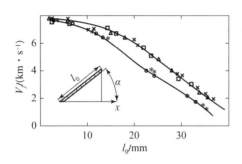

图 6－5－16　聚能射流沿罩母线的分布

3. 起爆传爆序列

起爆传爆序列对破甲有重要影响，实际上也就是引信对破甲的影响。除引信作用时间对动炸高有明显影响外，引信的雷管起爆能量、传爆药等也对破甲威力的稳定性有直接影响。对所用传爆药（这是总称，实际上含传爆药、导爆药、扩爆药、继爆药等）设计的基本要求是：合适的敏感度，能被起爆元件可靠起爆，比主装药有高的冲击波感度，足够的威力，能可靠起爆后继装药，爆速要大于主装药爆速，足够的安全性，一切传爆药要通过 8 项安全性试验，按 GJB 2178《传爆药安全性试验方法》进行。一般传爆药量与起爆能力关系见表 6－5－14。

表 6－5－14　传爆药量与起爆能力关系

传爆药			爆炸长度/mm
药量/g	直径/mm	高度/mm	
8	24	11.8	54
12	24	17.1	60
16	24	21.5	69
20	24	27.8	74
25	24	34.5	78
35	24	48.0	81

一般传爆药的密度等于 $90\% \sim 95\%$ 理论密度。传爆药尺寸的高径比对输出能量有很大影响，特别是直径影响更大。引信中实际使用传爆药柱的高径比为 $0.3 \sim 1.5$。传爆药量大小通常取战斗部药量的 $0 \sim 2.5\%$。传爆管壳底厚应控制在 $0.8 \sim 1.2$ mm。传爆药柱的起爆能力 N_{id} 对 TNT 及 B 炸药的关系为

$$N_{id} = 283.8 h^{-1.156} \tag{6.5.27}$$

式中，N_{id} 为传爆药柱起爆能力；h 为起爆深度。

应该指出，炸药柱间的起爆状况与两药柱接触面积有关。传爆药柱对被发药柱的有效冲击能量为

$$E = \frac{1}{\rho_e D_e} \int_0^{t_c} p_c^2(t)\, at \tag{6.5.28}$$

式中，t_c 为冲击波衰减至所经历时间；ρ_e 为炸药的初始密度；D_e 为炸药的爆速；p_c 为被发炸药临界起爆压力。

衰减脉冲冲击起爆能量为

$$N = \beta_e E = \frac{\beta_e}{\rho_e D_e} \int_0^{t_c} p_c^2(t)\, at \tag{6.5.29}$$

式中，β_e 为热点起爆面积效应系数，与主发药柱、被发药柱、起爆深度有关。β_e 越大，单位面积获得热点越多，热量传播越多，越易爆轰。

常用炸药临界起爆压力 p_c 值见表 6 – 5 – 15。

表 6 – 5 – 15   常用炸药临界起爆压力 p_c 值

炸药	密度/(g·cm⁻³)	临界起爆压力 p_c/GPa
PETN	1.60	0.91
PETN	1.40	0.25
PBX – 9404	1.84	6.45
注 TNT	1.65	10.40
压 TNT	1.60	5.00
RDX	1.45	0.28
HNS Ⅰ	1.60	2.50
HNS Ⅱ	1.60	2.32
CompB – 3	1.73	5.63

为了控制传播药柱与聚能装药药柱之间可靠起爆形成对称的爆轰波波形，国外"米兰""霍特"反坦克导弹成功地应用了起爆中心调整器。典型的调整器结构如图 6 – 5 – 17 所示，图 6 – 5 – 17（b）、（c）、（d）的原理是利用高、低爆速炸药的配合调整爆轰波波形，当偏心 2.8 mm 起爆时，爆轰波前锋与轴线处的时间差为 0.04 μs，实现了波形完全对称。

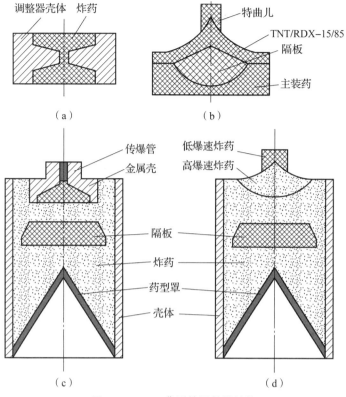

图 6-5-17　典型的调整器结构

思　考　题

6.1　某破甲战斗部要求动破甲威力能够穿透 200 mm/68°均质装甲钢，穿透率不小于 90%，试分析该破甲战斗部静破甲穿深应满足什么要求。

6.2　试分析破甲弹对配用引信的要求。

6.3　推导采用流体动力学理论推导聚能射流形成时，所形成射流和杆体的速度及质量。

6.4　聚能射流形成的临界条件是什么？

6.5　简述破甲战斗部中隔板的作用机理和采用隔板的优缺点。

6.6　某射流侵彻钢靶的深度为 500 mm，试根据定常理想流体理论，计算射流侵彻混凝土靶时的破甲深度。已知钢密度为 7.8 g/cm³，混凝土靶密度为 2.45 g/cm³。

6.7　试分析破甲战斗部设计的关键部件及关键尺寸。

第 7 章
复合战斗部设计

7.1　概　述

复合战斗部是指采用两种或两种以上战斗部组成的一种新型战斗部，对目标实施多种毁伤，达到提高毁伤目标的能力。例如，破 – 破复合战斗部，由前后级两个破甲战斗部组合，前级破甲战斗部主要用来引爆爆炸反应装甲，待反应装甲干扰作用消失后，后级破甲战斗部侵彻主装甲，该复合战斗部能大幅提高破甲弹的破甲能力；穿 – 爆复合战斗部，依靠战斗部飞行动能侵彻到工事内部后，引爆战斗部内的高爆装药来毁伤目标；破 – 杀复合毁伤战斗部，首先靠破甲战斗部在钢筋混凝土工事上穿一个孔，然后随进一个杀爆战斗部在工事内爆炸，杀伤工事内的人员，摧毁工事内的设备；深侵彻钻地战斗部（破甲与攻坚复合），依靠前级破甲战斗部在混凝土上进行开孔，后级攻坚战斗部依靠自身动能随进，穿入地下深埋工事并引爆。

7.1.1　破 – 破式复合毁伤战斗部

随着高新技术的发展及其在坦克装甲防护上的应用，坦克主装甲防破甲弹侵彻的能力大大提高，尤其是复合装甲和间隙装甲的出现，再加上爆炸式反应装甲的发明，极大地削弱了聚能战斗部的侵彻能力。目前，爆炸式反应挂甲加复合装甲，防破甲能力达到 1 300 ~ 1 400 mm厚的均质钢甲，使得单一破甲弹侵彻能力难以达到要求。

为了有效对付各种爆炸反应装甲，消除反应装甲对聚能射流的干扰，出现了各种反爆炸反应装甲技术。其中，最主要的技术是采用破 – 破复合毁伤战斗部来提高其反爆炸反应装甲的能力。破 – 破式复合毁伤战斗部主要由前置装药和主装药两部分组成，其作用过程为前置装药形成射流引爆反应装甲，主装药在延迟一定时间起爆，待反应装甲作用场消失后对主装甲实施攻击，如图 7 – 1 – 1 所示。

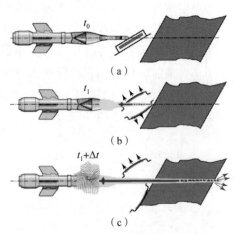

这种结构因能有效对付一代、二代爆炸反应装甲能力而备受推崇，如"米兰"K115T 导弹战斗部就采用这种结构。

图 7 – 1 – 1　破 – 破式战斗部作用示意图

7.1.2　穿 – 爆式复合毁伤战斗部（侵爆战斗部）

随着侦察技术飞速发展，现代化战场渐趋透明，地面上的目标难以隐藏，地下防御设施得到发展。未来的防御设施不仅局限于地下，也将设在水下。未来的防御设施的结构将突破单一的以钢筋混凝土结构的传统做法，而构筑成具备综合防御能力的多层复合结构。毁伤高性能的地下工事或防御设施将是未来战争中的重大问题。穿 – 爆复合毁伤战斗部（又称侵爆战斗部），主要是用于对机场跑道、地面加固目标及地下设施进行攻击的对地攻击弹药，20 世纪 80 年代起由欧洲人率先开始研制。这种战斗部最初攻击飞机跑道，由飞机挂载，如德国的 MW – 2 机载布撒器携带的戴维斯反跑道动能侵彻弹和法国的"强盗" AP 反跑道布撒器携带的 10 枚 520 kg 的反跑道侵彻子弹。

侵爆战斗部由内侵彻弹头、高爆装药和引信组成，侵彻头一般为高强度钢或重金属合金材料，采用破片杀伤方式，引信通常为延时近炸引信或智能引信。侵爆战斗部一般采用大长径式，因武器携带能力限制，其直径一般不超过 500 mm。此外，为进行精确打击，弹上还装有控制、导引机构。

按性能和特点，侵爆战斗部可分为反跑道、反地面掩体和反地下坚固设施三种类型；按携带工具可分为巡航导弹（包括空射、舰射、陆射巡航导弹）型侵爆战斗部、航空炸弹型侵爆战斗部、精确制导型侵爆战斗部（如 GBU – 28 激光制导侵爆战斗部）、航空布撒器携带的侵彻子弹药等。图 7 – 1 – 2 所示为 GBU – 28 激光制导炸弹。

图 7 – 1 – 2　GBU – 28 激光制导炸弹

7.1.3　破 – 杀式复合毁伤战斗部（串联随进战斗部）

传统深侵爆战斗部主要以动能型侵爆战斗部为主，依靠战斗部飞动能侵彻到掩体内部后，引爆战斗部内的高能炸药，毁伤目标。例如，美国研制的 450 kg 的 J – 100 型、900 kg 的 BLU – 109 型及特制的 1 800 kg 的 BLU – 113 型战斗部均属这种类型。动能型侵爆战斗部的缺点在于侵彻深度受着速影响较大；战斗部着角和攻角较大时，容易发生跳飞现象而不能有效侵入目标内部。

针对动能型侵爆战斗部的缺点，20 世纪 80 年代初美国 LLNL 实验室开发了两级串联随进战斗部。串联随进战斗部由前级聚能装药、后级随进战斗部、引信和壳体等组成。后级随进战斗部内装有高能、低敏感度炸药。前级引信在最佳炸高处起爆前级聚能装药，依靠聚能装药所形成的高速射流在钢筋混凝土目标预先开孔，后级随进战斗部依靠自身的动能沿着前级所开的孔侵入到目标内部，经过一定延时后引爆后级随进战斗部，毁伤目标内部仪器设备和人员。动能型侵爆战斗部和两级串联随进战斗部侵彻效率的比较，如图 7 – 1 – 3 所示。

从图 7 – 1 – 3 可以看出，在战斗部速度较低的情况下，两级串联随进战斗部的侵彻深度比动能型侵爆战斗部要高。例如，如果要求侵彻深度达到 2 m，随进战斗部直径为 $0.6D_0$（D_0 为战斗部直径）的两级串联随进战斗部所需速度小于 100 m/s，随进战斗部直径为

$0.8D_0$ 的两级串联随进战斗部所需速度约为 250 m/s，而动能型侵爆战斗部侵彻深度要达到 2 m 时，战斗部速度要达到 450 m/s。如果动能型侵爆战斗部要达到两级串联随进战斗部的侵彻深度，速度则要超过 1 000 m/s。

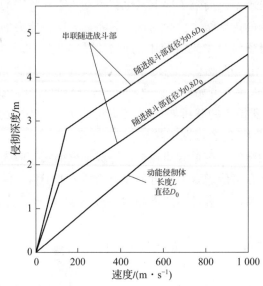

图 7 - 1 - 3 动能型侵爆战斗部与两级串联随进战斗部侵彻深度随速度变化曲线

串联随进战斗部主要由前级聚能装药、前级引信、隔爆体、后级随进战斗部、后级引信等组成，如图 7 - 1 - 4 所示。

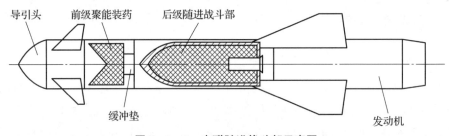

图 7 - 1 - 4 串联随进战斗部示意图

目前，国外在研和装备的串联随进战斗部主要有英国航空航天公司皇家军械部、汤姆森 - 索恩导弹电子设备公司和防御评估及研究局联合研制的 Broach 导弹战斗部，如图 7 - 1 - 5 所示。该战斗部采用两级串联结构，前级为聚能装药，可以穿透 6 m 厚的钢筋混凝土目标；后级为内装高能炸药的动能战斗部，质量为 245 kg。该战斗部的侵彻能力是普通动能型侵爆战斗部的 2 倍。

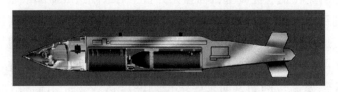

图 7 - 1 - 5 英国 Broach 导弹战斗部

英国 SEI 公司研制的"长矛"（Lancer）导弹战斗部，较小的"长矛"战斗部为 250 kg 级，能够穿透 1 m 覆土层加 2.5 m 厚的钢筋混凝土目标。500 kg 级可以穿透大于 6 m 厚的钢筋混凝土目标。图 7 - 1 - 6 所示为"长矛"战斗部前级聚能装药在钢筋混凝土靶板上的毁伤效果。

（a）　　　　　　　　　　　　　（b）

图 7 - 1 - 6　钢筋混凝土靶板毁伤效果

TDA/TDW 公司（法国汤姆逊无线电公司与德国戴姆勒 – 奔驰宇航公司共同组建）研制的麦菲斯托（Mephisto）导弹战斗部，如图 7 - 1 - 7 所示。麦菲斯托导弹战斗部前部装有光电探测器近炸引信，后级随进战斗部尾部装有程序化多用途引信系统（PIMPF），可装定空爆、触发起爆和触发延期起爆三种工作模式。在侵彻模式下，传感器可探测目标的层数，战斗部在穿透砂石、混凝土等多层结构后，根据程序在预先设定点产生触发信号，引爆随进战斗部。

图 7 - 1 - 7　Mephisto 导弹战斗部的 KEPD - 350 布撒器

7.2　破 - 破式复合战斗部设计

破 - 破复合毁伤战斗部（串联战斗部）应用较广的主要结构有简单破 - 破式、伸出杆破 - 破式和探测近炸破 - 破式三种，它们的作用原理基本相同。战斗部撞击目标后，前级装药立即引爆爆炸反应装甲，经过一定的延时，待爆炸反应装甲作用场消失后，后级主装药形成的射流再攻击主装甲。设计破 - 破式串联战斗部时必须考虑的问题有：①在确保前级可靠引爆反应装甲的前提下，尽可能减少前级聚能装药的装药量，以减小前级爆轰对后级的影响；②头螺长度要足够长，以防止反应装甲伤及后级主装药，同时减小前级爆轰对后级主装药的影响；③后级主装药必须经过恰当的延迟时间才起爆，以保证后级主装药具有合适的炸高。

串联战斗部设计思路：首先是设计前级聚能装药威力和最小头螺长度，确保前级装药能够可靠引爆爆炸反应装甲；然后设计后级主装药及其最佳炸高；最后进行两级装药之间的隔爆设计，确定最佳延迟时间。由于最小头螺长度取决于反应装甲的几何参数、反应装甲作用场时间和战斗部飞行速度，后级主装药的最佳炸高仅取决于后级聚能装药的性能特性，故这两部分计算工作与延迟时间无关，可以单独进行设计。

7.2.1 前级装药威力设计

前级装药应满足下列要求：结构要简单、体积和质量要小；要有足够的威力能将爆炸反应装甲引爆；在满足威力的前提下，其装药直径与装药量要小，以满足两级装药之间防护的需要。前级装药设计的关键是要确保前级装药形成的射流能可靠引爆爆炸反应装甲的基础上，装药直径和装药量尽可能小。因此，必须知道射流引爆各种反应装甲的临界准则，然后才能设计出前级装药。

射流引爆爆炸反应装甲是一个复杂的过程，它与射流速度、直径，炸药的性能，反应装甲面板材料及厚度等有关。射流速度越高，射流冲击产生的压力越高，所激发的反应就越强。因此，射流速度是其引爆反应装甲过程中的主控参数。射流的直径所起的主要作用是控制射流前驱波的形状。由于射流前驱波一般为弯曲波，射流直径越大，前驱波的曲面度就越小，前驱波的作用就越不容易受到侧向稀疏波的影响。炸药的性能决定引爆的难易程度，感度越大越易引爆。炸药层的厚度与炸药的密度越大，越不易引爆。另外，射流的冲击效应试验表明，裸炸药要比有盖板（不包括薄盖板情况）炸药敏感得多。这是由于通过盖板进入炸药的射流前驱波对炸药的冲击压缩作用，导致炸药中的空穴闭合，从而使炸药的状态趋于均匀。同时，在具有一定强度的前驱波作用区内的炸药可能发生不同程度的化学反应：一方面消耗了作用区内的炸药；另一方面使射流不能直接侵彻未反应的炸药，而是侵彻反应产物，因此降低了炸药对射流作用的感度。只有当前驱波足够强时，其作用区内的炸药才能引爆。反应装甲面板材料对引爆也有影响，不同面板材料的冲击压力不同，面板的临界厚度也不同。对于同一种材料的面板，厚度越厚，射流速度越低，进入炸药的前驱波强度越弱，起爆深入距离就越大。当面板厚度大于临界厚度时，炸药将不能被引爆。因此，想用一个统一的模式来解释射流引爆爆炸反应装甲过程是困难的。

目前，国内外对射流引爆爆炸反应装甲机理及过程进行了大量的研究，得到了许多特定条件下的起爆判据和起爆阈值。由于反应装甲中的炸药覆盖了一层面板，该面板阻止或衰减了射流速度，因而降低了射流冲击炸药的强度。Chick 和 Bussell 等研究表明，射流引爆裸露炸药所需的射流头部速度大约是带盖无外壳炸药的 1/2。对于薄面板，由于射流速度衰减较小，仍可由射流直接冲击引爆炸药，所以引爆判据可以写成 $V_j^2 d_j = \text{const}$，其中，V_j、d_j 分别为面板出口处的射流速度和直径。

7.2.2 头螺最小长度

假设战斗部着靶时的惯性很大，前级装药的风帽强度很小，战斗部撞击目标的阻力以及前级装药和反应装甲爆炸作用在战斗部上的压力一般不会影响战斗部运动速度。战斗部撞击

到反应装甲时的几何关系，如图 7 - 2 - 1 所示。根据该几何关系可以得到头螺最小长度计算公式为

$$H_1 \geqslant \left(\frac{h_4}{\cos \theta} - \frac{\Delta}{\cos \theta} \right) + V_0 T \qquad (7.2.1)$$

式中，H_1 为头螺长度；h_4 为反应装甲中装药盒的长度；Δ 为反应装甲药盒到外壳的距离；θ 为反应装甲与水平方向的夹角；V_0 为战斗部速度；T 为反应装甲作用场作用时间。

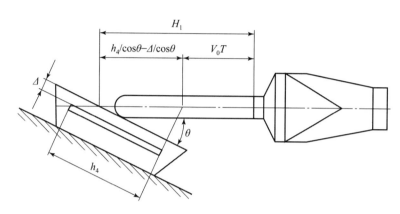

图 7 - 2 - 1 战斗部撞击到反应装甲时的几何关系

7.2.3 后级主装药及其最佳炸高设计

后级主装药设计方法与破甲弹装药结构设计方法相同，主要保证该装药形成的射流要有足够的长度，且具有良好的大炸高特性。就是要兼顾目标带与不带反应装甲两种状态下串联战斗部具有相同的侵彻能力和稳定性。为了满足串联战斗部这一特定要求，可以采取以下两条措施。

（1）根据射流破甲深度首先随炸高增大而增大，然后随炸高增大而降低的变化规律，将串联战斗部的炸高确定在炸高曲线的升弧段上，而且使炸高相距 $H_2 / \sin \theta$（H_2 为反应装甲高度）的降弧段上具有相同的破甲深度，如图 7 - 2 - 2 所示。

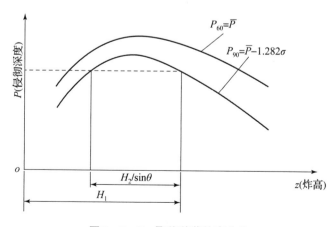

图 7 - 2 - 2 聚能装药炸高曲线

（2）由于炸高曲线是在一定概率条件下绘制的，即在同一条炸高曲线上具有相同的穿透率。实际上用不同炸高下破甲深度平均值绘制的炸高曲线，只反映了穿透率为 50% 时破甲深度随炸高变化的规律。所取的穿透率不同，在同一组试验值中可以绘制出许多条炸高曲线。

根据概率论计算式，有

$$P = \bar{P} - K_a \sigma \tag{7.2.2}$$

式中，P 为一定穿透率下的破甲深度；$\bar{P}$ 为某一炸高下一组破甲深度的平均值；σ 为某一炸高下一组破甲深度的标准偏差；K_a 为概率系数，由高斯分布函数积分得到，见表 7 - 2 - 1。

表 7 - 2 - 1 概率系数

概率/%	50	60	70	80	90	100
K_a	0	0.253	0.542	0.842	1.282	≈ 4

因此，若要求穿透率为 90%，则炸高曲线上的破甲深度采用下式计算：

$$P_{90} = \bar{P} - 1.282\sigma \tag{7.2.3}$$

最佳炸高设计过程：先在不同炸高下各做一组静态破甲穿深试验，将各组试验结果按数理统计方法，分别计算出不同炸高下破甲深度的均值 $\bar{P}$ 和标准偏差 σ，再利用式（7.2.3）分别计算出不同炸高下穿透率为 90% 的破甲深度 P_{90}。用 P_{90} 和相应炸高绘制炸高曲线，然后用多项式逼近方法写出炸高曲线的回归方程，即

$$P_{90} = a_0 + a_1 z^{1/2} - a_2 z^2 \tag{7.2.4}$$

式中，z 为炸高；a_0、a_1 和 a_2 为系数。

将 $z = H_1$ 和 $z = H_1 - H_2/\sin\theta$ 代入式（7.2.4），可得

$$P_1 = a_0 + a_1 H_1^{1/2} - a_2 H_1^2 \tag{7.2.5}$$

$$P_2 = a_0 + a_1 (H_1 - H_2/\sin\theta)^{1/2} - a_2 (H_1 - H_2/\sin\theta)^2 \tag{7.2.6}$$

令 $P_1 = P_2$，求解式（7.2.5）和式（7.2.6），便可求得后级主装药的最佳起爆高度 H_1。

7.2.4 隔爆设计

前级装药对后级主装药的作用主要有两个方面：一是前级装药起爆后爆轰气体膨胀并作用于后级装药；二是前级装药与前级引信壳体破碎后，破片飞散对后级装药有损坏的危险。

1. 前级装药爆炸作用在后级装药上的爆轰压力估算

在前级和后级装药之间如果没有隔爆防护装置，假设炸药是瞬时爆轰，爆炸气体的膨胀过程是绝热过程，则作用在后级上的爆轰气体压力为

$$p = p_0 \left(\frac{\bar{V}_0}{\bar{V}_1} \right)^2 = p_0 \left(\frac{r_0}{r_1} \right)^6 \tag{7.2.7}$$

式中，p 为作用在后级上的爆轰气体压力；p_0 为瞬时爆轰压力；$p_0 = \rho_0 D^2/8$；$\overline{V}_0$、r_0 分别为前级装药的初始体积和半径；$\overline{V}_1$、r_1 分别为与压力 p 相对应的爆炸气体的体积和半径。

如果前级装药量为 20 g，密度 $\rho_0 = 1.67$ g/cm^3，爆速 $D = 8\,300$ m/s，前级装药重心距后级装药前端面的距离为 100 mm，则 $p_0 = 1.47 \times 10^4$ MPa，$p = 1.205 \times 10^5$ Pa，即作用在后级装药端面的超压为 0.2×10^5 Pa（0.2 atm）。因此，前级爆炸气体对后级主装药的作用不大。

2. 前级引信破碎对后级主装药的影响

X 射线试验表明引信破片的轴向飞散速度 $V_p \leqslant 200$ m/s，在确定的延迟时间 Δt 内，破片的飞散距离为 $L = V_p \Delta t$，由此可知只要两级之间的距离大于 L，则在延迟时间内前级引信的壳体破片不会飞到后级主装药的断面，后级主装药就不会受到破坏。因此，L 为两级装药之间的最小隔爆距离。如果两级装药之间的距离受到战斗部空间限制，不允许太长，则需要在两级之间增加隔爆装置。隔爆材料通常选用钢材、木材、玻璃钢、增强聚氨酯塑料等，试验发现这四种隔爆材料都能满足隔爆要求，被发装药均被破碎而未殉爆。隔爆较佳的材料有玻璃钢和增强聚氨酯塑料，厚度在 25 mm 以上即可达到隔爆要求。

7.2.5　延时时间的确定

对破–破式串联战斗部的作用原理（图 7–2–3）进行分析，相关参数必须满足

$$\Delta t + \frac{L_2 - \Delta t V_0}{V_{j2}} \geqslant t_1 + \frac{L_1 - V_0 t_1}{V_{j1}} + t_2 + T \qquad (7.2.8)$$

式中，L_1 为前级装药从引爆到碰击第一层夹层炸药之间的距离；L_2 为前级装药侵彻爆炸反应装甲时主装药下端面距离装甲表面的距离；V_0 为战斗部速度；V_{j1} 为前级装药形成的射流头部速度；V_{j2} 为后级装药形成的射流头部速度；t_1 为前级装药从被引爆到形成射流所需时间；Δt 为延迟起爆的时间；t_2 为爆炸反应装甲从碰击到完全起爆所需时间；T 为爆炸反应装甲作用场的作用时间。

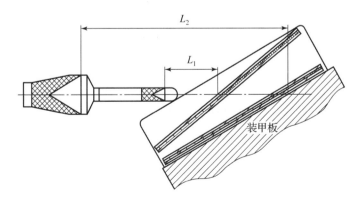

装甲板

图 7–2–3　破–破式串联战斗部作用示意图

后级最佳动炸高可以采用下面的经验公式，即

$$L_2 - \Delta t V_0 = 2.5 D_0 + t_1 V_0 \tag{7.2.9}$$

式中，D_0 为后级主装药直径。

串联战斗部的延迟时间为

$$\Delta t = \frac{L_2 - 2.5 D_0 - t_3 V_0}{V_0} \tag{7.2.10}$$

式中，t_3 为后级装药引爆到形成射流所需的时间。

根据式（7.2.8）得

$$T \leqslant \frac{L_2 - V_0 t_2}{V_{j2}} + \Delta t - \frac{L_1 - V_0 t_1}{V_{j1}} - t_1 - t_2 \tag{7.2.11}$$

选取 T、L_2、V_0、Δt 为变量，其他参数为定值。取 $V_{j1} = 5\,000$ m/s，$V_{j2} = 9\,000$ m/s，$L_1 = 0.125$ m，$t_1 = 3.5 \times 10^{-5}$ s，$t_2 = 3 \times 10^{-5}$ s，$t_3 = 5 \times 10^{-5}$ s，$D_0 = 0.12$ m。战斗部速度范围取 $200 \sim 1\,000$ m/s。如果 L_2 取 0.35 m、0.5 m、1.2 m 时，得到战斗部速度与各种爆炸反应装甲作用场时间之间的关系，如图 7-2-4 所示。

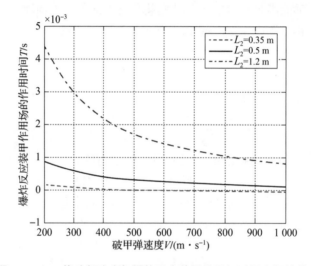

图 7-2-4 战斗部速度与爆炸反应装甲作用场时间之间的关系

由图 7-2-4 可知，L_2 增加，破－破式串联战斗部能够避开作用场时间较长的爆炸反应装甲，这就是伸出杆破－破式和带探测近炸破－破式较简单破－破式串联战斗部用来对付反应装甲效果好的主要原因。L_2 一定时，当战斗部速度增加时，能够避开爆炸反应装甲干扰的时间就短。$L_2 = 0.35$ m 时，战斗部速度为 200 m/s 时，可对付作用场时间最长为 136 μs 的爆炸反应装甲，即只能对付单层爆炸反应装甲。如果战斗部速度大于 450 m/s，就会失去有效对付爆炸反应装甲的能力。

如果战斗部速度 V_0 为 300 m/s、500 m/s、700 m/s 和 900 m/s，得到 L_2 与爆炸反应装甲作用场时间之间的关系，如图 7-2-5 所示。

由图 7-2-5 可知，如果取双层楔形爆炸反应装甲作用场作用时间为 500 μs，当 $V_0 = 300$ m/s 时，L_2 至少要大于 0.6 m；当 $V_0 > 500$ m/s 时，L_2 至少要大于 0.8 m，这个要求在破－破式串联战斗部中很难实现。

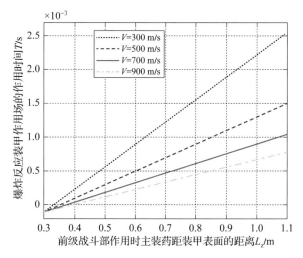

图 7 – 2 – 5　不同 V_0 下主装药距装甲表面的距离与作用场时间的关系

7.3　穿 – 爆式复合战斗部设计

7.3.1　侵爆战斗部威力设计

1. Forrestal 公式

在空穴膨胀理论的基础上，提出了一个预测刚性卵形弹侵彻半无限混凝土靶体的经验公式。基于试验观察的结果，Forrestal 认为整个侵彻过程可以分为开坑区和隧道区，在这两个区域弹体受到的侵彻阻力分别为

$$F = \begin{cases} cz, & 0 < z < 4r_0 \\ \pi r_0^2 (Sf_c' + N^* \rho_t V_c^2), & z > 4r_0 \end{cases} \tag{7.3.1}$$

式中，c 为比例常数；F 为侵彻阻力（N）；x 为侵彻深度（m）；r_0 为弹体半径（m）；f_c' 为靶板介质无侧限压缩强度（Pa）；ρ_t 为介质材料的密度（kg/m³）；V_c 为战斗部撞击速度（m/s）；S 为量纲为 1 的经验常数，由下面的经验公式计算：

$$S = 82.6 f_c'^{-0.544} \tag{7.3.2}$$

N^* 为一个表征弹头形状的参数，定义为

$$N^* = \frac{8\psi - 1}{24\psi^2} \tag{7.3.3}$$

式中，ψ 为表征弹头形状的 CRH（calibre – radius – head），即弹头表面曲率半径与弹体直径之比。

由牛顿第二定律，并结合初始条件，可得

$$c = \frac{m(V_c^2 - V_1^2)}{16r_0^2} \tag{7.3.4}$$

式中，m 为弹体质量，并有

$$V_1^2 = \frac{mV_c^2 - 4\pi r_0^3 S f_c'}{m + 4\pi r_0^3 N^* \rho_t} \tag{7.3.5}$$

可最终解得侵彻深度的表达式为

$$P = \frac{m}{4\pi r_0^2 N^* \rho_t} \ln\left(1 + \frac{N^* \rho_t V_1^2}{S f_c'}\right) + 4r_0, P > 4r_0 \tag{7.3.6}$$

Forrestal 公式可以比较准确地预测卵形弹打击半无限混凝土靶体的侵彻深度，并且形式简单，应用方便。

2. Chen 和 Li 公式

Chen 和 Li 采用量纲分析的方法，将影响侵彻结果的物理量化为两个量纲为 1 的参数：

$$\frac{P}{d} = f\left(\frac{mV_c^2}{d^3 f'}, \frac{m}{\rho d^3}, N^*\right) \tag{7.3.7}$$

令

$$I^* = \frac{mV_c^2}{d^3 f'}$$

$$\lambda = \frac{m}{\rho d^3}$$

对于卵形弹，N^* 由式（7.3.3）定义；对于锥形弹，由弹头形状积分可得

$$N^* = \frac{1}{1 + 4H/d} \tag{7.3.8}$$

式中，H 为锥形弹弹头长度。

结合 Forrestal 半经验公式，可将式（7.3.7）改写为

$$\frac{P}{d} = \begin{cases} \sqrt{\dfrac{(1 + k\pi/4N)}{1 + I/N} \dfrac{4k}{\pi} I}, & P/d \leqslant k \\ \dfrac{2}{\pi} N \ln\left[\dfrac{1 + I/N}{1 + k\pi/4N}\right] + k, & P/d > k \end{cases} \tag{7.3.9}$$

其中，

$$I = \frac{I^*}{S} = \frac{mV_c^2}{d^3 f'} \frac{1}{S}$$

$$N = \frac{\lambda}{N^*} = \frac{m}{\rho d^3} \frac{1}{N^*}$$

式中，k 为表征弹头尖锐程度的经验常数。

由滑移线理论可以确定平头弹的 $k = 0.707$；对于尖头弹和卵形弹，有

$$k = 0.707 + H/d$$

当 $N \geqslant 1$ 时，式（7.3.9）可化简为

$$\frac{P}{d} = \begin{cases} \sqrt{\dfrac{4kI/\pi}{1 + I/N}}, & P/d \leqslant k \\ \dfrac{2}{\pi} N \ln(1 + I/N) + \dfrac{k}{2}, & P/d > k \end{cases} \tag{7.3.10}$$

再进一步，当 $I/N \leqslant 1$ 时，有

$$\frac{P}{d} = \begin{cases} \sqrt{\dfrac{4kI}{\pi}}, & P/d \leqslant k \\ \dfrac{k}{2} + \dfrac{2I}{\pi}, & P/d > k \end{cases} \tag{7.3.11}$$

3. Young 公式

Young 提出的战斗部侵彻土、岩石、混凝土统一的经验公式为

$$P = 0.000\ 8SN_1 \left(\frac{m}{A}\right)^{0.7} \ln(1 + 2.15V_c^2\ 10^{-4}),\ V_c \leqslant 61\ \text{m/s} \tag{7.3.12}$$

$$P = 0.000\ 018SN_1 \left(\frac{m}{A}\right)^{0.7} (V_c - 30.5),\ V_c > 61\ \text{m/s} \tag{7.3.13}$$

式中，P 为侵彻深度（m）；m 为战斗部质量（kg）；A 为战斗部横截面面积（m^2）；V_c 为战斗部着速（m/s）；S 为可侵彻性指标；N_1 为战斗部头部形状系数。

Young 公式具有较为广泛的试验基础，其试验范围为战斗部撞击速度为 61～1 350 m/s，战斗部质量为 3.17～2 267 kg，战斗部直径为 2.54～76.20 cm，靶体抗压强度为 14.0～63.0 MPa。

Young 在基于大量侵彻试验基础上，给出了各种典型材料 S 值的取值公式：

$$S = 2.7(f_cQ)^{-0.3} \tag{7.3.14}$$

式中，f_c 为岩石的无侧限抗压强度（kg/cm^2）；Q 为岩石质量，它受节理、裂缝等影响；N 为战斗部头部形状影响系数。

对于卵形头部战斗部，可用下列两个公式：

$$N_1 = 0.18l_n/d + 0.56 \tag{7.3.15}$$

和

$$N_1 = 0.18(CRH - 0.25)^{0.5} + 0.56 \tag{7.2.16}$$

对于锥形头部战斗部，有

$$N_1 = 0.25l_n/d + 0.56 \tag{7.3.17}$$

式中，l_n 为战斗部头部长度；d 为战斗部直径。

Young 公式涉及的围岩参数有两个：单轴饱和抗压强度 f_c 和岩石质量 Q 值，这两个参数可根据围岩级别参照相应的标准去确定。

Young 公式中的 f_c、国家标准中的 R_c 和国家军用标准中的 R_b 三者都是单轴饱和抗压强度，意义是相同的，因此在数值上是相同的。但是，在围岩分级中都对其具体取值作了限制，需要注意和区别。

在 Young 公式中，Q 是一个特殊参数，与岩石力学中的 RQD（Rock Quality Designation）类似。鉴于 Q、RQD 和 K_v 都是表征岩石完整性的物理量，根据研究，Q 值等于围岩分级中的 K_v 值，这样的取值关系总体而言是合理的。

对于岩石质量指标 RQD，GB 50021—2001《岩土工程勘察规范》做了如下规定：用直径为 75 mm 的金刚石钻头和双层岩芯管在岩石中钻进，连续取芯，每回次钻进所取岩芯中，长度大于 10 cm 的岩芯段长度之和与该回次进尺的比值，以百分数表示，即

$$\text{RQD} = \frac{\text{长度大于 10 cm 的整段岩芯块长度总和}}{\text{钻孔总长度}} \times 100$$

在我国现行岩体分级标准中，围岩分类采用的是参数 K_v。K_v 和 RQD 均是表征岩石完整性的物理量，两者的取值比较见表 7-3-1。从表 7-3-1 可以看出，近似地可以认为 K_v = RQD%。因此，RQD 可以近似地取为 $100K_v$。

表 7-3-1　RQD 与 K_v 取值的比较

完整程度	（很完整）	完整	较完整	较破碎	破碎	极破碎
K_v		>0.75	0.75~0.55	0.55~0.35	0.35~0.15	<0.15
岩石质量	很好	好	一般	差	很差	（极差）
RQD	90~100	75~90	50~75	25~50	10~25	

从 GBU-28 侵彻五类围岩深度的计算结果来看，与 GBU-28 侵彻混凝土或中等岩石 6 m 的实战结果较为吻合，表明 Young 公式在深侵彻岩石计算时具有一定的适用性和可信性。

4. Bernard 公式

Bernard 公式是根据战斗部对混凝土、花岗岩、凝灰岩、砂岩的侵彻试验数据，通过回归分析建立的，美国陆军水道试验站（WES）和美国桑迪亚国家试验中心（SNL）于 1977—1979 年先后提出了三个计算战斗部侵彻岩石的侵彻深度公式，为了便于讨论，按时间先后分别称之为 Bernard Ⅰ 公式、Bernard Ⅱ 公式、Bernard Ⅲ 公式。

1）Bernard Ⅰ 公式

Bernard Ⅰ 公式是 1977 年提出的侵彻深度计算经验公式，其表达式为

$$\frac{\rho P}{m/A} = 0.2 V_c \left(\frac{\rho}{f_c}\right)^{0.5} \left(\frac{100}{RQD}\right)^{0.8} \tag{7.3.18}$$

式中，ρ 为岩石密度（kg/m^3），岩石的密度取值参照表 7-3-2。

RQD 为岩石质量指标，它是现场岩体中原生裂缝间距的一个度量，一般取值见表 7-3-3。

表 7-3-2　岩石密度取值

围岩类别	Ⅰ	Ⅱ	Ⅲ	Ⅳ	Ⅴ
岩石密度/($kg \cdot m^{-3}$)	2 500~2 700	2 500~2 700	2 300~2 500	2 200~2 400	2 000~2 300

表 7-3-3　岩体质量指标 RQD

级别	岩体质量	RQD/%
A	很好	90~100
B	好	75~90
C	较好	50~75
D	差	25~50
E	很差	10~25

为方便计算，式（7.3.18）可改写为

$$P = 0.2 \cdot \frac{m}{A} \cdot \frac{V_c}{(\rho f_c)^{0.5}} \cdot \left(\frac{100}{\text{RQD}}\right)^{0.8} \quad \text{（国际单位）} \tag{7.3.19}$$

1986 年，美国出版的《常规武器防护设计原理》（TM5 - 855 - 1）中，采用了式（7.3.18），并将其改写为

$$P = 6.45 \cdot \frac{m}{d^2} \frac{V_c}{(\rho f_c)^{0.5}} \left(\frac{100}{\text{RQD}}\right)^{0.8} \quad \text{（英制单位）} \tag{7.3.20}$$

Bernard Ⅰ公式适用于战斗部侵彻岩石时的深度计算。该公式中的侵彻深度主要与战斗部质量、直径、着速以及岩石密度、岩石强度和岩石质量指标 RQD 有关，并且侵彻深度 P 与战斗部撞击速度 V_c 呈线性关系。

2）Bernard Ⅱ公式

1978 年，Bernard 等提出了第二个战斗部侵彻岩石深度的计算公式（Bernard Ⅱ公式），其表达形式为

$$\begin{cases} P = \dfrac{m}{A} \cdot \left[\dfrac{V}{b} - \dfrac{a}{b^2} \cdot \ln\left(1 + \dfrac{b}{a}V\right)\right] & \text{（英制单位）} \\ a = 16 f_c (\text{RQD}/100)^{1.6}, \; b = 3.6(\rho f_c)^{0.5} \cdot (\text{RQD}/100)^{0.8} & \text{（英制单位）} \end{cases} \tag{7.3.21}$$

为了便于和 Bernard Ⅰ公式进行比较，参照式（7.3.20），可将式（7.3.21）改写为

$$P = 14.71 \cdot \frac{m}{d^2} \frac{V_c}{(\rho f_c)^{0.5}} \left(\frac{100}{\text{RQD}}\right)^{0.8} - 271.84 \frac{m}{\rho d^2} \ln\left[1 + 0.054\,13\left(\frac{100}{\text{RQD}}\right)^{0.8}\left(\frac{\rho}{f_c}\right)^{0.5} V_c\right]$$

$$\tag{7.3.22}$$

式（7.3.22）中是英制单位。Bernard Ⅱ公式与 Bernard Ⅰ公式的区别在于，式（7.3.22）中第一项为速度的线性项，形式与 Bernard Ⅰ公式相同，但是系数为 Bernard Ⅰ公式的 2.28 倍。式（7.3.22）的第二项为速度的对数项，表明侵彻深度 P 与战斗部着速 V_c 呈非线性关系。

3）Bernard Ⅲ公式

1979 年，Bernard 等根据微分面力模型对战斗部侵彻岩石时的受力情况进行了分析，并得到了第三个战斗部侵彻岩石深度的计算公式（Bernard Ⅲ公式），其表达形式为

$$P = \frac{m}{A} \cdot \frac{N_{rc}}{\rho}\left[\frac{V_c}{3} \cdot \frac{\rho^{0.5}}{f_{cr}^{0.5}} - \frac{4}{9}\ln\left(1 + \frac{3}{4} \cdot V_c \cdot \frac{\rho^{0.5}}{f_{cr}^{0.5}}\right)\right] \quad \text{（英制单位）} \tag{7.3.23}$$

$$N_{rc} = \begin{cases} 0.863\left[\dfrac{4(\text{CRH})^2}{4\text{CRH} - 1}\right], & \text{对于卵形头部} \\ 0.805(\sin\eta_c)^{-0.5}, & \text{对于锥形头部} \end{cases}$$

$$f_{cr} = f_c(\text{RQD}/100)^{0.2} \tag{7.3.24}$$

式中，N_{rc} 为弹头形状系数，CRH 为卵形头部曲率半径与战斗部直径之比；η_c 为锥形头部半角锥。

Bernard Ⅲ公式既可用于侵彻岩石深度的计算，也可用于侵彻混凝土深度的计算。Bernard Ⅲ公式与前两个公式相比，考虑了 N_{rc} 的影响。采用 Bernard 公式分别对 GBU - 28 炸弹侵彻五类围岩的深度进行了计算，表 7 - 3 - 4 列出了计算结果。

表 7 - 3 - 4　GBU - 28 侵彻五类围岩（国家标准）深度的计算结果

围岩分类	I	II	III	IV	V
侵彻深度/m	≤4.22	3.64 ~ 5.99	4.92 ~ 10.32	≥7.82	≥15.68

从计算结果看，与 GBU - 28 在实战中对中等强度岩体的侵彻深度比较接近。

7.3.2　侵爆战斗部结构设计

侵爆战斗部的主要技战术指标包括侵彻能力与爆炸性能（或装药量），若给定总质量条件下，二者是相互矛盾的。对一定几何尺寸的弹体，其质量主要由弹体壳体提供，爆炸威力越强，意味着装药的质量装填比越高。战斗设计时必须要求足够质量和足够的壳体强度，为此对装药的质量装填比有一定的限制。除要求壳体材料高强度、高韧性、高密度等特性外，厚度、头部形状、连接等也是保证弹体不会破坏的关键因素。工程应用中，深层钻地侵爆战斗部的装药质量装填比一般为 10% ~ 20%。

相关的理论研究表明，单纯动能弹侵彻存在侵彻深度上限。在技战术指标一定的前提条件下，弹体结构的优化可令动能侵彻弹尽可能实现最大侵彻深度。其中弹体结构设计尤为重要，包括弹形、弹材、质量比、长径比等。又因为弹体常为细长中空结构，其抗弯能力和各载体的连接（包括连接位置和方式等）对其在斜撞击中过靶结构完整性有决定作用。

1. 战斗部头部形状和长径比

卵形战斗部头部的形状因子为

$$N^* = \frac{1}{3\psi} - \frac{1}{24\psi^2} \tag{7.3.25}$$

式中，$\psi = s/d$ 为尖卵形战斗部头部的曲径比 CRH（Caliber - Radius - Head）；s 为尖卵形母线圆弧半径，如图 7 - 3 - 1 所示。

图 7 - 3 - 2 给出尖卵形战斗部头部的形状因子 N^* 随曲径比 CRH($\psi = s/d$) 的变化。当 CRH < 3 时，N^* 下降迅速，表明采用尖卵形战斗部头部并提高曲径比 CRH，可明显优化战斗部头部形状；而当 CRH > 4 时，N^* 下降非常缓慢，表明更高曲径比 CRH 的尖卵形对战斗部头部形状的优化作用已不明显。根据图 7 - 3 - 2 可知，合适的尖卵形战斗部头部一般取 2.5 < CRH < 4。

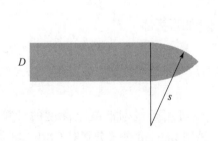

图 7 - 3 - 1　卵形头部形状

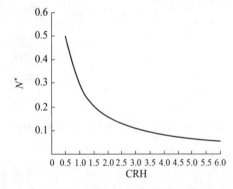

图 7 - 3 - 2　尖卵形战斗部头部的形状因子 N^* 与曲径比 CRH($\psi = s/d$) 的关系

为了确保弹体的侵彻能力和飞行中的稳定性，以及斜撞击时有足够的抗弯能力，根据已有的研究实例和文献的理论工作，深层侵彻的弹体长径比一般在6～10，头部取尖卵形、尖锥形或截卵、截锥形。国内在研的战斗部长径比一般取6～8。已知美国战斗部的长径比相对较大，可达10或11，且以尖卵头形居多。尖卵形战斗部头部在2.5 < CRH < 4范围内比较合适，一般取 CRH = 3。

2. 战斗部壳体厚度设计

一般动能侵爆战斗部壳体结构采用头部、中段、后框组合焊接的结构方式，保证了整个弹体强度的一致性。壳体材料均采用了超高强度合金钢。根据战斗部侵彻过程中的受力情况，对承载严重的部位（如头部）进行局部强度加强，在中段与后框的过渡等薄弱部位采用加强筋结构，在战斗部整体上采用变壁厚结构的设计方式，可确保战斗部在侵彻目标介质时的结构强度和整个战斗部的装填系数。同时，在战斗部的引信对接部位要进行局部加强，确保引信结构在侵彻目标时的结构强度，保证战斗部引信系统在侵彻过程的完整性，充分发挥战斗部侵彻目标后的威力。

在战斗部形状和材料确定的情况下，战斗部壳体壁厚的选择是保证战斗部在侵彻过程中结构完整的关键，同时对装药质量装填比也有直接影响。在战斗部接近垂直方向撞击混凝土靶的过程中，战斗部主要发生压缩变形（以前端为主）。另外，由于应力波的自由面反射，战斗部后端将产生反射卸载波（拉伸波），反射卸载波与入射波相互作用，战斗部后端可能由于拉应力的作用发生拉伸断裂。因此有必要从战斗部的抗压和抗拉强度两方面来分析确定其极限壁厚。

从原则上讲，战斗部壳体承受复杂的应力状态，应根据最大过载采用相应的强度理论计算等效应力，然后进行壳体壁厚设计。相关的设计方法可参见文献。但由于战斗部垂直侵彻混凝土靶体时，战斗部所受轴向载荷远大于战斗部所受的横向力，因此可简化问题，按一维（沿轴向）问题进行强度分析。通常，战斗部的壳体厚度设计和强度校核可以采用下面的方法。

由于应力最大值产生在圆柱段和弧形段的交接面，承受较大惯性力，该交接面是危险断面，因此选取这一断面进行强度校核，如图7-3-3所示。

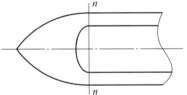

图7-3-3 强度校核截面

定义安全系数 f_1 为材料的强度极限 σ_b 与设计载荷下结构内部应力 σ_{sj} 的比值，代入强度条件，可得

$$\sigma_{sj} = 4n_{x,max} m_g / \left[\pi (d_n^2 - d_{1n}^2) \right] = \sigma_b / f_1 \tag{7.3.26}$$

求得最小壁厚为

$$h_t = \frac{d_n}{2} - \sqrt{\frac{d_n^2}{4} - \frac{m_g n_{x,max} f_1}{\pi \sigma_b}} \tag{7.3.27}$$

式中，$n_{x,max}$ 为最大过载系数；d_n 为曲线段与圆柱段交接面外径；d_{1n} 为交接面内径；m_g 为交接面后部战斗部的质量。在冲击载荷下，$f_1 = 1.5$。

实际情况是，战斗部并非完全的一维弹性体，由于战斗部结构的复杂性、内装炸药及阻尼层（高聚物）的衰减，应力波在战斗部中传播、反射等过程将有一定弥散。但是，考虑战斗部后端的拉伸效应，最经济最安全壳体厚度设计应该是越往战斗部尾部，壳体越厚。

工程设计中，战斗部材料选用高强度钢，不妨假设 $\sigma_{cr} \geq 1\,500$ MPa，对应于 CRH $= 3$ 的刚性弹正侵彻不同强度的混凝土靶，图 7 − 3 − 4 所示为战斗部壳体的量纲为 1 的极限厚度 h_t/d 与初始速度 V_0 的关系。显然，战斗部壁厚存在一下限，在混凝土靶强度 $f_c = 40$ MPa 的情形下，由于战斗部常选择多段筒体焊接连接，焊接强度通常为本体强度的 $70\% \sim 80\%$，因此相应的战斗部壁厚应考虑安全裕度而适当加厚。

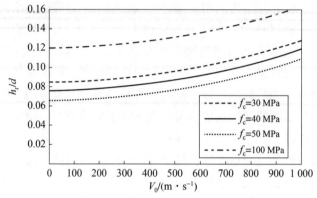

图 7 − 3 − 4 战斗部极限壳体厚度 h/d 与初始速度 V_0 的关系

3. 侵爆战斗部抗弯能力设计

实际中弹体撞击混凝土靶体不可能是完全正侵彻，战术指标通常允许一定的着角条件。深层钻地战斗部弹体常为细长中空结构，故其抗弯能力和各截断体的连接（包括连接位置和方式等）对其在斜撞击中过靶结构完整性有决定作用。

考虑刚性弹以初始速度 V_c 和初始着角 β 撞击半无限混凝土靶，如图 7 − 3 − 5 所示。对于半无限靶体，刚性弹斜侵彻包括两阶段，即初始弹坑和隧道区。弹体在初始弹坑阶段发生方向角改变，其值为 δ。在撞击的第一阶段，与弹体轴线垂直的侧向作用力先增后减，直至进入隧道区时减小至零，平均侧向作用力为

$$F_{avg} = \frac{1}{2} F_{max} \sin\beta = \frac{1}{2} \cdot \frac{\pi d^2}{4} \left(S f_c' + N^* \rho_t V_c^2 \right) \sin\beta , x/d > k_c \qquad (7.3.28)$$

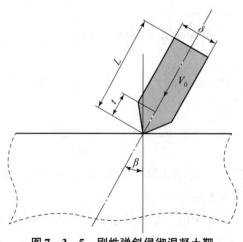

图 7 − 3 − 5 刚性弹斜侵彻混凝土靶

因为刚性弹的尖卵形头部长度与初始弹坑区深度相当，其最大侧向作用力发生在第一阶段中间，即弹体头部部分进入靶体时。

因为第一阶段时间非常短，在斜撞击初期，弹体轴向速度下降缓慢。可假设在斜推击的第一阶段弹体轴向（沿 $\beta + \delta$ 角）速度保持不变，其轴向作用力

$$F_{\mathrm{axis}} = \frac{\pi d^2}{4} \left(Sf_{\mathrm{c}}' + N^* \rho_t V_{\mathrm{c}}^2 \cos^2 \delta \right) \tag{7.3.29}$$

设弹体头部部分侵入靶体，以后端为零点，沿弹体轴线方向距弹体后端 x' 距离的截面上，等价的轴向力为

$$F_x = \frac{x'}{L} F_{\mathrm{axis}} \tag{7.3.30}$$

等价的平均横向作用力为

$$F_T = \left[3\left(\frac{x'}{L}\right) - 2\left(\frac{x'}{L}\right) \right] F_{\mathrm{avg}} \tag{7.3.31}$$

等价的作用弯矩为

$$M_y = \frac{x'}{L} \left[\frac{x'}{L} - \left(\frac{x'}{L}\right)^2 \right] \cdot L \cdot F_{\mathrm{avg}} \tag{7.3.32}$$

式中，L 理论上是弹体头部载荷等效作用点至弹体后端的长度，为简便计，以下分析认为 L 等于弹体全长。

中空圆柱壳（内径 d_i）可承受的最大弯矩为

$$M_{\mathrm{cr}} = \frac{\pi \sigma_{\mathrm{cr}} (d^4 - d_i^4)}{32d} \tag{7.3.33}$$

式中，$\dfrac{\pi (d^4 - d_i^4)}{32d}$ 为中空圆柱壳的抗弯截面距。

因此有

$$\Phi\left(\frac{x'}{L}\right) = \frac{M_y}{M_{\mathrm{cr}}} \leqslant 1 \tag{7.3.34}$$

由式 (7.3.31) 和式 (7.3.32) 可知，当 $\dfrac{x'}{L} = \dfrac{2}{3}$，$F_T = 0$ 时作用弯矩 M_y 最大，即

$$M_y^{\max} = \frac{4}{27} \cdot L \cdot F_{\mathrm{avg}} \tag{7.3.35}$$

换言之，弹体在 $\dfrac{x'}{L} = \dfrac{2}{3}$ 处要承受最大的弯矩。弹体结构设计中可考虑在该处及附近加筋，以增加抗弯刚度；同时在弹体分段设计时，应避免在该处及附近截断，因为各种连接方式（如焊接、螺纹、法兰）一般都不能达到其本体强度。进一步要求设计满足

$$\Phi = \frac{M_y^{\max}}{M_{\mathrm{cr}}} = \frac{16}{27} \cdot \frac{L}{d} \cdot \frac{sf_{\mathrm{c}}'}{\sigma_{\mathrm{cr}}} \left(1 + \frac{I}{N}\right) \frac{\sin\beta}{\left[1 - (d_i/d)^4\right]} \leqslant 1 \tag{7.3.36}$$

因为 $d_i = d - h_t$，其中 h_t 为壁厚，则

$$\sin\beta \leqslant \frac{27}{2} \cdot \frac{d}{L} \cdot \frac{\sigma_{\mathrm{cr}}}{sf_{\mathrm{c}}'} \frac{N}{N+I} \frac{h_t}{d} \left(1 - \frac{3h_t}{d} + \frac{4h_t^2}{d^2} - \frac{2h_t^3}{d^3}\right) \tag{7.3.37}$$

若 h_t/d 足够小（如 $h_t/d < 10$），可略去小量而近似得到

$$\sin\beta \leqslant \frac{27}{2} \cdot \frac{d}{L} \cdot \frac{\sigma_{cr}}{sf'_c} \cdot \frac{N}{N+I} \tag{7.3.38}$$

式（7.3.38）就是细长中空薄壁弹体斜侵彻混凝土靶体而不出现弯曲型破坏的最大理论着角计算公式。

另外，在战标确定最大着角后，也可根据式（7.3.37）得到不出现弯曲型破坏的弹壳理论壁厚。

表 7-3-5 列出不同长径比弹体在不同的侵彻速度和入射角条件下所要求的弹体壁厚。对应于不同弹长的动能深侵彻弹（$\psi = 3$，$\sigma_{cr} \geqslant 1\,500$ MPa）以不同战标着角侵彻 $f'_c = 40$ MPa 的 NSC 混凝土靶，$\rho_t = 2\,450$ kg/m^3。

表 7-3-5 钻地弹斜侵彻时保证不发生弯曲破坏的弹体量纲为 1 的最小壁厚

弹体侵彻初始速度 V_c/(m·s^{-1})	弹体量纲为 1 的最小壁厚 h_t/d		
	$L/d = 6$，$\beta = 25°$	$L/d = 8$，$\beta = 20°$	$L/d = 10$，$\beta = 15°$
850	0.12	0.13	0.12
600	0.10	0.11	0.10
350	0.08	0.09	0.08

4. 动能深侵彻弹战斗部后盖设计

动能深侵彻弹战斗部通常需要在其后端加一后盖，以防内装物的外泄。根据以往的弹体设计技术和研究经验，建议弹体后盖整体采用螺纹连接设计。在弹体侵彻过程中，由于惯性效应，弹体后盖将受到恶劣的拉伸载荷作用，有必要针对后盖的螺纹连接设计，进行强度校核计算。

为提高弹体壳体刚度，在弹体后端设计中壳体常取"内拐"形状，类似于加强筋作用。因此后盖外径通常小于弹体内径。设后盖螺纹外径和后盖螺纹内径分别为 d_s 和 d_i，在工程设计中，有

$$d_i \approx 0.83 d_s \tag{7.3.39}$$

考虑撞击中的惯性效应，可估算弹体后端后盖螺纹的设计载荷为

$$F_{sj} = \frac{\pi d_s^2 S f_c}{4}\left(1 + \frac{I}{N}\right) \tag{7.3.40}$$

为确保后盖螺纹内径断面的抗拉承载，可知后盖（螺纹）材料的抗拉强度为

$$\sigma_b > \frac{3}{2} S f_c \left(1 + \frac{I}{N}\right) \tag{7.3.41}$$

当后盖受拉时，螺纹部分受挤压并产生弯曲和剪切。后盖螺纹圈数可按弯曲和剪切计算。即根据强度理论，可以按螺牙的剪切应力分析和弯曲应力分析分别校核后盖螺纹螺牙的圈数 n，取两者的较大值为实际螺纹螺牙的设计圈数。

按公制三角螺纹设计，假设 s 是螺纹螺距，有螺牙高 $h = 0.65\,s$，螺牙根部宽度 $b =$

0.85s，其中，0.85 是考虑实际螺纹横断面特征的系数。

按螺纹螺牙牙根处的剪切应力设计，后盖螺纹的圈数 n 应满足

$$n \geqslant \frac{1.14F_{sj}}{d_i s \sigma_b}$$ (7.3.40)

类似地，按螺纹螺牙牙根出的弯曲应力设计，后盖螺纹的圈数 n 应满足

$$n \geqslant \frac{0.88F_{sj}}{d_i s \sigma_w}$$ (7.3.41)

式中，σ_w 为螺纹材料的许用弯曲应力。

同时，对螺纹螺牙的挤压应力进行校核，其挤压应力应满足

$$\sigma_c = \frac{1.4F_{sj}}{\pi d_i n s} < K_{comp} \sigma_b$$ (7.3.42)

式中，K_{comp} 为挤压系数，对于不活动不可拆螺纹连接取 $K_{comp} = 1.3$。

鉴于螺纹连接中各圈螺纹并非均匀受载，一般建议螺纹连接螺牙数不少于 5~7 圈。

5. 战斗部结构材料选择

在尽可能提高战斗部的侵彻爆破威力的目标下，在满足战斗部结构强度设计的要求下，战斗部结构的材料选择尤为重要。战斗部结构材料性能中力学性能、热处理性能、焊接性能是关键。钻地弹使用环境恶劣，战斗部要具备强度和高韧性，国外先后采用过 D6AC 和 E4340 钢，现在采用 HP-9-4 系列钢，见表 7-3-6。

表 7-3-6 常用材料性能指标

钢号	σ_b/MPa	$\sigma_{0.2}$/MPa	δ/%	ψ/%
37Si2MnCrNiMoV	1 880~2 030	1 580~1 740	8~13	38~46
40CrNi2Mo（4340 钢）	≥1 540	≥1 260	≥12	≥35
00Ni18Co8Mo5TiAl	≥1 900	≥1 790	≥7	≥40
G50	1 790	1 440	14	51
G4W	≥1 750	≥1 450	≥8.5	≥35
HP-9-4-30	1 520~1 650	1 310~1 380	12~16	35~50
HP-9-4-20	1 380			
D6AC（45CrNiMo1V）	1 630	1 540~1 760	9.6	34~50
E4340	1 500	1 365	14	48

一般而言，在已知的几种高强度钢中，如 G50 钢、D6AC、D6A 等，其相应的力学性能分别可满足不同深层侵彻战标的要求，并可应用于战斗部设计。需要强调的是高强度和高韧性的匹配，关键之一在于相关材料是否适合焊接，以及焊接后强度要求是否能满足要求。

7.4 破–杀式复合战斗部设计

7.4.1 总体设计

破–穿复合战斗部（串联随进战斗部）总体设计时，一般根据战斗部总体长度和质量来分配前级聚能装药和后级随进战斗部的尺寸和质量。首先从一个动能侵爆战斗部原型出发，按比例缩短动能侵爆战斗部长度，并在设计前面加入一个聚能装药。聚能装药的长径比通常取 $1.0d$（d 为战斗部直径），考虑到两级之间的隔爆和传爆，两级间距离取 $0.5d$，如图 7–4–1 所示。

串联随进战斗部的侵彻深度由前级聚能装药在钢筋混凝土中的侵彻深度和后级随进战斗部对预损伤钢筋混凝土侵彻深度共同来决定。串联随进战斗部对钢筋混凝土的侵彻按前级聚能装药对钢筋混凝土的侵彻深度 P_1 与随进战斗部侵彻深度 P_2 相互关系，可分为两种情况，如图 7–4–2 所示。图中虚线为前级聚能装药在钢筋混凝土中的侵彻深度，实线为后级随进战斗部在钢筋混凝土中的侵彻深度。

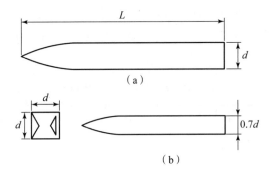

图 7–4–1　动能侵爆战斗部和串联随进战斗部等效关系

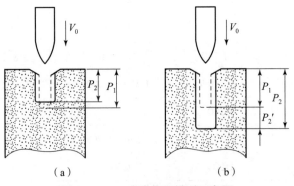

图 7–4–2　串联侵彻模型示意图

（a）$P_2 \leqslant P_1$；（b）$P_2 > P_1$

（1）第一种情况，即 $P_2 \leqslant P_1$，串联随进战斗部的侵彻穿深为

$$P = P_1 \tag{7.4.1}$$

此种情况下动能随进战斗部将在钢筋混凝土靶板中爆炸。

（2）第二种情况，即 $P_2 > P_1$，串联随进战斗部的侵彻穿深为

$$P = P_2 = P_1 + P_2' \tag{7.4.2}$$

式中，P_2' 为后级随进战斗部在 P_1 段后预损伤钢筋混凝土中的侵彻深度。

当预损伤孔径等于或大于后级随进战斗部直径时，侵彻深度由动能随进战斗部以初始速度 V_0 侵彻钢筋混凝土的深度 P_2' 与 P_1 的和。

图 7-4-3 所示为两种口径前级聚能装药与两种后级随进战斗部在预损伤混凝土中的侵彻深度与孔径曲线。假设直径为 114 mm 的聚能装药在一定强度的混凝土中形成的弹坑体积为 2 750 cm³。如果该聚能装药在混凝土中的侵彻孔径为 80 mm，则侵彻深度为 550 mm。而直径为 93 mm 随进战斗部在此预损伤混凝土中的侵彻深度为 180 mm，属于串联侵彻模型图 7-4-2（a）的情况。在图 7-4-3 中的交点 A 处，聚能装药的侵彻深度等于随进战斗部在预损伤混凝土中的侵彻深度，即随进战斗部能够正好侵彻到聚能装药在混凝土中所形成的孔底，该点为直径为 93 mm 随进战斗部可以顺利随进的临界点。因此，交点 A 可以作为前级聚能装药与后级随进战斗部结构匹配设计点。同样，B、C、D 点也可以作为串联随进战斗部前后级匹配设计点。

由此可以看出，串联随进战斗部设计的核心是前级聚能装药设计。前级聚能装药要满足在混凝土中的侵彻深度前提下，形成较大的孔径，保证后级随进战斗部可靠进入目标内部，实现对目标的高效毁伤，因此，后级随进战斗部是最终威力的体现。

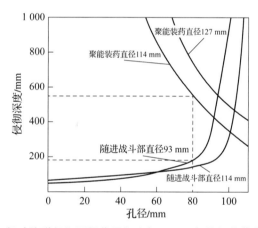

图 7-4-3　不同口径动能弹侵彻预损伤混凝土与不同口径前级装药穿深与孔径曲线比较

7.4.2　前级聚能装药设计

由于前级聚能装药需要承担整个战斗部大部分的侵彻指标，因而前级聚能战斗部设计对整个串联随进战斗部的设计来说至关重要。前级聚能装药设计与破甲弹装药结构设计方法基本相同。但需要注意的是破甲弹设计时主要考虑侵彻深度，而前级聚能装药设计是在保证一定侵彻深度的基础上，尽可能提高射流在混凝土中的开孔直径，使后级动能战斗部能够顺利随进且阻力足够小。另外，前级战斗部的装药量要小，尽可能减小前级爆炸后对后级随进战斗部的影响（速度降、姿态变化及装药安定性）。

由于射流在混凝土靶板中的侵彻机理与金属靶板中的不同。混凝土靶板是一种复杂的多

相材料，射流在混凝土中的侵彻是一个瞬态、复杂的非线性力学过程，涉及塑性流动、硬化软化、损伤断裂、应变率效应等多方面的材料行为。射流对混凝土靶板的侵彻机理至今还没有完善。Murphy 认为射流在混凝土中侵彻形成的容积与射流的能量成正比。在射流速度和能量已知的条件下，根据伯努利方程可以得到射流的侵彻速度，按照 $E/\bar{V} = \text{const}$ 的原则可以得到侵彻孔径的大小。Szendrei 对射流在超高速侵彻时的轴向侵彻和径向扩孔之间的关系进行了分析，根据 $E/\bar{V} = \text{const}$ 的条件，推导出该比值与靶板强度和射流靶板的密度有关，即

$$E_{\text{jet}} = \sigma \left(\sqrt{\frac{\rho_t}{\rho_j}} + 2 + \sqrt{\frac{\rho_j}{\rho_t}} \right) \tag{7.4.3}$$

Mostert 和 Terblanche 利用式（7.4.3）对有攻角的串联随进战斗部的前级聚能装药侵彻混凝土过程进行了仿真及试验研究，发现不同的前级聚能装药结构，得到的能量和容积的比值是不同的。Murphy 对单个和多个射流侵彻在不同材料靶板上的扩孔进行了研究，证实了多个射流侵彻时单位容积消耗的能量要比单个射流侵彻时少，因而侵彻孔径比较大。

Miller 认为射流径向扩孔由克服靶板阻力形成的孔径和材料惯性膨胀形成的孔径两部分组成，最终得到侵彻孔径的公式为

$$d_c = d_j \sqrt{\frac{1}{4} + \frac{2A}{1+B} + \frac{A}{\sqrt{B+B^2}} \ln \left(1 + 2B + 2\sqrt{B+B^2} \right) \left(1 + \frac{B}{2} \right)} \tag{7.4.4}$$

其中，

$$A = \frac{\rho_j (V_j - U)^2}{2R_t}, \quad B = \frac{\rho_t U^2}{2R_t}$$

但是，上面的研究并没有考虑射流对混凝土侵彻和扩孔过程中混凝土可压缩性的影响。聚能射流侵彻混凝土试验结果表明，当侵彻速度大于材料声速时，侵彻孔径并不是准确地与射流直径和速度成正比。因此，在建立聚能射流侵彻混凝土扩孔计算公式时，需要考虑混凝土中冲击波的影响。在 Szendrei 和 Held 的研究基础上，考虑混凝土靶板的可压缩性给出了聚能射流侵彻混凝土扩孔计算模型。根据射流速度的不同，扩孔过程可分为两个不同阶段，各阶段的侵彻孔径为

$$\begin{cases} d_m = \sqrt{\dfrac{A-C}{B}}, & V_j > c_0 + \sqrt{\dfrac{\rho_t c_0^2}{\rho_j} + \dfrac{2R_t}{\rho_j}} \\ d_m = \sqrt{\dfrac{A}{B}}, & V_j \leqslant c_0 + \sqrt{\dfrac{\rho_t c_0^2}{\rho_j} + \dfrac{2R_t}{\rho_j}} \end{cases} \tag{7.4.5}$$

铜质射流密度 $\rho_j = 8\,930 \text{ kg/m}^3$，混凝土密度 $\rho_t = 2\,400 \text{ kg/m}^3$，侵彻阻抗 $R_t = 78 \text{ MPa}$，混凝土状态参数 $c_0 = 3\,000 \text{ m/s}$，$\lambda = 1.7$，将上述数据代入式（7.4.5），可计算出铜质射流侵彻混凝土时，侵彻速度大于混凝土声速即超声速侵彻的条件为 $V_j > 4\,561 \text{ m/s}$。

在计算不同侵彻深度处的扩孔直径时，除了射流和混凝土的密度和状态参数已知外，式（7.4.5）仍需要射流的参数 V_j 和 d_j 以及混凝土的侵彻阻抗 R_t 等数值。

射流参数 V_j 和 d_j 可以通过理论分析、数值模拟或采用 X 射线试验等方法得到。由于通过 X 射线试验来确定射流参数的成本较高,一般采用工程计算模型计算出,或者利用数值模拟方法获得。

侵彻阻抗 R_t 可以用下式来计算:

$$R_t = \frac{1}{2}\left(\frac{d_j}{d_m}\right)^2 \frac{\rho_t V_j^2}{1 + \sqrt{\rho_t/\rho_j}} \tag{7.4.6}$$

由于该公式中没有考虑冲击波的影响,计算结果要大于实际值。因此,超声速侵彻条件下的侵彻阻抗 R_t 公式可以根据式 (7.4.7) 得到,即

$$R_t = \frac{1}{2}\left(\frac{d_j}{d_m}\right)^2 \left[\rho_j(V_j - U)^2 - \frac{2\rho_t U(U - c_0)}{\lambda}\right] \tag{7.4.7}$$

7.4.3 随进战斗部设计

随进战斗部设计与传统的动能侵爆战斗部设计相同,具体结构设计可以参考国内在这方面的大量文献。但是,随进战斗部与动能侵爆战斗部的侵彻深度计算有较大差别。计算随进战斗部的侵彻深度时需要考虑前级聚能装药已经对混凝土或钢筋混凝土有预损伤。因此,在设计随进战斗部时,一方面要考虑预损伤混凝土、钢筋混凝土中的孔形特征、强度弱化对侵彻深度的影响;另一方面还要考虑随进战斗部初始速度、头部形状对侵彻深度的影响。随进战斗部侵彻预损伤混凝土示意图如图 7-4-4 所示。图中 r 为随进战斗部半径,r' 为混凝土靶预损伤孔半径。预损伤孔相对半径定义为 $R = r'/r$。

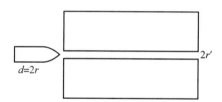

$$d=2r \qquad 2r'$$

图 7-4-4 随进战斗部侵彻预损伤混凝土示意图

Murphy 基于 Bernard 经验公式,利用有效接触面积的概念得到了随进战斗部在预损伤混凝土中的侵深经验公式,即

$$P = 0.254 \frac{m_p}{(d^2 - d_H^2)} \frac{V_0}{\sqrt{\rho_t \sigma_c}} \left(\frac{100}{RQD}\right)^{0.8} \tag{7.4.8}$$

式中,$d_H = 2r'$;P 为侵彻深度 (m);d 为随进战斗部直径 (m);m_p 为随进战斗部质量 (kg);V_0 为战斗部着速 (m/s);ρ_t 为混凝土密度 (kg/m³);σ_c 为混凝土压缩强度 (N/m²);RQD 为混凝土材料品质因子 (百分数 $\times 100$)。

将式 (7.4.8) 改写为

$$\frac{P}{d} = \frac{1}{1 - R^2}\left(0.254 \frac{m_p V_0}{d^3} \frac{1}{\sqrt{\rho_t \sigma_c}}\left(\frac{100}{RQD}\right)^{0.8}\right) \tag{7.4.9}$$

相对侵彻深度定义为随进战斗部在预损伤 (相对半径为 R) 半无限厚混凝土靶板上的侵彻深度与在无损伤混凝土靶板上的侵彻深度比值,即

$$X = \frac{P(R)}{P(R=0)} \tag{7.4.10}$$

式中，$P(R)$ 为随进战斗部在预损伤（相对半径为 R）半无限厚混凝土靶板上的侵彻深度；$P(R=0)$ 为战斗部在无损伤混凝土靶板上的侵彻深度。

由 Murphy 经验公式得到的相对侵彻深度为

$$X = \frac{1}{1-R^2} \tag{7.4.11}$$

图 7 - 4 - 5 所示为是利用式（7.4.8）计算得到的速度为 125 m/s，直径为 93 mm 的随进战斗部在预损伤混凝土中的侵彻曲线。

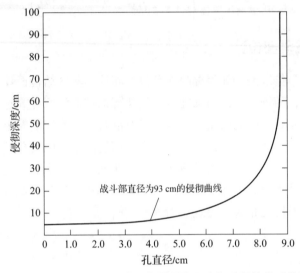

图 7 - 4 - 5　93 mm 随进战斗部的侵彻深度与孔径的关系曲线

一般来说，一定直径的聚能装药在混凝土靶板上形成的开孔容积是一个定值。假设聚能装药在混凝土靶板上形成的开孔容积为 $\bar{V}$，则侵彻深度 P 和扩孔孔径 d_{H} 之间的关系为

$$P = \frac{\bar{V}}{\frac{\pi}{4}d_{\mathrm{H}}^2} \tag{7.4.12}$$

由式（7.4.12）可以得到一定开孔容积下一组侵彻深度 P 和扩孔孔径 d_{H} 数据，从而可以找出随进战斗部与前级聚能装药的最佳匹配设计值。

例如试验得到一个直径为 114 mm 的聚能装药在混凝土靶板上的开孔容积为 2 750 cm³，把该聚能装药侵彻深度曲线叠加在直径 93 mm 的动能战斗部的侵彻深度曲线，如图 7 - 4 - 6 所示。

如果直径为 114 mm 的聚能装药结构在混凝土靶板上开孔直径为 80 mm，那么其侵彻深度为 550 mm。但是，直径 93 mm 的动能战斗部的侵彻深度只有 180 mm，还有直径 370 mm 的聚能装药所形成的开孔没有使用，显然随进战斗部设计不合理。从图 7 - 4 - 6 中可以看出，直径 93 mm 的随进战斗部最合理的开孔直径约为 90 mm。前级聚能装药和后级随进战斗部的参数不同，前、后级最佳匹配设计值也不同。图 7 - 4 - 7 所示为开孔容积和随进战斗部速度分别增加 50% 和 100% 时的前后级匹配设计关系图。

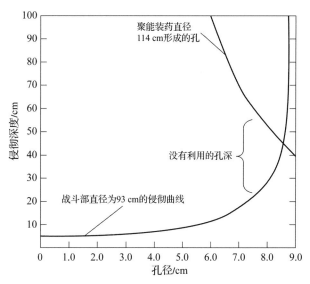

图 7 - 4 - 6　动能战斗部和聚能装药侵彻深度曲线

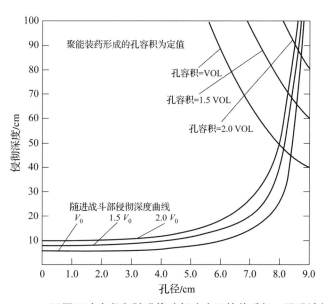

图 7 - 4 - 7　不同开孔容积和随进战斗部速度下的前后级匹配设计关系

7.4.4　前级爆轰场对后级的影响

串联随进战斗部前级对后级的影响包括：①前级聚能装药爆炸后，其爆炸冲击波会损坏后级随进战斗部壳体，甚至引爆后级随进战斗部；②冲击波和爆炸产物作用在随进战斗部上的冲量，会使后级随进战斗部降速，甚至可能引起后级随进战斗部姿态的改变。因而解决好前级爆轰对后级的影响非常重要。前后之间的距离较小（一般小于 50% 串联战斗部之间），必须采用隔爆泄爆技术，减小前级爆轰产物对后级随进战斗部的干扰，确保后级随进战斗部装药安定。下面根据一维冲击波传播模型来计算前级爆炸对后级随进战斗部的影响。

将两级串联随进战斗部结构简化为图7-4-8所示的模型，并假设：①整个作用过程是一维平面冲击波作用过程；②在一个很短的时间内，爆轰波波阵面后的参数近似地看成与C-J参数相等。

前级聚能装药爆炸产生的冲击波在隔板、后级随进战斗部壳体中传播与衰减，然后进入后级装药。根据传入后级装药的冲击波峰值压力是否达到炸药的临界起爆压力来判定后级随进战斗部中的装药安定性。

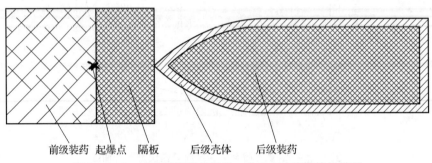

前级装药 起爆点 隔板 后级壳体 后级装药

图7-4-8 串联随进战斗部的一维冲击波传播简化模型

前级装药爆炸后产生的爆轰波作用于隔板，在隔爆材料中透射冲击波，隔板的入射冲击波的动力学参量为

$$u_1 = \frac{D}{\gamma+1}\left\{1+\frac{2\gamma}{\gamma-1}\left[1-\left(\frac{p_1}{p_H}\right)^{\frac{\gamma-1}{2\gamma}}\right]\right\} \qquad (7.4.13)$$

其中，

$$p_1 = \rho_{01}(a_1+b_1 u_1)u_1 \qquad (7.4.14)$$

式中，D 为爆速；p_H 为爆压；ρ_{01} 为隔爆材料的初始密度；γ 为多方指数；p_1 为隔板入射冲击波压力；u_1 为质点速度，a_1、b_1 为常数。

冲击波在各种材料中的衰减规律都比较复杂，一般采用经验关系式，即冲击波的衰减规律近似符合指数衰减规律：

$$p_x = p_0 \exp(-kx) \qquad (7.4.15)$$

式中，p_x 为隔爆材料中距离分界面 x 处的冲击波峰值压力；p_0 为初始压力；k 为衰减系数；x 为冲击波波阵面在材料中的传播距离（离初始分界面）。

在隔板（p_x I）与后级壳体 II 界面以及后级壳体与后级装药 III 界面的相互作用中，界面处的动力学参量可根据阻抗匹配原理，结合界面连续条件，在 $u-p$ 平面内作图求解。隔板、后级壳体及后级装药的 $u-p$ 曲线方程分别为

$$p = \rho_{0i}(a_i+b_i u)u, \quad i=1,2,3 \qquad (7.4.16)$$

式中，$i=1$，2，3 分别对应隔板、后级壳体和后级装药，参数的意义同式（7.4.14）。

图7-4-9所示为后级装药压力求解图，图中曲线 I、II、III 分别是隔爆材料、后级壳体、后级装药介质的冲击 Hugoniot 曲线，I′是曲线 I 关于 L 点的镜像对称线。L 点对应隔爆材料中冲击波的输出动力学参量，由式（7.4.13）、式（7.4.14）和式（7.4.15）求出。图中 II 线与 I′线的交点 M 即对应后级壳体介质的初始动力学参量。图中 II′是曲线 II 关于 M' 点的镜像对称线。M' 点对应后级壳体材料中冲击波的输出动力学参量，由 M 点及式（7.4.15）

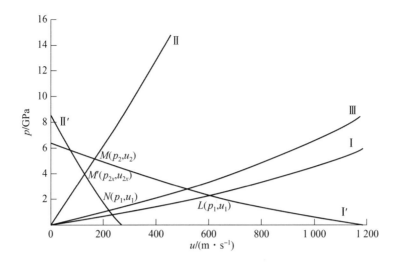

图 7 – 4 – 9　后级装药冲击压力求解图

求出。图中Ⅲ线与Ⅱ′线的交点 N 对应后级装药的初始动力学参量。将后级装药峰值压力 p_N 与凝聚炸药冲击起爆临界压力阈值 p_c 进行比较，评判后级装药的安定性。

冲击波正压持续时间计算公式为

$$\frac{t_d}{\omega_{TNT}^{1/3}} = \frac{980\left(1 + \left(\dfrac{Z}{0.54}\right)^{10}\right)}{\left[1 + \left(\dfrac{Z}{0.02}\right)^3\right]\left[1 + \left(\dfrac{Z}{0.74}\right)^6\right]\sqrt{1 + \left(\dfrac{Z}{6.9}\right)^2}} \tag{7.4.17}$$

式中，Z 为装药中心与后级壳体的比例距离；ω_{TNT} 为炸药的 TNT 当量。

由动量定理，随进战斗部（包括后级壳体及装药）速度降的表达式为

$$\Delta V = \frac{p_2 A t_d}{m_p} \tag{7.4.18}$$

式中，p_2 为作用在随进战斗部壳体上的冲击波压力；A 为随进战斗部的横截面积；m_p 为随进战斗部质量。

思　考　题

7.1　复合战斗部的主要类型有哪些？

7.2　简述破 – 破复合毁伤战斗部的作用原理。

7.3　简述穿 – 爆复合毁伤战斗部的作用原理。

7.4　简述破 – 杀复合毁伤战斗部的作用原理。

7.5　简述破 – 破复合毁伤战斗部设计的关键步骤。

7.6　简述穿 – 爆复合毁伤战斗部设计的关键步骤。

7.7　简述破 – 杀复合毁伤战斗部设计的关键步骤。

7.8　复合毁伤战斗部如何综合利用不同类型战斗部的毁伤特点，实现对目标毁伤能力的提高？

第 8 章

战斗部强度计算

8.1 概　述

战斗部强度计算的目的是要确保它在勤务处理、发射和飞行时的安全可靠，还要保证它在直接撞击目标至战斗部爆炸前这段时间的性能结构要求，这是发挥战斗部威力的必要条件。

战斗部的各个零部件、连接件以及其他各种附件，在保证必要和足够强度与刚度的条件下，应力求质量最小。这是武器系统设计与制造中普遍存在的矛盾之一。载荷分析和强度计算的基本任务就是通过合理安排受力结构，选择合理的受力形式，选用先进的材料，采用精确的计算方法等来解决质量与强度、刚度的矛盾。

在战斗使用和勤务处理中，战斗部将受到各种力的作用，这些力称为载荷。在这些载荷作用下，结构件中会引起内力，从而导致结构件的变形。由于在地面运输、飞行和撞击目标等过程的变化不同，所以载荷的大小和分布也就不同。而结构件的强度和刚度正是根据这样一些受载情况来确定的。由于受载情况相当复杂，理论上处理有很大困难，为了便于运算和解决实际问题，只好作一些比较接近实际的假设。在处理这些载荷时，通常采用下列方法。

（1）静力准则，将一切外载荷看作静载荷。

（2）应用动静法对惯性力进行计算。

（3）处理外载荷时应用平衡条件。

作用在战斗部上的外载荷，按来源分有表面力（包括空气动力和发动机推力等）和质量力（包括重力和惯性力）。按使用状态分，则可分为飞行、发射、碰撞目标以及勤务处理作用在战斗部上的外载荷。对于身管武器发射的弹药，考核战斗部强度时常集中在发射、终点弹道及勤务处理时的载荷情况。因此，本章主要讨论发射载荷、终点弹道处的碰击载荷及勤务处理时的载荷。

8.2　弹丸发射时的载荷分析

8.2.1　载荷分析

弹药及其零件发射时在膛内所受载荷有火药气体压力、惯性力、装填物压力、弹带压力

（弹带挤入膛线引起的力）、不均衡力（弹丸运动中由不均衡因素引起的力）、导转侧力和摩擦力。这些载荷，有的对发射强度起直接影响，有的则主要影响膛内运动的正确性，其中以火药气体压力为基本载荷。在火药气体压力作用下，弹丸在膛内产生运动，获得一定的加速度，并由此引起其他载荷。所有这些载荷在作用过程中，其值都是变化的。变化过程有些是同步的，有些则不同步。因此，应找到其最大临界状态值，并使设计的弹丸在各相应临界状态下都能满足安全性要求。摩擦力相对而言较小，一般可忽略不计。

1. 火药气体压力

火药气体压力是指弹丸发射中，发射药被点燃后，形成大量高压气体，在炮膛内形成的气体压力，称为膛压。

火药气体压力一方面随着发射药的燃烧而变化；另一方面又随着弹丸在膛内的运动而变化。图 8 - 2 - 1 所示为膛压随弹丸形成的变化规律。膛压曲线上的最大值 p_m 表示火药气体压力的最大值，计算弹丸强度时必须考虑这个临界状态。

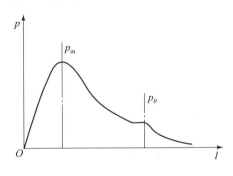

图 8 - 2 - 1　$P - l$ 曲线

获得膛压曲线的一种方法是，按照装药条件由内弹道方程解出；另一种方法是用试验测定。对于新发射系统，只能用前一种方法获得；对于现有发射系统，可用前者也可用后者来获得。

用以上方法获得的膛压曲线上的膛压值，实际上是指弹后容积的平均压力。弹丸在膛内运动过程中，任意瞬间弹后容积内的压力分布是不均匀的，其分布情况大致如图 8 - 2 - 2 所示。以炮膛底部压力 p_t 为最大，然后沿弹丸运动方向近似按直线关系递减。在弹底处，压力 p_d 最小。弹后空间的平均压力 p 为膛压曲线上的名义压力值。

根据内弹道学可知

$$p_t = p_d \left(1 + \frac{\omega}{2m} \right) \tag{8.2.1}$$

式中，ω 为发射药质量（kg）；m 为弹丸质量（kg）。

由于假设按直线关系递减，则

$$p = \frac{1}{2}(p_t + p_d) \tag{8.2.2}$$

由式（8.2.1）和式（8.2.2），可得

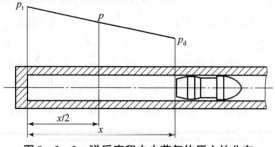

图 8 - 2 - 2　弹后容积内火药气体压力的分布

$$p_{\mathrm{d}} = p \Big/ \left(1 + \frac{1}{4} \frac{\omega}{m}\right) \tag{8.2.3}$$

在临界状态 $p = p_{\mathrm{m}}$ 相应的最大弹底压力为

$$p_{\mathrm{dmax}} = p_{\mathrm{m}} \Big/ \left(1 + \frac{1}{4} \frac{\omega}{m}\right) \tag{8.2.4}$$

对于一般火炮，比值 $\omega/m \approx 0.2$，故 $p_{\mathrm{dmax}} \approx 0.952 p_{\mathrm{m}}$；对高初始速度火炮，比值 ω/m 可达到 1，则 $p_{\mathrm{dmax}} \approx 0.8 p_{\mathrm{m}}$，也就是说弹丸实际上承受的火药气体压力 p_{d}，比膛压曲线的压力名义值 p 要小 5% ~ 20%。计算弹体及零部件强度所采用的压力，称为火药气体的计算压力，以符号 p_{j} 表示之。

计算压力值的确定，实际上就是考虑在各种情况下弹底所承受压力的最大可能值。从实际情况考虑，发射药温度对膛压的影响十分显著。因此在计算压力时主要考虑温度的影响。一般所指的最大膛压 p_{m} 是相应于标准条件（$t = 15\ ^\circ\mathrm{C}$）下的数值，如果发射时药温由于某种原因比标准值上升了 Δt，则相应的最大膛压也将改变。

在确定计算压力 p_{j} 时，必须考虑最不利情况下的 p_{dt} 值，并使 $p_{\mathrm{j}} \geqslant p_{\mathrm{dt}}$。目前我国尚未对计算压力作统一规定。根据我国各地区气温的变化情况，再考虑在炎热条件下发射药的实际温度会超过气温的最不利条件，所以暂定发射药的温度变化条件为 -40 ~ 50 ℃。在极值情况下，$t = +50\ ^\circ\mathrm{C}$，$\Delta t = 35\ ^\circ\mathrm{C}$。对火炮发射的弹丸，$\omega/m \approx 0.2$，则 $p_{\mathrm{d}(t=50\ ^\circ\mathrm{C})} \approx 1.07 p_{\mathrm{m}}$。迫击炮弹一般 ω/m 较小，弹底上最大压力不会超过 $1.07 p_{\mathrm{m}}$，根据 $p_{\mathrm{j}} \geqslant p_{\mathrm{dt}}$ 的条件，目前各类火炮都取

$$p_{\mathrm{j}} = 1.1 p_{\mathrm{m}} \tag{8.2.5}$$

其他国家所取计算压力值也在此附近，如美国取 $p_{\mathrm{j}} = 1.2 p_{\mathrm{m}}$，法国也取 $p_{\mathrm{j}} = 1.2 p_{\mathrm{m}}$，苏联取 $p_{\mathrm{j}} = 1.1 p_{\mathrm{m}}$。另外，弹丸靶场验收试验中，对弹体强度试验规定采用强装药射击。所谓强装药，即用增加装药量或保持高温的方法，使膛压达到最大膛压的 1.1 倍。因此，在弹丸的设计计算中必须用 p_{j} 来进行校核，以保证弹丸发射安全性。

2. 惯性力

弹丸在膛内作加速运动时，整个弹丸各零件上均作用有轴向惯性力；旋转弹丸还产生径向惯性力与切向惯性力。

1）轴向惯性力

弹丸发射时，火药气体推动弹丸向前运动，产生加速度。加速度 a 可由牛顿第二定律求得，即

$$a = \frac{\mathrm{d}V}{\mathrm{d}t} = \frac{p\pi r^2}{m} \tag{8.2.6}$$

式中，p 表示计算压力，为方便计算 p_j 均以 p 表示；r 为弹丸半径。

由于加速度存在，弹丸各断面上均有轴向惯性力，作用在弹丸 $n-n$ 断面上的惯性力 F_n 为（图 8 – 2 – 3）

$$F_n = m_n a = p\pi r^2 \frac{m_n}{m} \tag{8.2.7}$$

式中，m_n 为 $n—n$ 断面以上部分弹丸质量。

由于弹丸各断面上的质量是不相等的，因此各断面上所受的惯性力也不相等，越靠弹底，m_n 越大，F_n 也越大。

弹丸的加速度是弹丸设计（包括引信、火工品设计中）的重要参量。加速度越大，各断面上所受的惯性力也越大。弹丸最大加速度在数值上等于弹丸所受火药气体总压力与弹丸质量之比，对于一定的火炮弹丸系统为定值，一般也可用重力加速度 g 的倍数表示。

目前，常用火炮系统的最大加速度值为：小口径高炮 $a = 40\,000g$；线膛火炮 $a = (10\,000 \sim 20\,000)g$；迫击炮 $a = (4\,000 \sim 10\,000)g$；无坐力炮 $a = (5\,000 \sim 10\,000)g$。

2）径向惯性力

径向惯性力是由于弹丸旋转运动所产生的径向加速度（向心加速度）而引起的，如图 8 – 3 – 4 所示。断面上任意半径 r_1 处质量 m_1 的径向惯性力为

$$F_r = m_1 r_1 \omega^2 \tag{8.2.8}$$

式中，ω 为弹丸的旋转角速度。

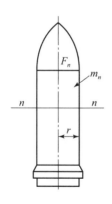

图 8 – 2 – 3　作用在 $n—n$ 断面上的惯性力

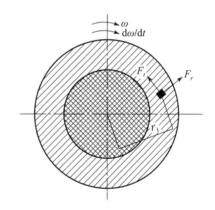

图 8 – 2 – 4　弹丸的径向惯性力和切向惯性力

当膛线为等齐时，弹丸的旋转角速度与膛内直线运动速度的关系为

$$\omega = \frac{\pi}{\eta r} V \tag{8.2.9}$$

式中，η 为膛线缠度（以口径 d 的倍数表示）。

将 ω 值代入式（8.2.8），则径向惯性力为

$$F_r = m_1 r_1 \left(\frac{\pi}{\eta r} \right)^2 V^2 \tag{8.2.10}$$

由式（8.2.10）可知，单位质量所产生的径向惯性力与速度平方成正比，随着弹丸在膛内运动，速度越来越大，径向惯性力也越来越大，直至炮口达最大值。

3）切向惯性力

切向惯性力是由弹丸角加速度 $\mathrm{d}\omega/\mathrm{d}t$ 引起的（图8-2-4），断面上任意半径 r_1 处质量为 m_1 的切向惯性力为

$$F_t = m_1 r_1 \frac{\mathrm{d}\omega}{\mathrm{d}t} \tag{8.2.11}$$

当膛线为等齐时，弹丸角加速度与轴向加速度成正比，即

$$\frac{\mathrm{d}\omega}{\mathrm{d}t} = \frac{\pi}{\eta r} \frac{\mathrm{d}V}{\mathrm{d}t} \tag{8.2.12}$$

将式（8.2.12）代入式（8.2.11），并考虑式（8.2.7）的关系，可得

$$F_t = \frac{p\pi^2 r r_1}{\eta} \cdot \frac{m_1}{m} \tag{8.2.13}$$

从式（8.2.13）可知，切向惯性力与膛压成正比。

由上述可知，弹丸任意断面上的惯性力用下式计算：

$$\begin{cases} F_n = p\pi r^2 \dfrac{m_n}{m} \\[2mm] F_r = m_1 r_1 \left(\dfrac{\pi}{\eta r} \right)^2 V^2 \\[2mm] F_t = \dfrac{p\pi^2 r r_1}{\eta} \cdot \dfrac{m_1}{m} \end{cases} \tag{8.2.14}$$

（1）惯性力在发射过程中的变化。如同时比较式（8.2.14）可知，轴向惯性力 F_n 和切向惯性力 F_t 与膛压成正比，在发射过程中，其变化规律与膛压曲线相似，径向惯性力 F_r 则与弹丸速度的平方成正比，故其变化规律与速度曲线的变化趋势有关（图8-2-5），所以 F_n 及 F_t 的最大值在最大膛压处，而 F_r 的最大值在炮口处。

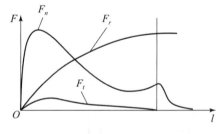

图8-2-5　惯性力的变化曲线

（2）惯性力的大小。轴向惯性力 F_n 与切向惯性力 F_t 相比较，后者较小；在极限条件下，其值也不超过前者的1/10，即 $F_t \approx 0.1 F_n$。因此，在强度计算时，切向惯性力可以略去。至于径向惯性力 F_r，虽然与 F_n 变化不同步，但就其最大值而言，仍然小于轴向惯性力。由图8-2-5可知，当 F_n 达到最大值时，F_r 仍很小。因此，计算最大膛压时弹丸的发射强度，也可以略去径向惯性力。如果计算炮口区的弹体强度，就应当考虑径向惯性力的影响。

（3）惯性力对弹体变形的影响。对一般旋转式榴弹而言，轴向惯性力与火药气体压力的综合作用，使整个弹体均产生轴向压缩变形；切向惯性力的作用是使弹丸产生轴向扭转变形。但对某些尾翼弹（如迫击炮弹、无坐力炮弹），轴向惯性力与火药气体压力的综合作用，就不一定使整个弹体轴向都产生压缩变形，这是因为在尾翼弹的弹尾部，由于火药气体

的直接作用，其任意断面 n—n 以上的轴向力 N_n 应为轴向惯性力与火药气体总压力之差（图 8 - 2 - 6），即

$$N_n = p\pi r^2 \frac{m_n}{m} - p\pi(r^2 - r_n^2) = p\pi r^2 \left[\frac{m_n}{m} - \left(1 - \frac{r_n^2}{r_2} \right) \right] \tag{8.2.15}$$

式中，r_n 为 n—n 断面之外半径。

从式（8.2.15）可知，轴向力并不都是压力，它与断面以上弹丸的质量 m_n 及断面半径 r_n 有关。

当 $\dfrac{m_n}{m} > \left(1 - \dfrac{r_n^2}{r^2} \right)$ 时，轴向力为压力；

当 $\dfrac{m_n}{m} < \left(1 - \dfrac{r_n^2}{r^2} \right)$ 时，轴向力为拉力；

当 $\dfrac{m_n}{m} = \left(1 - \dfrac{r_n^2}{r^2} \right)$ 时，轴向力为零。

尾翼弹轴向力的变化情况如图 8 - 2 - 7 所示，从图可知，在整个弹轴上，绝大部分呈压力状态，而且压力的峰值比拉力大得多。在尾翼区局部出现拉力状态，并有某些断面出现轴向力为零的情况（并非所有尾翼弹都会出现这种情况）。

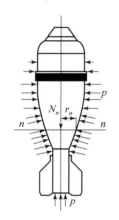

图 8 - 2 - 6 迫击炮弹的轴向力

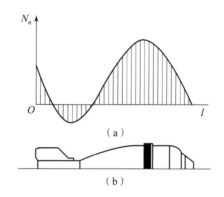

图 8 - 2 - 7 尾翼弹轴向力的变化曲线

3. 装填物压力

除某些特种弹和实心穿甲弹外，绝大多数弹丸都装填炸药。发射时，装填物本身也产生惯性力，其中轴向惯性力使装填物下沉。因此，产生轴向压缩径向膨胀的趋势，径向惯性力则直接使装填物产生径向膨胀，这两种作用均使装填物对弹壳产生压力。

1）轴向惯性力引起的装填物压力

为了计算轴向惯性力引起的装填物压力，现作如下假设：①装填物为均质理想弹性体；②弹体壁为刚性，即在装填物的挤压下不发生变形。因为在一般情况下，金属的弹性模量几乎比炸药大 100 倍左右，故上述假说相对来说还是合理的；装填物对弹壁的压力为法向方向（忽略了弹壁与装填物间的摩擦影响）。

下面分析靠近断面内壁处的装填物对弹壁的作用。为此在该处装填物上取一微元体

（图8－2－8），并令微元体上的三向主应力分别为 σ_s、σ_r 和 σ_t，而其中径向应力 σ_r 也就是装填物对弹壁的法向压力。

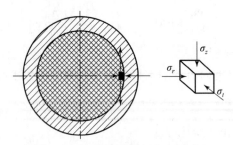

图8－2－8　装填物微元体上的应力

由上述第2个假设可知，弹体壁不变形，故装填物的径向和切向也不发生变形，由弹性理论可知

$$\sigma_r = \frac{\mu_c}{1-\mu_c}\sigma_z \qquad (8.2.16)$$

式中，轴向应力 σ_z 是由于装填物在轴向惯性力 $F_{\omega n}$ 的作用下产生的，即

$$F_{\omega n} = m_{\omega n}a = p\pi r^2 \frac{m_{\omega n}}{m}$$

式中，$m_{\omega n}$ 为此断面上部的装填物质量。

因此轴向惯性力在此断面上产生的轴向压应力为

$$\sigma_z = \frac{F_{\omega n}}{\pi r_{an}^2} \qquad (8.2.17)$$

式中，r_{an} 为此断面上弹壳的内径。

将 $F_{\omega n}$ 值代入式（8.2.18），再将 σ_z 值代入式（8.2.16），即可求得由轴向惯性力引起的装填物压力 p_c，即

$$p_c = \sigma_r = \frac{\mu_c}{1-\mu_c}p\frac{r^2}{r_{an}^2} \cdot \frac{m_{\omega n}}{m} \qquad (8.2.18)$$

装填物的泊松比 μ_c 随装填物的性质及装填条件而变化。对注装炸药 $\mu_c = 0.4$；螺旋装药和压装时 $\mu_c = 0.35$；对于液体及一切不可压缩材料 $\mu_c = 0.5$。

当所取断面位于弹丸内腔锥形部时，由于单元体上的主应力方向改变，使 p_c 的精确表达式变得十分繁复。为了简化起见，在设计实践中均将装填物看作液体来处理，这样只需考虑断面面积上方相应装填物柱形体内的质量 $m'_{\omega n}$ 计算装填物压力，而将其余部分 $m''_{\omega n}$ 附加作用在弹体金属上（图8－2－9），尾翼式弹丸也是如此。

这时 n—n 断面上装填物对弹壁压力为

$$p_c = \sigma_r = p\frac{r^2}{r_{an}^2} \cdot \frac{m'_{\omega n}}{m} \qquad (8.2.19)$$

并且可知，装填物压力 p_c 是与膛压 p 成正比的，因而在发射过程中其变化规律也与膛压曲线相似。

2）径向惯性力引起的装填物压力

如图 8 − 2 − 10 所示，径向惯性力即离心惯性力。在弹丸旋转时，在离心惯性力的作用下，装填物向外胀，对弹壁有压力。如将装填物按液体处理，截取单位厚度的弹丸进行计算，只要研究中心角为 α 的小扇形块对弹壁的压力。设微元体的离心惯性力为

$$\mathrm{d}F_r = \mathrm{d}m r_k \omega^2 \tag{8.2.20}$$

式中，$\mathrm{d}m$ 为微元体的质量；r_k 为微元体的半径；ω 为弹丸旋转角速度。

由图 8 − 2 − 10 可知

$$\mathrm{d}m = \alpha \rho_\omega r_k \mathrm{d}r_k \tag{8.2.21}$$

式中，ρ_ω 为装填物密度（$\mathrm{kg/m}^3$）。

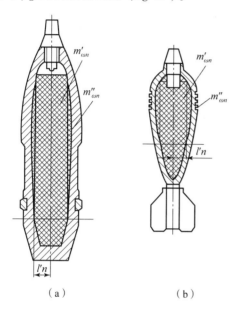

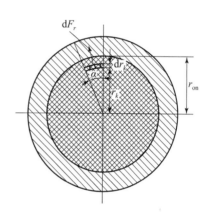

图 8 − 2 − 9　作用在 *n—n* 断面上装填物质量　　　**图 8 − 2 − 10　径向惯性力引起的装填物压力**

将式（8.2.21）代入式（8.3.20），并在小扇形块内积分之，就可得小扇形块总的离心惯性力为

$$F_r = \int_0^{r_{an}} \alpha \rho_\omega \omega^2 r_k^2 \mathrm{d}r_k = \alpha \omega^2 \rho_\omega \frac{r_{an}^3}{3} \tag{8.2.22}$$

此离心惯性力作用在弹体内壁扇形柱面上，则由离心惯性力引起的装填物压力为

$$\begin{cases} p_r = \dfrac{F_r}{\alpha r_{an}} = \dfrac{r_{an}^2}{3} \omega^2 \rho_\omega \\ p_r = \dfrac{r_{an}^2}{3} \left(\dfrac{V}{\eta} \right)^2 \left(\dfrac{r_{am}}{r} \right)^2 \end{cases} \tag{8.2.23}$$

由式（8.2.23）可知，p_r 与弹丸在膛内的速度平方成正比，变化规律也和速度曲线变化趋势有关。

总的装填物压力应为 p_c 与 p_r 之和。但这两个力并不同步，p_c 在最大膛压时刻达到最大，p_r 则在炮口区达到最大。从绝对值讲，$p_r \ll p_c$，所以在计算最大膛压时的弹体强度，可以忽略 p_r 的影响。

4. 弹带压力

弹丸入膛过程中，弹带嵌入膛线，弹带赋予炮膛一个作用力；反之，炮膛壁对弹带也有一个反作用力，均称为弹带压力。此压力使炮膛发生径向膨胀，并使弹带、弹体产生径向压缩，所以此力是炮管、弹丸设计中需要考虑的一个重要因素。

1）弹带压力产生的原因

如上所述，弹带入膛时有强制量 δ 存在（图 8 – 3 – 11），所以在嵌入过程中，弹带金属将发生以下变化：弹带发生弹塑性变形，并挤入炮管膛线内；弹带被向后部挤压，挤压后的弹带材料顺延在弹带后部，尤其是被炮膛阳线凸起部挤出的弹带，发生轴向流动，使弹带变宽；少量弹带金属将被膛线切削下来，成为铜屑，有的粘在炮膛内部，有的留在膛内。一般情况下，由炮弹发射装药内的除铜剂将其清除掉。

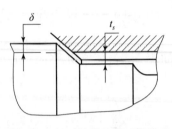

图 8 – 2 – 11　弹带入膛时的情况

由此可见，弹丸的入膛过程是一种强迫挤压的过程，必须有一定的启动压力（挤进压力）弹丸才开始运动。一旦弹丸的弹带嵌入膛线，弹带将受到很大的径向压力，即弹带压力。

弹带压力一般用 p_b 表示，是指炮膛壁赋予弹带的压力，并非直接作用在弹体上。但是，此力经由弹带材料的传递，包括弹带材料变形的消耗，再作用在弹体材料上。这个压力也称为弹带压力，用 p_{b1} 表示。p_{b1} 对弹体强度有较大的影响。

2）弹带压力的分布与变化

如果弹带的加工是对称的，装填入膛与嵌入膛线也是均匀和对称的，那么弹带压力的分布也是对称和均匀的 [图 8 – 2 – 12（a）]；如果弹带加工具有壁偏差，或弹带嵌入偏向一方，则弹带压力也相应偏向一边 [图 8 – 2 – 12（b）]。

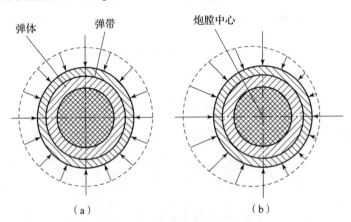

（a）　　　　　　　　　　　（b）

图 8 – 2 – 12　弹带压力分布情况

（a）弹带中心与炮膛中心重合；（b）弹带中心与炮膛中心不重合

这种弹带压力不对称的情况，会造成弹丸在膛内的倾斜；严重时，将使定心部或圆柱部产生膛线印痕，使弹丸出炮口后射击精度变坏。

弹带压力在弹丸沿炮膛的运行过程中，其变化情况如图 8 – 2 – 13 所示。

弹带刚嵌入膛线时，弹带压力随之产生，并且迅速上升，至弹带全部嵌入完毕而达到最大值 p_{bm}。但是，此时膛压还很低。一方面，随着弹丸向前运动，膛压急剧上升，使炮膛发生径向膨胀，弹体发生径向压缩，减弱了炮膛壁与弹带的相互作用；另一方面，由于弹带在嵌入过程中的被磨损与切削，都会使弹带压力逐渐下降。对于薄壁弹体，其影响更为显著。在最大膛压时，弹带压力将减至最小值，甚至为零，即在此瞬间，弹带

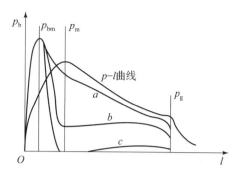

图 8 - 2 - 13　弹带压力的变化情况

与炮膛内壁之间互相没有压力作用。当弹丸经过最大膛压点后，火药气体压力开始下降，膛压对弹带压力的影响效应随之减弱，对于厚壁弹体（图 8 - 2 - 13 中曲线 a），弹带压力下降开始缓和，下降至一定程度后，弹带压力趋于稳定，直至炮口；对于薄壁弹体，由于火药气体压力的影响效应超过弹带的磨损因素，所以当膛压下降时其弹带压力将有所回升（图 8 - 2 - 13 中的曲线 b 和 c）。弹丸出炮口后，弹带压力全部消失。

3）影响弹带压力的因素

弹带压力的大小取决于下列因素。

（1）弹带强制量 δ 的大小。弹带强制量 δ 是密闭火药气体和保证赋予弹丸旋转所必需的，如果强制量 $\delta = 0$，将会引起火药气体外泄、弹丸初始速度产生跳动影响射弹精度；但强制量 δ 增加，弹带在嵌入过程中，被挤压的金属增多，因而弹带压力也会增加。如果强制量增加很多，弹带压力将不成正比地增加。因为这时大部分弹带材料被剪切和推向后部，使弹带压力不会明显上升，但会造成较多的铜屑留在膛内，影响火炮的射击。

（2）弹带材料性质。弹带材料的力学性能，特别是其韧性或延展性的好坏，将影响弹带压力的大小。一般弹带均采用软质韧性较大的材料制成，使弹带容易产生变形，并减小嵌入时的阻力。当材料产生流动后，内部应力将不再增加，弹带压力也就不会增加。反之，过硬的材料将会使弹带压力增大，从而会削弱弹体强度。

（3）弹带的尺寸与形状。弹带尺寸中对弹带压力影响较大的是弹带宽度与前倾角，弹带宽度不宜过大。宽度过大，弹带难以嵌入膛线，而且被挤压和剪切下来的弹带材料过多地堆积在弹带后部，不利于弹丸继续运动，造成弹带压力增加。具有前倾角的弹带，易于嵌入膛线，能减缓弹带压力增加。弹带上的沟槽能容纳被挤压与剪切下来的金属，也可以使弹带压力减小。

（4）弹体的壁厚与弹体材料性质。由图 8 - 2 - 11 可知，如果弹体壁较薄，弹体材料较软，在弹带嵌入过程中，弹体发生的径向压缩较大，实际上等于减少了弹带强制量 δ，因而可减小弹带压力。但是，对于弹带位于弹底附近（如小口径高射榴弹、底凹弹等）的结构，没有多大影响。

（5）炮膛的尺寸与材料。炮膛的膨胀变形也会减小弹带压力，而炮膛尺寸与所用材料决定着炮膛的变形程度，但其影响甚微，一般可不考虑。

（6）火药气体压力的大小。火药气体压力大小将直接影响弹丸和炮膛的变形程度，并

间接影响弹带的压力大小。但是，在最大弹带压力 p_{bm} 时，火药气体压力较小，因而对 p_{bm} 的影响不大。但是，对弹丸继续运行过程中的弹带压力有一定程度的影响。

4）弹带压力计算

如上所述，影响弹带压力的因素很多，要写出其解析表达式是困难的。对于弹丸设计而言，要求在试验的基础上，推导出满足一定条件的经验关系式，以便估算弹带压力。

为推导关系式，现作如下假设。

（1）弹体材料与弹带材料均满足线性硬化条件，即应力 - 应变曲线呈双线性关系，如图 8 - 2 - 14 所示。在弹性阶段，弹性模量 $E = \tan \alpha_1$ 达到屈服应力 δ_s 后，直线斜率为 $\tan \alpha_2$，称为强化模量 E'，并存在强化参数 λ，即

$$\lambda = \frac{E - E'}{E} \tag{8.2.24}$$

对于一般弹体钢材 $\lambda = 0.95 \sim 1.00$；弹带铜材 $\lambda = 0.98 \sim 0.99$。

（2）在塑性变形中，弹体的金属材料体积不变。

（3）弹体变形中发生的径向压缩量在内外表面相等，此假设的误差不会超过 4%。

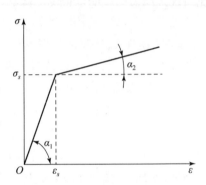

图 8 - 2 - 14 真实应力 - 应变曲线

其力学模型是将弹体看作半无限长圆筒，以其一端置于刚性壁内，可近似表征弹底的影响，如图 8 - 2 - 15 所示，弹带区的尺寸分布如图 8 - 2 - 16 所示。设弹带压力为 p_b，经弹带传到弹体上的力为 p_{b1}，然后分析弹带嵌入后能充满膛线的情况（强制量 $\delta > 0$ 的情况）。对于弹体可利用壳体理论，对于弹带可利用大变形塑性理论，从而可导出下列关系式。

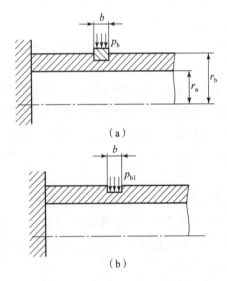

（a）

（b）

图 8 - 2 - 15 弹带压力的力学模型

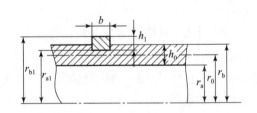

图 8 - 2 - 16 弹带区的尺寸

（1）求出弹体所受局部载荷 p_{b1} 与弹体变形 W_0 的关系：

$$p_{b1} = A_0 + B_0 W_0 \tag{8.2.25}$$

式中，W_0 为弹体压缩变形半径上的位移量；A_0、B_0 为与弹体尺寸、材料有关的系数，分别为

$$A_0 = 0.94 \lambda_0 \frac{r_0 \sigma_{s0}}{K E_0} \left(1 + \frac{h_0}{2 r_0} \right) \tag{8.2.26}$$

$$B_0 = \frac{1}{K} (1 - 0.94 \lambda_0) \tag{8.2.27}$$

式中，r_0 为弹带区弹体中间半径，$r_0 = (r_b + r_a)/2$；λ_0 为弹体材料强化参数；E_0 为弹体材料弹性模量；h_0 为弹体弹带区壁厚，$h_0 = r_b - r_a$；σ_{s0} 为弹体材料屈服极限。

其中，系数 0.94 是对目前各种榴弹适用的系数。K 值是由壳体理论推导出来的变形与载荷关系的系数，在弹带不是位于弹底处情况下，K 值可表示为

$$K = \left(1 + \frac{h_0}{2 r_0} \right) \frac{r_0^2}{E_0 h_0} \left[1 - e^{-\beta b/2} \cos \left(\frac{1}{2} \beta b \right) \right] \tag{8.2.28}$$

式中，b 为弹带宽度。

β 根据弹性理论得到，即

$$\beta = \sqrt[4]{\frac{3(1 - \mu^2)}{r_0^2 h_0^2}} \tag{8.2.29}$$

（2）求弹带压力的传递关系。由弹带的大变形规律可以导出，即

$$p_b - p_{b1} = A_1 + B_1 W_0 \tag{8.2.30}$$

式中，A_1、B_1 为与弹带尺寸材料有关的系数，可表示为

$$A_1 = \frac{2 \lambda_1 \sigma_{s1}}{\sqrt{3}} \ln \left(\frac{r_{b1}}{r_{a1}} \right) \tag{8.2.31}$$

$$B_1 = \frac{4}{3 r_{a1}} E_1 (1 - \lambda_1) \left(1 - \frac{r_{a1}^2}{r_{b1}^2} \right) \tag{8.2.32}$$

式中，r_{b1} 为弹带外半径，如有沟槽，可用等效外径（用面积等效法计算）；r_{a1} 为弹带内半径；λ_1 为弹带材料强化参数；E_1 为弹带材料弹性模量；σ_{s1} 为弹带材料屈服极限。

（3）求弹带压力与弹带变形的关系。对于弹带充满膛线的情况，可得

$$p_b = A_2 - B_2 W_0 \tag{8.2.33}$$

式中，A_2、B_2 为与弹带尺寸、材料有关的系数，可表示如下：

$$A_2 = \frac{2 \lambda_1 \sigma_{s1}}{\sqrt{3}} + \frac{8}{3} E_1 (1 - \lambda_1) \frac{\delta_1}{h_1} \tag{8.2.34}$$

$$B_2 = \frac{8}{3} E (1 - \lambda_1) \left(\frac{1}{h_1} - \frac{1}{r_{b1}} \right) \tag{8.2.35}$$

式中，h_1 为弹带厚度，$h_1 = r_{b1} - r_{a1}$；δ_1 为弹带平均强制量，即弹带外半径减去膛线平均半径，$\delta_1 = r_{b1} - r_c$，r_c 可表示为

$$r_c = \sqrt{r_1^2 \frac{b_1}{b_g + b_1} + r_g^2 \frac{b_g}{b_g + b_1}}$$

式中，r_1 为炮膛阳线半径；r_g 为炮膛阴线半径；r_c 为炮膛平均半径，采用面积等效法求得；

b_1 为阳线宽度；b_g 为阴线宽度。

综合上述公式，由式（8.2.23）、式（8.2.28）和式（8.2.31）联立求解：

$$\begin{cases} p_{b1} = A_0 + B_0 W_0 \\ p_b - p_{b1} = A_1 + B_1 W_0 \\ p_b = A_2 - B_2 W_0 \end{cases}$$

则

$$W_0 = \frac{A_2 - A_1 - A_0}{B_0 + B_1 + B_2} \tag{8.2.36}$$

5. 不均衡力

旋转弹在膛内运动时，如果处于理想状况下，弹丸与膛壁之间除弹带压力外不再有其他作用力。但实际上，由于下列不均衡因素的影响，弹丸与膛壁之间还有作用力存在。这些不均衡因素是：弹丸质量的不均衡性；转轴与弹轴不重合；火药气体合力的偏斜；炮管的弯曲与振动。

由于有不均衡因素，旋转弹丸在膛内运动时，弹丸的定心部将与炮膛接触，并产生压力，称为不均衡力。对旋转弹而言，此力主要作用在上定心部与弹带上，方向为径向，对尾翼弹而言，主要作用在定心部与尾翼凸起部。一般来说，这种力对弹丸的发射强度影响不大。但是，对弹丸在膛内的运动、弹丸出炮口的初始姿态影响较大，最后将直接影响弹丸的射击精度。

6. 导转侧力

炮膛膛线的侧表面称为导转侧。发射时，弹丸嵌入膛线。由于膛线有缠度，导转侧表面对弹带凸起部产生压力，此力称为导转侧力，如图 8-2-17 所示。

在计算导转侧力时，先假设弹带均匀嵌入膛线，而且每根膛线导转侧的压力均相等。将膛线展开，若是等齐膛线则为一直线，非等齐膛线为一曲线，如图 8-2-18 所示，此曲线表示为

$$y = f(x)$$

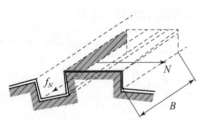

图 8-2-17　导转侧力

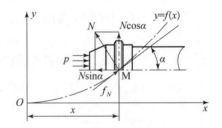

图 8-2-18　导转侧力分析

弹丸运动时，受的力为膛压 p 导转侧力 N 及摩擦力 fN，产生直线运动与旋转运动。

旋转运动方程为

$$nr(N\cos\alpha - fN\sin\alpha) = J_x \frac{d\varphi}{dt^2} \tag{8.2.37}$$

式中，n 为膛线根数；f 为弹带与膛线的摩擦系数；α 为 M 点处的膛线的倾斜角（缠角）；r

为弹丸半径；φ 为角位移。

直线运动方程

$$p\pi r^2 - n(N\sin\alpha + fN\cos\alpha) = m\frac{\mathrm{d}V}{\mathrm{d}t} \qquad (8.2.38)$$

根据角位移和线位移的关系

$$y = r\varphi$$

可得弹丸角速度为

$$\frac{\mathrm{d}\varphi}{\mathrm{d}t} = \frac{1}{r}\frac{\mathrm{d}y}{\mathrm{d}t} = \frac{1}{r}\frac{\mathrm{d}f(x)}{\mathrm{d}x}\frac{\mathrm{d}x}{\mathrm{d}t}$$

弹丸的角加速度为

$$\frac{\mathrm{d}^2\varphi}{\mathrm{d}t^2} = \frac{1}{r}\left[\frac{\mathrm{d}^2f(x)}{\mathrm{d}x^2}\left(\frac{\mathrm{d}x}{\mathrm{d}t}\right)^2 + \frac{\mathrm{d}f(x)}{\mathrm{d}x}\frac{\mathrm{d}^2x}{\mathrm{d}t^2}\right]$$

考虑到

$$\frac{\mathrm{d}x}{\mathrm{d}t} = V; \quad \frac{\mathrm{d}^2x}{\mathrm{d}t^2} = \frac{\mathrm{d}V}{\mathrm{d}t}; \quad \frac{\mathrm{d}f(x)}{\mathrm{d}x} = \tan\alpha$$

则

$$\frac{\mathrm{d}^2\varphi}{\mathrm{d}t^2} = \frac{1}{r}\left[\frac{\mathrm{d}^2f(x)}{\mathrm{d}x^2}V^2 + \frac{\mathrm{d}V}{\mathrm{d}t}\tan\alpha\right] \qquad (8.2.39)$$

由式（8.2.38）可知

$$\frac{\mathrm{d}V}{\mathrm{d}t} = \frac{1}{m}\left[p\pi r^2 - nN(\sin\alpha + f\cos\alpha)\right] \qquad (8.2.40)$$

将式（8.2.40）代入式（8.2.39），可得

$$\frac{\mathrm{d}^2\varphi}{\mathrm{d}t^2} = \frac{1}{r}\left[\frac{\mathrm{d}^2f(x)}{\mathrm{d}x^2}V^2 + \left[p\pi r^2 - nN(\sin\alpha + f\cos\alpha)\right]\frac{\tan\alpha}{m}\right] \qquad (8.2.41)$$

将式（8.2.41）再代入式（8.2.37），可得

$$Nrn(\cos\alpha - f\sin\alpha) = \frac{J_x}{r}\left\{\frac{\mathrm{d}^2f(x)}{\mathrm{d}x^2}V^2 + \left[p\pi r^2 - nN(\sin\alpha + f\cos\alpha)\right]\frac{\tan\alpha}{m}\right\} \qquad (8.2.42)$$

化简后得

$$Nrn\left[\cos\alpha - f\sin\alpha + \frac{J_x}{r^2}(\sin\alpha + f\cos\alpha)\frac{\tan\alpha}{m}\right] = \frac{J_x}{r^2}\left[\frac{\mathrm{d}^2f(x)}{\mathrm{d}x^2}V^2 + p\pi r^2\frac{\tan\alpha}{m}\right] \qquad (8.2.43)$$

式（8.2.43）左端方括号内的数，在缠角 α 较小时，趋近于 1，因此可以为

$$N = \frac{J_x}{nr^2}\left[\frac{\mathrm{d}^2f(x)}{\mathrm{d}x^2}V^2 + p\pi r^2\frac{\tan\alpha}{m}\right] \qquad (8.2.44)$$

对于等齐膛线，$\mathrm{d}^2f(x)/\mathrm{d}x^2 = 0$，导转侧力为

$$N = p\frac{\pi}{n}\frac{J_x}{m}\tan\alpha \qquad (8.2.45)$$

此时导转侧力与膛压曲线同步。

对于非等齐膛线，则要由 $y = f(x)$ 曲线形式来决定。目前，一般渐速膛线都是采用二次曲线中的一段。

8.2.2 发射时弹体的受力状态和变形

弹丸发射安全性，主要是指弹体和其他零件在发射时强度满足要求，炸药等装填物不发生危险。对其分析的方法是，计算在各种载荷下所产生的应力与变形，并使其满足一定强度条件，即达到设计要求。

弹丸设计中的强度计算与一般机械零件设计的主要区别在于弹丸是一次使用的产品，其强度计算没有必要过分保守，这样可以充分发挥弹丸的威力；另一方面，弹丸的安全性又是整个火炮系统中必须绝对可靠的。因此根据实际情况，制定出既科学又合理的强度条件是具有重要意义的。

发射时弹体在各种载荷作用下，材料内部产生应力和变形。根据载荷变化的特点，对于一般线膛火炮弹丸而言，弹体受力与变形有三个危险的临界状态，如图 8 - 2 - 19 中所示的Ⅰ、Ⅱ、Ⅲ时刻。对一般滑膛炮弹丸，由于不存在弹带压力，所以只有Ⅱ、Ⅲ两个临界状态。为了确保弹体发射时的安全性，必须对每个临界状态进行强度校核。

1. 弹体受力和变形的第一临界状态

这一临界状态相当于弹带嵌入完毕，弹带压力达最大值时（图 8 - 2 - 19 的Ⅰ点处）的情况。这一时期的特点是：火药气体压力及弹体上相应的其他载荷都很小，整个弹体其他区域的应力和变形也很小，唯有弹带区受较大的径向压力，使其达到弹性或弹塑性径向压缩变形。变形情况如图 8 - 2 - 20 所示。

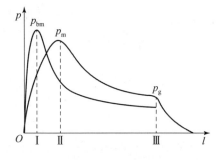

图 8 - 2 - 19 发射时弹体的受力状态

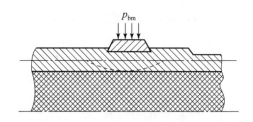

图 8 - 2 - 20 第一临界状态时弹带区的变形情况

2. 弹体受力和变形的第二临界状态

这一临界状态相当于最大膛压时期（图 8 - 2 - 19 的Ⅱ点处）。这一时期的特点是：火药气体压力达到最大，弹丸加速度也达到最大，同时由于加速度而引起的惯性力等均达到最大。这时弹体各部分的变形也为极大。线膛榴弹的变形情况是：弹头部和圆柱部在轴向惯性力作用下产生径向膨胀变形，轴向墩粗变形；弹带区与弹尾部，由于有弹带压力与火药气体压力作用，会发生径向压缩变形；弹底部在弹底火药气体作用下，可能产生向里弯凹，如图 8 - 2 - 21（a）所示。这些变形中，尤其是弹尾部与弹底区变形比较大，有可能达到弹塑性变形。

与此相似尾翼弹丸，在第二临界状态的变形也是弹头部发生径向膨胀，其弹尾部发生径向压缩变形，在弹尾部与圆柱部交界处，发生变形较大，可能达到弹塑性变形，如图 8 - 2 - 21（b）所示。

图 8 - 2 - 21　第二临界状态弹体的变形

从弹丸发射安全性角度出发，只要能保持弹体金属的完整性、弹体结构的稳定性和弹体在膛内运动的可靠性，以及发射时炸药安全性的条件下，弹体发生一定的塑性变形是可以允许的。

3. 弹体受力和变形的第三临界状态

这一临界状态相当于弹丸出炮口时刻（图 8 - 2 - 19 的 Ⅲ 点处）。这一时期的特点是：弹丸的旋转角速度达到最大，与角速度有关的载荷达到最大值，但与弹体强度有关的火药气体压力等载荷均迅速减小，弹体上变形也相应减小。弹丸飞出炮口瞬间，大部分载荷突然卸载，将使弹体材料因弹性恢复而发生振动，这种振动会引起拉伸应力与压缩应力的相互交替作用。因此对于某些抗拉强度大大低于抗压强度的脆性材料，必须考虑由于突然卸载而产生拉伸应力对弹体的影响。

8.3　战斗部在终点弹道处的碰击载荷

在实践中有两种碰击情况是经常遇到的：一类是爆破战斗部对于均匀介质如土壤的碰击和侵彻作用，另一类是侵彻爆破战斗部对硬目标如钢甲的碰击。关于前一类问题介质与战斗部硬度（或强度）相比属于软目标，弹头部变形很小，可按刚体来处理。而后一类涉及弹体的弹性变形，只能按刚塑性或弹塑性碰撞问题来处理。

8.3.1　对均匀土壤介质侵彻时的弹体受载

为了确定弹体在侵彻过程中的载荷，首先必须研究弹体在均匀介质中的碰击和侵彻运动，并由此确定弹的载荷。

在建立侵彻运动方程前做下列假设。

（1）不考虑碰击时产生的热能、介质变形能和弹体结构的变形能；

（2）弹与介质相遇时不回转；

（3）弹在介质中按直线运动；

（4）弹在侵彻介质时，仅受到介质阻力的作用，其侵彻运动方程为

$$\frac{G}{g}V\frac{\mathrm{d}V}{\mathrm{d}x} = -F \tag{8.3.1}$$

式中，G 为碰击介质和侵彻时的弹重；V 为侵彻速度；F 为介质阻力。

介质阻力 F 的形式很多，假设

$$F = \frac{\pi}{4}D_x^2\lambda_b A_1(1 + b_0 V^2) \tag{8.3.2}$$

式中，D_x 为头部侵入介质的直径，$D_x = 2R_x$；R_x 为弹头侵入介质的半径（随侵深而变）；λ_b 为头部形状系数，$\lambda_b = 1 + 0.3\left(\dfrac{l_b}{D - 0.5}\right)$，$l_b$、$D$ 为弹头部弧形的高度和直径，近似计算时可取 $\lambda_b = 1$；A_1、b_0 介质性质系数见表 8-3-1。

表 8-3-1　介质性质系数

介质名称	A_1	b_0
坚土	6.7	60×10^{-6}
沙质黏土	0.46	60×10^{-6}
湿土	0.266	80×10^{-6}
质量好的石块	5.5	15×10^{-6}
中等质量的石块	4.4	15×10^{-6}
砖	3.16	15×10^{-6}

将式（8.3.2）代入式（8.3.1），积分限对侵彻行程取 $0 \to x$，速度取 $V_0 \to V$，可得

$$x = \frac{G}{2A_1 b_0 g \pi R_x^2 \lambda_b} \ln \frac{A_1 + A_1 b_0 V_0^2}{A_1 + A_1 b_0 V^2}$$

当侵彻速度 $v = 0$ 时，则得到弹在障碍物中的全部行程为

$$x_{max} = \frac{G}{2A_1 b_0 g \pi R_x^2 \lambda_b} \ln(1 + b_0 V_0^2)$$

弹在介质内的运动加速度为

$$\frac{\mathrm{d}^2 x}{\mathrm{d}t^2} = -\frac{\pi g}{G} R_x^2 \lambda_b A_1 (1 + b_0 V^2)$$

因为 V 是个变量，而又不知其规律，为此采取下面方法处理，将弹头部高度分成 n 段，每段距离为 $\Delta x = \dfrac{l_w}{n}$，则分段后距离为 x_0，x_1，x_2，$\cdots$，x_n。对应的头部半径为 R_0，R_1，R_2，$\cdots$，R_n。碰击瞬间速度为弹的落速 V_0。这样便可进行下列计算：

$$x_1 - x_0 = \Delta x$$

$$\Delta t_0 = \frac{\Delta x}{V_0}$$

$$\left(\frac{\mathrm{d}^2 x}{\mathrm{d}t^2}\right)_0 = -\frac{\pi g}{G} R_0^2 \lambda_b A_1 (1 + b_0 V_0^2)$$

$$\Delta V_0 = \left(\frac{\mathrm{d}^2 x}{\mathrm{d}t^2}\right)_0 \Delta t_0$$

则

$$V_1 = V_0 + \Delta V_0$$

同理，可得 V_1，V_2，$\cdots$，V_n。

最后，便可求得阻力 F 随侵彻行程 x 的变化规律，如图 8-3-1 所示。当整个弹头弧形

部侵入介质时，阻力达到最大值，而后又慢慢减小。由过载系数定义可知，轴向过载系数的最大值为

$$(n_{x1})_{max} = \frac{\left(\dfrac{d^2 x}{dt^2}\right)_{max}}{G} = \frac{F_{max}}{G} \tag{8.3.3}$$

在碰击理论中，通过动能守恒原理求过载系数亦是经常采用的，其结论式为

$$(n_{x1})_{max} = -\frac{V_0^2}{gx_{max}} \tag{8.3.4}$$

式中，x_{max} 为弹在介质中的最大行程。

在应用式（8.3.4）时，应先求出 x_{max} 值，然后再求 $(n_{x1})_{max}$。由 $(n_{x1})_{max}$ 值就可以求惯性载荷。

8.3.2 碰击钢靶时的弹体载荷

战斗部对钢甲的碰击通常是一个比较复杂的现象，这种碰击过程大体可划分为接近阶段和分离阶段。在接近阶段中，由于碰击力的作用，弹的速度逐渐减小，弹的动能转化为弹和钢甲的变形能。第一阶段结束时，弹垂直于靶面的速度变为零，其着靶动能全部转化为弹和靶的变形能。如果弹在碰击的第一阶段中没有爆炸，还会由于速度的侧向分量以及弹和钢甲的弹性恢复力而反跳，这就是碰击的第二阶段，即所谓分离阶段。弹的反跳和分离在弹的设计中没有实际意义。

根据能量平衡的观点，可利用弹体变形和压力关系 $F - x$ 来求出碰击瞬间或停止运动时，弹体和钢甲的碰击力，如图 8 - 3 - 1 所示。

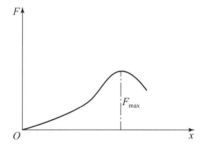

图 8 - 3 - 1　$F - x$ 变化图线

弹在碰击目标时的动能可用下式计算：

$$T_{KE} = \frac{1}{2}\frac{G}{g}V^2 \tag{8.3.5}$$

式中，T_{KE} 为碰击动能（kg·m）；G 为弹重（kg）；V_0 为碰击速度（m/s）；g 为重力加速度，$g = 9.81$ m/s²。

1. 战斗部壳体变形能计算方法

弹的变形能可以由各承力件的变形能的叠加合成。下面给出弹性范围内圆柱壳和圆锥壳的变形能计算公式。

圆柱壳（图 8 - 3 - 2）变形能为

$$\Pi = \frac{1}{2}\frac{P^2}{E_1}\frac{l}{\dfrac{\pi}{4}(d_1^2 - d_2^2)} \tag{8.3.6}$$

式中，Π 为壳体的变形能；E_1 为材料的弹性模量；l，d_1，d_2 为圆柱壳的几何尺寸。

圆锥壳（图 8 - 3 - 3）变形能为

$$\Pi = \frac{1}{2}P\Delta \tag{8.3.7}$$

式中，Π 为锥壳变形能；P 为轴向力；Δ 为轴向总变形。

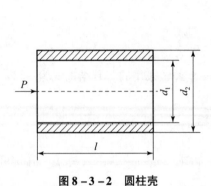

图 8-3-2　圆柱壳

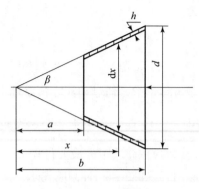

图 8-3-3　圆锥壳

在 x 断面上的法向应力等于 σ（图 8-3-4），有

$$P = \pi d_x h \sigma \cos\beta$$

则

$$\sigma = \frac{P}{\pi d_x h \cos\beta}$$

沿斜边长的变形为

$$\frac{\sigma}{E_1} \cdot \frac{\mathrm{d}x}{\cos\beta} = \frac{1}{E_1} \cdot \frac{P}{\pi d_x h \cos\beta} \cdot \frac{\mathrm{d}x}{\cos\beta}$$

因为圆周方向长度不变，斜边压缩后要向里转动（图 8-3-5），设 Δ' 为沿斜边的变形，Δ 为轴向变形，则

$$\Delta = \frac{\Delta'}{\cos\beta}$$

所以，轴向总变形为

$$\Delta = \frac{1}{E_1} \int_a^b \frac{P}{\pi d h \cos\beta} \cdot \frac{\mathrm{d}x}{\cos\beta} \cdot \frac{1}{\cos\beta} = \frac{Pb}{\pi d h E_1 \cos^3\beta} \cdot \ln\frac{b}{a}$$

最后得到弹性范围内的变形能为

$$\Pi = \frac{1}{2}P\Delta = \frac{P^2 b}{2\pi d h E_1 \cos^3\beta}\ln\frac{b}{a} \tag{8.3.8}$$

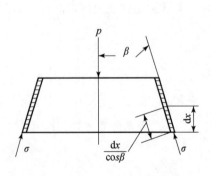

图 8-3-4　x 断面上的应力

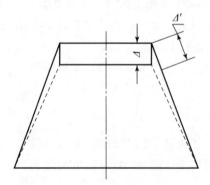

图 8-3-5　圆锥壳的轴向变形

对于超过弹性以后的变形能的计算方法可作下列简化（图 8-3-6）：对应于屈服点 1 以下为直线，其弹性模量为 E_1，而对于屈服点以外的 1~2 段，弹性模量为 E_2，对于铝板其弹性模量为 $E_1 = 6.8 \times 10^4\ \text{MPa}$，$E_2 = 3.4 \times 10^4\ \text{MPa}$。

由于弹体结构是前端横断面小，后端横断面较大，所以先在前端出现超过屈服极限的应力。对于圆锥壳的应力计算式为

$$\sigma = \frac{P}{\pi dh\cos\beta} \tag{8.3.9}$$

式中，P 是已知的；d 和 σ 是对应的。

如令 $\sigma = \sigma_y$（σ_y 为屈服应力），则由此公式算出的 d 即达到屈服极限时断面的直径。对于超过屈服极限的各段壳体的变形能可用下法计算。

（1）圆柱壳。单位体积内的变形能可用图 8-3-6 中折线以下的面积来表示，这个面积分成两部分，即

$$\begin{cases} \Delta\Pi_{①} = \dfrac{1}{2}\dfrac{\sigma_y^2}{E_1} \\[2mm] \Delta\Pi_{②} = \dfrac{\sigma - \sigma_y}{E_2} \cdot \dfrac{\sigma + \sigma_y}{2} = \dfrac{1}{2E_2}(\sigma^2 - \sigma_y^2) \\[2mm] \Delta\Pi_{①+②} = \dfrac{\sigma^2}{2E_2} - \dfrac{1}{2}\left(\dfrac{1}{E_2} - \dfrac{1}{E_1}\right)\sigma_y^2 \end{cases} \tag{8.3.10}$$

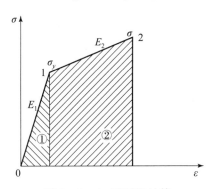

图 8-3-6　变形能计算

圆柱壳体的体积为 $\dfrac{\pi}{4}(d_1^2 - d_2^2)l$，应力为 $\sigma = \dfrac{P}{\dfrac{\pi}{4}(d_1^2 - d_2^2)}$，总的变形能为

$$\begin{aligned} \Pi &= \left[\frac{\sigma^2}{2E_2} - \frac{1}{2}\left(\frac{1}{E_2} - \frac{1}{E_1}\right)\sigma_y^2\right]\frac{\pi}{4}(d_1^2 - d_2^2)l \\[2mm] &= \frac{2P^2 l}{\pi E_2(d_1^2 - d_2^2)} - \frac{1}{2}\left(\frac{1}{E_2} - \frac{1}{E_1}\right)\sigma_y^2 \frac{\pi}{4}(d_1^2 - d_2^2)l \end{aligned} \tag{8.3.11}$$

（2）圆锥壳。按照以上方法，先求出单位体积内的变形能：

$$\Delta\Pi_{①+②} = \frac{\sigma^2}{2E_2} - \frac{1}{2}\left(\frac{1}{E_2} - \frac{1}{E_1}\right)\sigma_y^2 \tag{8.3.12}$$

在圆锥壳上，应力为（图 8-3-3）

$$\sigma = \frac{Pb}{\pi dh\cos\beta x} \tag{8.3.13}$$

将式 (8.3.13) 代入式 (8.3.12) 得到

$$\Delta\Pi_{①+②} = \frac{1}{2E_2}\left(\frac{Pb}{\pi dh\cos\beta x}\right)^2 - \frac{1}{2}\left(\frac{1}{E_2} - \frac{1}{E_1}\right)\sigma_y^2$$

取长为 dx 的一段圆锥壳,其单位体积为

$$\Delta V = \pi d_x h \frac{dx}{\cos\beta} = \frac{\pi dh}{b\cos\beta}x dx$$

圆锥壳的体积为

$$V = \int_a^b \frac{\pi dh}{b\cos\beta}x dx = \frac{\pi dh}{2b\cos\beta}(b^2 - a^2)$$

则

$$\begin{aligned}
\Pi &= \frac{1}{2E_2}\int_a^b \frac{P^2 b^2}{\pi^2 d^2 h^2\cos^2\beta x^2} \cdot \frac{\pi dh}{b\cos\beta} \cdot x dx - \frac{1}{4}\left(\frac{1}{E_2} - \frac{1}{E_1}\right)\frac{\pi dh\sigma_y^2}{b\cos\beta}(b^2 - a^2) \\
&= \frac{P^2 b}{2\pi dh E_2\cos^3\beta}\ln\frac{b}{a} - \frac{1}{4}\left(\frac{1}{E_2} - \frac{1}{E_1}\right)\frac{\pi dh\sigma_y^2}{b\cos\beta}(b^2 - a^2)
\end{aligned} \tag{8.3.14}$$

2. 钢靶的变形能计算方法

在有限厚的钢板中,采用半无限体积中受集中力的公式 (图 8 – 3 – 7),即

$$\sigma_r = \frac{3}{2}\frac{P\cos\theta}{\pi r^2} \tag{8.3.15}$$

式中,σ_r 为径向应力 (MPa)。

以力的作用点为球心做一个半径等于钢板厚度的半球,即 $R = 100$ mm,在这个半球的边缘上应力已经很小,所以可认为以上公式适用于 100 mm 厚的钢板。另外,在力的作用点附近由公式算出的应力为无限大,但实际上当应力超过强度极限后就不再增加,不可能达到很大数值。

为了消除这一不合理情况,将力的作用点附近半径为 $a = 3$ mm 的一个半球不予计算。

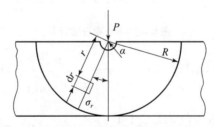

图 8 – 3 – 7 有限厚半无限体积受的集中力

由应力公式求单位体积内变形能为

$$\Delta\Pi = \frac{1}{2}\frac{\sigma^2}{E} = \frac{9}{8E}\frac{P^2\cos^2\theta}{\pi^2 r^4}$$

厚度为 dr 的环形单元体积 $\Delta V = 2\pi r^2\sin\theta d\theta dr$,则

$$\Pi_2 = \int_a^R \int_0^{\frac{\pi}{2}} \frac{9}{4E}\frac{P^2\cos^2\theta\sin\theta}{\pi r^2}d\theta dr = \frac{3P^2}{4\pi E}\left(\frac{1}{a} - \frac{1}{R}\right) \tag{8.3.16}$$

式中，E 为钢板的弹性模量，$E = 1.962 \times 10^7$ MPa。

总变形能是壳体承力件和钢甲被冲击的变形能的总和，即

$$\Pi = \Pi_1 + \Pi_2 \tag{8.3.17}$$

由以上计算可知，总变形能 Π 与碰击力 P 有对应关系。若弹体结构尺寸、材料力学性能一定，则可将 Π 和 P 的关系画成一条曲线。

若令弹的碰击动能 T_{KE} 完全消耗于弹和钢甲的变形能，即 $T_{KE} = \Pi$ 时的碰击力 P 就是碰靶时的最大碰击力，即 $P_{max} = P_{T_{KE}} = \Pi$。

实际情况是，在爆炸之后考虑弹的碰击力是没有意义的。在确定引信的可靠发火动能之后，当弹与靶的总变形能 Π 和达到引信的发火动能所需的弹的动能消耗量相等时，所对应的碰击力（发火时的碰击力）为

$$P_{ig} = f(\Pi^*)$$

式中，$\Pi^* = \Delta T_{KE}^*$，ΔT_{KE}^* 为达到引信发火动能时弹的动能消耗量。

对于压电引信可根据压电陶瓷产生 100% 发火电压的压力 P_1 和对头部体的压力 P_2 来直接确定可靠发火所需的轴向压力 P_x，即

$$P_x = P_1 + P_2$$

设 c_1 为压电陶瓷和酚醛塑料系统的刚度系数（MPa）；c_2 为头部体的刚度系数（MPa）。

由于

$$\frac{P_1}{P_2} = \frac{c_1}{c_2}$$

所以

$$P_x = \frac{c_1 + c_2}{c_1} P_1$$

为了保证可靠发火，再取安全系数 1.5，则

$$P_{ig} = 1.5 P_x$$

碰击时的过载系数为

$$n_{im} = \frac{P_{ig}}{G} \tag{8.3.18}$$

利用碰击过载系数 n_{im} 即可确定战斗部各内部构件如药柱在碰击时的受力情况。

8.4　战斗部在勤务处理时的载荷

任何弹药从出厂到战斗使用要经过许多运输环节，统称为勤务处理。在勤务处理中对弹药均要产生一定的载荷，这些载荷是由于经过火车、汽车的运输以及起重机起吊等几种情况引起的。下面分别介绍这几种情况的载荷。

8.4.1　起重机起吊情况

在地面使用起重机装卸导弹时，由于起重机的起动和制动，都要产生横向过载。根据经验，起重机吊起时的横向过载通常为 $n_y = 2.0 \sim 2.5$。按照战斗部在导弹上所处位置，可用

n_y 来校验强度。特别是一些大型爆破战斗部是单独运输的，这时 n_y 可用于检验起吊接头及其附件的强度。

8.4.2 在铁路上运输的情况

在铁路上运输时，由于火车的刹车、振动等引起的过载一般不大，如果紧急刹车时，一般可取 $n_x = \pm 0.25$；在铁轨连接处，由于车轮与铁轨接头的撞击产生的过载，根据试验可取 $n_y = 1.6$。

8.4.3 在汽车或运输拖车上的运输情况

在这种运输条件下，由于紧急刹车而引起的轴向过载，可用下式估算：

$$n_x = \frac{v_0^2}{2g\Delta l} \tag{8.4.1}$$

式中，v_0 为刹车开始时运输车的速度（m/s）；Δl 为刹车距离（指车辆速度骤减至零的距离）（m）。

在无可靠数据时，建议取 $n_x = \pm 1$；而横向过载，可根据汽车制造实践资料取 $n_y = \pm 2$。

对于弹道式导弹在起竖的托架上转动时，为了确保头部和壳段连接处的爆炸螺栓在回转过程中不受更大的横向载荷，应限制 $n_y \leq 2$。

8.5 战斗部典型结构强度计算

强度计算的任务是确定一定尺寸构件的承载能力；或者反之，确定在一定载荷条件下构件的基本尺寸。所谓破坏，不仅指结构的整体破坏，而且还指结构的使用不可靠，或者，更为确切地说，破坏被看成所设计的结构物已经达到不能继续进行工作的"极限状态"。在结构设计中，通常有两类极限状态。

（1）强度极限状态。强度极限状态相当于结构达到最大承载能力。其中包括结构的局部屈曲和整体不稳定性；某些截面失效；引起结构几何图形显著变化的弹性变形或塑性变形。

（2）使用极限状态。这种极限状态是结构的使用功能不能保证，在使用过程中产生大变形和大位移。

根据不同的安全度条件，可以把结构验算所采用的计算方法分为两类：确定性的方法，这种方法把主要参数看作非随机参数；概率方法，这种方法把主要参数看作随机参数。或者，根据安全系数的不同用途，把结构强度验算方法分为容许应力法和极限状态法。容许应力法，把结构承受最大载荷下的应力与经特定安全系数折减后的材料强度作比较；极限状态法结构的工作状态是以其最大强度为依据来衡量的。由理论解析确定的这一最大强度应不小于结构承受设计载荷所算得的强度（极限状态）。综上所述，确定性的方法使用容许应力，概率方法采用极限状态。

概率方法的优点，至少在理论上，可以科学地考虑所有随机安全系数。产品的强度受许多因素影响，如材料成分的不均匀性、生产工艺的波动，产品尺寸的随机误差、表面粗糙度的散布等；而产品承受的应力受所处环境，如振动、冲击、过载、温度、湿度等随机因素的影响，故强度和应力都是随机变量。

8.5.1　概率计算法

近年来研究发现钢的抗拉强度、屈服强度服从正态分布，假设应力也服从正态分布，则结构强度的可靠度 P_a 为

$$P_a = P(g(R,S)) = P(R - S > 0) \tag{8.5.1}$$

当 S、R 相互独立，其均值 $\bar{S}$、$\bar{R}$ 及标准差为 D_S、D_R，强度可靠度系数为

$$\beta = \frac{\bar{R} - \bar{S}}{\sqrt{D_R^2 - D_S^2}} \tag{8.5.2}$$

式中，R 为结构强度；S 为结构应力；D_R、D_S 分别为应力与强度的标准差。

8.5.2　确定性计算法

一般来说，当材料受到外载时，要么呈弹性状态，或是非弹性状态。对于一次使用的战斗部，虽然在大多数情况下仍要求材料处于弹性状态，也有很多情况是可以允许材料有若干塑性变形的（除个别情况外，一般不允许材料在工作情况下发生断裂破坏）。

多年来，采用不同的强度理论来推断材料破坏的条件，这些理论有以下几种。

（1）最大应力理论。此理论是以最大或最小主应力作为衡量强度的准则。

（2）最大应变理论。此理论假设延性材料在最大应变（伸长）等于简单拉伸中的屈服点应变时，或在最小应变（缩短）等于简单压缩中的屈服点应变时开始屈服。

（3）最大剪应力理论。此理论假设当材料中的最大剪应力等于简单拉伸试验中屈服点的最大剪应力开始屈服。

（4）最大能量理论。以材料单位体积内所储的应变能作为决定破坏的依据。

实践证明，对同一种钢构件设计时，上述四种理论所得结果差别很大。说明在应用各种理论时还应区别对待。一般来说，上述（1）（2）强度理论适用于一般钢及脆性材料，而（3）（4）强度理论对塑性材料较合适。它们在正常情况下能给出较为正确的破坏应力条件。但在冲击载荷作用下，则要慎重考虑材料性能与所受静载时的差别，见表 8 – 5 – 1。

表 8 – 5 – 1　不同钢和铁的动力特征的平均值

材料	P_1/MPa	σ_{yd}/MPa	$(\sigma_{ys})_{02}$/MPa	$\dfrac{\sigma_{yd}}{\sigma_{ys}}$
低碳钢皮（工业纯铁）	1 138	716	147	4.86
20 碳钢	1 334	844	206	4.10
40Cr 钢（退火）	1 922	1 212	412	2.94
30CrMnSiA 钢（退火）	2 056	1 399	461	2.81

材料	P_1/MPa	σ_{yd}/MPa	$(\sigma_{ys})_{02}$/MPa	$\dfrac{\sigma_{yd}}{\sigma_{ys}}$
40Cr 钢（淬火）	2 590	1 628	804	2.03
30CrMnSiA 钢（淬火）	2 933	1 844	1 422	1.30

本节所讨论的战斗部基本构件的强度，主要包括战斗部壳体强度、战斗部其他零件的强度以及常用结合件的强度。

1. 壳体强度计算

野战火箭弹和导弹战斗部的壳体都属于旋转对称体（个别的飞航式导弹战斗部除外），按其壁厚大致可分为厚壳和薄壳，两者的界限以壳体厚度为直径的1/20来衡量。按此标准，野战火箭弹战斗部壳体多属于厚壁壳，而导弹战斗部则属于薄壳。

对于具有厚壁结构的以杀爆作用为主的野战火箭弹来说，在飞行全过程中，除了碰击目标以、外壳体在承受发射时的载荷强度，几乎是足够的，其壳体厚度和材料的选择主要依产品威力性能要求来确定；对飞行载荷下的厚壁壳体强度只作粗略的验算。这种粗略计算的方法，目前还是沿用布林克方法。

对于采用薄壳结构的导弹战斗部和某些特殊用途的战术火箭的战斗部的计算，一般采用无矩理论进行计算，根据边界条件的不同，再作某些修正。

1）适用于厚壁结构壳体强度计算的布林克方法

布林克方法的要点是忽略了气动压力的作用，只考虑轴向惯性力和装填物压力的作用，根据最大应变理论来计算壳体的弹性变形和相当应力，并以当应力不超过材料的屈服极限为计算时的强度条件。此方法适用于战斗部（弹丸）发射、飞行和对土壤等介质的侵彻。

弹丸在发射时的情况，以 n—n 断面割截战斗部壳体（图8-5-1），则壳体所受外力有装填物（炸药）对壳体壁的径向压力 p_c 和轴向惯性力 $F_{xn} = F_a$，可表示为

$$\begin{cases} F_{xn} = n_{xsj}q_B \\ p_c = \sigma_r = \dfrac{\mu_c}{1-\mu_c} \cdot \dfrac{n_{xsj}G_{Bc}}{\pi r_n^2} \end{cases} \qquad (8.5.3)$$

式中，n_{xsj} 为轴向设计过载系数；q_B 为 n—n 断面前壳体质量；G_{Bc} 为 n—n 断面前的装填物质量；μ_c 为装填物的泊松系数，对注装炸药 $\mu_c = 0.40$，对压装、螺装炸药 $\mu_c = 0.35$，对塑态炸药 $\mu_c = 0.5$。

为了安全起见，可将装填物视为液体，则 $\mu_c = 0.5$，所以 $p_c = n_{xsj}G_{Bc}\dfrac{1}{\pi r_n^2}$。

n—n 截面上轴向压缩应力为

$$\sigma_s = -\frac{F_{xn}}{\pi(R_n^2 - r_n^2)} = -\frac{n_{xsj}q_B}{\pi(R_n^2 - r_n^2)} \qquad (8.5.4)$$

其径向应力和切向应力可由厚壁圆筒的公式给出，即

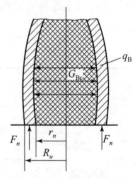

图8-5-1 切割战斗部壳体的受力分析

$$\begin{cases} \sigma_r = \dfrac{p_c r_n^2 - p R_n^2}{R_n^2 - r_n^2} - \dfrac{(p_c - p) R_n^2 r_n^2}{r^2 (R_n^2 - r_n^2)} \\[4mm] \sigma_t = \dfrac{p_c r_n^2 - p R_n^2}{R_n^2 - r_n^2} + \dfrac{(p_c - p) R_n^2 r_n^2}{r^2 (R_n^2 - r_n^2)} \end{cases} \tag{8.5.5}$$

式中，p 为外部压力；r 为任意断面半径。

将 $p = 0$，$r = r_0$（内壁出现最大应力的条件）代入式 (8.5.4)，可得

$$\begin{cases} \sigma_r = -p_c \\[3mm] \sigma_t = \dfrac{p_c (R_n^2 + r_n^2)}{R_n^2 - r_n^2} \end{cases} \tag{8.5.6}$$

根据弹性理论，一个小单元体受有三向应力后，在三个方向的相当应变为

$$\begin{cases} \varepsilon_{snp} = \dfrac{1}{E} \big[\sigma_s - \mu (\sigma_r + \sigma_t) \big] \\[4mm] \varepsilon_{rnp} = \dfrac{1}{E} \big[\sigma_r - \mu (\sigma_s + \sigma_t) \big] \\[4mm] \varepsilon_{tnp} = \dfrac{1}{E} \big[\sigma_t - \mu (\sigma_r + \sigma_s) \big] \end{cases} \tag{8.5.7}$$

式中，E 为壳体金属的弹性模量；μ 为壳体金属的泊松系数，一般 $\mu \approx 1/3$。

将三向应力，即式 (8.5.5) 和式 (8.5.5) 代入式 (8.5.7)，整理可得

$$\begin{cases} \varepsilon_{snp} = -\dfrac{n_{xsj}}{3} \cdot \dfrac{1}{E \pi (R_n^2 - r_n^2)} \big[2 G_{Bc} + 3 q_B \big] \\[4mm] \varepsilon_{rnp} = -\dfrac{n_{xsj}}{3} \cdot \dfrac{1}{E \pi (R_n^2 - r_n^2)} \Big[2 G_{Bc} \dfrac{2 R_n^2 - r_n^2}{r_n^2} - q_B \Big] \\[4mm] \varepsilon_{tnp} = \dfrac{n_{xsj}}{3} \cdot \dfrac{1}{E \pi (R_n^2 - r_n^2)} \Big[2 G_{Bc} \dfrac{2 R_n^2 + r_n^2}{r_n^2} + q_B \Big] \end{cases} \tag{8.5.8}$$

而对应于三向相当应变的相当应力为

$$\begin{cases} \sigma_{snp} = \varepsilon_{snp} E \\[3mm] \sigma_{rmp} = \varepsilon_{rnp} E \\[3mm] \sigma_{tmp} = \varepsilon_{tnp} E \end{cases} \tag{8.5.9}$$

则三向的相当应力为

$$\begin{cases} \sigma_{snp} = -\dfrac{n_{xsj}}{3 \pi (R_n^2 - r_n^2)} \big[2 G_{Bc} + 3 q_B \big] \\[4mm] \sigma_{rnp} = -\dfrac{n_{xsj}}{3 \pi (R_n^2 - r_n^2)} \Big[2 G_{Bc} \dfrac{2 R_n^2 - r_n^2}{r_n^2} - q_B \Big] \\[4mm] \sigma_{tnp} = \dfrac{n_{xsj}}{3 \pi (R_n^2 - r_n^2)} \Big[2 G_{Bc} \dfrac{2 R_n^2 + r_n^2}{r_n^2} + q_B \Big] \end{cases} \tag{8.5.10}$$

由以上分析可以得出以下特性：

(1) 轴向应力永远为负，故战斗部壳体在轴向是受压缩的；

(2) 切向应力永远为正，故战斗部壳体在切向上总受拉伸；

（3）径向应力则可正可负。

①当 $2G_{Bc}\dfrac{2R_n^2 - r_n^2}{r_n^2} - q_B > 0$ 时，σ_{rnp} 为负，则为压缩状态；

②当 $2G_{Bc}\dfrac{2R_n^2 - r_n^2}{r_n^2} - q_B = 0$ 时，σ_{rnp} 为零，则为不变形；

③当 $2G_{Bc}\dfrac{2R_n^2 - r_n^2}{r_n^2} - q_B < 0$ 时，σ_{rnp} 为正，则为拉伸变形状态。

从应力的绝对值来看，σ_{rnp} 常常为最小值，因此在强度计算时不予考虑。在其余两个相当应力中，对于薄壁战斗部壳体，则 $\sigma_{rnp} > \sigma_{snp}$；但对于一般情况，总是 σ_{snp} 出现最大值。

战斗部壳体强度的衡量条件如下：

当 $(\sigma_{snp})_{max} > (\sigma_{tnp})_{max}$ 时，则 $(\sigma_{snp})_{max} \leqslant (\sigma_{ys})_{0.2}$

当 $(\sigma_{snp})_{max} < (\sigma_{tnp})_{max}$ 时，则 $(\sigma_{tmp})_{max} \leqslant (\sigma_{ys})_{0.2}$

由于布林克方法的强度条件是壳体的变形不超过弹性范围，但对于现代的战斗部来说，实际上可以允许一定程度的塑性变形。因此，用此法确定的壁厚尺寸显得过大，需将布林克法的强度条件修改为

$$\sigma_{np} \leqslant 1.3(\sigma_{ys})_{0.2} = 1.3\sigma_{0.2} \tag{8.5.11}$$

2）对薄壁壳体的强度校核

导弹战斗部一般为薄壳结构，并采用塑性材料，因而适用第四强度理论。其应力计算按无矩理论，然后根据边界约束条件加以修正，其具体方法如下：

$$\begin{cases} \sigma_s = -\dfrac{n_{xsj}q_B}{\pi(R_n^2 - r_n^2)} \\[3mm] \sigma_r = -p_c = -\dfrac{\mu_c n_{xsj}G_{Bc}}{(1 - \mu_c)\pi r_n^2} \\[3mm] \sigma_t = K\dfrac{p_c r_n}{\delta} \end{cases} \tag{8.5.12}$$

式中，K 为与边界条件有关的系数，对于离边界约束点一定距离时 K 值可取为 1，在靠近边界点时，如为固支连接可取 $K = 1.8$，若为简支可取 $K = 1$；δ 为壳体壁厚。

壳体某断面上的相当应力为

$$\sigma_{np} = \sqrt{\sigma_s^2 + \sigma_r^2 + \sigma_t^2 - \sigma_s\sigma_t - \sigma_r\sigma_t - \sigma_s\sigma_r} \tag{8.5.13}$$

壳体的强度条件：应使最危险断面的相当应力等于（或小于）屈服极限，即

$$(\sigma_{np})_{max} \leqslant \sigma_{0.2}$$

3）考虑气动载荷对壳体作用的强度计算

要确定壳体强度，首先应取自由体求其轴向力，如图 8 - 5 - 2 所示。在 n—n 断面上所受的轴向力为

$$N_{xn} = X_n - n_{xsj}q_n \tag{8.5.14}$$

式中，X_n 为在 n—n 截面以上部分正面阻力（包括波阻和摩擦）；q_n 为 n—n 截面以上部分全重（认为炸药和壳体固联在一起）；n_{xsj} 为设计过载系数。

沿壳体母线方向应力为

$$\sigma_1 = \frac{N_{xn}}{2\pi r_n \delta \cos\beta_k}$$ (8.5.15)

式中，β_k 为 n—n 截面壳体的半顶锥角。

壳体强度条件为

$$\sigma_1 \leqslant \frac{\sigma_{bt}}{\eta_{st}}$$

式中，σ_{bt} 为考虑温度影响时的强度极限。

沿壳体表面垂直方向作用的气动力为 P_{air}^c，如图 8–5–3 所示，则壳体沿圆周的周向应力可按下式计算，即

式中，σ_2 为壳体周向应力（环向应力）（MPa）；T 为周向力，由拉普拉斯方程求得 $\dfrac{T}{r_e} = -Z$。

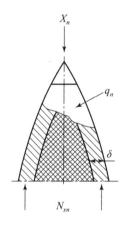

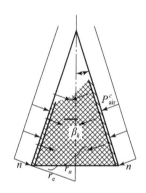

图 8–5–2 轴向受力情况   图 8–5–3 气动力

因为

$$Z = P_{air}^c (外部气动压力)$$

$$r_c = \frac{r_n}{\cos\beta_x}$$

所以

$$T = -P_{air}^c \frac{r_n}{\cos\beta_k}$$ (8.5.16)

式（8.5.16）在计算接近连接处的周向力时，也要考虑边界条件的影响。

壳体强度条件式为

$$\begin{cases} \sigma_2 < \sigma_{bt} \\ \sigma_2 \approx \dfrac{\sigma_{bt}}{\eta_{st}} \end{cases}$$ (8.5.17)

4）战斗部壳体的结构稳定性计算

锥形战斗部薄壳结构在最大过载系数条件下受到气动外压作用（外压的分布沿母线是

不均匀的，应按平均值选取），可能引起结构失稳，为此必须满足

$$(P_{air}^c)_{max} \leqslant P_{cr} \tag{8.5.18}$$

式中，$(P_{air}^c)_{max}$ 为最大轴向过载系数时，作用在锥壳外表面上的气动压力（平均值）；P_{cr} 为锥壳头部的临界压力。

锥壳临界压力可按下列公式计算：

$$P_{cr} = \frac{E_t \delta \cos^3 \beta_k}{R} \left[\frac{1}{\left(1 + \frac{n^2 l^2}{\pi^2 R^2}\right)^2} + \frac{\delta^2 \left(n^2 + \frac{\pi^2 R^2}{l^2}\right)^2}{12(1-\mu^2)R^2 \cos^2 \beta_k} \right] \frac{1}{n^2 + \frac{\pi^2 r^2}{2l^2}} \tag{8.5.19}$$

式中，E_t 为工作温度时壳体金属的弹性模量；l 为锥体母线的长度；R 为锥体大端半径；δ 为壳体的厚度；β_k 为壳体半锥角；n 为周向波数；μ 为泊松系数（一般钢取 0.3）。

锥壳临界压力也可以用下列简化的临界外压公式计算：

$$P_{cr} = 0.926 E_t \frac{R_m}{l'} \left(\frac{\delta}{R_m}\right)^{5/2} \tag{8.5.20}$$

式中，R_m 为当量筒壳半径，$R_m = \frac{R_1 + R_2}{2\cos\beta_k}$，$R_1$、$R_2$ 分别为截锥壳体端和大端半径；β_k 为半锥角；δ 取壳体厚度的名义尺寸；l' 为两隔框间壳体母线长。

此时，稳定性条件应满足下列条件：

$$\eta_{vj} = \frac{P_{cr}}{P_{sj}} > 1 \tag{8.5.21}$$

式中，P_{sj} 为设计外压，$P_{sj} = f(P_{air}^c)_{max}$，$f$ 是安全系数。

5）壳体受横向载荷时的强度计算

在横向载荷作用下，一般是验算头部底截面处的应力（因该截面处可能是危险断面）。作用于底截面的弯矩主要来源于三个方面。

（1）弹绕重心摆动时横向气动载荷引起的力矩为

$$M_{1b} = \frac{1}{2}\rho V^2 S C_{yh}^\alpha \alpha (l_g - X_{cp}) \tag{8.5.22}$$

式中，S 为导弹的特征面积；l_g 为头部长度；X_{cp} 为头部压力中心位置；C_{yh}^α 为头部升力系数的导数；V 为弹的飞行速度；ρ 为弹飞行高度处的空气密度；α 为攻角，一般应取 α_{max}。

（2）导弹为了追踪目标或纠正偏差需要获得横向过载 n_y，也就必须操纵导弹获得相应攻角 α，以便得横向力 $Y = n_y G_m Y = n_y G_m$，其中 G_m 为当时的弹重，横向力可表示为

$$Y = n_y G_m = \frac{1}{2}\rho V^2 S C_{yh}^\alpha \alpha$$

则

$$\alpha = \frac{2n_y G_m}{\rho V^2 S C_{yh}^\alpha}$$

而头部底截面的剪力和弯矩为

$$Q_h = Y_h = \frac{1}{2}\rho V^2 S C_{yh}^\alpha \alpha = \frac{1}{2}\rho V^2 S C_{yh}^\alpha \frac{2n_y G_m}{\rho V^2 S C_y^\alpha} = \frac{C_{yh}^\alpha}{C_y^\alpha} n_y G_m$$

$$M_{2b} = \frac{C_{yh}^{\alpha}}{C_{y}^{\alpha}} n_y G_m (l_g - X_{cp}) \qquad (8.5.23)$$

剪力和弯矩的正负号按材料力学规定选取。同理，可按上法求任意截面的剪力和力矩沿弹轴的分布图。

（3）安装结构偏差亦可以产生气动载荷。假设安装偏差角为 $\Delta \alpha_h$，则对底截面引起的附加剪力和力矩分别为

$$\begin{cases} \Delta Q_h = \dfrac{1}{2} \rho V^2 S C_{yh}^{\alpha} \Delta \alpha_h \\[3mm] \Delta M_b = \dfrac{1}{2} \rho V^2 S C_{yh}^{\alpha} \Delta \alpha_h (l_g - X_{cp}) \end{cases} \qquad (8.5.24)$$

按此方法同样可得剪力和弯矩的分布图。

将剪力和弯矩进行叠加，并利用下式求应力：

$$\sigma = \frac{M_b}{W_s} \qquad (8.5.25)$$

式中，σ 为底截面的弯曲应力；M_b 为底截面的叠加弯矩；W_s 为底截面的形状断面系数，头部底截面为圆管形，其断面系数为

$$W_s = \frac{\frac{\pi}{4} (R_n^4 - r_n^4)}{R_n} = \frac{\pi D_n^3}{32} \left[1 - \left(\frac{d_n}{D_n} \right)^4 \right] \approx 0.1 D_n^3 \left[1 - \left(\frac{d_n}{D_n} \right)^4 \right]$$

式中，$R_n (D_n)$ 为底截面的外半径（外直径）；$r_n (d_n)$ 为内半径（内直径）。

所求 σ 值应与惯性载荷、气动载荷所产生的内应力值相叠加，然后根据强度理论所给定的强度条件与材料的许用应力值加以比较，以确定相应的安全使用性能。

2. 各类板的强度计算

战斗部的底盖、中间底和隔板均采用对称的圆板结构，这些圆板的强度通常是按轴对称均匀分布载荷下薄圆板的抗剪和抗弯来计算。一般来说，在发射主动段导弹战斗部的底和隔板只受装填物的载荷作用，而火箭弹的中间底则不然，它的两面将受方向相反载荷作用；一面是装填物的惯性加载；另一面是火箭发动机压力作用的。下面介绍各类板结构的受载强度计算。

1）自由支撑受均布载荷的平底圆板的强度计算

这种受均布载荷的平底自由支撑圆板有时称活动隔板，应进行剪切和弯曲强度计算。

（1）剪切强度。设隔板上零件（如装填物）重为 Q_0，隔板自重为 Q_p，隔板厚为 h，隔板自由支撑半径为 R，在主动段作用在隔板上的惯性力为

$$F = n_{xsj} (Q_0 + Q_p)$$

隔板的剪切面积为 $2\pi Rh$，则剪应力为

$$\tau_{cp} = \frac{n_{xsj} (Q_0 + Q_p)}{2\pi Rh}$$

剪切强度条件为

$$\tau_{cp} = \frac{n_{xsj} (Q_0 + Q_p)}{2\pi Rh} \leqslant [\tau] \qquad (8.5.26)$$

式中，τ_{cp} 为隔板上的剪切应力；$[\tau]$ 为隔板材料的允许剪切应力，一般取 $[\tau] = \frac{1}{2}\sigma_{0.2}$。

根据剪切强度选择的隔板厚度为

$$h \geqslant \frac{n_{xsj}(Q_0 + Q_p)}{2\pi R[\tau]} \tag{8.5.27}$$

如果板与战斗部壳体是螺纹连接，式（8.5.27）仍有效，这时受剪面积因螺纹影响减少 $1/2$。

（2）弯曲强度。装填物作用在隔板上的均匀分布载荷为

$$\bar{P} = \frac{F}{\pi R^2}\frac{n_{xsj}(Q_0 + Q_p)}{\pi R^2}$$

根据弹性理论可知，半径为 R 的薄圆板在任意半径 r 处的径向和切向弯矩公式为

$$\begin{cases} M_r = \dfrac{(3+\mu)\bar{P}_g R^2}{16}\left(1 - \dfrac{r^2}{R^2}\right) \\ M_\tau = \dfrac{\bar{P}_g R^2}{16}\left[(3+\mu) - (1+3\mu)\dfrac{r^2}{R^2}\right] \end{cases} \tag{8.5.28}$$

径向和切向的弯曲应力为

$$\begin{cases} \sigma_r = \dfrac{6M_r}{h^2} = \dfrac{3\bar{P}_g}{8h^2}(3+\mu)R^2\left(1 - \dfrac{r^2}{R^2}\right) \\ \sigma_\tau = \dfrac{6M_\tau}{h^2} = \dfrac{3\bar{P}_g R^2}{8h^2}\left[(3+\mu) - (1+3\mu)\dfrac{r^2}{R^2}\right] \end{cases} \tag{8.5.29}$$

当 $r=0$ 时，并取 $\mu=0.3$，则得板中心处的应力为

$$\begin{cases} (\sigma_r)_{r=0} = \dfrac{3\bar{P}_g R^2}{8h^2}(3+\mu) \approx 1.24\bar{P}_g\left(\dfrac{R}{h}\right)^2 \\ (\sigma_\tau)_{r=0} = \dfrac{3\bar{P}_g R^2}{8h^2}(3+\mu) \approx 1.24\bar{P}_g\left(\dfrac{R}{h}\right)^2 \\ (\sigma_r)_{r=0} = (\sigma_\tau)_{r=0} \end{cases} \tag{8.5.30}$$

当 $r=R$ 时，并取 $\mu=0.3$，则得板周边处的应力为

$$\begin{cases} (\sigma_r)_{r=R} = 0 \\ (\sigma_\zeta)_{r=R} = 0.525\bar{P}_g\left(\dfrac{R}{h}\right)^2 \end{cases}$$

显然周边简支板中心应力最大。

利用第二强度理论来校核板的强度，对于板中心的相当应力和强度条件为

$$\sigma_{np} = (1-\mu)\sigma_\tau \approx 1.24\bar{P}_g\left(\frac{R}{h}\right)^2(1-\mu) = 0.868\bar{P}_g\left(\frac{R}{h}\right)^2 \leqslant \sigma_{0.2}$$

在周边上的相对应力及条件为

$$\sigma_{np} = \sigma_\tau - \mu\sigma_r = \sigma_\tau = 0.525\bar{P}_g\left(\frac{R}{h}\right)^2 \leqslant \sigma_{0.2}$$

根据上述条件，则可方便地求得隔板的厚度。最后，从剪切和弯曲所确定的厚度中选厚度大者作为选用厚度。

2）中间隔板（或底）的强度计算

火箭弹战斗部的中间底，在火箭发射主动段工作期间，一面受战斗部装填物（如炸药）惯性载荷作用。对于导弹战斗部的底盖来说，在火箭发动机工作期间，一般只受装填物的惯性载荷作用，中间底或底盖的支撑情况属于固支和简支之间的状态。前面已经介绍了简支圆板的强度计算，下面再讨论固支圈板的强度计算。根据弹性理论可知，半径为 R 的固支圆板受均布载荷时径向和切向力矩公式为

$$\begin{cases} M_r = \dfrac{\overline{P}_{\mathrm{g}} R^2}{16} \left[(1+\mu) - (3+\mu)\dfrac{r^2}{R^2} \right] \\ M_\tau = \dfrac{\overline{P}_{\mathrm{g}} R^2}{16} \left[(1+\mu) - (3+\mu)\dfrac{r^2}{R^2} \right] \end{cases} \tag{8.5.31}$$

式中，μ 为板材料的泊松系数，对于钢一般取 $\mu = 0.3$。

在板边（$r = R$）处，力矩为

$$\begin{cases} M_r = \dfrac{\overline{P} R^2}{8} \\ M_\tau = \dfrac{\overline{P}_{\mathrm{g}} R^2}{8} \end{cases} \tag{8.5.32}$$

在板边处对应的应力值大小为

$$\begin{cases} (\sigma_r)_{r=R} = -\dfrac{3}{4}\dfrac{\overline{P}_{\mathrm{g}} R^2}{h^2} = -0.75\overline{P}_{\mathrm{g}}\left(\dfrac{R}{h}\right)^2 \\ (\sigma_\tau)_{r=R} = \mu\sigma_r \end{cases} \tag{8.5.33}$$

在板中心（$r = 0$）处，力矩为

$$M_r = M_\tau = \dfrac{1+\mu}{16}\overline{P}_{\mathrm{g}} R^2 \tag{8.5.34}$$

在板中心处对应的应力值为

$$(\sigma_r)_{r=0} = (\sigma_t)_{r=0} = 0.4875\overline{P}_{\mathrm{g}}\left(\dfrac{R}{h}\right)^2 \tag{8.5.35}$$

显然，最大应力在板周边处。

利用第二强度理论得知相当应力为

$$\sigma_{mp} = \sigma_r - \mu\sigma_t \tag{8.5.36}$$

薄圆板的强度条件为

$$\sigma_{np} \leqslant \sigma_{0.2} \tag{8.5.37}$$

由式（8.5.37）即可确定中间底或底盖的厚度。

由于导弹战斗部底盖与火箭弹中间底属于简支和固支之间的情况，例如两种支撑条件时，在板中心处的相当应力 σ_{np} 公式内的常数值为 $0.343 \sim 0.868$，令其为 ψ 则得

$$\sigma_{np} = \psi \bar{P}_g \left(\frac{R}{h}\right)^2 \leqslant \sigma_{0.2}$$

所以

$$h = R \sqrt{\frac{\psi \bar{P}_g}{\sigma_{0.2}}} \qquad (8.5.38)$$

式中，ψ 为与板约束条件有关的系数，根据试验 ψ 可取 0.33 ~ 0.50，如果边界支持接近简支，则 ψ 可在 0.50 ~ 0.868 选取。

如果在中间底上受到发动机最大压力作用，而且 $\bar{P}_g$ 小于发动机压力，这时式（8.5.38）可改写为

$$h = R \sqrt{\psi \frac{f p_{max}}{\sigma_{pcr}}} \qquad (8.5.39)$$

式中，f 为安全系数，$f = 1.2 ~ 1.5$；p_{max} 为高温条件下（如温度为 40 ℃）发动机的最大工作压力；σ_{pcr} 为中间底材料的许用应力。

实际上，在火箭战斗部的中间底上，$\bar{P}_g$ 和 p_{max} 同时作用在其上下表面上，所以应进行叠加后再作强度计算。但应指出，上述工作状态不会比 p_{max} 单独作用（或 $\bar{P}_g$ 单独作用）情况更恶劣，所以一般只进行 p_{max}（或 $\bar{P}_g$）作用下的强度计算。

3）凸形和凹形底的强度计算

准确地计算凸形和凹形底的强度是很复杂的。通常将其行作受内压和外压作用的圆球一部分，并忽略周界支撑对应力和应变的影响。

由材料力学可知，厚球壁在均匀内外压力作用下（图 8 - 5 - 4），其任意半径处的径向和切向压力为

$$\begin{cases} \sigma_r = -\dfrac{p^2 r_2^3 - p_1 r_1^3}{r_2^3 - r_1^3} + \dfrac{(p_2 - p_1) r_2^3 r_1^3}{r_2^3 - r_1^3} \cdot \dfrac{1}{r^3} \\ \sigma_t = -\dfrac{p^3 r_2^2 - p_1 r_1^3}{r_2^3 - r_1^3} - \dfrac{(p_2 - p_1) r_2^3 r_1^3}{r_2^3 - r_1^3} \cdot \dfrac{1}{r^3} \end{cases} \qquad (8.5.40)$$

式中，r_1、r_2 为厚壁球的内、外半径，p_1、p_2 为作用于厚壁球的内、外压力；r 为厚壁球的任意半径。

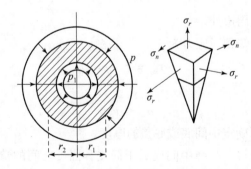

图 8 - 5 - 4　厚球壳在内外压力作用下的应力

对于凸形底，若 $p_2 = 0$，内压 p_1 取 $p_1 = p_{max}$，可得

$$\begin{cases} \sigma_r = \dfrac{p_{max}}{r_2^3 - r_1^3}\left(r^3 - \dfrac{r_2^3 r_1^3}{r^3}\right) \\ \sigma_t = \dfrac{p_{max}}{r_2^3 - r_1^3}\left(r_1^3 + \dfrac{r_2^3 r_1^3}{2r^3}\right) \end{cases} \tag{8.5.41}$$

由式（8.5.41）可知，主应力始终是压力，而切向应力始终是拉力。

当 $r = r_1$ 时，由式（8.5.41）得到

$$\begin{cases} \sigma_r = -p_{max} \\ \sigma_t = p_{max}\dfrac{r_1^3 + 0.5r_2^3}{r_2^3 - r_1^3} \end{cases} \tag{8.5.42}$$

由于球为对称，故主应力 $\sigma_1 = \sigma_2 = \sigma_t$，$\sigma_3 = \sigma_{rc}$。

利用第二强度理论可得相当应力为

$$\begin{cases} \sigma_{np} = \sigma_1 - \mu(\sigma_2 + \sigma_3) \\ \sigma_{np} = (1 - \mu)\dfrac{p_{max}(r_1^3 + 0.5r_2^2)}{r_2^3 - r_1^3} + \mu p_{max} \end{cases}$$

取 $\mu = 0.3$，$\sigma_{np} = \sigma_{pcr}$，则

$$\sigma_{pcr} = 0.7\frac{p_{max}(r_1^3 + 0.5r_2^3)}{r_2^3 - r_1^3} + 0.3p_{max} = \frac{p_{max}}{r_2^3 - r_1^3}(0.4r_1^3 + 0.65r_2^3)$$

所以

$$r_2 = r_1\sqrt[3]{\frac{\sigma_{pcr} + 0.4p_{max}}{\sigma_{pcr} - 0.65p_{max}}}$$

因为底厚 $h = r_2 - r_1$，有

$$h = r_1\left[\sqrt[3]{\frac{\sigma_{pcr} + 0.4p_{max}}{\sigma_{pcr} - 0.65p_{max}}} - 1\right] \tag{8.5.43}$$

对于凹形底，凹形底恰好是凸形底的相反状态，若 $p_1 = 0$，$p_2 = p_{max}$，则 $r = r_1$ 仍处于最危险点，这时径向和切向应力为

$$\begin{cases} \sigma_r = -\dfrac{p_{max}r_2^3}{r_2^3 - r_1^3} + \dfrac{p_{max}r_2^3 r_1^3}{r_2^3 - r_1^3} \cdot \dfrac{1}{r^3} = 0 \\ \sigma_t = -\dfrac{p_{max}r_2^3}{r_2^3 - r_1^3} - \dfrac{p_{max}r_2^3 r_1^3}{r_2^3 - r_1^3} \cdot \dfrac{1}{2r^3} = -\dfrac{1.5p_{max}r_2^3}{r_2^3 - r_1^3} \end{cases}$$

因为是球对称，故 $\sigma_2 = \sigma_3 = \sigma_t$，$\sigma_1 = \sigma_r$，利用第二强度理论，有

$$\sigma_{np} = \sigma_1 - \mu(\sigma_2 + \sigma_3)$$

而强度条件为

$$\sigma_{np} = \sigma_{pcr}$$

取 $\mu = 0.3$ 可得

$$\frac{0.9p_{max}r_2^3}{r_2^3 - r_1^3} = \sigma_{pcr}$$

则

$$r_2 = r_1 \sqrt[3]{\frac{\sigma_{pcr}}{\sigma_{pcr} - 0.9p_{max}}}$$

若 $\mu = 0.35$ 可得

$$r_2 = r_1 \sqrt[3]{\frac{\sigma_{pcr}}{\sigma_{pcr} - 1.05p_{max}}} \tag{8.5.44}$$

将 $h = r_2 - r_1$ 代入式 (8.5.44)，可得

$$h = r_1 \left[\sqrt[3]{\frac{\sigma_{pcr}}{\sigma_{pcr} - 1.05p_{max}}} - 1 \right] \tag{8.5.45}$$

式中，p_{max} 为最大许可温度（40 ℃）时，发动机燃烧室内的最大压力。

无论是凸形底还是凹形底，为了确保安全，则式 (8.5.43) 和式 (8.5.45) 均应考虑安全系数，修正后的公式如下。

对凸形底，有

$$h = r_1 \left[\sqrt[3]{\frac{\sigma_{pcr} + 0.4fp_{max}}{\sigma_{pcr} - 0.65fp_{max}}} - 1 \right] \tag{8.5.46}$$

对凹形底，有

$$h = r_1 \left[\sqrt[3]{\frac{\sigma_{pcr}}{\sigma_{pcr} - 1.05fp_{max}}} - 1 \right] \tag{8.5.47}$$

8.5.3　有限元法

有限元法可精确计算复杂结构的应力分布，需要时可参阅有关书籍及手册。

8.6　装填物的安定性计算

战斗部装填物（炸药）受载最严重条件是在碰击目标的时候。装填物的载荷通常是由惯性过载来确定的。因此，其计算方法大体是一样的。下面以碰击目标为例，进行装填物安定性的计算。

在轴间惯性力的作用下，装填物产生径向力。径向力的大小与装填物的性态（状态、弹性性能、密度等）、轴向过载、药室形状、外压和战斗部壳体刚度，以及所研究断面的位置有关。

战斗部碰击目标如图 8-6-1 所示。n—n 断面上装填物的轴向惯性力为

$$F_{cn} = (n_{xl})_{max} G_{gc} \tag{8.6.1}$$

式中，$(n_{xl})_{max}$ 为最大轴向过载系数；G_{gc} 为 n—n 断面以后战斗部内的装填物重；$G_{gc} = \frac{\pi d_n^2}{4} h_n \rho_c$，$d_n$ 为 n—n 断面壳体内径；h_n 为 n—n 断面以后柱形装填物高度；ρ_c 为装填物密度。

装填物的轴向力为

$$\sigma_{sc} = \frac{4F_{cn}}{\pi d_n^2} = (n_{xl})_{max} h_n \rho_g \tag{8.6.2}$$

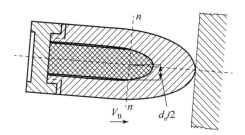

图 8 - 6 - 1　战斗部碰击目标时装填物的受力图

若在此应力下，装填物处于弹性状态，其径向相对变形为

$$\varepsilon_{rc} = \frac{1}{E_c}\left[\sigma_{rc} - \mu_c(\sigma_{sc} + \sigma_{tc})\right] \tag{8.6.3}$$

式中，σ_{rc}、σ_{tc} 为装填物的径向和切向应力；μ_c 为装填物的泊松系数；E_c 为装填物的弹性模量。

因为壳体的弹性模量比装填物的弹性模量约大 200 倍，故可认为壳体是刚体，$\varepsilon_{rc} = 0$，则

$$\sigma_{rc} = \mu_c(\sigma_{sc} + \sigma_{tc}) \tag{8.6.4}$$

同理可得

$$\sigma_{rc} = \sigma_{tc} \tag{8.6.5}$$

$$\sigma_{rc} = \frac{\mu_c}{1 - \mu_c}\sigma_{sc} = \frac{\mu_c}{1 - \mu_c}(n_{xl})_{max}h_n\rho_c \tag{8.6.6}$$

式中，μ_c 为装填物的泊松系数，注装药 $\mu_c = 0.4$；对于压装和裸装药 $\mu_c = 0.35$，对于液体装填物 $\mu_c = 0.5$（相当于装填物受载由弹性进入塑性状态）。

由式（8.6.6）可知，σ_{tc} 是远大于 σ_{rc} 的，所以装填物安全性条件为

$$\sigma_{sc} < \sigma_{pcr} \tag{8.6.7}$$

式中，σ_{pcr} 为装填物的许用应力，见表 8 - 6 - 1。

表 8 - 6 - 1　炸药的许用应力

炸药名称	$\rho_c/(\mathrm{g \cdot cm^{-3}})$	E_c/MPa	μ_c	σ_c/MPa	σ_{cr}/MPa	$\sigma_{pcr}/\mathrm{MPa}$
黑药		1.08×10^3				14.7
TNT（压装）	1.50	1.15×10^3	0.30	6.28	176.6	98.1
TNT（注装）	1.58	1.19×10^4	0.32	6.88	196.2	107.9
特屈儿	1.45		0.35	5.88	833.8	83.4
钝化黑索今	1.60				353.2	
梯/黑 50/50	1.62				137.3 ~ 142.2	73.8
梯/黑 1/2						44.2 ~ 103.0
A - LX - 2	1.65				245.3	117.7 ~ 147.1

炸药名称	$\rho_c/(\text{g} \cdot \text{cm}^{-3})$	E_c/MPa	μ_c	σ_c/MPa	σ_{cr}/MPa	σ_{per}/MPa
HD－6	1.655					204.0
A－LX－1					294.3	127.5
8701	1.67			8.3 1.7	148.92*	
8702	1.69				280.3*	
A－32	1.79				231.3*	
新铝1号	1.69				142.1*	

注：$\sigma_c(\text{MPa})$ 为装填物压缩的强度极限；$\sigma_{cr}(\text{MPa})$ 为装填物的临界应力；$\sigma_{per}(\text{MPa})$ 为装填物的许用应力；"＊"为用 57 mm 高炮应力弹获得的测定值。

将式（8.6.7）改写为

$$n_{x1\max}h_n\rho_c < \sigma_{per} \tag{8.6.8}$$

为了提高装填物（炸药）的安全性，通常将炸药进行钝化处理，加入适当的钝感剂（如卤蜡、石蜡等）以提高其许用应力。属于弹体结构方面的措施是改善药室结构。从装药方面还可考虑在药室顶部安装木塞或塑料缓冲塞，以减少装填物的使用应力值；另外，还可仿照穿甲弹碰击强度计算方法，用比较法来确定炸药在碰击时的安定性。

思 考 题

8.1 简述战斗部强度计算的目的。

8.2 简述弹丸发射时在膛内所受主要载荷。

8.3 简述弹丸发射时弹体受力和变形的临界状态。

8.4 简述战斗部在终点弹道处的碰击载荷。

8.5 简述战斗部在勤务处理时的载荷。

8.6 简述采用布林克方法进行厚壁结构壳体强度计算的步骤。

参考文献

［1］黄正祥编著. 聚能装药理论与实践 ［M］. 北京：北京理工大学出版社，2014.12.

［2］赵国志. ［等］编译. 常规战斗部系统工程设计 ［M］. 南京理工大学出版社，2000.

［3］黄正祥，祖旭东，贾鑫编. 终点效应 第2版 ［M］. 北京：科学出版社，2021.10.

［4］卢芳云，蒋邦海，李翔宇等编著. 武器战斗部投射与毁伤 ［M］. 北京：科学出版社，2013.03.

［5］卢芳云，李翔宇，林玉亮编著. 战斗部结构与原理 ［M］. 北京：科学出版社，2009.03.

［6］周兰庭，张庆明，龙仁荣编著. 新型战斗部原理与设计 ［M］. 北京：国防工业出版社，2018.02.

［7］韩晓明，高峰编著. 导弹战斗部原理及应用 ［M］. 西安：西北工业大学出版社，2012.02.

［8］任辉启，穆朝民，刘瑞朝，何翔，王朝洋，李晓军，陈小伟编. 精确制导武器侵彻效应与工程防护 ［M］. 北京：科学出版社，2016.03.

［9］郭凯，贾鑫. 弹丸毁伤参数三维重构技术 ［M］. 北京：国防工业出版社，2018.12.

［10］黄正祥编. 弹药设计概论 ［M］. 国防工业出版社，2017.02.

［11］邹汝平著. 多用途导弹系统设计 ［M］. 北京：国防工业出版社，2018.11.

［12］蒋浩征，周兰庭，蔡汉文编著. 火箭战斗部设计原理 ［M］. 国防工业出版社，1982.

［13］严平，谭波，苗润，杜茂华，王伟力，王鹏，张俊，余勃彪编著. 战斗部及其毁伤原理 ［M］. 北京：国防工业出版社，2020.02.

［14］汤祈忠，李照勇，王文平编著. 野战火箭装备与技术 野战火箭弹技术 ［M］. 北京：国防工业出版社，2015.12.